EDA 精品智汇馆

Verilog 编程艺术

魏家明 编著

电子工业出版社
Publishing House of Electronics Industry
北京·BEIJING

内 容 简 介

本书深入地探讨了 Verilog 编程，分为七个部分：设计原则、语言特性、书写文档、高级设计、时钟和复位、验证之路、其他介绍。本书对这些部分做了重点的探讨：Verilog 编码风格、Verilog-2001 的新特性、简洁高效的编程、容易出错的语言元素、可配置设计、时钟生成、复位设计、验证方法等。另外，本书还对 SystemVerilog 做了简单的介绍。

本书适合具有一定 Verilog 基础的人阅读，可作为 ASIC 开发人员和管理人员的参考书，也可作为电子类专业研究生的参考书，可以进一步提高读者的 Verilog 编程能力。

未经许可，不得以任何方式复制或抄袭本书之部分或全部内容。
版权所有，侵权必究。

图书在版编目（CIP）数据

Verilog 编程艺术 / 魏家明编著 . —北京：电子工业出版社，2014.1
（EDA 精品智汇馆）
ISBN 978-7-121-22061-6

Ⅰ．①V… Ⅱ．①魏… Ⅲ．①硬件描述语言－程序设计 Ⅳ．①TP312

中国版本图书馆 CIP 数据核字（2013）第 287604 号

策划编辑：王敬栋（Wangjd@phei.com.cn）
责任编辑：王敬栋
印　　刷：北京天宇星印刷厂
装　　订：北京天宇星印刷厂
出版发行：电子工业出版社
　　　　　北京市海淀区万寿路 173 信箱　邮编　100036
开　　本：787×1092　1/16　印张：28.5　字数：730 千字
印　　次：2024 年 4 月第 25 次印刷
定　　价：79.00 元

凡所购买电子工业出版社图书有缺损问题，请向购买书店调换。若书店售缺，请与本社发行部联系，联系及邮购电话：(010) 88254888。

质量投诉请发邮件至 zlts@phei.com.cn，盗版侵权举报请发邮件至 dbqq@phei.com.cn。
服务热线：(010) 88258888。

序　言

　　Verilog 是一种硬件描述语言（Hardware Description Language，HDL），是一种以文本形式描述数字系统硬件结构和行为的语言，可以在多个抽象层次上（从开关级到算法级）为数字设计建模。Verilog 提供了一套功能强大的原语，其中包括逻辑门（Gate）和用户定义原语（UDP），还提供了范围宽广的语言结构，不但可以为硬件的并发行为建模，也可以为硬件的时序特性和电路结构建模。Verilog 具有下述这些描述硬件的能力：行为特性、数据流特性、结构组成、监控响应和验证能力。

　　Verilog HDL 的发展历史如下：

1. 1983 年，GDA（Gateway Design Automation）公司的 Philip Moorby 首创 Verilog 语言。Moorby 后来成为 Verilog HDL-XL 的主要设计者和 Cadence 公司的第一合伙人。
2. 1984 年，Moorby 设计出第一个用于 Verilog 仿真的 EDA 工具。
3. 1986 年，Moorby 提出用于快速门级仿真的 XL 算法。随着 Verilog-XL 的成功，Verilog 得到迅速发展。
4. 1987 年，Synonsys 公司开始把 Verilog 作为综合工具的输入。
5. 1989 年，Cadence 公司收购 GDA 公司，Verilog 成为 Cadence 公司的私有财产。
6. 1990 年，Cadence 公司公开发布 Verilog。随后成立的 OVI（Open Verilog HDL International）负责 Verilog 的发展，制定标准。
7. 1993 年，几乎所有的 ASIC 厂商都开始支持 Verilog，并且认为 Verilog-XL 是最好的仿真器。同时，OVI 推出 Verilog-2.0 规范，并把它提交给 IEEE。
8. 1995 年，IEEE 发布 Verilog 的标准 IEEE1364-1995。
9. 2001 年，IEEE 发布 Verilog 的标准 IEEE1364-2001，增加了一些新特性，但是验证能力和建模能力依然较弱。
10. 2005 年，IEEE 发布 Verilog 的标准 IEEE1364-2005，只是对 Verilog-2001 做一些小的修订。
11. 2005 年，IEEE 发布 SystemVerilog 的标准 IEEE1800-2005，极大地提高了验证能力和建模能力。
12. 2009 年，IEEE 发布 SystemVerilog 的标准 IEEE1800-2009，它把 SystemVerilog 和 Verilog 合并到一个标准中。
13. 2012 年，IEEE 发布 SystemVerilog 的标准 IEEE1800-2012。

　　有的工程师可能觉得既然 Verilog 已经进化到 SystemVerilog，那么就干脆直接去学习 SystemVerilog 吧。其实 Verilog 和 SystemVerilog 之间的关系就如同 C 和 C++之间的关系，虽然 C++很好，但是 C 现在还是被广泛地使用，包含各种操作系统和各种应用软件，同样 Verilog 还是被广泛地在设计中使用，大量的系统和 IP 还是用 Verilog 写成。另外，当我们清楚地理解 Verilog 的语言特性之后，我们可以更好地学习 SystemVerilog，例如，为什么要在 SystemVerilog 中增加 unique case 和 priority case？为什么要增加 always_comb、always_ff 和 always_latch？由于本书的重点在于 Verilog 编程，因此作者只对 SystemVerilog 做了一些简单的介绍。

　　Verilog 语言发展很快，相应的 EDA 工具发展也很快，但是在 Verilog 编程上还存在很多的问题：

1. Verilog 的编码风格多样，工程师之间的风格不统一，而且某些工程师的风格很不好，导致在代码的整洁度、可读性、可重用性上有很大欠缺。

2. Verilog 的语法比较自由，在某些方面存在易混淆和易出错的地方，导致竞争条件、前后仿真不一致。
3. 很多工程师还局限在 Verilog-1995 上，没有考虑使用 Verilog-2001 的新特性，导致啰嗦冗余的代码。
4. 很多工程师对 Verilog 的某些语言元素没有充分理解，可能存在错误使用的情况，导致设计失败。
5. 很多工程师对可配置和可重用的设计不够重视，导致设计难以维护、难以移植，导致设计成为"一锤子的买卖"。
6. 对于常用设计中的时钟生成和复位设计，缺少讨论，事实上这是我们需要高度关注的地方。
7. 对于验证，有些工程师或者对其不够重视，或者存在概念上的偏差，或者存在设计上的误解。

本书作者魏家明是我多年的同事，他具有多年的数字电路设计经验，具有丰富的编程、验证、综合和 STA 等经验。本书包含了他多年的宝贵经验和设计心得，同时结合了其他专家的优秀论文。本书对 Verilog 的编码风格做了较为完整的总结，对 Verilog 的标准和论文做了深入的研究，对简洁高效的编程做了细致的探讨。同时本书还充满了作者的写作个性，把 Verilog 编程艺术化地呈现给读者。

不管是对 Verilog 编程的初学者，还是对有经验的设计工程师，本书都有很大的借鉴意义。

北京君正集成电路股份有限公司
CTO：张紧
2013-10-31

前　言

本书来源于实际工程的设计，是从工程设计方面对 Verilog 编程的反馈。本书既包含作者对 Verilog 编程规范的总结，也包含作者对多年工程设计的经验总结。

本书更加注重 Verilog 编程的方法论和实用性，深入地探讨编码风格、语言特性、简洁高效和时钟复位等实际问题，深入探讨如何避免使用易混淆和易错误的语句，如何避免前后仿真不一致，如何充分发挥 Verilog-2001 的特性。本书主要分为以下几大部分：

1. 开发原则：探讨高效开发的原则、开发的组织管理、开发工具的使用和切实可行的编码风格等。作者对开发的原则、管理、工具和风格做了详细的介绍，强调只有把它们有机地结合在一起，我们才能做出好的设计。作者对各种编码风格（书本上的和网上的，好的和差的）做了较为详尽的总结，强调只有在好的编码风格约束下，我们才能写出美的 Verilog 程序。
2. 语言特性：探讨 Verilog 语言的特性，重点在 Verilog-2001 标准、always 语句、case 语句、task 和 function、循环语句、调度和赋值等。作者对 Verilog-1995 和 Verilog-2001 做了对比，探讨如何发挥 Verilog-2001 的新特性，如何用其编写出简洁的代码。作者对某些语言元素做了详细的说明，例如 signed 应用、loop 语句、disable 语句、task 和 function 等。作者对 Verilog 中各种容易混淆和错误的地方（例如，敏感列表、case 语句、静态函数等）做了详细的说明，探讨如何避免混淆和出错，探讨如何避免前后仿真不一致。作者对赋值和调度做了详细的探讨，因为它们是理解仿真执行和避免竞争条件的关键。
3. 书写文档：探讨如何写出优秀的应用文档和设计文档，并以 GPIO 文档为实例。作者强调 Verilog 编程只是设计的一部分，写出优秀的文档也是非常重要的。
4. 高级设计：探讨 IP 使用、代码优化、状态机设计、可配置设计和可测性设计，并给出大量的示例代码。作者在此介绍 IP 分类、选择和使用，介绍几种优化代码的方法，介绍状态机的分类和如何编写出强壮的状态机，介绍可测性设计的方法。作者着重地探讨可配置设计的实现方法，并用不同例子说明这些实现方法。
5. 时钟复位：探讨异步设计、亚稳态、时钟生成和复位设计。作者在此探讨异步设计中的亚稳态和对应的解决方法，探讨时钟生成的方法和实际例子，探讨同步复位、异步复位、复位同步器、复位分布树等问题。
6. 验证之路：探讨整洁验证、验证方法和验证环境。作者对验证方法做了一些介绍，探讨验证中可能遇到的问题（例如，网表验证、灵活验证等），并以实际例子说明如何搭建验证环境。
7. 其他介绍：介绍 SystemVerilog 的特点，介绍相对于 Verilog 的增强，还对 VMM、OVM 和 UVM 做了对比。作者强调为了加强我们的设计和验证，我们必须要从 Verilog 过渡到 SystemVerilog。

本书参考并引用了著名的 Verilog 专家 Cliff Cummings 写的一些论文，这些论文探讨了我们在设计中可能遇到的各种问题和相应的解决办法，探讨了如何写出简洁严谨一致的 Verilog 代码，作者在此向他表示致敬。如果读者对原文感兴趣，可以到 http://www.sunburst-design.com 下载这些论文，非常值得一读。

另外，作者在编写本书的时候，充分地考虑了阅读的友好性，直接用 1、2、3…列出来各种特载这些论文，非常值得一读。

另外，作者在编写本书的时候，充分地考虑了阅读的友好性，直接用 1、2、3…列出来各种特性和要点，而且特意在一些地方增加了空行以便于阅读，总之要让人看着舒服，看得明白。

衷心地感谢北京君正集成电路股份有限公司的 CTO 张紧先生，他在百忙之中为本书题写了序言，在我走向 IC 设计的道路上，我从他那里学习到了很多的东西。

衷心感谢我的以前的同事们，因为我的很多思想来源于你们，因为我们在一起工作的日子很快乐，这么多年的同事，不容易呀，我总是要经常地想起你们。

衷心感谢我的朋友燕雪松、刘会娟、张奇辉、张茜歌、卢海平、杜文杰等人帮我审稿，帮我找到好多的缺陷和错误。

衷心感谢我的网上的朋友们，因为我采用了很多的网上资料，感谢你们的无私奉献。

衷心感谢电子工业出版的支持，正是由于责任编辑王敬栋的密切联系和各位编辑的认真工作，才使得本书得以顺利地与读者见面。

如果您在本书中发现有缺陷或者错误的地方，或者您对本书存有模糊或者疑惑的地方，请通过 QQ 或者邮件与我联系，我的 QQ 号码是 943609120，您的任何反馈都是令人欢迎的。我还建立了一个名为"Verilog 编程艺术"的 QQ 群，群号码是 361820636，欢迎大家的加入，共同探讨编程时遇到的问题，共享大家上传的资料和代码。

魏家明
2013-10-16

目　　录

第一部分　设　计　原　则

第 1 章　美的设计 2
- 1.1　美学观点 2
- 1.2　美是修养 3
- 1.3　专业术语 4

第 2 章　高效之道 5
- 2.1　敏捷开发 5
- 2.2　代码质量 6
- 2.3　版本控制 7
- 2.4　提早集成 7

第 3 章　组织管理 9
- 3.1　植物分类 9
- 3.2　SoC 特性 11
- 3.3　设计流程 12
- 3.4　仔细规划 12
- 3.5　管理表格 13
- 3.6　模块层次 14
- 3.7　目录组织 14

第 4 章　使用工具 19
- 4.1　使用 Emacs 19
  - 4.1.1　Emacs 介绍 19
  - 4.1.2　Emacs 安装 19
  - 4.1.3　常用快捷键 20
  - 4.1.4　我的.emacs 21
  - 4.1.5　cua-base.el 22
  - 4.1.6　verilog-mode.el 23
  - 4.1.7　shell buffer 23
- 4.2　使用 Shell 24
  - 4.2.1　Shell 介绍 24
  - 4.2.2　Shell 例子 24
  - 4.2.3　Perl 例子 25
- 4.3　使用 CVS 26
  - 4.3.1　CVS 介绍 26
  - 4.3.2　CVS 术语 27
  - 4.3.3　CVS 初始化 27
  - 4.3.4　CVS 常用命令 29

第 5 章　编码风格 31

5.1 干干净净 32
5.2 代码划分 32
5.3 代码要求 33
 5.3.1 Verilog 部分 33
 5.3.2 SystemVerilog 部分 40
5.4 名字定义 40
5.5 书写格式 42
 5.5.1 模块端口声名 42
 5.5.2 模块实例化 45
 5.5.3 函数和任务调用 47
 5.5.4 书写语句 47
 5.5.5 书写表达式 48
5.6 添加注释 49
5.7 参数化 50
5.8 lint 检查 52

第二部分 语言特性

第 6 章 Verilog 特性 54
6.1 Verilog 标准 54
6.2 抽象级别 54
6.3 可综合子集 55
6.4 保持一致 57

第 7 章 常数 58
7.1 整数（integer） 58
7.2 实数（real） 60
7.3 字符串（string） 60
7.4 标识符（identifier） 60

第 8 章 数据类型 61
8.1 线网（net） 61
 8.1.1 wire 和 tri 61
 8.1.2 wor、wand、trior、triand 61
 8.1.3 tri0、tri1 61
 8.1.4 uwire 61
 8.1.5 supply0、supply1 62
 8.1.6 驱动强度 62
 8.1.7 默认 net 62
8.2 变量（variable） 62
8.3 线网和变量的区别 63
8.4 向量（vector） 64
8.5 数组（array） 65
8.6 多维数组 65

第 9 章	表达式		67
9.1	操作符（Operator）		67
	9.1.1	操作符的优先级（Operator priority）	68
	9.1.2	表达式中使用整数	68
	9.1.3	算数操作符（Arithmetic operators）	69
	9.1.4	算术表达式中的 regs 和 integers	69
	9.1.5	比较操作符（Compare operators）	70
	9.1.6	逻辑操作符（Logical operators）	70
	9.1.7	位运算操作符（Bitwise operators）	71
	9.1.8	归约操作符（Reduction operators）	71
	9.1.9	移位操作符（Shift operators）	71
	9.1.10	条件操作符（Conditional operator）	72
	9.1.11	连接操作符（Concatenations）	72
9.2	操作数（Operands）		73
	9.2.1	向量的抽取（bit-select and part-select）	73
	9.2.2	part-select 的例子	75
	9.2.3	数组的访问	75
	9.2.4	字符串	76
9.3	表达式位长（Expression bit lengths）		77
	9.3.1	表达式位长规则	77
	9.3.2	表达式位长问题的例子 A	78
	9.3.3	表达式位长问题的例子 B	79
	9.3.4	表达式位长问题的例子 C	79
	9.3.5	表达式位长问题的例子 D	79
	9.3.6	表达式位长问题的例子 E	80
9.4	符号表达式（Signed expressions）		80
	9.4.1	表达式类型规则	81
	9.4.2	计算表达式的步骤	81
	9.4.3	执行赋值的步骤	82
	9.4.4	signed 表达式中处理 x 和 z	82
	9.4.5	signed 应用的例子	82
	9.4.6	signed 应用的错误	83
9.5	赋值和截断（Assignments and truncation）		84
9.6	与 x/z 比较		85
第 10 章	赋值操作		86
10.1	连续赋值		86
10.2	过程赋值		87
第 11 章	门级和开关级模型		88
11.1	门和开关的声明语法		88
	11.1.1	门和开关类型	88

· IX ·

		11.1.2 驱动强度	88
		11.1.3 延迟	89
		11.1.4 实例数组	89
11.2	and、nand、nor、or、xor、xnor		90
11.3	buf、not		90
11.4	bufif1、bufif0、notif1、notif0		90
11.5	MOS switches		90
11.6	Bidirectional pass switches		91
11.7	pullup、pulldown		91

第 12 章 用户定义原语 92

- 12.1 UDP 定义 92
  - 12.1.1 UDP 状态表 92
  - 12.1.2 状态表符号 93
- 12.2 组合 UDP 93
- 12.3 电平敏感时序 UDP 93
- 12.4 沿敏感时序 UDP 94

第 13 章 行为模型 97

- 13.1 概览 97
- 13.2 过程赋值 98
  - 13.2.1 阻塞赋值 98
  - 13.2.2 非阻塞赋值 99
- 13.3 过程连续赋值 102
  - 13.3.1 assign 和 deassign 过程语句 103
  - 13.3.2 force 和 release 过程语句 103
- 13.4 条件语句 104
- 13.5 循环语句 105
  - 13.5.1 for 循环例子 106
  - 13.5.2 disable 语句 107
- 13.6 过程时序控制 108
  - 13.6.1 延迟控制（Delay control） 108
  - 13.6.2 事件控制（Event control） 108
  - 13.6.3 命名事件（Named events） 109
  - 13.6.4 事件 or 操作符（Event or operator） 109
  - 13.6.5 隐含事件列表（Implicit event_expression list） 109
  - 13.6.6 电平敏感事件控制（Level-sensitive event control） 111
  - 13.6.7 赋值间时序控制（Intra-assignment timing controls） 111
- 13.7 块语句 113
  - 13.7.1 顺序块（Sequential block） 113
  - 13.7.2 并行块（Parallel block） 114
  - 13.7.3 块名字（Block names） 114

  13.7.4 开始和结束时间（Start and finish times） ································ 114
 13.8 结构化过程 ··· 116
  13.8.1 initial construct ·· 116
  13.8.2 always construct ··· 116
  13.8.3 always 的敏感列表 ·· 117
  13.8.4 并发进程 ··· 117
 13.9 always 有关的问题 ··· 118
  13.9.1 敏感列表不完整 ··· 118
  13.9.2 赋值顺序错误 ·· 119

第14章 case 语句 ··· 120
 14.1 case 语句定义 ··· 121
 14.2 case 语句的执行 ·· 122
 14.3 Verilog 和 VHDL 对比 ·· 123
 14.4 case 的应用 ··· 123
 14.5 casez 的应用 ·· 125
 14.6 描述状态机 ··· 126
 14.7 casex 的误用 ·· 127
 14.8 casez 的误用 ·· 128
 14.9 full_case 和 parallel_case ··· 128
 14.10 full_case ·· 129
  14.10.1 不是 full 的 case 语句 ··· 129
  14.10.2 是 full 的 case 语句 ··· 129
  14.10.3 使用 full_case 综合指令 ·· 130
  14.10.4 full_case 综合指令的缺点 ·· 131
  14.10.5 使用 full_case 指令后还是生成 Latch ······································· 132
 14.11 parallel_case ·· 132
  14.11.1 不是 parallel 的 case 语句 ··· 132
  14.11.2 是 parallel 的 case 语句 ·· 133
  14.11.3 使用 parallel_case 综合指令 ·· 133
  14.11.4 parallel_case 综合指令的缺点 ··· 134
  14.11.5 没有必要的 parallel_case 指令 ·· 135
 14.12 综合时的警告 ·· 135
 14.13 case 语句的编码原则 ··· 136

第15章 task 和 function ·· 137
 15.1 task 和 function 之间的不同点 ·· 137
 15.2 task 的声明和使能 ··· 137
  15.2.1 task 的声明 ·· 137
  15.2.2 task 的使能和参数传递 ··· 138
  15.2.3 task 的内存使用和并发进程 ··· 140
 15.3 disable 语句 ·· 141

· XI ·

	15.3.1 disable 语句的例子 A	141
	15.3.2 disable 语句的例子 B	143
15.4	function 的声明和调用	145
	15.4.1 function 的声明	145
	15.4.2 function 的返回值	147
	15.4.3 function 的调用	147
	15.4.4 function 的规则	147
	15.4.5 constant function	148
15.5	task 的误用	149
15.6	function 的误用	149

第16章 调度和赋值 151

16.1	仿真过程	151
16.2	事件仿真	151
16.3	仿真参考模型	152
16.4	分层事件队列	153
	16.4.1 事件队列分类	154
	16.4.2 事件队列特性	155
	16.4.3 事件调度例子	155
16.5	确定性和不确定性	157
	16.5.1 确定性（Determinism）	157
	16.5.2 不确定性（Nondeterminism）	157
16.6	赋值的调度含义	158
	16.6.1 连续赋值	159
	16.6.2 过程连续赋值	159
	16.6.3 阻塞赋值	159
	16.6.4 非阻塞赋值	159
	16.6.5 开关处理	159
	16.6.6 端口连接	159
	16.6.7 任务和函数	160
16.7	阻塞赋值和非阻塞赋值	160
	16.7.1 阻塞赋值	160
	16.7.2 非阻塞赋值	161
16.8	赋值使用原则	161
16.9	自己触发自己	162
16.10	仿真零延迟 RTL 模型	163
16.11	惯性延迟和传输延迟	165
	16.11.1 门级仿真中的传输延迟	166
	16.11.2 各种#delay 的位置	168
	16.11.3 仿真时钟生成方法	169
16.12	延迟线模型	170

16.13	使用#1 延迟	171
16.14	多个公共时钟和竞争条件	172
16.15	避免混杂阻塞赋值和非阻塞赋值	173
16.16	RTL 和门级混合仿真	176
	16.16.1 RTL-to-Gates 仿真	177
	16.16.2 Gates-to-RTL 仿真	177
	16.16.3 有时钟偏差的门级时钟树	178
	16.16.4 有时钟偏差的 Vendor 模型	178
	16.16.5 错误的 Vendor 模型	179
	16.16.6 结论和建议	183
16.17	带有 SDF 延迟的门级仿真	183
	16.17.1 全系统仿真	183
	16.17.2 软件要花钱	184
	16.17.3 门级回归仿真	184
16.18	验证平台技巧	185
	16.18.1 在 0 时刻复位	186
	16.18.2 时钟沿之后复位	186
	16.18.3 创建仿真时钟	186
	16.18.4 在无效沿输入激励	187

第 17 章 层次结构 188

17.1	模块	188
	17.1.1 模块定义	188
	17.1.2 模块实例	188
17.2	参数	188
	17.2.1 参数声明	189
	17.2.2 参数调整	189
	17.2.3 参数传递	190
	17.2.4 参数依赖	192
	17.2.5 内部参数	193
	17.2.6 clog2	193
	17.2.7 指数**	194
17.3	端口	194
	17.3.1 端口声明	194
	17.3.2 端口连接	195
	17.3.3 实数传递	196
17.4	Generate 语句	196
	17.4.1 Loop generate construct	197
	17.4.2 Conditional generate construct	200
17.5	实例数组	201
17.6	层次名字	203

第 18 章　系统任务和函数 ·· 205
18.1　显示任务 ·· 205
18.1.1　显示和写出任务 ·· 205
18.1.2　探测任务 ··· 208
18.1.3　监控任务 ··· 209
18.2　文件读写 ·· 209
18.2.1　打开和关闭文件 ·· 209
18.2.2　文件输出 ··· 211
18.2.3　字符串输出 ·· 212
18.2.4　文件输入 ··· 213
18.2.5　文件定位 ··· 216
18.2.6　刷新输出 ··· 216
18.2.7　错误状态 ··· 216
18.2.8　检查文件尾部 ··· 217
18.2.9　加载文件数据 ··· 217
18.3　时间比例 ·· 218
18.3.1　$printtimescale ··· 218
18.3.2　$timeformat ··· 218
18.4　仿真控制 ·· 218
18.4.1　$finish ··· 218
18.4.2　$stop ··· 218
18.5　仿真时间 ·· 218
18.6　转换函数 ·· 219
18.7　概率分布 ·· 220
18.7.1　$random ·· 220
18.7.2　$dist_functions ··· 220
18.8　命令行输入 ··· 220
18.8.1　$test$plusargs ·· 221
18.8.2　$value$plusargs ·· 221
18.9　数学运算 ·· 223
18.9.1　整数函数 ··· 223
18.9.2　实数函数 ··· 223
18.10　波形记录 ·· 224

第 19 章　编译指令 ·· 225
19.1　`celldefine 和`endcelldefine ·· 225
19.2　`default_nettype ·· 225
19.3　`define 和`undef ·· 226
19.4　`ifdef、`else、`elsif、`endif、`ifndef ··· 227
19.5　`include ·· 228
19.6　`resetall ·· 228

| 19.7 | `line | 228 |

19.8 `timescale 229

19.9 `unconnected_drive 和 `nounconnected_drive 230

19.10 `begin_keywords 和 `end_keywords 230

19.11 `pragma 230

第 20 章 Specify 块 231

20.1 specify 块声明 231

20.2 speparam 231

20.3 模块路径声明 232

    20.3.1 模块路径要求 232

    20.3.2 简单路径 232

    20.3.3 沿敏感路径 233

    20.3.4 状态依赖路径 234

20.4 模块路径延迟 235

第 21 章 时序检查 237

21.1 概览 237

21.2 使用稳定窗口的时序检查 237

    21.2.1 $setup、$hold、$setuphold 238

    21.2.2 $recovery、$removal、$recrem 238

21.3 时钟和控制信号的时序检查 240

    21.3.1 $skew、$timeskew、$fullskew 240

    21.3.2 $width 240

    21.3.3 $period 241

    21.3.4 $nochange 241

21.4 使用 notifier 响应时序违反 241

21.5 使用条件事件 242

21.6 时序检查中的 Vector 243

21.7 Negative timing check 243

第 22 章 反标 SDF 246

22.1 SDF 标注器 246

22.2 SDF construct 到 Verilog 的映射 246

    22.2.1 SDF 路径延迟到 Verilog 的映射 246

    22.2.2 SDF 时序检查到 Verilog 的映射 247

    22.2.3 SDF 互连延迟的标注 248

22.3 $sdf_annotate 249

22.4 SDF 文件例子 250

第 23 章 编程语言接口 252

23.1 DirectC 252

23.2 SystemVerilog 252

第 24 章 综合指令 253

24.1	Synopsys 综合指令	253
24.2	使用综合指令	253
24.3	使用 translate_off/on	254
24.4	误用 translate_off/on	256
24.5	使用 attribute	256

第三部分 书 写 文 档

第 25 章 书写文档 ··· 260

25.1	文档格式	260
25.2	定义文档	261
25.3	应用文档	262
25.4	设计文档	262
25.5	备份文档	263
25.6	GPIO 设计	263

第 26 章 GPIO 应用文档 ··· 264

26.1	Overview	264
26.2	Register Description	264
	26.2.1 PIN Level Register (PIN)	265
	26.2.2 Data Register (DAT)	265
	26.2.3 Data Set Register (DATS)	265
	26.2.4 Data Clear Register (DATC)	265
	26.2.5 Mask Register (IM)	266
	26.2.6 Mask Set Register (IMS)	266
	26.2.7 Mask Clear Register (IMC)	266
	26.2.8 PULL Enable Register (PEN)	266
	26.2.9 PEN Enable Set Register Register (PENS)	266
	26.2.10 PEN Enable Clear Register Register (PENC)	266
	26.2.11 PSEL Select Register (PSEL)	266
	26.2.12 PSEL Enable Set Register Register (PSELS)	266
	26.2.13 PSEL Enable Clear Register Register (PSELC)	267
	26.2.14 Function Register (FUN)	267
	26.2.15 Function Set Register (FUNS)	267
	26.2.16 Function Clear Register (FUNC)	267
	26.2.17 Select Register (SEL)	267
	26.2.18 Select Set Register (SELS)	267
	26.2.19 Select Clear Register (SELC)	267
	26.2.20 Direction Register (DIR)	267
	26.2.21 Direction Set Register (DIRS)	268
	26.2.22 Direction Clear Register (DIRC)	268
	26.2.23 Trigger Register (TRG)	268

26.2.24　Trigger Set Register (TRGS) ·· 268
  26.2.25　Trigger Clear Register (TRGC) ·· 268
  26.2.26　FLAG Register (FLG) ·· 268
  26.2.27　FLAG Clear Register (FLGC) ·· 269
 26.3　Program Guide ··· 269
  26.3.1　GPIO Function Guide ··· 269
  26.3.2　Alternate Function Guide ·· 269
  26.3.3　Interrupt Function Guide ·· 269
  26.3.4　Disable Interrupt Function Guide ·· 270

第 27 章　GPIO 设计文档 ·· 271
 27.1　文件列表（见表 27-1） ··· 271
 27.2　端口列表（见表 27-2） ··· 271
 27.3　配置参数（见表 27-3） ··· 272

第四部分　高 级 设 计

第 28 章　使用 IP ·· 274
 28.1　Cadence 的 IP ··· 274
 28.2　Cadence 的 VIP ··· 275
 28.3　Synopsys 的 IP ·· 275
 28.4　DesignWare Building Block ·· 276
 28.5　在 FPGA 上使用 DesignWare ·· 276

第 29 章　代码优化 ··· 278
 29.1　代码可读 ·· 278
 29.2　简洁编码 ·· 279
 29.3　优化逻辑 ·· 281
 29.4　优化迟到信号 ·· 281
 29.5　括号控制结构 ·· 282

第 30 章　状态机设计 ··· 283
 30.1　状态机类型 ·· 283
 30.2　状态编码方式 ·· 283
 30.3　二进制编码 FSM ·· 284
  30.3.1　两个 always 块 ·· 284
  30.3.2　重要的编码规则 ·· 285
  30.3.3　错误状态的转换 ·· 285
  30.3.4　next 的默认值 ·· 285
 30.4　独热码编码 FSM ·· 286
 30.5　寄存器输出 ·· 287

第 31 章　可配置设计 ··· 289
 31.1　格雷码转换 ·· 289
 31.2　通用串行 CRC ··· 290
  31.2.1　general_crc.v ··· 290

31.2.2　testbench ··················· 292
31.3　FIFO 控制器 ··················· 293
31.4　RAM Wrapper 例子 ··················· 296
　　31.4.1　常规方法 ··················· 296
　　31.4.2　名字规范化 ··················· 297
　　31.4.3　RF1_wrapper.v ··················· 298
　　31.4.4　gen_wrapper.pl ··················· 302
　　31.4.5　ram_def.txt 例子 ··················· 306
　　31.4.6　生成 wrapper ··················· 307
31.5　可配置的 GPIO 设计 ··················· 308
　　31.5.1　gpio.v ··················· 308
　　31.5.2　gpio_params.v ··················· 317
　　31.5.3　gpio_check.v ··················· 317
　　31.5.4　gpio_reg.v ··················· 318
　　31.5.5　gpio_sync.v ··················· 319
31.6　可配置的 BusMatrix ··················· 320
　　31.6.1　BusMatrix 简介 ··················· 320
　　31.6.2　设计 ABM ··················· 321
　　31.6.3　mini_abm ··················· 322
　　31.6.4　large_abm ··················· 331
31.7　可配置的 Andes Core N801 ··················· 333
31.8　可配置的 ARM926EJS ··················· 334
31.9　灵活的 coreConsultant ··················· 336

第 32 章　可测性设计 ··················· 337
32.1　内部扫描 ··················· 337
32.2　内建自测 ··················· 339
32.3　边界扫描 ··················· 340

第五部分　时钟和复位

第 33 章　异步时序 ··················· 342
33.1　亚稳态 ··················· 342
33.2　MTBF ··················· 343
33.3　同步器 ··················· 344
　　33.3.1　电平同步器 ··················· 344
　　33.3.2　边沿检测同步器 ··················· 345
　　33.3.3　脉冲检测同步器 ··················· 345
33.4　同步多位数据 ··················· 347
33.5　异步 FIFO ··················· 348
33.6　Design Ware ··················· 348
33.7　DW_fifoctl_s2_sf ··················· 349
33.8　门级仿真 ··················· 351

第 34 章　时钟生成 ·· 352
34.1　同步电路 ·· 352
34.2　设计原则 ·· 353
34.3　分频器 ·· 353
34.3.1　1/n 分频器 ·· 353
34.3.2　n/d 分频器 ·· 355
34.4　时钟切换 ·· 355
34.5　时钟生成 ·· 358

第 35 章　时钟例子 ·· 362
35.1　Overview ··· 362
35.2　CGU Clock ··· 362
35.2.1　Clock List ··· 362
35.2.2　Clock Diagram（见图 35-1）··· 363
35.2.3　Clock Divider Rate（见表 35-1）······································· 364
35.3　Register Description（见表 35-2）·· 364
35.3.1　CGU PLL Divider Register (CGU_PDR) ································ 364
35.3.2　CGU Counter Regsister (CGU_CNT) ··································· 365
35.3.3　CGU PLL Control Register (CGU_PCR) ································ 365
35.3.4　CGU Low Power Control Register (CGU_LPC) ························· 365
35.3.5　CGU Status Register (CGU_CST) ······································ 365
35.3.6　CGU Divider 0 Register (CGU_DV0→1/s) ······························ 366
35.3.7　CGU Divider 1 Register (CGU_DV1→1/x) ······························ 366
35.3.8　CGU Divider 2 Register (CGU_DV2→1/n) ······························ 366
35.3.9　CGU Divider 3 Register (CGU_DV3→1/n) ······························ 367
35.3.10　CGU Divider 4/5/6/7 Register (CGU_DV4/5/6/7→n/d) ················· 367
35.3.11　CGU Divider 8 Register (CGU_DV8→n/d) ···························· 367
35.3.12　CGU Divider 9 Register (CGU_DV9→n/d) ···························· 367
35.3.13　CGU Module Stop 0 Register (CGU_MS0) ···························· 367
35.3.14　CGU Module Stop 1 Register (CGU_MS1) ···························· 368
35.3.15　CGU Module Stop 2 Register (CGU_MS2) ···························· 368
35.3.16　CGU Reset Control Register (CGU_RCR) ···························· 369
35.3.17　CGU Reset Status Register (CGU_RST) ······························ 369
35.4　PLL Structure ··· 369
35.4.1　Frequency Calculation ··· 370
35.4.2　VCO Frequency Limitation ·· 370
35.4.3　PFD Clock Frequency Limitation ·· 370
35.5　PLL Control ·· 371
35.6　Sleep and Wakeup ··· 371
35.6.1　State switch ·· 371
35.6.2　How to wakeup ·· 372

· XIX ·

  35.7 Module Stop ·· 372
  35.8 Application Notes ·· 373

第 36 章 复位设计 ·· 374

  36.1 复位的用途 ·· 374
  36.2 寄存器编码风格 ··· 374
    36.2.1 有/无同步复位寄存器 ·· 374
    36.2.2 寄存器推导原则 ··· 376
  36.3 同步复位 ·· 376
    36.3.1 编码风格和电路 ··· 377
    36.3.2 同步复位的优点 ··· 378
    36.3.3 同步复位的缺点 ··· 379
  36.4 异步复位 ·· 379
    36.4.1 编码风格和电路 ··· 380
    36.4.2 既有异步复位又有异步置位的寄存器 ····························· 380
    36.4.3 异步复位的优点 ··· 381
    36.4.4 异步复位的缺点 ··· 382
  36.5 异步复位的问题 ··· 382
    36.5.1 复位 recovery 时间 ·· 383
    36.5.2 复位撤销经历不同的时钟周期 ······································· 383
  36.6 复位同步器 ·· 383
    36.6.1 复位同步器有亚稳态吗？ ··· 384
    36.6.2 错误的 ASIC Vendor 模型 ··· 385
    36.6.3 有缺点的复位同步器 ··· 385
    36.6.4 复位时的仿真验证 ··· 386
  36.7 复位分布树 ·· 387
    36.7.1 同步复位分布技巧 ··· 389
    36.7.2 异步复位分布技巧 ··· 389
    36.7.3 复位分布树的时序分析 ·· 390
  36.8 复位毛刺的过滤 ··· 391
  36.9 异步复位的 DFT ·· 391
  36.10 多时钟复位的问题 ·· 392
    36.10.1 非协调的复位撤销 ··· 392
    36.10.2 顺序协调的复位撤销 ··· 393
  36.11 结论 ·· 394

第六部分 验 证 之 路

第 37 章 验证之路 ·· 396

  37.1 整洁验证 ·· 397
  37.2 验证目标 ·· 398
  37.3 验证流程 ·· 398
  37.4 验证计划 ·· 398

37.5	随机验证	399
37.6	直接验证	399
37.7	白盒验证	399
37.8	模块验证	400
37.9	系统验证	400
	37.9.1 验证重点	400
	37.9.2 验证环境	401
	37.9.3 IP 互连	401
	37.9.4 性能验证	401
37.10	DFT 验证	402
37.11	网表验证	402
37.12	高级抽象	403
37.13	灵活验证	405
37.14	ARM926EJS 的 Validation 环境	406
	37.14.1 Validation tools	407
	37.14.2 Validation configuration files	407
	37.14.3 Validation test suites	407
	37.14.4 Validation flow	408
	37.14.5 Building the model	408
	37.14.6 Running Validation test suites	408
	37.14.7 Debugging a single Validation test	410
37.15	AHB BusMatrix 的验证	411
37.16	某芯片的 SoC 验证环境	411

第七部分 其他介绍

第 38 章 SystemVerilog 特性 · · · · · · 414

38.1	SystemVerilog 与 Systemc 比较	414
38.2	SystemVerilog 的特点	414
38.3	新的数据类型	415
	38.3.1 整型和实型	415
	38.3.2 新的操作符	416
	38.3.3 数组	416
	38.3.4 队列	417
	38.3.5 枚举类型	417
	38.3.6 结构体和共同体	417
38.4	always_comb、always_latch 和 always_ff	417
38.5	unique 和 priority	418
38.6	loop、break 和 continue	419
38.7	task 和 function	419
	38.7.1 静态和自动作用域	419

- 38.7.2 参数传递 ·············· 420
- 38.7.3 参数中的默认值 ·············· 420
- 38.8 Port connection ·············· 421
- 38.9 Tag ·············· 421
- 38.10 Interface ·············· 422
- 38.11 class 和 object ·············· 425
  - 38.11.1 对象的概念 ·············· 425
  - 38.11.2 类的创建 ·············· 426
  - 38.11.3 类的继承 ·············· 427
  - 38.11.4 类的 randomize ·············· 428
  - 38.11.5 类的 cover group ·············· 429
- 38.12 VMM、OVM 和 UVM ·············· 429
- 参考文献 ·············· 431
- 关于版权 ·············· 432

第一部分 设计原则

本部分讨论开发设计的高效方法、组织管理、工具使用和编码风格,这些方面对于设计人员是非常重要的。

第 1 章

美的设计

我们为了寻求美，排成一条队，美在前面等着你，把美来品味。
我们为了创造美，汗水湿衣背，假如你要怕吃苦，美将要引退。
美在那青青的山，美在绿绿的水，美在那云雾里，和你来相会。

——张黎《为了寻求美》

1.1 美学观点

"程序设计是一门艺术"这句话有两个意思：一方面是说，程序设计像艺术设计一样，深不可测，奥妙无穷；另一方面是说，程序员像艺术家一样，也有发挥创造性的无限空间[梁肇新]。

Donald Knuth 认为"计算机科学"不是科学，而是一门艺术。它们的区别在于：艺术是人创造的，而科学不是；艺术是可以无止境提高的，而科学不能；艺术创造需要天赋，而科学不需要。所以 Donald Knuth 把他的 4 卷本巨著命名为《计算机程序设计艺术》（The Art of Computer Programming）。

Donald Knuth 不仅是计算机学家、数学家，而且是作家、音乐家、作曲家、管风琴设计师。他的独特的审美感决定了他的兴趣广泛、富有多方面造诣的特点，他的传奇般的生产力也是源于这一点。对于 Donald Knuth 来说，衡量一个计算机程序是否完整的标准不仅仅在于它是否能够运行，他认为一个计算机程序应该是雅致的，甚至可以说是美的。计算机程序设计应该是一门艺术，一个算法应该像一段音乐，而一个好的程序应该如一部文学作品一般。

Bjarne Stroustrup，C++语言发明者，说"我喜欢优雅和高效的代码。代码逻辑应当直截了当，让缺陷难以隐藏；应当减少依赖关系，使之便于维护；应当依据分层战略，完善错误处理；应当把性能调至最优，省得引诱别人做没规矩的优化，搞出一堆混乱来"。他特别使用"优雅"一词来说明"令人愉悦的优美、精致和简单"[Robert C. Martin]。

一个人的美学观点会影响他的程序设计，因为 Knuth 有这么多的艺术爱好，所以他把程序设计看成艺术设计，在程序设计中要体现出程序的美。同样，当 Bjarne Stroustrup 编写优雅且高效的代码的时候，他也是在程序设计中寻求美。

我的美学观点是简单和谐、整洁有序；某导演的美学观点是宏大华丽、空洞无味；还有些人的美学观点是乱七八糟、凑合了事；你的美学观点是什么呢？有些人很自负，感觉良好，以为领悟到了编程的真谛，看到代码可以运行，就洋洋得意，可是却对自己造成的混乱熟视无睹。那堆"可以运行"的程序，就在眼皮底下慢慢腐坏，然后废弃扔掉。

因为 Verilog 编程就是一种程序设计，所以 Verilog 编程也应该像设计艺术作品一样，要仔细打磨、精雕细琢，要经历痛苦与无奈，也要经历快乐与自得。设计要有自己的方法论，要体现自己的奇思妙想，要让自己的设计有更长的生命力，而不是豆腐渣工程。

为什么那么多人对 Apple 的手机和计算机情有独钟？因为它们都是美的设计，因为它们的设计者都在追求美。同理,我们在做 Verilog 编程的时候也要追求美,也要设计出美的 Verilog 程序。

1.2 美是修养

你的文档是否清晰明了?你的设计是否符合要求?你的代码是否书写整洁?你的验证是否覆盖全面?你的环境是否设计完美?你的能力是否日益提高?

你是否达到庖丁解牛(见图 1-1)的境界,"恢恢乎其于游刃必有余地矣,……,提刀而立,为之四顾,为之踌躇满志,善刀而藏之"?

图 1-1 庖丁解牛的牛(来源于网络)

任何东西都是有章法可循的,美的设计也需要遵循一定的原则和模式,需要严谨精确,需要规范详细,需要亲身体验,需要刻苦实践,需要习以为常,然后才能设计出干净清爽、无懈可击的代码,才能达到庖丁解牛之境界。

德国人非常注重规则和纪律,干什么都十分认真。凡是有明文规定的,德国人都会自觉遵守;凡是明确禁止的,德国人绝不会去碰它。在一些人的眼中,在许多情况下,德国人近乎呆板,缺乏灵活性,甚至有点儿不通人情。但细细想来,这种"不灵活"甚为有益。没有纪律,何来秩序?没有规矩,何有认真?

德国人很讲究清洁和整齐,不仅注意保持自己生活的小环境的清洁和整齐,而且也十分重视大环境的清洁和整齐。在德国,无论是公园、街道,还是影剧院或者其他公共场合,到处都收拾得干干净净,整整齐齐。德国人也很重视服装穿戴。工作时就穿工作服,下班回到家里虽可以穿得随便些,但只要有客来访或外出活动,就一定会穿戴得整洁。看戏、听歌剧时,女士要穿长裙,男士要穿礼服,至少要穿深色的服装。参加社会活动或正式宴会更是如此。

德国人能研究出高精尖的技术,能制造出精密的仪器,是不是与他们的"守纪律讲整洁"有极大关系呢?

"汝果欲学诗,功夫在诗外",陆游认为:一个作家,所写作品的好坏高下,是其经历、其阅历、其见解、其识悟所决定的。当然,他所说的"功夫在诗外",也不仅仅是这些,其才智、其学养、其操守、其精神等等形而上的东西,同样也是诗人要想写出好诗的"功夫"。但陆游强调作家对于客观世界的认知能力,主张作家从身体力行的实践,从格物致知的探索,从血肉交融的感应,从砥砺磨淬的历练,获得诗外的真功夫。陆游在另一首诗中又说"纸上得来终觉浅,绝知此事要躬行",所以所谓的"功夫在诗外",就是强调"躬行",要到生活中广泛涉猎,开阔眼界。

我们要对 Veilog 编程做出美的设计，但是我们有好的编码风格只是我们设计出优美代码的基础，功夫其实是在 Verilog 之外，就是说我们必须要有各方面的知识，要有条不紊地开发管理，要充分理解协议和标准，要写出完整的应用文档，要设计出优美的算法，要使用灵活的数据结构，要经过完整的验证。

1.3 专业术语

EDA	Electronic Design Automation，电子设计自动化	
SOC	System On Chip，片上系统	
ASIC	Application Specific Integrated Circuit，专用集成电路	
VHDL	VHSIC Hardware Description Language，一种硬件描述语言	
VSG	Verilog Standards Group，Verilog 标准化组	
IP	Intellectual Property，知识产权	
ATPG	Automatic Test Pattern Generation，自动生成测试向量	
DFT	Design For Test，可测性设计	
BIST	Built-in Self Test，内建自测	
BSD	Boundary Scan Design，边界扫描测试	
DUT	Design Under Test，要做测试的设计	
RTL	Register Transfer Level，寄存器传输级，或者 Verilog 的可综合子集	
FSM	Finite State Machine，有限状态机	
CGM	Clock Generation Module，时钟生成模块	
RC	Race Condition，竞争条件	
LSB	Least Significant Bit，最低位	
MSB	Most Significant Bit，最高位	
LHS	The Left Hand Side of the equation，表达式左侧	
RHS	The Right Hand Side of the equation，表达式右侧	
BA	Blocking Assignment，阻塞赋值	
NBA	Nonblocking Assignment，非阻塞赋值	
STA	Static Timing Analysis，静态时序分析	
RTL_SIM	前仿真，RTL 仿真	
NET_SIM	后仿真，网表仿真	
PS_SIM	post-synthesis netlist simulation，综合后网表仿真	
PL_SIM	post-layout netlist simulation，布线后网表仿真	

第 2 章 高效之道

这里参考了《敏捷软件开发》、《代码清洁之道》和《高效程序员的 45 个习惯》等书。

2.1 敏捷开发

如同做软件开发一样，做数字电路设计的过程也是充满了各种问题：矛盾、吵架、无奈、拖拉、笨重、繁杂、低效、设计拖后腿、验证不充分、错误层出不穷。

敏捷开发（Agile Development）是一种更好的软件开发方法，它着重关注那些真正重要的事情，少关注那些占用大量时间而且又没多大益处的事情。它的开发宗旨是：以人为本、团队合作、快速响应变化和可工作的软件。

敏捷开发是软件工程的一个重要的发展，它强调软件开发应当能够对未来可能出现的变化和不确定性做出全面反应。敏捷开发是一种轻量级的方法，最负盛名的轻量级方法应该是极限编程（Extreme Programming）。重量级方法是与轻量级方法相对的方法，它强调以开发过程为中心，而不是以人为中心。

敏捷方法可以快速响应变化，强调团队合作，专注于具体可行的目标，这就是敏捷的精神。它打破了那种基于计划的瀑布式软件开发方法，把软件开发的重点转移到更加自然和可持续的开发方式上。敏捷开发就是在一个高度协作的环境中，不断地使用反馈进行自我调整和完善。

1. 要有结构合理的研发队伍，要求有规划、软件、硬件、算法、前端、后端、模拟、验证、测试、应用、市场等工程师。
2. 要有团结协作、全心投入、严谨踏实、勤奋上进、高效快速、专业精深的精神，要避免出现影响团队和谐的因素。
3. 要不断地学习新知识、新技术、新方法和新标准，要有打破砂锅问到底的精神。
4. 要使用反馈纠正开发方法和开发过程，当发现问题时，不要试图掩盖问题。
5. 要和客户保持协作，保证项目符合客户的需求。
6. 要保证开发持续不断，要持续注入能量，切勿时断时续，但是我们也要注意欲速则不达。长时间高强度的工作之后，我们的工作也许不再有效率，烦恼拖沓低效，那么就需要改变一下，休息一下，放松一下，也许我们就会灵光乍现呢。
7. 要保证代码的整洁和可扩展，防止代码慢慢变坏，最后变得不可收拾。不要让代码失去清晰度，不要让代码失去控制。代码的整洁程度，很大程度上影响着代码的维护难度。实行团队成员之间代码的互相审核制度，提出修改意见，这样能更好地保证代码的可读性。
8. 要提高验证效率，节省验证时间。使用单元验证方法，低层次的模块要尽量做到随机验证和全覆盖验证。模块验证可以保证设计出更清晰的代码，可以更方便地理解整个模块。

"流水不腐，户枢不蠹"，厨房脏了就擦一下，总比满墙都是油烟以后再去清理的代价小得多。有价值的东西，比如回顾、重构、验证，一切有利于团队建设、提高生产力的的实践都应该频繁且持续去做，然后日积月累就养成了习惯。

2.2 代码质量

数字电路设计是非常复杂的,它的成功不但依赖于架构和项目管理,也与代码质量紧密相关。代码质量与其整洁度成正比,整洁的代码,既在质量上较为可靠,也为后期维护、升级奠定了良好的基础。代码质量要通过一条条的规则来保证,只有在良好的编码风格保证下,才能编写出优质的代码。

在梁肇新的《编程高手箴言》里,"以前所有的 C 语言书中,不太注重格式的问题,写的程序像一堆堆的垃圾一样。这也导致了现在的很多程序员的程序中有很多是废码、垃圾代码,这和那些入门的书非常有关系。因为这些书从不强调代码规范,而真正的商业程序绝对是规范的。你写的程序和他写的程序应该是格式大致相同,否则谁也看不懂。如果写出来的代码大家都看不懂,那绝对是垃圾。如果把那些垃圾'翻'了半天,勉强才能把里面的'金子'找出来,那这样的程序不如不要,还不如重新写过,这样,思路还会更清楚一点。这是入门首先要注意的事情,即规范的格式是入门的基础"。

"正确的程序设计思路是成对编码,先写上面的大括号,然后写下面的大括号。这样一个函数体就已经形成了,它没有任何问题。成对编码就涉及到代码规范的问题。为什么我说上面一个大括号,下面一个大括号,而不说成是前面一个大括号,后面一个大括号呢?如果是一般 C 语言的书,则他绝对是说后面加个大括号,回头前面加个大括号。事实上,这就是垃圾程序的写法。正确的思路是写完行给它回车,给它大括号独立的一行,下面大括号独立的一行,而且这两个大括号跟那个 for 单词中间错开一个 TAB"。

"代码一定不能乱,一定要格式清楚。就是你写的程序我能读,我写的程序你也能读,不需要再去习惯彼此不同的写法"。

垃圾代码体现在什么地方呢?
1. 有些人没有好的书写风格,没有好的命名习惯,没有清晰的层次结构,没有好的文件和目录结构,烦琐啰嗦,难以在可读性和可维护性上有什么保证。
2. 有些人认为代码能正确运行就可以了,就万事大吉,即使是对于非常糟糕的代码,他们也是自我感觉良好,他们不会在代码上精益求精。
3. 有些人编写代码,为了修正错误或为了支持新功能,打了一个补丁又一个补丁,最后成了一件"百衲衣"。
4. 有些人不敢对能正确运行的代码重构,担心稍微的改动就会导致代码运行不正常,这样的代码像个易碎的瓷器。

所有这些都是不负责任的表现,都是懒惰,最后的代码只能是偏离正道、乱七八糟、惨不忍睹、死气沉沉、难以管理、难以阅读、难以维护,随着混乱的增加,团队生产力持续下降,最后趋于零,会使整个开发团队深陷沼泽,难以自拔,最后只能像扔垃圾一样扔掉这些垃圾代码。

我们是不是很鄙视那些在公共场所乱丢垃圾的人?那么我们为什么能容忍这些给项目带来垃圾代码的人呢?

让代码工作和让代码整洁是两种不同的工作态度。只要代码"能工作"就转移到下一个任务上,然后那个"能工作"的代码就留在了那个所谓的"能工作"的状态,这其实是一种自毁行为。而让代码整洁则是对设计的精益求精,是对工作的认真负责。

我很爱看《我爱发明》,因为里面的发明都很巧妙,解决了很多我们以为不能自动化的事情,例如收土豆机、收花生机、收西红柿机、采棉机、炒菜机、摊煎饼机、柠条平茬机、砸核桃机、山楂去核机、抓老鼠机等，这些发明的发明人都在不断地改进优化自己的设计，精益求精，提高工作效率和工作质量。

代码的质量体现在每一个细节里，包括每一个信号的名字，每一行代码的书写，每个模块的构造，否则就如同"一个脏乱差的桌面会影响你的美好的办公环境"一样。下面就是代码整洁的原则。

1. 好的代码是需要在一定的原则、模式和实践下来保证的。好的代码不是一天练成的，需要非常的用功，需要阅读大量的代码，需要仔细琢磨那些好的代码。
2. 在遵循一定的原则和模式下，得到代码整洁的感觉，这种代码整洁感使得设计人员制定修改计划、按图索骥、重构代码。
3. 整洁的代码只做一件事，意图清晰、干净利落、直截了当、力求集中、全神贯注。糟糕的代码想做太多事，意图混乱，目的含混。
4. 整洁代码是以增量式方式开发出来的，这样可以精炼并结构化代码。
5. 代码的重构要在完整的验证下保证。如果没有得到完整的验证，很难做到重构代码。
6. 源代码可以被读懂，不是因为其中的注释，而应该是由于它本身的优雅：变量名意义清楚；空行和空格使用得当；逻辑分块清晰；表达式简洁明了。代码能够自我解释，而不用依赖注释。
7. 使用注释描述设计意图，但是注释不能代替优秀的代码。
8. 代码简单，便于阅读。但要想达到代码简单，你所做的并不简单，简单并不意味着简陋、业余和不足，简单意味着你的技术精华。
9. 不要说"稍后我再调整代码"，因为有个原则，"稍后等于永不（Later equals never）"。要随时随地地调整代码，让代码始终处于整洁状态，最后达到美好的设计。

我们应该从一开始就编写易读易维护的代码，我们应该不停地重构我们的代码，提高表达力，整理编码格式，整理数据结构，提取公共模块和函数，清除陈腐无用的代码，最终写出优雅高效的代码。

2.3 版本控制

在项目开发中，要用版本控制（Revision control）统一管理所有的源代码、验证代码和脚本文件。可是令人惊讶的是，很多团队仍然喜欢把这些文件放到一个网络共享设备上或者就放到每个人的目录里，这是一种很不专业很低效的做法，一方面没有达到统一的管理，另一方面开发的步骤记录不全，难以恢复到以前的状态。

版本控制是对设计实行全面配置管理的基础，用以保证设计状态的一致性。版本控制是对设计不同版本进行标识和跟踪的过程。版本标识的目的是便于对版本加以区分、检索和跟踪，以表明各个版本之间的关系。一个版本是设计的一个实例，在功能上和性能上与其他版本有所不同，或是修正、补充了前一版本的某些不足。实际上，对版本的控制就是对版本的各种操作控制，包括检入检出（Checkin/Checkout）控制、版本的分支和合并（Branch/Merge）、版本的历史记录和版本的发行。

常用的版本控制软件有很多，例如 CVS、VSS 和 SVN 等，我们要根据设计的需要选择合适的版本控制软件。

2.4 提早集成

代码集成是主要的风险来源，要想规避这个风险，只有提早、持续而有规律地进行集成。成功的集成就意味着系统在不停地通过验证。

1. 提早集成可以尽早地暴露系统问题，越容易发现系统和模块在设计上的错误。
2. 提早集成可以推动整个系统的设计，提早展开各项工作，规划时钟、复位和测试等工作，设计综合和时序分析脚本，做出全芯片的管脚列表，做出全芯片效率、功耗和面积的分析。
3. 提早集成模块，如同建筑上的框架结构一样，一旦框架结构建好，各方面工作就可以同时施工，例如外墙装修、内部装修、通水电气。
4. 提早集成需要强大的构建系统，编译、仿真和综合的过程都要脚本化和自动化，这样才能把集成的工作变得容易一些。
5. 提早集成，就意味着要使用空模块方法。空模块就是约定好协议和接口，输入信号不关心，输出信号使用默认值，以后用真实模块代替空模块。

第 3 章

组织管理

　　植物分类与 ASIC/FPGA 的设计没有任何关系，但是这里想说的是事物是相通的。面对纷繁复杂的植物界，植物分类能够把植物界理清关系，正是因为有着科学有效的管理方式。同样道理，对于 ASIC/FPGA，不管是很简单的设计，还是非常复杂的设计，同样需要科学有效的管理方式。

3.1　植物分类

　　植物分类学是一门研究植物界的不同类群的起源、亲缘关系和进化发展规律的基础学科，就是把纷繁复杂的植物界分门别类一直鉴别到种，并按系统排列起来，以便于人们认识和利用植物。

　　植物分类学是植物学科中最古老和最具综合性的一门分支学科，过去的经典分类大多依据外部形态和内部解剖特征去分，后来把孢粉形态、地理分布和古生物学等方面的内容结合进去后，有助于对种类做进一步的鉴定、植物演化关系的探讨和植物的分类。

　　现在生存在地球上的生物估计有 50 万种以上，其中种子植物有 25 万种左右，要对数目如此众多、彼此千差万别的植物进行研究，第一步必须先根据它们的自然性质，由粗到细、由表及里地进行分门别类，否则便无从下手。

　　植物分类学的研究对象为全世界生活的植物，内容由三方面组成：分类（Classification）、鉴定（Identification & Determination）、命名（Nomenclature）。

　　植物分类学是发展较早的一门学科，它的任务不仅要识别物种、鉴定名称，而且还要阐明物种之间的亲缘关系和分类系统，进而研究物种起源、分布中心、演化过程和演化趋势。因此它是一门既有实用价值又富有理论意义的学科，恩格勒被子植物分类系统图见图 3-1。

　　植物分类的基本单位是种，根据亲缘关系把共同性比较多的一些种归纳成属，再把共同性较多的一些属归纳成科，如此类推而成目、纲和门。因此植物界从上到下的分类等级顺序为门、纲、目、科、属、种。在各分类等级之下根据需要建立亚级分类等级，如亚门、亚纲、亚目、亚科和亚属。种以下的分类等级则根据该类群与原种性状的差异程度分为亚种、变种和变型。亚种比变种包括的范围更广泛一些，除了在形态上有显著的区别外，而且在地理分布上也有一定的区域性。变种又比变型在形态上的差异要大一些。实际分类工作中要根据野外调查的资料和标本的特征经过综合研究分析方能确定。

　　各分类等级的具体名称的拉丁文名称常有固定的词尾，可供识别，如种子植物门的词尾为-phyta，纲为-opsida，目为-ales，科为-aceae。

　　现以土豆为例，表明植物分类系统的等级和所在的分类位置。

　　1．界：植物界 Pantae
　　2．门：被子植物门 Magnoliophyta
　　3．纲：双子叶植物纲 Magnoliopsida
　　4．目：茄目 Solanales
　　5．科：茄科 Solanaceae

6. 属：茄属 Solanum
7. 种：马铃薯 S. tuberosum

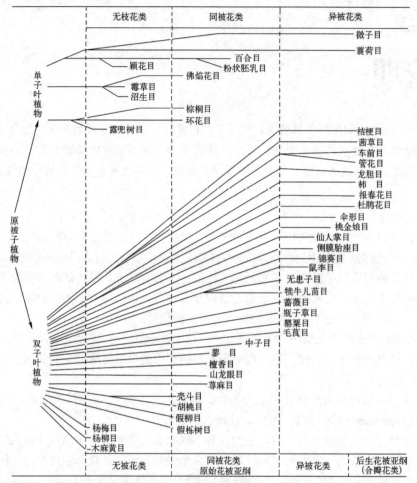

图 3-1　恩格勒被子植物分类系统图（来源于网络）

在生物学中，双名法是为生物命名的标准。双名法以拉丁文表示，通常以斜体字或下划双线以示区别。第一个是属名，是主格单数的名词，第一个字母大写；后一个是种加词，常为形容词，须在词性上与属名相符。

属名通常使用拉丁文名词，如果引用其他语言的名词，则必须拉丁化。种加词大多为形容词，也可以为名词的所有格或同位名词。当形容词作种加词时，要求其性、数、格与属名一致。例如板栗"Castanea millissima BL."，Castanea 栗属（阴性、单数、第一格）。有时，名称也会来源于古希腊语，或者是本地语言，又或者是该物种发现者的姓名。事实上，分类学家通过各种途径来构造物种名称，比如说会开开玩笑或者是一语双关。然而，无论其来源如何，学名在语法上总是被看作拉丁文。

双名法系统的价值体现在它的简便性和广泛性。
1. 同样的名称在所有语言中通用，避免了翻译的困难。
2. 任何一个物种都可以明确无误的由两个单词确定。

本系统已经在植物学（始于1753）、动物学（始于1758）和细菌学（始于1980）中广泛应用。

双名法命名的程序体现了其稳定性。特别地，当一个种从一个属转到另一个属时（比较常见的现象），如果可能的话，种加词保留一致。类似地，如果原来的两个种合并时，原来各自的种名保留为亚种名。

3.2 SoC 特性

在设计 SoC 的时候，我们重点要考虑下面这些问题[郭炜]。

1. 设计规模问题：SoC 集成了众多的数字模块和模拟模块，同时又要求在面积、性能和功耗上达到最优，导致规划、设计、验证、测试都极为复杂。
2. 时序收敛问题：随着工艺的进步，互连线延迟占主导地位，同时又要求很高的主频，导致让设计满足时序要求越来越困难。
3. 信号完整性问题：信号之间的电容耦合作用会导致信号之间发生串扰，更长的互连线会导致线上电阻增加，从而导致可靠性、可制造性和系统性能降低。
4. 电源功耗问题：设计集成度、复杂度和工作频率的提高，会导致动态功耗快速地增加，同时随着工艺尺寸的缩小，静态功耗又急剧地增加。功耗增加会影响芯片的正常工作，会缩短芯片的寿命，会缩短电池的使用时间。为了进行低功耗设计，不得不使用了各种降低功耗的手段，例如使用多阈值的单元，划分电源域，动态调整电压，但是这些又增加了设计的难度。
5. 可制造性和成品率：过去芯片的成品率取决于工厂的工艺水平，现在的成品率则依赖于设计本身的特征。随着集成度的提高，以及工艺的发展，出现了很多影响成品率的不良因素，例如平整性对时序的影响、过孔空洞效应等。所以在设计的时候就要考虑这些问题，例如预测制造成品率，加入冗余和容错设计，改变设计规则，增强布局布线。

下面的图 3-2 就是某芯片的构成框图，它是一个完整的 SoC，包含了 CPU、内存和各种的控制器。

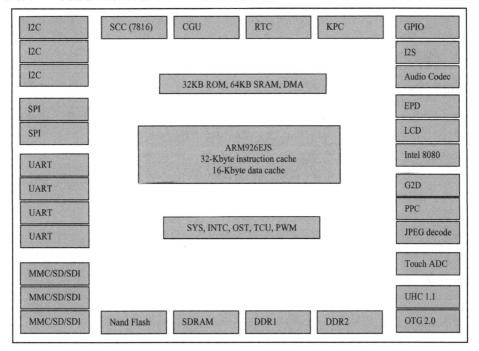

图 3-2 某芯片的模块框图

3.3 设计流程

IC 设计是一个环环相扣的系统工程，主要由以下过程组成。

1. 项目策划。
   形成项目规划书，论述市场需求、市场前景、系统组成、技术难点、项目进度等。
   流程：市场需求 → 可行性研究 → 论证决策
2. 总体设计。
   确定设计对象和目标，进一步明确芯片功能、性能要求和参数指标，论证各种可行方案，算法实现和验证，系统软硬件的划分和验证，选择最佳的实现方式、加工厂家和工艺水准。
   流程：需求分析 → 系统方案 → 系统设计 → 系统仿真
3. 详细设计和可测性设计。
   定义系统 SPEC 和模块 SPEC，确定各个模块的实现结构，确定设计所需的资源；使用 HDL 语言进行电路描述，进行模块和系统验证；确定实现方式，选择 ASIC 或 FPGA；进行可测性设计，包括 InternalScan、BoundScan 和 BIST。
   流程：功能分解→模块设计→模块仿真→系统仿真→综合网表→综合后网表仿真和分析
4. 版图设计和时序分析。
   后端对综合后网表布局布线，然后把提取的网表和 SPEF 返回给前端，前端做静态时序分析、网表仿真和各种必要的检查，后端做版图的物理验证、DRC、ERC 和 LVS 检查，如果没有什么问题的话，就把 GDSII 文件投片出去。
   流程：布局布线 → 时序分析 → 网表仿真 → 各种检查验证 → 测试向量生成
5. 加工和测试。
   流程：工艺设计与生产 → 芯片测试 → 芯片应用

这些步骤有的需要串行执行，有的则可以并行执行。如果进行到某一步时发现了问题，例如，系统有新的需求，或者时序不满足要求，或者仿真发现了 bug，那么就需要返回到某一点再重新开始，有时这种反复迭代需要多次之后才能投片出去。

3.4 仔细规划

在编写代码之前有很多设计问题必须先解决，它们会影响设计的进度和质量，还会影响后续的仿真验证、综合分析和时序收敛。下面就是需要仔细讨论并确定的问题[郭炜]。

1. 编码风格、命名规则、版本控制和目录安排等。
2. 系统运行的要求、性能、功耗、温度等各项指标。
3. 系统模块的划分、层次、功能、人员安排等，是否需要购买 IP？IP 的质量如何？
4. 时钟规划：几种运行模式？时钟源个数？PLL 个数？如何分频？
5. 复位规划：是同步复位还是异步复位？是全局复位还是分布式复位？
6. 电源规划：几个电源域？几种功耗模式？如何做电源管理？如何到达最低功耗？
7. PAD 规划：几个电源域？支持唤醒吗？是否有特殊的 PAD？
8. 总线规划：集中仲裁还是分布仲裁？几条总线？各个模块如何连接到总线上？
9. 可测性设计：内部扫描？边界扫描？内建自测？如何提高缺陷覆盖率？
10. 工艺考虑：设计的速度是否超过工艺速度的极限？设计的面积是引脚限制（Pad-limited）还是门数限制（Core-limited）？对后端布局布线有什么特殊要求？

11. 其他问题：可能会发生什么样的关键问题？

3.5 管理表格

为了便于集中管理设计，我们可以通过表格管理，见表3-1。

1. 在这个表格里，我们要列出个各个模块的名字、实例化的名字、信号前缀的名字和对应 SPEC 的名字。当这些名字定义好之后，我们就要遵守。
2. 在这个表格里，我们还要列出模块的设计人员、设计状态、验证人员、验证状态等。

表 3-1 某芯片的管理表格

Module	Module name	spec writer	spec state	module designer	module state	tester	test state	FPGA state	FPGA test state	# of inst	inst name	signal prefix	SEPC Name
AHB_BUS Modules													
ABM	abm	No			Yes		Yes	Yes	Yes	1	abm_i	abm_	H01-abm-spec
ROM	rom	No			Yes		Yes	Yes	Yes	1	rom_i	rom_	H02-boot-spec
RAM	ram	No			Yes		Yes	Yes	Yes	2	ram_i	ram_	H03-mem-spec
ARM926	arm_w	Yes			Yes		Yes	Yes	Yes	1	arm_i	arm_	H04-arm-spec
DMA	dma	Yes			Yes		Yes	Yes	Yes	1	dma_i	dma_	H05-dma-spec
NFC	nfc	No			Yes		Yes	Yes	Yes	1	nfc_i	nfc_	H06-nfc-spec
EMC	emc	Yes			Yes		Yes	Yes	Yes	1	emc_i	emc_	H07-emc-spec
MSC	msc	No			Yes		Yes	Yes	Yes	3	msc_i	msc_	H08-msc-spec
UHC	uhc	Yes			Yes		Yes	Yes	Yes	1	uhc_i	uhc_	H09-uhc-spec
OTG	otg_w	No			Yes		Yes	Yes	Yes	1	otg_i	otg_	H10-otg-spec
LCD	lcd	Yes			Yes		Yes	Yes	Yes	1	lcd_i	lcd_	H11-lcdc-spec
EPD	epd	Yes			Yes		Yes	Yes	Yes	1	epd_i	epd_	H12-epdc-spec
G2D	g2d	Yes			Yes		Yes	Yes	Yes	1	g2d_i	g2d_	H13-g2dc-spec
JPEG	jpeg_w	Yes			Yes		Yes	Yes	Yes	1	jpeg_i	jpeg_	H14-jpeg-spec
PPC	ppc	Yes			Yes		Yes	Yes	Yes	1	ppc_i	ppc_	H15-ppc-spec
AHB2APB	h2p	x			Yes		Yes	Yes	Yes	3	h2p_i	h2p0_	
APB_BUS Modules													
SYS	sys	Yes			Yes		Yes	Yes	Yes	1	sys_i	sys_	P01-sys-spec
INTC	intc	Yes			Yes		Yes	Yes	Yes	1	intc_i	intc_	P02-intc-spec
CGU	cgu	Yes			Yes		Yes	Yes	Yes	1	cgu_i	cgu_	P03-cgu-spec
RTC	rtc	Yes			Yes		Yes	Yes	Yes	1	rtc_i	rtc_	P04-rtc-spec
OST	ost	Yes			Yes		Yes	Yes	Yes	1	ost_i	ost_	P05-ost-spec
TCU	tmu	Yes			Yes		Yes	Yes	Yes	1	tcu_i	tcu_	P06-tcu-spec
GPIO	gpio	Yes			Yes		Yes	Yes	Yes	3	gpio_i	gpio_	P07-gpio-spec
KPC	kpc	Yes			Yes		Yes	Yes	Yes	1	kpc_i	kpc_	P08-kpc-spec
UART	uart	Yes			Yes		Yes	Yes	Yes	4	uart_i	uart_	P09-uart-spec
SPI	spi	Yes			Yes		Yes	Yes	Yes	2	spi_i	spi_	P10-spi-spec
I2C	i2c	Yes			Yes		Yes	Yes	Yes	3	i2c_i	i2c_	P11-i2c-spec
I2S	i2s	Yes			Yes		Yes	Yes	Yes	1	i2s_i	i2s_	P12-i2s-spec
SCC	scc	Yes			Yes		Yes	Yes	Yes	1	scc_i	scc_	P13-scc-spec
ADC	adc	Yes			Yes		Yes	x	x	1	adc_i	adc_	P14-adc-spec
CODEC	codec	Yes			Yes		Yes	x	x	1	codec_i	codec_	P15-codec-spec
TOP Modules													
AHB0	ahb0				Yes		Yes	Yes	Yes	1	ahb0_i		
APB0	apb0				Yes		Yes	Yes	Yes	1	apb0_i		
APB1	apb1				Yes		Yes	Yes	Yes	1	apb1_i		
CORE	core				Yes		Yes	Yes	Yes	1	core_i		
CCF	ccf				Yes		Yes			1	ccf_i		
BIST	bist				Yes		Yes			1	bist_i		
IO_SETUP													
CHIP_NO_PAD													
JTAG/BSD													
IO_PAD													
ASIC_TOP													
FPGA Modules													
FPGA_IO_PAD					Yes		Yes	Yes	Yes				
FPGA_TOP					Yes		Yes	Yes	Yes				
FPGA_UCF					Yes		Yes	Yes	Yes				

3.6 模块层次

根据芯片内的模块合理地安排各模块的层次。例如，针对某芯片，我们设计了四个大的层次，这样管理起来更方便，看起来更清晰。另外，在做 FPGA 综合的时候，我们只要在 core 上面加一层 fpga_top 即可，因为在 FPGA 上我们不使用 core 上面层次的模块和与 core 同层次的模块见图 3-3。

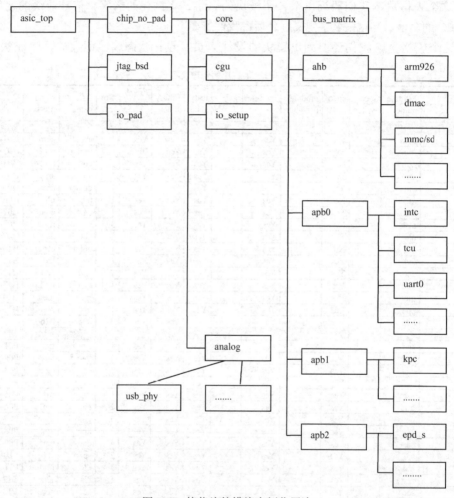

图 3-3 某芯片的模块实例化层次

为了减少连线，不存在 io_pad 模块，只存在 io_pad.v，在 asic_top.v 中使用 `include "io_pad.v"。

同样，也不存在 io_setup 模块，只存在 io_setup.v，在 chip_no_pad.v 中使用 `include "io_setup.v"。

3.7 目录组织

我们要有很好的目录组织，来存放管理设计代码、验证代码、综合分析脚本、网表文件、参数文件、分析报告和各种文档等。我们一般把按如下几个大的目录组织。

1. src：存放设计代码，按大类分为 top、bus、bist、ahb 和 apb 等，然后再按模块分到各个子目录。
2. sim：存放 Verilog 写的 driver 和验证代码。

3. vrf：存放编译和运行脚本，存放各个 test_case，存放编译出来的执行文件 simv。
4. fpga：存放 FPGA 使用的 Verilog 文件、coregen 生成的文件、约束 ucf 文件、综合脚本和布线脚本。
5. impl：存放综合、STA、TMAX 和 Formality 脚本。
6. work：综合、STA、TMAX、Formality、FPGA 综合等的工作目录。
7. public：存放网表、SDF、SPEF 文件和各种报告的公共目录。
8. project：存放各种文档的公共目录，此目录在 Windows 下，因为我们习惯在 Windows 下阅读编辑这些文档。

例子：下面是某芯片的具体目录组织结构。
//下面这些目录是在每个人的 Linux 目录下
chip/src/
chip/src/top
chip/src/bus
chip/src/bus/abm
chip/src/bus/h2p
chip/src/ahb
chip/src/ahb/arm
chip/src/ahb/dma
chip/src/ahb/emc
chip/src/ahb/ram
chip/src/ahb/rom
chip/src/ahb/ddr
chip/src/ahb/epd
chip/src/ahb/lcd
chip/src/ahb/ppc
chip/src/ahb/g2d
chip/src/ahb/otg
chip/src/ahb/uhc
chip/src/ahb/mmc
chip/src/ahb/spi
chip/src/apb
chip/src/apb/sys
chip/src/apb/cgu
chip/src/apb/tcu
chip/src/apb/rtc
chip/src/apb/intc
chip/src/apb/i2c
chip/src/apb/i2s
chip/src/apb/gpio
chip/src/apb/kpc
chip/src/apb/scc
chip/src/apb/uart
chip/src/apb/adc
chip/src/bist
chip/src/bist/core

```
chip/src/bist/ctrl
chip/src/bist/wrap

chip/sim
chip/sim/vfl
chip/sim/board
chip/sim/lib
chip/sim/driver
chip/sim/module
chip/sim/module/abm
chip/sim/module/bist
chip/sim/module/epd
chip/sim/module/lcd
chip/sim/module/ppc
chip/sim/module/mig

chip/vrf/bin
chip/vrf/lib
chip/vrf/tm
chip/vrf/tm/arm
chip/vrf/tm/dma
chip/vrf/tm/emc
chip/vrf/tm/ram
chip/vrf/tm/rom
chip/vrf/tm/ddr
chip/vrf/tm/epd
chip/vrf/tm/lcd
chip/vrf/tm/ppc
chip/vrf/tm/g2d
chip/vrf/tm/otg
chip/vrf/tm/uhc
chip/vrf/tm/mmc
chip/vrf/tm/spi
chip/vrf/tm/sys
chip/vrf/tm/cgu
chip/vrf/tm/tcu
chip/vrf/tm/rtc
chip/vrf/tm/intc
chip/vrf/tm/i2c
chip/vrf/tm/i2s
chip/vrf/tm/gpio
chip/vrf/tm/kpc
chip/vrf/tm/scc
chip/vrf/tm/uart
chip/vrf/tm/adc
chip/vrf/tp
chip/vrf/tp/analog_connect
chip/vrf/tp/bist
```

```
chip/vrf/tp/bnd_jtag
chip/vrf/tp/bootrom
chip/vrf/tp/core_connect
chip/vrf/tp/test_adc
chip/vrf/tp/test_atpg
chip/vrf/tp/test_codec
chip/vrf/tp/test_otg_phy

chip/impl
chip/impl/bin/
chip/impl/scr/

chip/fpga/src
chip/fpga/lib
chip/fpga/syn
chip/fpga/par
chip/fpga/ucf

chip/work/syn
chip/work/ps_sta          //ps is abbreviavited from post-synthesis
chip/work/ps_tmax
chip/work/pl_sta          //pl is abbreviavited from post-layout
chip/work/pl_tmax
chip/work/fpga_syn        //synphify synthesis
chip/work/fpga_par        //Xinlinx  ISE PAR

//下面这些目录是在 Linux 服务器的目录下
project/chip/lib                              //++++存放库文件
project/chip/lib/sc
project/chip/lib/io
project/chip/lib/macro
project/chip/lib/memory
project/chip/signoff
project/chip/signoff/<pass>/ps-netlist         //++++存放综合后相关的数据
project/chip/signoff/<pass>/ps-netlist/net     //存放综合后的网表
project/chip/signoff/<pass>/ps-netlist/syn     //存放综合报告,如 timing、area、power
project/chip/signoff/<pass>/ps-netlist/sta     //存放 STA 分析报告
project/chip/signoff/<pass>/ps-netlist/sim     //存放仿真用 SDF 文件
project/chip/signoff/<pass>/ps-netlist/dft     //存放 TMAX 报告,Fault-Coverage
project/chip/signoff/<pass>/ps-netlist/fm      //存放 Formality 报告
project/chip/signoff/<pass>/ps-netlist/par     //存放给后端用的脚本
project/chip/signoff/<pass>/pl-netlist         //++++存放 Layout 后相关的数据
project/chip/signoff/<pass>/pl-netlist/net     //存放网表和 SPEF 文件
project/chip/signoff/<pass>/pl-netlist/sta
project/chip/signoff/<pass>/pl-netlist/sim
project/chip/signoff/<pass>/pl-netlist/dft
project/chip/signoff/<pass>/pl-netlist/fm
//下面这些目录是在 Windows 服务器的目录下
```

```
project/chip/01-top
project/chip/02-spec
project/chip/03-design
project/chip/04-ip
project/chip/05-verify
project/chip/06-fpga
project/chip/07-backend
project/chip/08-manufacure
```

第 4 章

使用工具

这里只说三句话,一是"工欲善其事,必先善其器",二是"他山之石,可以攻玉",三是"小脚本解决大问题"。

4.1 使用 Emacs

4.1.1 Emacs 介绍

Emacs 是一个功能强大的文本编辑器,在程序员和其他以技术工作为主的计算机用户中广受欢迎。EMACS 是 Editor MACroS(编辑器宏)的缩写,是由著名的自由软件之父 Richard Stallman 设计的。

Emacs 的编辑方式是对不同类型的文本进入相应的编辑模式,即"主模式"(major mode)。Emacs 对不同类型的文本定义了不同的主模式,包括普通文本文件、各种编程语言的源文件、HTML 文档等。

每种主模式都有特殊的 Emacs Lisp 变量和函数,在这种模式下用户能更方便地处理这一特定类型的文本。例如,各种编程的主模式会对源文件文本中的关键字、注释以不同的字体和颜色加以语法高亮。主模式还可以提供诸如跳转到函数的开头或者结尾这样特地定义的命令。

Emacs 还能进一步定义"次模式"(minor mode)。每一个缓冲区(buffer)只能关联一个主模式,却能同时关联多个次模式。例如,C 语言的主模式可以同时定义多个次模式,每个次模式有着不同的缩进风格(indent style)。

Emacs 提供了这些我们常用的特性。
1. 自动完成对齐,支持众多语言的对齐方式,例如 Verilog、C、ASM、Shell-Script、Perl 和 TCL 等。
2. 快捷的编辑方式,支持众多的快捷键,不用鼠标就可以完成所有的操作。如果使用 cua-mode.el,就可以使用 Word 软件常用的快捷键。
3. 支持常规替换和正则替换,尤其是正则替换,不用编写脚本就可以完成正则替换。
4. 对关键字、变量、宏定义和注释等使用不同颜色的显示,看起来更清晰更方便。
5. 支持多 buffer 编辑。
6. 启动 Shell,在 Shell 里面输入命令,上下左右、翻页、复制粘贴,使用起来很灵活。

Emacs 是一个大宝藏,如果你能把它的基本命令和几种常用编程语言的模式用好,就非常不错。在没用 Emacs 之前,我还要用手工方式去对齐 C 程序,很费事。后来我用 Emacs,刚开始有点不习惯,但是用了一段时间之后,哇,太好了,我真是爱不释手。

4.1.2 Emacs 安装

假如你在用 Linux,OK,很简单,只要在安装时选择安装 Emacs 即可,然后把我的.emacs 复制到你的根目录里。

如果你在用 Windows，那么安装与配置要分以下几步。

1. 下载：从 http://ftp.gnu.org/pub/gnu/emacs/windows/ 下载 Emacs 的 Windows 版本，可以选择 Emacs-24.1-bin-i386.zip。
2. 解压：在 C 盘根目录下新建一个文件夹，取名 Emacs-24.1（也可以是其他路径），把 emacs-24.1-bin-i386.zip 里的文件解压到这个目录下，这样在 C:/Emacs-24.1/ 下就有 bin、etc、info、leim、lisp 和 site-lisp 等目录。
3. 安装：双击 bin 文件夹里的 addpm.exe 进行安装，安装后将在开始菜单生成 Gnu Emacs/Emacs 链接，单击这个链接便可启动 Emacs。你也可以双击 bin 文件夹里的 runemacs.exe 启动。
4. 修改注册表：用 regedit 打开注册表，找到 HKEY_LOCAL_MACHINE/SOFTWARE/GNU/Emacs（如果没有，就手动添加此项），在此项下添加字符串值，名称为 HOME，值为 C:/Emacs-24.1。这样做的目的是让 C:/Emacs-24.1 成为 Emacs 的 HOME 路径。
5. 复制我的 .emacs 到 C:/Emacs-24.1 或者指定的 Home Directory。你可以按照你自己的要求和习惯修改 .emacs。
6. 执行：单击开始菜单中的 Gnu Emacs/Emacs。

进一步你可以到网上查找 Emacs 学习教程。

你也可以在 Windows 上安装 Cygwin，它里面有 Emacs 和 XEmacs，只不过这里的 Emacs 是字符接口的，而 XEmacs 又需要你自己学习如何配置。

4.1.3 常用快捷键

掌握 Emacs 的快捷键可以说是 Emacs 爱好者的基本功，也是提高编辑速度和质量所必备的，但是初学者可能记不住这么多的快捷键，所以必要时可以查看一下，最常用的快捷键数量也就数十个。实在记不住快捷键，就用鼠标单击菜单，选择要做的操作，但是不如使用快捷键那么方便。

Emacs 的快捷键都是绑定于 Ctrl、Shift 和 Meta（使用 Alt 或 Esc 键）上的。例如，C-x 就是 Ctrl+x，S-x 就是 Shift+x，M-x 就是 Alt+x 或 ESC+x（注意：ESC 和 x 不能同时按）。例如，当要退出 Emacs 时，C-x C-c 表示先按 C-x 再按 C-c，就可以退出 Emacs。

下面是常用的快捷键，结合下节介绍的 cua-mode.el，可以使用键盘快速地编辑文件和运行命令。如果实在记不住这些命令，那么也没关系，慢慢来呗。

C-x C-f　打开文件，出现提示时输入文件名
C-x C-v　打开一个文件，取代当前 buffer
C-x C-s　保存文件
C-x C-w　另存为新文件
C-x i　插入文件
C-x d　打开目录，出现提示时输入目录名
C-x C-c　退出 Emacs

C-x 1　返回到只有一个窗口状态
C-x 2　把当前窗口拆分为上下两个窗口
C-x 3　把当前窗口拆分为左右两个窗口
C-x k　关闭当前窗口
C-x b　切换窗口，出现提示时输入 buffer 名

C-x C-b   显示所有的窗口列表
C-x C-c   退出 Emacs

M-x <command>用于执行 Emacs 的命令，可以使用 TAB 帮助完成命令，或者提示有几条命令备选。如果你想执行某个不常用的命令，而且此命令没有绑定到快捷键上，那么就使用它来执行。例如，

M-x info   打开 Emacs 手册，进一步学习 Emacs 的使用
M-x find-file   打开文件，等同于 C-x C-f
M-x upcase-region   把选定的 region 或后续区域做大写转换
M-x downcase-region   把选定的 region 或后续区域做小写转换
M-x doctor   你可以和一个心理医生对话

4.1.4 我的.emacs

这是我的.emacs，你可以复制到你的 HOME 目录下面。进一步，你可以修改它，选择自己喜欢的颜色，定义自己的常用命令快捷键。如果你不喜欢用 cua-mode，那么就把 cua-mode 的几行用;;注释掉。

```
;;If you use Windows, then use the below line, otherwise use;; to comment it.
;(load-file "c:/emacs-24.1/lisp/emulation/cua-base.el")
(load-file "~/lisp/emulation/cua-base.el")
;;If you use Linux, then use the below line, otherwise use;; to comment it.
;;(load-file "cua-mode.el")
(cua-mode t)

(global-set-key [C-home] 'beginning-of-buffer)
(global-set-key [C-end]  'end-of-buffer)
(global-set-key [home]   'beginning-of-line)
(global-set-key [end]    'end-of-line)

(define-key global-map [f3] 'isearch-forward)
(define-key isearch-mode-map [f3] 'isearch-repeat-forward)
(define-key global-map [S-f3] 'isearch-backward)
(define-key isearch-mode-map [S-f3] 'isearch-repeat-backward)
(define-key global-map [f5] 'goto-line)

(define-key global-map [M-f6] 'kill-buffer)
(define-key global-map [S-f6] 'buffer-menu)
(define-key global-map [C-f6] 'switch-to-buffer)

(define-key global-map [f10] 'replace-string)
(define-key global-map [f11] 'replace-regexp)
(define-key global-map [C-f10] 'query-replace)
(define-key global-map [C-f11] 'query-replace-regexp)

(set-background-color "black")
(set-foreground-color "white")
(set-mouse-color "yellow")
(set-cursor-color "red")

(setq kill-whole-line t)
```

```
(global-font-lock-mode t)
(column-number-mode t)
(which-func-mode t)
(show-paren-mode t)
(setq transient-mark-mode t)
(setq require-final-newline t)

(setq auto-mode-alist (cons '("\\.v\\'" . verilog-mode) auto-mode-alist))
(setq auto-mode-alist (cons '("\\.vh\\'" . verilog-mode) auto-mode-alist))
(setq auto-mode-alist (cons '("\\.sv\\'" . verilog-mode) auto-mode-alist))
(setq verilog-indent-level              3
      verilog-indent-level-module       3
      verilog-indent-level-declaration  3
      verilog-indent-level-behavioral   3
      verilog-indent-level-directive    1
      verilog-case-indent               2
      verilog-auto-newline              nil
      verilog-auto-indent-on-newline    t
      verilog-tab-always-indent         nil
      verilog-auto-endcomments          nil
      verilog-minimum-comment-distance  40
      verilog-indent-begin-after-if     t
      verilog-auto-lineup               'declarations
      verilog-highlight-p1800-keywords  nil
      verilog-linter    "my_lint_shell_command"
      )

(custom-set-faces)
(put 'upcase-region 'disabled nil)
(put 'downcase-region 'disabled nil)

;;On Linux
;;You can run shell command in shell-1
;;(shell)
;;(rename-buffer shell-1)

;;On Windows
;;You can run the unix-like command in shell-1
;;(eshell)
;;(rename-buffer shell-1)
```

4.1.5 cua-base.el

如果你不想去记忆 Emacs 的那么多的快捷键，而且你想在编辑 Word 文档时和在编辑 Verilog 文件时使用同样快捷键，那么就使用 cua-mode 吧。

cua-mode 是 CUA key bindings（Motif/Windows/Mac GUI）的模拟。在这个模式里，你可以用 Shift+<movement>键组合来高亮和扩充一个区域（region），然后用其他键操作这个区域。如果你已经习惯用 Word 软件写文档，那么你可能已经熟悉以下的键组合。若不熟悉，那么就打开一个文件试一试这些键组合。

Shift + Up，Shift + Down，Shift + Left，Shift + Right

Shift + Home，Shift + End，Shift + PgUp，Shift + PgDown

Shift + Ctrl + Home，Shift + Ctrl + End

当你选定一个区域之后，那么就可以用以下的键组合操作这个区域。

Ctrl + c，复制选定区域到剪贴板。

Ctrl + x，复制选定区域到剪贴板，并删除它。

Ctrl + v，把剪贴板的内容粘贴到指定位置。

Ctrl + z，取消以前的操作（注意：它不是针对区域的操作）。

你也可以对一个区域做常规替换或正则替换操作，选定一个区域后，按 F10（或执行 M-x replace-string）键或 F11 键（或执行 M-x replace-regexp）。

你也可以对一个区域做大小写转换操作（upcase-region，downcase-region），选定一个区域后，执行 M-x upcase-region 或 M-x downcase-region。

4.1.6　verilog-mode.el

当你打开一个以.v 为后缀的文件，Emacs 就按照 verilog-mode 模式操作它，高亮 Verilog 的关键字和宏定义。

编辑的时候，在行头按 TAB 键，Emacs 就会把当前行和前面的行对齐。

当你想要对齐某一个区域或整个文件时，那就用 Shift+<方向键等>选定好，然后执行 M-x indent-region。

当你想要批量对齐一些文件时，你可以在命令行上执行如下操作：

```
emacs --batch {filenames...} -f verilog-batch-indent
```

你可以修改上面.emacs 中的 setq verilog-*，定制一些你自己的要求，但是我建议在公司范围内最好保持一致。

进一步你可以到 http://www.veripool.org/下载最新的 verilog-mode.el，学习安装、设置和使用，发挥它的最大效率，编辑出最好看的 Verilog 文件。

建议你不要使用它里面的 AUTO 特性，因为用 AUTOINST 产生的端口列表顺序与模块的端口声明顺序不一样，这就看你自己的需要了。

4.1.7　shell buffer

根据使用的系统是 Linux 或 Windows，你可以把.emacs 文件的后几行注释去掉，这样就会有一个名叫 shell-1 的 buffer，在这里你可以输入 shell 命令。注意：在 Windows 上 eshell 是用来模拟 Linux shell 界面的。

我非常喜欢在这里运行命令，而不是在笨拙的 xterm 里面。在 shell-1 buffer，可以有以下的便利。

1. 输入命令之后查看运行输出的信息，你可以按方向键、PageUp、PageDown、Home、End、Ctrl+Home 和 Ctrl+End 等查看信息，可以在这里搜索字符串。可以在这里复制，然后粘贴到其他地方。当你不需要这些输出信息时，选择全部，然后删除即可。

2. 你可以方便地修改命令，只要把光标移动到要修改的命令位置，修改它，然后再运行。还可以输入 history，找到你要的命令，去掉前面的数字，然后再运行。

4.2 使用 Shell

4.2.1 Shell 介绍

Shell 是一个命令解释器，是操作系统最外面的一层，管理你与操作系统之间的交互：Shell 等待你输入，向操作系统解释你的输入，然后显示操作系统的运行结果。常用的 Shell 是 Bash。

Shell 提供了你与操作系统之间通信的方式。这种通信可以以交互方式（从键盘输入命令，立即就可以得到命令的响应）执行，或者以非交互（使用 Shell script，批量执行命令）方式执行。Shell script 就是放在文件中的一串 Shell 命令和操作系统命令，它们可以被重复使用。

你可以编写只有一行或几行的 Shell script，就这也能为你解决繁琐的工作。你也可以编写几百行或上千行的 Shell script，它或者为你加快文件处理的工作，或者为你做一些自动化的工作。

如果你在用 Linux，那么就不用考虑安装，因为 Shell 是必需的。如果你用 Windows，那么可以安装 Cygwin 或 Windows Unix 工具集，但是建议你安装 Cygwin，因为 Cygwin 是一个 Unix 模拟环境，用起来更方便一些，工具更加齐全，还可以安装 Perl、GCC 和 XEmacs 等软件。

你需要学习的东西很多：ls、cp、mv、rm、mkdir、diff、echo、find、xargs、grep、sed、awk、tr、uniq、bash 编程和 cvs 等，进一步你可以学习 Perl。在实际应用中，我们要经常使用正则表达式，但是在不同的命令中正则表达式有一些表达上的差别，所以要注意区别。

有一本书叫《UNIX Shell 编程 24 学时教程》，每天一小时，那么 24 天后，你就学得不错了。学习 Shell 有什么窍门吗？有，Try it。

4.2.2 Shell 例子

例子：在当前目录的 Verilog 文件中过滤出含有 tcu_wake_n 的行，并且包含对应的行号。
```
grep -n tcu_wake_n *.v
```

例子：批量把所有的 tcu_wake_n 替换为 gpio_wakc_n。
```
for f in `find . -name '*.v'`
do
  sed -e 's/tcu_wake_n/gpio_wake_n/g' $f >$f.tmp
  mv -f $f.tmp $f
done
```

例子：批量把所有的 Verilog 文件中的 TAB 转换为空格。
```
for f in `find . -name '*.v'`
do
  echo $f
  ./change_tab.pl $f tmp
  mv -f tmp $f
done
```
也可以写为一行。
```
for f in `find.-name'*.v'`;do echo $f; ./change_tab.pl $f tmp; mv -f tmp $f; done
```

例子：把 Dos 文件格式转换为 Unix 文件格式。这条命令很有用，因为 Dos 文件格式和 Unix 文件格式对换行所用的字符不一样，在 Linux 的 Emacs 中显示 Dos 文件，行尾会有奇怪的字符，可用此命令处理掉。

```
cat xxx.txt | tr -d '\r' > xxx.new
```

例子：统计一个文件的单词个数。
```
cat xxx.txt | tr '!?":\[\]{}(),.\t\n' ' ' |tr 'A-Z' 'a-z' | tr -s ' ' |tr ' ' '\n' |sort | uniq -c | sort -rn
#下面的命令更清晰一些，因为使用了字符组
cat xxx.txt | tr '[:punct:]' ' ' | tr '[:space:]' ' ' | tr 'A-Z' 'a-z' | tr -s ' ' | tr ' ' '\n' | sort | uniq -c | sort -rn
```

4.2.3 Perl 例子

Perl 是一个"思想自由，兼容并包"的软件。换句话说，Perl 就是一个大杂烩，它借鉴了很多工具和语言，例如 Bash、sed、tr、grep、awk、C 和 Java 等。Perl 非常强大，超越了所有的 Shell 命令，你可以简单地学习一下 Shell 命令，然后直接跨越到 Perl。在应用中，你会体验到它的灵活与强大，例如 ARM926EJ-S 的 Validation 环境就包含了两个几千行的 Perl 脚本，功能很全很强大。

例子：把 TAB 转换为空格的程序 change_tab.pl
```
#!/usr/bin/perl
use strict;
use warnings;
open (FILE_IN, "<$ARGV[0]") or die_out ("cannot open $ARGV[1]");
open (FILE_OUT, ">$ARGV[1]") or die_out ("cannot open $ARGV[2]");
my ($line_in, $line_out);
my ($c, $i, $pos);
while (<FILE_IN>)
{
    chomp;
    $line_in =$_;
    $line_out = "";
    $i = 0;
    $pos = 0;
    while ($i < length ($line_in))
    {
        $c = substr ($line_in, $i, 1);
        if ($c ne "\t")
        {
            $line_out .= $c;
            $pos++;
        }
        else
        {
            $line_out .= " ";
            $pos++;
            while (($pos %8 ) != 0)
            {
                $line_out .= " ";
                $pos++;
```

```perl
            }
        }
        $i++
    }
    printf (FILE_OUT "%s\n", $line_out);
}
close (FILE_IN);
close (FILE_OUT);
```
上面的程序看着简单，但是行数有点多。

下面的程序执行同样的功能，但是因为高效地使用了正则表达式，行数更短，执行更快。
例子：更精炼的程序 change_tab.pl。

```perl
#!/usr/bin/perl
use strict;
use warnings;
open (FILE_IN, "<$ARGV[0]") or die_out ("cannot open $ARGV[1]");
open (FILE_OUT, ">$ARGV[1]") or die_out ("cannot open $ARGV[2]");
while (<FILE_IN>)
{
    chomp;
    while (s/\t+/" " x (length($&)*8 - length($`)%8)/e) {};
    printf (FILE_OUT "%s\n", $_);
}
close (FILE_IN);
close (FILE_OUT);
```

即使这样，上面的文件还有精炼的可能，只不过阅读起来可能就费劲了，你们可以尝试一下。从这里可以看出程序都有优化的空间，也包括 Verilog，都可以优化出短小精悍、美妙雅致的代码来。

另外对于 use strict；和 use warnings；这两行，虽然可以删除，但是最好不要删除，因为有这两行就可以进行更严格的变量检查和语法检查，这样就可以写出更强壮的 Perl 程序。

4.3 使用 CVS

4.3.1 CVS 介绍

CVS（Concurrent Versions System）是一个常用的版本控制系统，它是一个 Client/Server 系统，多个开发人员通过一个中心版本控制系统来记录文件版本，从而达到保证文件同步的目的。

CVS 是一个 GNU 软件包，主要用于在多人开发环境下维护源代码，但是 CVS 也可以用来维护任意文档的开发和使用，例如共享文件的编辑修改，而不仅仅局限于程序设计。CVS 维护的文件类型可以是文本类型也可以是二进制类型。

CVS 用复制、修改、合并（Copy-Modify-Merge）变化表来支持对文件的同时访问和修改。它明确地把源文件的存储和用户的工作空间分开，并使它们并行操作。CVS 基于客户端/服务器的行为使其可容纳多用户，从而使得 CVS 成为位于不同地点的人同时处理数据文件（特别是程序的源代码）时的首选。CVS 很聪明地把一个文件的所有版本都保存在一个文件里，而且只保存不同版本之间的差异。

系统管理员在服务器上建立一个源代码库，然后在这个库里就可以存放不同项目的源程序。用户在使用源代码库之前，首先要把源代码库里的项目文件下载到本地，然后用户就可以在本地做任意的修改，最后把修改的内容提交到源代码库中，由源代码库统一管理。这样，就好像只有一个人在修改文件一样，既避免了冲突，又可以跟踪文件变化。这样，团队中的各个开发者就能够按照各自的需要做他们各自的修改。

CVS 能够对每个文件保存所作修改的历史记录，这就意味着在你对一个程序进行开发的期间，你能够对其跟踪所有改动的记录。对你来说，有没有出现过由于在命令行上按错键而导致一天的工作都白费的情况呢？CVS 就可以给你安全的保证。

另外，修改代码时可能会不知不觉混进一些 bug，而且可能过了很久你才会察觉到它们的存在。有了 CVS，你可以很容易地恢复到旧版本，并从中逐步查找到底是哪个修改导致了这个 bug，这是非常有用的。

如果你在使用 Linux，那么直接可以使用；如果你在使用 Windows，那么就使用 Cygwin 或者安装 WinCVS。

4.3.2 CVS 术语

Repository（源代码库）：CVS 存储所有修订版本历史记录的地方。每个项目都有自己的源代码库。

Revision（修订版本）：由开发者提交的存放在文件历史记录中的变化。一个修订版本就是一个时常变化的项目的 Snapshot（快照）。

Check out（检出）：从源代码库中申请一份工作复制（Working copy），此工作复制反映的是当前项目的工作状态，开发者可以在此基础上进行修改。

Commit（提交）：把对工作复制所做的修改提交到源代码库。当开发者对复制作出修改时，要运用 Commit 发布自己所做的修改。

Update（更新）：从源代码库中取出别人修改的数据，将其放入自己的工作复制，并显示自己的工作复制是否有未提交的修改，Update 将使工作复制和源代码库保持一致。注意：不要把 Update 和 Commit 混淆，更新和提交是一对互补的指令。

Conflicts（冲突）：当两个开发者对同一个区域都做了改动，在提交给主版本时发生了冲突。在 CVS 发现并指出这个冲突的时候，开发者必须先解决该冲突，然后才能提交。

Log message（日志信息）：在提交修订版本的时候，用于描述变化的注解。通过查阅记录信息，我们可以查看源文件每次改动的信息，可以帮助我们定位某一个版本。

4.3.3 CVS 初始化

一、建立 cvsroot 用户和 cvs 组

cvsroot 用户和 cvs 组用于 cvs 的日常管理，cvsroot 用户必须属于 cvs 组。

在 root 用户下执行以下命令：

```
#groupadd cvs
#adduser cvsroot -g cvs -d /disk_a/chip_abc/repository
#passwd cvsroot
#输入 cvsroot 用户密码
```

二、创建 cvsroot

建立 cvsroot 用户使用的 HOME 目录，并将此 HOME 目录的 grp 和 own 属性分别改为 cvs 和

cvsroot：
```
#mkdir -p /disk_a/chip_abc/repository
#chgrp -R cvs /disk_a/chip_abc/repository
#chown -R cvsroot /disk_a/chip_abc/repository
#chmod 775 /disk_a/chip_abc/repository
```

三、初始化 CVS
需要在 cvsroot 用户下执行：
```
#su - cvsroot
```

初始化 CVS 服务器的根目录：
```
#cvs -d /disk_a/chip_abc/repository init
```

这样目录/disk_a/chip_abc/repository 就成为 CVS 服务器的根目录，以后创建的目录都将默认地存放在这个目录下。

四、创建可以登录 cvs 服务的用户及密码
```
vi /disk_a/chip_abc/repository/CVSROOT/passwd
weijiaming:xxxxxx:cvsroot
zhubajie:xxxxxx:cvsroot
```
此文件的意思是 weijiaming 和 zhubajie 两个用户可以登录 cvs 服务器，登录后其权限为用户 cvsroot 的权限。

注意：cvs 用户和服务器用户是可以不一样的。

xxxxxx 为你要设置的密码，可以由以下文件生成：
```
vi /disk_a/chip_abc/repository/passwdgen.pl
#!/usr/bin/perl
srand (time());
my $randletter = "(int (rand (26))+(int (rand (1) + .5) % 2 ? 65 : 97))";
my $salt = sprintf ("%c%c", eval $randletter, eval $randletter);
my $plaintext = shift;
my $crypttext = crypt ($plaintext, $salt);
print "${crypttext}\n";
```

如果需要密码为"some"，那么就运行如下命令：
```
passwdgen.pl some
```
即可得到加密密码，用其替换 passwd 文件中的 xxxxxx。

你也可以直接使用/etc/passwd 中对应用户的加密密码，用其替换 passwd 文件中的 xxxxxx。

五、启动 CVS 服务
在/etc/xinetd.d/目录下创建文件 cvspserver，内容如下：
```
#default: on
#description: The cvs server sessions;
service cvspserver
{
  socket_type = stream
```

```
    wait = no
    user = root
    server = /usr/bin/cvs
    server_args = -f --allow-root=/disk_a/chip_abc/repository pserver
    log_on_failure += USERID
    only_from = 192.168.1.100/24
}
```

注意：only_from 是用来限制访问的，可以根据实际情况不要它或者修改它。

注意：如果路径/disk_a/chip_abc/repository 与上面创建的不一致，或者为/disk_a/chip_abc/repository/，将出现 no such repository 问题。

修改该文件权限：
`#chmod 644 cvspserver`

重新启动 xinetd：
`#/etc/rc.d/init.d/xinetd restart`

然后查看 cvs 服务器是否已经运行：
```
#netstat -lnp | grep 2401
tcp 0 0 0.0.0.0:2401 0.0.0.0:* LISTEN xxxxxx/xinetd
```
或
```
#netstat -l |grep cvspserver
tcp 0 0 *:cvspserver *:* LISTEN
```
如果有对应 tcp 的信息输出，就说明 cvs 服务器已经运行。

六、设置环境变量
在每个使用 CVS 的用户下的.bash_profile 环境配置文件中，加入下面一行：
`export CVSROOT=:pserver:<ip_addr or server_name>:/disk_a/chip_abc/repository`

七、登录
在局域网上的任何机器上执行：
`cvs login`
然后输入用户名和密码。

4.3.4　CVS 常用命令

下面是一些常用的命令，因为每个命令都有一些选项，所以若要更详细的用法，请参考 CVS 使用手册。

导入文件

`cvs import -m "write some comments here" project_name vendor_tag release_tag`

执行后会把当前目录下的所有文件和子目录导入到/disk_a/chip_abc/repository/ project_name 目录下。其中，vender_tag：开发商标记；release_tag：版本发布标记。

检出文件

`cvs checkout project_name`

创建 project_name 目录，并把最新版本的源代码检出到相应目录中。

cvs checkout 可以将之缩写为 cvs co。

提交修改

cvs commit -m "write some comments here"

在提交之前，你可能需要先做 cvs update，因为别人也可能对同一个文件作了修改。若你的修改和他的修改之间存在冲突，那么要先把冲突处理掉，然后再提交。

-m "write some comments here"很重要，用于描述你此次修改，你可以在以后用 cvs log 查找修改信息。

cvs commit 可以缩写为 cvs ci。

更新文件

cvs update

让本地的文件与库里的文件保持一致。

若更新出某一版本的文件，则执行 cvs update -r <tag_name | number_version > <file_name>

若更新到所有最新的文件，则执行 cvs update -A -d

cvs update 可以缩写为 cvs up。

增加文件

cvs add <file_name |dir_name>

在本地记录要向库里增加一个或多个文件，然后执行 cvs commit 提交到库里。

删除文件

cvs remove -f <file_name>

在本地记录要在库里删除一个或多个文件，然后执行 cvs commit 提交到库里。

在执行此命令之前，应该在本地目录先删除掉这些文件。

cvs remove 可以缩写为 cvs rm。

比较文件

cvs diff <file_name>

可以在两个版本之间作出比较。

cvs diff -r <version> <filename>

cvs diff -r <version_1> -r <version_2> <filename>

标记文件

cvs tag -F <tag_name>

把文件打上标记（版本），便于以后查找或更新。

查看记录

cvs log

第 5 章
编码风格

著名的 Verilog 专家 Cliff Cummings 说:"我是一个简洁编码的狂热分子。一般来说,代码越短越好。如果我们能够把一段代码整齐清晰地写在一页纸内,那么就很容易理解这段代码的意图。按照我的观点,那些额外地要消耗掉一两代码行的 begin-end 和近来流行的那种//end-always 的标示风格都毫无必要地增加了混乱,因为你在发现并识别出重要的细节之前,你的眼睛总是要扫描这些无用的代码。我把这个现象称为 Where's Waldo,这个名字来源于同样名字的儿童玩具书(见图 5-1)。虽然 Waldo 穿着鲜亮的红白条 T 恤,但是当他处于混乱的环境里,要想发现他就很困难。正如在混乱的环境里难以发现 Waldo 一样,当 RTL 代码格式混乱、注释愚蠢时,那么简单的编码错误都有可能被掩盖掉。"

图 5-1 Where's Waldo(来源于网络)

强调 Verilog 编码风格,经常是一个不太受欢迎的话题,因为某些人不能接受别人说他的编码风格不好,不能接受让他采用更好的编码风格,似乎触到了他的痛点和自尊一样。不管如何,强调 Verilog 编码风格是非常有必要的。

每个设计人员都喜欢按照自己的习惯去编写代码,与自己风格相近的代码,阅读和理解就容易一些。相反与自己风格相差较大的代码,阅读和理解起来就困难一些。另外那些编码风格随意的代码,通常晦涩、凌乱,在工作上既会给开发者本人带来很大的麻烦,也会给合作者和维护者带来很大的麻烦。

编码风格就是要求我们写的代码符合一定的格式,达到信、达、雅的要求。这样在满足功能和性能目标的前提下,能够规范代码和优化电路,增强代码的整洁度、可读性、可修改性、可维护性、可重用性、可移植性,这样能够更好地保证逻辑功能正确,更好地阅读理解,更好地交流合作,更好地仿真验证,更好地整理文档。但是我们不要拘泥于这些要求,只要能达到规范、和谐、紧凑、整洁、优美的目的,那么就可以灵活地运用。

对于一个开发部门,开发者(设计人员和验证人员)应该共同制定一套得到每个开发者都认同的编码风格,然后共同遵守,编写出最整洁的代码,从而达到这样的效果,名字定义清晰,书写格式规范,逻辑组织有序,层次结构清晰。这样的代码用一个字形容,就是"爽"。

5.1 干干净净

如果我们的环境是干干净净的，那么我们的生活会很愉快，同样如果我们的代码是干干净净的，那么我们的工作也会很愉快。但是为什么有些人会接受脏乱差的环境？为什么有些人会写出乱七八糟的代码呢？

干干净净的代码就是要求代码整洁，结构合理，层次清晰，注释明了，没有烂代码，没有冗余代码，合理地建立目录，合理地分配到不同文件中。有些人觉得格式不重要，只要能正确运行就行，何必在这上面花费时间呢？其实整理格式花费的时间并不多，我们的大部分时间都花在了设计和调试上。养成习惯之后，注重格式就会自然而然地完成，对自己对别人对项目都有益。

我们要随时删除那些无用的代码，保持设计干干净净，保持逻辑块清晰。我们写的代码不是张旭的狂草，也不是王羲之的草书，不是写得乱七八糟别人都看不懂，就显得你很高深。

写代码和写文章一样，刚开始可能粗陋无序，结构杂乱，然后就要仔细斟酌推敲，达到你心目中的样子。不要以为能够运行就足够了，还需要做很多整理。代码的设计不是一开始就是整洁的，要经过不断地调整结构，才能达到好的结果。

我认识一个大学生，我问他们的宿舍干净不，他说不太干净，我问他是不是有的宿舍很干净，他说是的，他说要那么干净干啥，反正大家都习惯了，他还说有的宿舍其实更脏。想一想，大学宿舍其实就那么大的地方，每个同学平时多注意一些，平时稍微清理一下，就会很干净，可是他们却不做，没有办法呀。其实干干净净的代码和干干净净的宿舍一样，关键在于你自己有没有想保持干干净净的心，如果没有这个心，那么不管外人如何说，也没有多大的效果。

5.2 代码划分

我们要学会善于分类、归纳和总结，按照高内聚、低耦合的原则，把代码划分为模块、函数和任务，形成合理的层次结构。

一般来说，我们应该让每一个模块、函数或任务只做一个功能，隐藏内部实现细节，提供一个干净的接口，这就是高内聚的原则。对于函数和任务来说，很好满足，但是对于模块来说，有时一个模块就要干很多事。因为如果进一步做模块划分，就会导致出现太多的模块、太多的实例和太多的连线，这样反倒更容易出错，所以划分模块应该由设计人员灵活掌握，不要拘泥于这种"模块最好在500行左右"的说法。例如，有时候大的模块几千行，小的模块就只有10来行。低内聚的代码会造成很严重的后果，一旦对其修改，就会产生涟漪效应，其他相关的代码也要做相应的修改，这是"牵一发而动全身"。

另一方面，低耦合的原则就是模块之间尽量用少量的连线连接，避免大量的信号线连来连去，这样也可以减少错误的发生。

模块划分时，要将关键路径逻辑和非关键路径逻辑放在不同模块，这样在综合时就可以对含有关键路径的模块做速度优化，而对含有非关键路径的模块做面积优化，而如果把它们都放到同一模块里，就不能对它们使用不同的综合策略。

模块划分时，要将相关的组合逻辑放在同一模块，这样在综合时可以对其进行优化，因为综合工具通常不越过模块的边界来优化逻辑。

我们要注意提取公共的代码或常用的代码，形成模块、函数和任务，便于项目组内使用和以后的移植。如果有可能，要将它们参数化、通用化、IP化，这样就可以很灵活地使用它们。例如，CRC计算、时钟分频、同步电路、同步FIFO控制、异步FIFO控制和通用GPIO控制等。

在模块内部，我们也要合理地切分逻辑，让相关的代码紧挨着，组合在一起形成一个个不同的逻辑块，按照合理的顺序安排这些逻辑块。进一步我们可以用固定长度的横线分割这些逻辑块，并针对每个逻辑块加注释。这样我们就可以按照每个逻辑块阅读和理解，就能够很好地阅读和理解整个模块。另外当函数或任务的代码行非常多时，就要考虑把它分解了，把每一块相关的部分用子函数或子任务实现。

模块内不要存在重复的代码，因为重复的代码会造成代码混乱、维护困难和修改遗漏等问题。当消除重复的代码之后，模块就变得清晰易读，更加有表达力。设计时，可以使用子模块、函数、任务、循环语句和寄存器组来消除重复的代码。重复的代码总是有相同的共性，如果在代码中多次使用一个重复的表达式，那么我们就要用一个函数来代替。同样在做行为级的代码设计时，我们可以把经常使用的一组描述写到一个任务中。另外我们要积极使用 for/generate 或实例数组来实现子模块的多次实例化，这样可以有效地减少代码行数。

鲁迅先生《秋夜》中有这样的语句，"我家门前有两棵树，一棵是枣树，另一棵也是枣树"，读起来似乎很美，还有很多联想的空间，可是想一想如果有 100 棵枣树，鲁迅先生会怎么写呢？难道要啰啰嗦嗦"一棵、一棵、又一棵"地写下去吗？写代码也一样，写几行重复的代码可以，可是不应该写几十到几百行重复的代码。

代码的结构不是一开始就是合理的，只有经过不断地调整，才能达到好的结果，但是很多人却存在着"一蹴而就"的想法。

5.3 代码要求

汉语是优美、丰富的语言，具有以下特点。
1. 语言方面，音节结构中元音占优势，每个音节都有声调，音节在汉语中占有重要地位，这些特点使普通话富有抑扬、和谐、悦耳的音乐美。
2. 词汇方面，双音节占优势，构词法灵活多样，词汇丰富，能够反映纷繁的社会现象和表达细腻的思想感情。
3. 语法方面，各级语言单位的组合具有一致性，语序和虚词是最重要的两种组合手段，量词丰富，这些语法特点使现代汉语的表达容易，做到生动丰富、简明准确。

但是汉语也有很多容易造成混淆的地方，例如多音字，稍不小心，就会写出错别字。例如，有一天我就在电视上看到，把"犯罪分子"写成了"犯罪份子"。

例如，在"看在我的 fèn 上"和"事情到了这个 fèn 儿上"这两句话中，到底是用"分"还是"份"呢？"分"在汉语中有以下意思："成分"、"本分"和"情分"，所以应当是"看在我的分上"，当"情分"用。"份"在汉语中有以下意思："份额"、"一份快餐"、"月份"、"份儿"，"事情到了这个份儿上"，表示"程度"、"地步"或"境地"。

同样，Verilog 作为一种硬件描述语言，它也是优美、丰富而又简洁的语言，只有灵活合理地运用，才能充分表达你的设计意图，才能设计出强壮、简洁的代码。但是 Verilog 也有一些容易混淆的地方，若不注意就会写出错误的语句，例如阻塞赋值和非阻塞赋值，例如敏感列表不全。

5.3.1 Verilog 部分

代码要求 A：
1. 设计时要把应用文档和设计文档写好。在设计文档中要把设计思路、数据通路、实现细节等描述清楚，在经过评审通过后才能开始编写代码。这样做乍看起来很花时间，但是从整个项目过程来看，绝对要比一上来就编写代码节约时间，而且这种做法可以使项目处于可控、可实现的状态。

2. 设计时要尽量考虑用可靠的 IP，因为可以保证设计的质量。简单的 IP 可以首先考虑 Designware IP 和 Opencore IP，复杂的 IP 可以考虑购买。
3. 要把每个模块放到一个单独的文件里，模块名和文件名保持一致，<文件名>=<模块名>.<扩展名>，这样名字规范，便于查找。但是可以把多个小模块放到一个文件里，便于文件管理，例如对于 cell 库文件。
4. 顶层模块应该只包含模块之间的互连。

   Verilog 设计都是层次型的设计，是由模块一级一级搭建出来的，从小模块到中模块，从中模块到大模块，从大模块到整个系统，顶层模块一般只实例化子模块。我们可以把设计比喻成树，被调用的模块就是树枝和树叶，没被调用的模块就是树根，那么在树根模块中，除了内部互连线和模块实例化之外，尽量不要添加其他的逻辑，这样看起来简单直观，同时还有利于分块式的布局布线。即使要添加逻辑，也应该是很简单的 glue 逻辑。
5. 按照合理的层次结构组织各个模块，并按照合理的目录结构存放各个文件。

   最好划分为以下四层，这样便于对芯片的综合（如添加约束、逐级综合、定义时钟等），这样还便于 FPGA 仿真，因为只要在 CORE 层上添加一层 FPGA_TOP 层即可。

   A．TOP 层包括 I/O 引脚（用于连接 PAD）。
   B．BSD 层包括 JTAG 和 boundary_scan_cell。
   C．NO_PAD 层包括时钟生成模块（CGM）、模拟模块和 CORE 的实例化。
   D．CORE 层包括内部各级数字模块的实例化。

代码要求 B：

6. 要避免书写可能会导致竞争冲突（Race condition）的语句，因为这些语句会给仿真调试带来很大的麻烦。
7. 要避免实例化具体的门级电路。

   门级电路的可读性差，难于理解和维护，而且如果使用特定工艺的门级电路，设计将变得不可移植。如果必须实例化门级电路，那么建议采用独立于工艺的门级电路，例如 Synopsys 提供的 GTECH 库就包含了常用的门级电路。如果必须实例化特定工艺的门级电路，那么就将那些使用门级电路的代码独立出来，放到单独的模块里，以便于修改和移植。
8. 要避免采用内部三态电路，建议用多路选择电路代替内部三态电路。

   要避免内部三态总线出现悬空状态，在不驱动总线的时候，可以使用上/下拉电阻把它们拉到默认状态，也可以直接把它们驱动为默认状态。任何器件的输入都不能悬空，因为如果输入悬空，会导致输入处于中间电平状态，导致器件有很大的电流消耗。
9. 要避免使用嵌入式的综合指令（Synthesis directives），尤其是不要使用 "//synopsys full_case parallel_case"。

   因为仿真工具忽略这些综合命令，而综合工具要使用它们，可能会造成仿真和综合的结果不一致。因为其他的综合工具并不识别这些嵌入式的综合命令，可能会导致较差或错误的综合结果。即使是使用 dc_shell，当综合策略发生改变时，嵌入式的综合命令也不如放到批处理的脚本文件中易于维护。
10. 要避免使用锁存器 Latch，也要避免出现因为敏感列表不全而生成的 Latch。

    因为在做 ATPG 测试的时候，锁存器不能像寄存器一样插入到扫描链上，使得它们既不能被 control，也不能被 observe，从而造成测试困难。使用 Latch 必须有明确的记录，设计人员要明确地告诉综合人员。我们可以在 dc_shell 中把变量 hdlin_check_no_latch 设为 true，检查综合输出的报告看有没有生成 Latch。我们也可以用 all_registers -level_sensitive 命令来检查设计中用到的 Latch。

如果在 always 中 case 或 if 语句的分支逻辑不全，就会生成锁存器，所以要注意检查它们的分支逻辑，将条件赋值语句写全，例如在 if 语句最后加一个 else，在 case 语句最后加一个 defaults。另外，如果在组合 always 块的开始为所有组合逻辑的输出赋默认值，同样可以避免生成 Latch。例如，对于下面的 if 语句，因为没有对应的 else，综合时就会生成 Latch。

```
always @(Cond) begin
  if (Cond) DataOut <= DataIn;
```

在常规的设计中，锁存器一般只用于顶层模块的 clock_gate，这样既可以在此模块不工作时把 clock 停掉以节省功耗，又可以保证 clock 上不会出现 glitch。例如，

```
always @(free_clk or en)
  if (~free_clk) l_clk_en = en;
assign clk = (l_clk_en & free_clk);
```

代码要求 C：

11. 要保证时钟和复位信号不会出现任何的 glitch，因为 glitch 会导致电路工作出现错误。例如，对时钟信号使用上面的 clock_gate 逻辑。

12. 要尽量保持时钟和复位信号简单，不要使用复杂的组合逻辑，便于在测试模式下做 bypass，便于后端生成时钟树和复位树。另外，模块中所有的寄存器要尽量做到同时复位。

13. 要小心使用门控时钟（Gated Clock）。

    因为门控时钟用不好会引起毛刺，会给时序带来问题（例如时序可能变紧张），会给扫描链的插入带来问题（例如某些寄存器可能不会插入到扫描链上），而且门控时钟不便于模块移植。在低功耗设计中经常要用到门控时钟，但在模块级代码中通常不使用。我们可以借助于综合工具自动插入门控时钟，也可以在时钟生成模块（CGM）中手工控制，或者在顶层模块中手工控制。

    若手工实现门控时钟，注意门控信号要从 latch 或 register 输出，以避免出现 glitch。在 ASIC 上实现的时候，建议使用标准单元库中的 ICG 单元，例如在 Artisan 单元库中就有 TLATNTSCAX。但是在 FPGA 上实现的时候，我们使用宏定义（如 FPGA_IMP）忽略掉门控时钟，或者使用 FPGA 上的资源（如 BUFGCTRL）实现门控时钟，但是这样的资源很有限。例如，

```
`ifdef FPGA_IMP
  assign clk_sl = free_clk;
`else
  reg l_clk_en;   //latch
  always @(free_clk or en)
    if (~free_clk) l_clk_en = en;
  //If l_clk_en is 0, then clk_sl is 0.
  assign clk_sl = (l_clk_en & free_clk);
`endif

`ifdef FPGA_IMP
  assign clk_sh = free_clk;
`else
  reg r_clk_dis;    //register
```

```
    always @(posedge free_clk)
      r_clk_dis <= ~en;
    //If r_clk_dis is 1, then clk_sh is 1.
    assign clk_sh = (r_clk_dis | free_clk);
`endif
```

14. 要避免使用模块内部产生的时钟。因为在测试模式下要把内部时钟 bypass 到来自于模块外部的可控时钟上，这样才能把使用内部时钟的寄存器插入到扫描链上。在设计中最好使用同步设计，可以用时钟计数产生 enable 信号，然后用这个 enable 实现低频时钟操作。例如，

```
always @(posedge free_clk)
  begin
    if (enable) begin
      ..............
    end
  end
```

15. 要避免使用模块内部产生的复位。因为在 ATPG 模式下要把内部复位 bypass 到来自于模块外部的可控复位信号。

16. 如果确实要使用门控时钟、内部时钟或内部复位，就把产生这些信号的代码放到一个独立模块里，并在顶层模块实例化这个独立模块，这样所有的子模块就使用单一的时钟和复位信号。在测试模式下，要把它们 bypass 到来自于模块外部的可控时钟和复位。

    例如，模块内部生成时钟，有 UART 的波特率生成，还有 Timer 的计数器时钟；例如，模块为了降低功耗手工加门控，有 ARM926EJ-S 在顶层模块停时钟；例如，模块本身的复位功能，有 Synopsys OTG 模块的内部复位。

17. 在一个模块内尽量只用一个时钟。在多时钟的设计中，最好把用于时钟域隔离的逻辑放到一个单独的模块里，这样做既便于综合出更优的结果，也便于预处理网表仿真时的 SDF 文件。

18. 只用时钟的一个沿（上升沿或下降沿）采样信号，不要既用上升沿，又用下降沿。

    但是如果设计需要既用上升沿，又用下降沿，那么最好分成两个模块设计。建议在顶层模块中对时钟 clock 生成一个取反的时钟 clock_n，如果其他模块要用时钟下降沿，那么就可以用 posedge clock_n，这样的好处是在整个设计中采用同一种时钟沿触发。

19. 要对跨时钟域的信号做同步化处理：A. 要同步的信号必须是从寄存器出来的信号，不能是从组合逻辑出来的信号；B. 要同步的信号至少要锁存两个 Clock，然后才能使用；C. 对多位计数器信号同步要使用 Gray 码。

20. 要避免出现多周期路径（multicycle_path）和假路径（false_path）。一旦有这种路径，就要在代码中写上注释，写到设计文档里，通知综合和 STA 人员。

    多周期路径就是从一个寄存器的输出到另一个寄存器的输入的路径不能在一个周期内完成，需要多个周期才能完成。在 STA 时要用 set_multicycle_path 把它们设置为例外（exception）。

    假路径就是设计者认为可以不用考虑 Timing 的逻辑路径，在 STA 时要用 set_false_path 把它们设置为例外。

21. 要写可测性的设计（DFT，Design for Test）。

    在写功能逻辑的时候，就要考虑 ATPG 和 BIST 等测试模式，要为它们添加各种测试逻辑和 bypass 逻辑。例如，在做 ATPG 时，要把 clock 和 reset 信号连接到外部引脚上，要在 RAM、ROM 和 Analog 等 IP 的输入和输出上添加测试逻辑。

代码要求 D：

22. 对于组合逻辑，要用 always @(*)，不要用 always@(a or b or c)。

    因为如果敏感列表不全，可能会引起 RTL 仿真和网表仿真不一致，但是用 always @(*)就可以完全避免敏感列表不全的情况发生，而且更加方便，不用费力去填敏感列表。例如，在 RTL 仿真下面语句的时候，en 的变化不会使仿真器进入该进程，导致仿真错误。

    ```
    always @(d or dis)
      if (dis) q = 1'b0;
      else if (en) q =  d;
      else         q = ~d;
    ```

23. 要注意阻塞逻辑和非阻塞赋值的使用场合。

    不要在一个 always 块内混杂阻塞赋值和非阻塞赋值。

    对于组合逻辑 always @(*)或 always@(a or b or c)，就用阻塞赋值=。

    对于锁存逻辑 always @(*)或 always @(a or b or c)，就用非阻塞赋值<=。

    对于时序逻辑 always @(posedge clk)，就用非阻塞赋值<=。

24. 要编写合理的状态机电路。

    状态机电路要分为组合逻辑 next_st 和时序逻辑 current_st 两个不同的进程。组合逻辑包括状态译码和输出，时序逻辑包括状态寄存器的切换。所有的状态都要处理，不要出现无法处理的和使状态机失控的状态。例如，

    ```
    always @(*)
      begin
        next_st = current_st;
        case (current_st)
        .................
        endcase
      end
    always @(posedge clk or negedge reset_n)
      if (~reset_n) current_st <= `ABC_IDLE;
      else current_st <= next_st;
    ```

25. case 语句通常综合成无优先级的多路复用器，而 if-then-else 或条件赋值语句（？:）则综合成有优先级的多路复用器。通常，case 语句的时序要比 if 语句的时序好一些，而优先级编码器一般只在信号到达有先后的时候才使用。注意：如果要设计优先级编码器，那么使用 casez，不要使用 casex。

26. if...if 语句连用时，要注意 else 和哪个 if 搭配，可以在第一个 if 后面加 begin，以避免理解错误。例如，

    ```
    if (a_cond)
      if (b_cond) ..........
      else        .......... //此else是if (b_cond)的
    ```

    改为

    ```
    if (a_cond) begin
      if (b_cond) ..........
      else        .......... //此else是if (b_cond)的
    end
    ```

代码要求 E：

27. 对于模块的输入信号，尽量在寄存器锁存之后再用，但是如果输入信号是其他模块的寄存器输出，那么就不用寄存器锁存；对于模块的输出信号，尽量用寄存器锁存之后再输出。这么做可以使输入时序、输出强度和输出延迟都得到预测，从而在做模块综合和 STA 的时候，处理起来更简单，可以获得更好的 Timing。
28. 不要驱动 input 信号，因为这是错误的，但是仿真和综合不报错误，所以你要仔细检查。要保证每个 output 信号都被驱动，对于暂时不用的 output 信号，就用 0 或 1 驱动。
29. 模块实例化要采用按端口名字连接的方式，而不要采用按端口位置连接的方式。因为按端口位置连接的方式可读性差，移植性差，容易出错。
30. 要声明每一个用到的信号。如果一个信号没有声明，Verilog 就把它假定为一个 1-bit 的 wire 变量，但是尽量不要使用此特性。
31. 不要把无用的信号引入到模块内，以避免在 elaborate 和 compile 时产生 warning。
32. 在写设计代码时，reg 变量只能在一个 always 语句中赋值，但是如果是写验证代码，就没有这个要求。
33. 在写设计代码时，函数和任务中不要使用全局变量，否则会引起 RTL 仿真和网表仿真不一致。但是如果写验证代码，就没有这个要求。
34. 在写验证代码时，不要引用模块的内部信号。因为这样做使得验证代码缺乏独立性，而且会给后续的网表仿真造成困难，因为内部信号在综合后就基本上找不到了。
35. 在写设计代码时，不要使用那些只能用于仿真的语句，如 force/release、fork/join、initial、repeat、forever、===、!==等；要谨慎使用那些受限制的语句，如 disable 语句。

代码要求 F：

36. 在`include 的文件名中不要添加目录名。添加目录名，刚开始时可能会方便些，但会造成以后编译、综合和移植的困难。
37. 为了保持代码的可读性和可维护性，常用`define 做常数声明，最好把`define 定义的参数放在一个独立的文件中，然后在模块的头部用`include 包含这个参数文件，或者不在模块的头部包含这个文件，在文件列表中把这个参数文件名放到所用模块文件的前面。如果参数的作用域只是在一个模块内，可以用 localparam 代替`define，不要用 parameter 代替`define。对于参数文件，如果只包含 define 语句，那么就加上这样语句

```
`ifndef PARAM_FIFE
  `define PARAM_FILE
  `define PARAM_A  100
  ..................
`endif
```

38. 为了使模块可配置和可移植，可以使用 parameter。parameter 尽量在模块的前部，或者使用 Verilog-2001 中的方式，parameter 紧跟在模块名的后面。

```
module module_name #(parameter a=100, b=23, c=65)
```

另外在模块实例化的时候，要采用参数名字对应的方式，不要用参数位置对应的方式。

代码要求 G：

39. 要使用简洁的写法。
    例如：对比各种写法。

```verilog
c = a & b;      //这个写法更加简洁、紧凑
//等效于
c[3:0] = a[3:0] & b[3:0];
//等效于
c[3] = a[3] & b[3];
c[2] = a[2] & b[2];
c[1] = a[1] & b[1];
c[0] = a[0] & b[0];
//等效于
for ( i=0; i<=3; i = i + 1)
  c[i] = a[i] & b[i];
```

例如：对比有无 begin/end。

```verilog
always @(posedge clk or negedge rst_n)
  begin
    if (!rst_n)
      begin
        q <= 0;
      end // end-if-begin
    else
      begin
        q <= d;
      end  // end-else-begin
  end // end-always-begin
//等效于
//这个写法更加简洁、紧凑
always @(posedge clk or negedge rst_n)
  if (!rst_n) q <= 0;
  else        q <= d;
```

例如：定义 clogb2 函数。

```verilog
//define the clogb2 function
function integer clogb2;
  input [31:0] depth;
  integer i,result;
  begin
    result = 0;
    for (i = 0; 2 ** i < depth; i = i + 1)
      result = i + 1;
    clogb2 = result;
  end
endfunction
//但是下面的写法更加简洁（注意这里使用 SystemVerilog 的语法，不用写 begin 和 end）
function integer clogb2;
  input [31:0] depth;
  depth = depth - 1;
  for (clogb2 = 0; depth > 0; clogb2 = clogb2+1)
```

```
        depth = depth >> 1;
    endfunction
```
但是不管如何简洁，因为 Verilog-2001 增加了同样功能的$clog2 函数，所以根本用不着编写 clogb2。

5.3.2 SystemVerilog 部分

SystemVerilog 已经流行了好几年，已经很成熟，所以我们要尽快把我们的设计和验证转到 SystemVerilog 上，提高设计和验证的效率，同时也可以避免 Verilog 语法中的一些混淆。

1. 使用 logic 代替 reg 和 wire。使用 logic 时，它会根据使用的位置来确定用途（寄存器、锁存器还是线网）。另外对于要求是单驱动的线网，如果代码错误地对此线网做了多驱动，用 wire 不会报错，但用 logic 就会报错。
2. 在只用二值逻辑的地方，可以使用 bit、byte、shortint、int 和 longint，这样可以节省仿真时的内存。
3. 使用新的数据类型，如 struct、enum、array、queue 和 typedef 等类型。
4. 使用 always_comb、always_ff 和 always_latch 来代替 Verilog 中的 always，可以避免 Verilog 中 always 的误用。因为用 always 实现 combination、flip_flop 和 latch 这三种不同的电路，可能会造成混淆。
5. 使用 unique case 和 uinque if 代替综合指令 full_case 和 parallel_case。
6. 使用 interface，简化接口。
7. 使用新的实例化方式，简化实例化时的连线。
8. 使用 break 和 continue，简化 for 和 while 循环内的跳转。
9. 使用 return 语句，简化 task 和 function 的返回。
10. 使用类，实现设计抽象和随机验证，检查验证覆盖率。
11. 使用断言，尽早检测出发生的错误。

5.4 名字定义

模块、任务、函数、参数和信号名字的定义是非常重要的，要遵循以下原则。

1. 要建立一套命名约定和缩略语清单，以文档的形式记录下来，并要求每位设计人员在代码编写过程中严格遵守。
2. 要使用有意义而且有效的名字，要含义清楚、名副其实，避免含糊，避免误导，可以考虑使用单词组合的方式。一般有两种方式：A. 下划线连接方式，如 post_payment；B. 单词首字母大写方式，如 PostPayment。一般使用下划线连接方式。如果使用 SystemVerilog，可以考虑使用单词首字母大写方式定义类和类函数，因为这符合 C++和 Java 的习惯。对于循环变量，就直接使用 i、j、k 这些单字母，很简便很有效，很符合我们常规的使用。
3. 信号名长度不要太长。因为太长的名字会给书写和记忆带来不便，甚至带来错误，而且名字太长会把表达式搞得也很长，阅读代码时就很费劲。要使用约定俗成的缩写。例如，clock → clk，reset → rst，address → addr，data → dat，ready → rdy，count → cnt，request → req，acknowledge → ack，usb_host_controller → uhc，ahb_to_apb_bridge → h2p。
4. 要遵循业界已习惯的一些约定。例如，*_clk 表示 clock；*_rst_n 表示低电平有效的复位信号；*_r 表示寄存器输出；*_a 表示异步信号；*_pn 表示多周期路径第 n 个周期使用的信号；*_next 表示锁存前的信号；*_z 表示三态信号等。若用 SystemVerilog，*_t 表示用户定义类型；*_e 表示枚举类型。我的习惯是：用 R_*表示 register，用 L_*表示 Latch，用 R0_*、R1_*、R2_*表示延迟寄存器；如果在一个模块内有多个时钟，那么我用 Rh_*表示 hclk 的寄存器，用 Rp_*表示 pclk 的寄存器，用 Rr_*表示 rtc_clk 的寄存器。

5. 对于低电平有效的信号，应该以一个下划线跟一个小写字母 b 或 n 表示。注意：在同一个设计中要使用同一个小写字母表示低电平有效。例如，低电平复位信号用 reset_n 表示。
6. 对于时钟信号使用 clk 作为信号名，如果设计中存在多个时钟，使用 clk 作为时钟信号的前缀或后缀。例如，arm_clk, dmac_hclk, sram_hclk, spi_pclk, gpio_pclk[2:0]。
7. 模块、函数、任务、信号、变量和端口的名字用小写字母，宏定义（`define）、参数（parameter 和 localparam）、常量（const）和枚举类型（enum）的名字用大写字母。
8. 子模块的名字应该使用模块的名字作为前缀。例如 emi、emi_ahb、emi_reg、emi_sram、emi_nor 和 emi_sdram 等模块名，emi 是顶层模块名，其他是子模块名。
9. 使用协议定义的标准名字。例如，AHB Bus 2.0 的信号有 hreset_n、hclk、hready、hsel、htrans、hburst、hwrite、hsize、haddr、hwdata、hreadyout、hresp、hrdata。根据需要可以在这些信号名字的前面附加前缀，例如 emi_ 和 sram_。
10. 同一信号的名字在各个子模块中要保持一致，同一信号的名字在模块之间、不同层次之间和整个系统内要保持一致或保持部分一致，这样有利于实例化模块时的端口连接，有利于查找和跟踪信号。这就要求在做芯片总体设计时就要定义好顶层模块之间连线的名字，而且端口和连接端口的信号要尽可能采用相同的名字。
11. 对于连接到同一模块的众多信号，要采用模块的名字作为前缀。不要用模块的名字做后缀，因为看起来不清晰，尤其是在看波形的工具里面。
12. 当描述多比特总线时，使用一致的定义顺序，采用 bus_signal[x:0]，就表示向量有效位顺序的定义是从大数到小数。尽管定义有效位的顺序很自由，但是如果采用毫无规则的定义，就会带来困惑或混乱。例如，对于 data[-4:0]和 data[0:4]，这两种情况的定义就不太好，推荐 data[4:0]这种格式的定义。
13. 每行定义一个信号名，便于在它的上面一行或尾部加上简短的解释。
14. 用 test_mode 来表示正常工作模式（=0）或 ATPG 测试模式（=1）。
15. 信号名的定义要有一定的顺序，先控制信号，再响应信号，后数据信号，要符合理解的顺序。
16. 不要使用 Verilog 语言的关键字，否则编译都通不过。
17. 模块的名字应该与包含模块的文件名一致，这样便于查找模块。

例子：这里是 AHB Lite 的标准信号，信号名采用小写字母，统一加了 sram0_前缀，信号名字对齐，按照合理的顺序排列信号。

```
wire              sram0_hreset_n;
wire              sram0_hclk;
wire              sram0_hreadymux;
wire              sram0_hsel;
wire [1:0]        sram0_htrans;
wire [2:0]        sram0_hburst;
wire              sram0_hwrite;
wire [2:0]        sram0_hsize;
wire [31:0]       sram0_haddr;
wire [31:0]       sram0_hwdata;
```

```
wire              sram0_hmastlock;  //not use
wire              sram0_hreadyout;
wire [1:0]        sram0_hresp;
wire [31:0]       sram0_hrdata;
```

5.5 书写格式

看代码时，整洁一致的书写格式会让我们心情愉悦，而那些乱七八糟的书写格式就让我们感觉非常不快，因为好像醉鬼写的天书一样。书写格式很重要，不可忽略，必须严肃对待，关乎成员之间的沟通。我们要保持良好的书写格式，就要确定书写格式的规则，团队应该一致同意并遵守这套规则。

Verilog 语言从 C 语言里面借鉴了很多东西，缩进方式也是可以借鉴的，这样写出来的 Verilog 代码才清晰明了。Verilog 的缩进格式类似于 C 语言的缩进格式，有了缩进格式，逻辑清楚，阅读方便。如果没有缩进，那么稍长一点的代码就无法阅读。

我们应该使用统一的编辑器和缩进要求，达到所有人的书写格式保持一致。我们要好好地学习使用 Emacs 和 verilog-mode.el，使用统一的 verilog-mode 的设置，从而可以很方便地写出具有优美格式的代码。

5.5.1 模块端口声名

在声明模块的端口时，我们要遵循如下约定。
1. 要尽量使用 Verilog-2001 标准，这样不仅可以减少代码行，而且便于修改和删除。
2. 每行只声明一个端口，这样可以在其上或其后添加一些简短的注释。
3. 不要按字母排序，按字母排序的端口声明是最差劲的。
4. 不要按输入输出分组。少量的信号还可以使用，大量的信号就非常差劲，修改和删除非常费劲，理解起来也费劲。
5. 要按功能分组，功能组前面加注释，功能组之间加空行分割，以便于阅读。
6. 在每个功能组内，哪一个最主控，哪一个就越靠前，因为这样符合思维习惯，所以采用以下顺序：
   A. test_mode 信号，正常工作模式（=0）或测试模式（=1）
   B. 异步复位
   C. 时钟信号
   D. 使能信号
   E. 控制信号
   F. 地址信号
   G. 响应信号
   H. 数据信号

有些人觉得这些约定太啰嗦，可是当我们面对几十个、上百个或几百个端口的时候，就会发现，这些约定很有用。

module 名字后面的括号 "(" 要另起一行，而且括号 "(" 后面不要加空格，这样后续的 input 和 output 信号以此对齐。下面的例子使用了 Verilog-2001 标准，直接在括号内表示端口信号的 input 或 output，减少了代码行。

例子：模块端口声明，使用 Verilog-2001。
```
module sram_ctrl
  (
  //Interface with ATPG
  input              test_mode,
  //Interface with AHB
  input              hreset_n,
  input              hclk,
  input              hsel,
  input              hready,
  input [1:0]        htrans,
  input [2:0]        hburst,
  input              hwrite,
  input [2:0]        hsize,
  input [31:0]       haddr,
  input [31:0]       hwdata,
  output             hreadyout,
  output [1:0]       hresp,
  output [31:0]      hrdata
  );
```

下面的例子长一些，但是还是同样清晰明了。

例子：模块端口声明，使用 Verilog-2001。
```
module apb
  (
  //-----------------------------------------
  //Interface with ATPG
  input              test_mode,
  input              test_se,

  //-----------------------------------------
  //Interface with CCF
  //BUS clock
  input              hreset_n,
  input              hclk,
  input              preset_n,
  input              pclk,
  input              pclken,

  //-----------------------------------------
  //Interface with CCF
  //Module clock
  input              pp_resetp_n,
  input              pp_rtc_xi,
  input              rtc_clk,
  input              rtc_reset_n,

  //-----------------------------------------
  //Interface with CCF
```

```verilog
//Module clock
input            sys_pclk,
input            sys_preset_n,

input            pwr_pclk,
input            pwr_preset_n,

input            cgu_pclk,
input            cgu_preset_n,

input            rtc_pclk,
input            rtc_preset_n,

input            gpio_pclk,
input            gpio_preset_n,

input            kpc_pclk,
input            kpc_preset_n,

input            uart_pclk,
input            uart_preset_n,
input            uart_dev_clk,
input            uart_dev_reset_n,

input            scd_pclk,
input            scd_preset_n,

//------------------------------------------
//Interface with INTC
// They must be low-level active and synchronized with pclk.
output           rtc_int_n,
output           gpio_int_n,
output           kpc_int_n,
output           uart_int_n,
output           scd_int_n,

//------------------------------------------
//Interface with AHB
input            hready,
input            hsel,
input  [1:0]     htrans,
input  [2:0]     hburst,
input            hwrite,
input  [2:0]     hsize,
input  [31:0]    haddr,
input  [31:0]    hwdata,
output           hreadyout,
output [1:0]     hresp,
output [31:0]    hrdata,

//------------------------------------------
//Interface with CCF
```

```
input  [31:0]        cgu_cst,
output [32*1-1:0]    cgu_div,
output [32*1-1:0]    cgu_msr,
//High is used to    soft_reset
output               cgu_rcr,
input  [31:0]        cgu_rst,

//----------------------------------------
//Interface with MODE PAD
input  [3:0]         md_boot_mode,

//----------------------------------------
//Interface with GPIO PAD
input  [12-1:0]      gpio_data_i,
output [12-1:0]      gpio_data_o,
output [12-1:0]      gpio_data_oe_n,

//----------------------------------------
//Interface with KPC PAD
output [3:0]         kpc_row_oe_n,
input  [3:0]         kpc_col_i,

//----------------------------------------
//Interface with UART PAD
input                uart_rxd,
output               uart_txd,

//----------------------------------------
//Interface with SCD PAD
input                scd_clk,
input                scd_dat_i,
output               scd_dat_o,
output               scd_dat_oe_n,

//----------------------------------------
//Interface with FPGA debug
output [99:0]        fpga_apb_tp
);
```

5.5.2 模块实例化

在模块实例化时，我们要遵循如下约定。

1. 实例名字要和模块名字保持一致，对实例名字使用统一的前缀或后缀，便于在仿真、综合和 STA 时查找模块。例如，<module_name>_i 或 u_<module_name>，当需要多个实例化时，可以使用 <module_name>_i0、<module_name>_i1、<module_name>_i2，或者 u0_<module_name>、u1_<module_name>、u2_<module_name>。
2. 要使用按端口名字连接的方式，不要使用按端口位置连接的方式，这样可以提高代码的可读性和可修改性，而且便于检查连线是否正确。
3. 在模块实例化时，实例化端口的顺序要与模块端口声明的顺序保持一致，这样便于查找、修改和删除。对于不用的输出端口或 I/O 端口,也要把它列出来,以避免出现 lint warnings。
4. 在实例化大模块时,每个端口要占据一行,.port_name 要对齐,(signal_name)也要对齐,在括号内不要添加空格。有些人喜欢在括号内的信号名的左右两侧加一些空格,这样做其实并不好看,而且如果在 Emacs 里用 replace-string 或 replace-regexp 命令时,操作起来很不方便。
5. 在实例化大量的小模块时,可以采用紧凑的格式,即把多个端口信号放到一行上。例如,对大量 PAD 的实例化。
6. 对于一个大的设计,模块之间的连线非常复杂,要考虑使用 SystemVerilog 的端口连接方法,减少代码行。

模块实例名字后面的括号"("要另起一行,而且括号"("后面不要加空格,这样后续的 port 信号以此对齐。

例子:模块实例。

```
sram_ctrl         sram_ctrl_i
  (
   .hreset_n       (sram0_hreset_n),
   .hclk           (sram0_hclk),
   .hready         (sram0_hreadymux),
   .hsel           (sram0_hsel),
   .htrans         (sram0_htrans),
   .hburst         (sram0_hburst),
   .hwrite         (sram0_hwrite),
   .hsize          (sram0_hsize),
   .haddr          (sram0_haddr),
   .hwdata         (sram0_hwdata),
   .hreadyout      (sram0_hreadyout),
   .hresp          (sram0_hresp),
   .hrdata         (sram0_hrdata)
   );
```

对多个小模块的实例化,可以采用紧凑的写法。另外如果使用 for/generate 语句,就可以大大减少代码行,便于阅读,而且不易出错。

例子:对多个小模块的实例化。

```
//==========================================
//DDR
PDDROD pad_DDR_clk (.PAD_P(px_DDR_CLK), .PAD_N(px_DDR_CLK_n),
         .I(pp_DDR_CLK_o), .OEN(1'b0), .SSEL(pp_DDR_CLK_ds));

generate
for (i = 0; i <= 1; i = i + 1)
  begin: gen_pad_DDR_cs_n
    PDDROS x (.PAD(px_DDR_CS_n[i]), .I(pp_DDR_CS_n_o[i]),
            .OEN(1'b0), .SSEL(pp_DDR_CTL_ds));
  end
endgenerate

PDDROS pad_DDR_cke (.PAD(px_DDR_CKE), .I(pp_DDR_CKE_o),
```

```
                      .OEN(1'b0), .SSEL(pp_DDR_CTL_ds));

    PDDROS pad_DDR_we_n (.PAD(px_DDR_WE_n), .I(pp_DDR_WE_n_o),
                      .OEN(1'b0), .SSEL(pp_DDR_CTL_ds));

    PDDROS pad_DDR_cas_n (.PAD(px_DDR_CAS_n), .I(pp_DDR_CAS_n_o),
                      .OEN(1'b0), .SSEL(pp_DDR_CTL_ds));

    PDDROS pad_DDR_ras_n (.PAD(px_DDR_RAS_n), .I(pp_DDR_RAS_n_o),
                      .OEN(1'b0), .SSEL(pp_DDR_CTL_ds));

    generate
    for (i = 0; i <= 2; i = i + 1)
      begin: gen_pad_DDR_ba
        PDDROS x (.PAD(px_DDR_BA[i]), .I(pp_DDR_BA_o[i]),
                  .OEN(1'b0), .SSEL(pp_DDR_A_ds));
      end
    endgenerate

    generate
    for (i = 0; i <= 14; i = i + 1)
      begin: gen_pad_DDR_a
        PDDROS x (.PAD(px_DDR_A[i]), .I(pp_DDR_A_o[i]),
                  .OEN(1'b0), .SSEL(pp_DDR_A_ds));
      end
    endgenerate
```

5.5.3 函数和任务调用

函数和任务调用可以使用 C 语言的习惯，在合适的位置添加空格，这样代码看起来更清晰，函数名（或任务名）和括号之间加一个空格，参数和后面的逗号之间不加空格，逗号后面加一个空格。若有很多参数，那么就在合适的位置换行。

例子：因为使用空格，所以看起来更清晰。

```
$display("Info: %d %d",value_x,value_y);      //no space
不如
$display ("Info: %d %d", value_x, value_y); //has space
```

5.5.4 书写语句

在书写 Verilog 的每条语句时，我们要遵循如下约定。
1. 每一个语句都要独立成行。
2. 对于 always、for、while 语句，begin 最好在它们的下一行。
3. 对于 initial、if、else if、else 语句，begin 最好与它们在同一行，而且要在 begin 后换行。
4. end 要占据单独一行，不要在同一行写 end else 或 end else begin 这种语句。
5. 在一个逻辑块内不加空行，可以表明它们之间的紧密关系。
6. 在不同的逻辑块之间添加空行，可以表明每个逻辑块实现不同的功能，看起来更清晰。

7. 保持每行小于或等于 80 个字符,这样做是为了提高代码的可读性。
8. 采用缩进方式,以提高续行和嵌套语句的可读性,因为如果没有缩进,代码几乎不可读。缩进一般采用两个或三个空格。不要使用太深的嵌套,因为书写和阅读都不太方便。
9. 合理使用 TAB 键,TAB 键可以更好地对齐代码,一个 TAB 应该对应 8 字符。

例子:优美的书写语句。
```verilog
always @(posedge rtc_clk or negedge rtc_reset_n)
  begin
    if (!rtc_reset_n) begin
      Rr0_one_scan <= 0;
      Rr1_one_scan <= 0;
    end
    else if (r_kpc_en) begin
      //For software use, The scanned-back value is negated.
      //Mask out the unused columns using col_bits.
      Rr0_one_scan <= (~kpc_col_i & col_bits);
      Rr1_one_scan <= Rr0_one_scan;
    end
    else begin
      Rr0_one_scan <= 0;
      Rr1_one_scan <= 0;
    end
  end
```

5.5.5 书写表达式

不要构造冗长复杂的表达式,要尽量书写简单的表达式,因为冗长复杂的表达式不容易理解,不容易调试,不容易维护。

在表达式的合适位置添加括号,因为用括号表示优先级更清晰,更有意义,同时可以避免错误理解运算符的优先级。虽然在有的时候,即使不用括号,使用运算符的默认优先级,表达式也是你要表达的。

例子:合理使用括号。
```verilog
  if ((alpha < beta) && (gamma >= delta))
//比下面的表达更合意
  if (alpha < beta && gamma >= delta)
```

在表达式的合适位置添加空格和换行,这样阅读起来更清晰。
1. 对于运算符号,如=、+、-、*、/、%、<<、&、&&、or 等,在这些符号两边各加一个空格。
2. 对于逗号(,),只在逗号后面加空格。
3. 对于分号(;),只在分号后面加空格。
4. 行尾不加空格。
5. 在某些位置可以不添加空格,这样看起来更紧凑一些。
6. 在某些位置可以多添加一些空格,使得上下两行的某些信号有对应。
7. 当表达式很长时,要在适当的位置分行,并添加空格让某些变量对齐。

例子：合理使用空格。
```
  wire [`XA_WIDTH*2-1:0] xa = (val_a * val_b + val_c);
  wire [3:0] kpc_num = (cfg_sel == 0 ? 4'd0 :
                        cfg_sel == 1 ? 4'd1 :
                        cfg_sel == 2 ? 4'd3 :
                        cfg_sel == 3 ? 4'd7 :
                        cfg_sel == 4 ? 4'd15 : 4'd15);
```

5.6 添加注释

在源文件内注释是代码的补充，体现设计者的思想，便于理解代码。如果把设计文件中所有代码去掉，基于留下的注释还能理解此设计的基本功能，那就太好了。在添加注释时，我们要遵循如下约定。

1. 要把注释放在它所注释的代码附近，在每个逻辑块和重要代码行的上方添加注释。
2. 要足够说明设计意图，要简明扼要，要避免过于复杂、啰啰嗦嗦、废话连篇。
3. 要保证代码和注释是一致的。不能让注释陈旧过时，不能让注释与代码产生冲突，更不能让注释根本就是错误的，否则会严重误导维护人员。
4. 要先把代码整理干净。如果代码很复杂、很杂乱或很糟糕，不要为了解释这段代码加上一大堆注释，应该首先把代码整理干净，让代码变得清晰易懂。
5. 要使用有效实用的注释格式。不用把注释搞得花里胡哨，否则修改起来反倒不方便。
6. 要注重格式，符合缩进格式，要与注释的代码保持对齐。如同写英文一样，每行不要太长，80 个字符左右，要注意换行。
7. 要注意标点的使用，在标点后面要加一个空格，这是写英语文章的习惯。
8. 要列出要点。如果一个问题需要很多注释来描述时，那么最好用 1、2、3……或 A、B、C……列出每个要点，这样看起来更清晰。
9. 要用英文做注释，所以要学好英语。
10. 在模块开始处要有模块级的注释，一般包含：模块名、作者、实现功能概述、关键特性描述。不用添加修改记录，因为 CVS 会为你保存这些修改记录，否则文件头会变得庞大臃肿。
11. 对于模块的端口，要添加简要的解释，描述端口功能和有效电平。
12. 根据需要添加特殊的注释，例如提示、警告和 Todo 等。
13. 不要用注释保留那些陈旧过时无用的代码，该删除的就删除掉。
14. 不要添加毫无用处的注释，例如：
```
    //Increment addr
     addr <= addr + 1;
```
    任何人都明白 addr + 1 的含义，这样的注释没有用处。注释应该是这样的，
```
    //In burst mode, the bytes are written in consecutive addresses. Need to
    //access the next address to verify that the next byte was properly saved,
     addr <= addr + 1
```

例子：Opencore I2C 的注释。
```
    //=================================================================
    //WISHBONE rev.B2 compliant I2C Master bit-controller
    //Author: Richard Herveille,  richard@asics.ws
    //Downloaded from: http://www.opencores.org/projects/i2c
    //=================================================================
```

```
// Bit controller section
// Translate simple commands into SCL/SDA transitions
// Each command has 5 states, A/B/C/D/idle
//
// start:      SCL      ~~~~~~~~~\____
//             SDA      ~~~~~~~_____
//                      x | A | B | C | D | i
//
// repstart    SCL      ____/~~~~\___
//             SDA      __/~~~_____
//                      x | A | B | C | D | i
//
// stop        SCL      ____/~~~~~~~~
//             SDA      ==\____/~~~~~
//                      x | A | B | C | D | i
//
//- write      SCL      ____/~~~~\____
//             SDA      ==X=========X=
//                      x | A | B | C | D | i
//
//- read       SCL      ____/~~~~\____
//             SDA      XXXX=====XXXX
//                      x | A | B | C | D | i
```

5.7 参数化

为了减少修改内容，为了避免出错，为了移植方便，为了创建可重用模块，在编写代码时就要使用可重定义的参数（如 SIZE、WIDTH 和 DEPTH 等），于是就要使用宏定义（`define）和参数声明（parameter、localparam），但是在实际应用中，`define 和 parameter 存在误用的情况。

我们在定义模块内部使用的参数时（例如状态机的状态），有些人喜欢用`define 定义它们的的名字，还有些人喜欢用 parameter 定义它们的名字。

如果我们使用`define 定义这些内部参数，这些名字就会进入全局名字空间，从而妨碍我们重用这些参数的名字。有时我们不得不使用`undef 取消这些名字，然后再重用它们。

其实应该使用 parameter 定义它们的名字，因为这些名字只是在模块内作为常量使用，根本没有全局的意义。每个大模块都会有很多的内部参数，重用某些名字就很普遍，如 RESET、IDLE、READY、READ、WRITE、ERROR 和 DONE 等。

但是使用 parameter 定义参数也有一些问题。

1. 如果一个模块既有可以在模块实例化时可以修改的参数，又有不需要修改的内部参数，那么放到一起，就会有点乱。
2. 对于那些使用 parameter 的模块，某些综合工具会把参数名字和参数值带入到模块名字中，把模块名字变得很长，查看和查找都很不方便。

那么有没有比 parameter 更好的名字定义呢？有，那就是使用 Verilog-2001 增加的 localparam，使用 localparam 定义那些只在模块内使用的参数，例如状态机的状态。

下面就是一些使用`define、parameter 和 localparam 的指导原则。

1. 宏定义应该只用于定义系统内全局的常量，例如 PCI 命令和全局时钟周期。

2. 宏定义不应该用于定义局限于模块范围内的常量（包括状态名字），这些常量应该使用 localparam 定义。
3. 如有可能，就把所有的宏定义放到一个 definitions.vh 文件中，而且在编译时首先读取这个文件。
4. 对于那些在实例化时会改变的参数，要使用 parameter，以达到模块可配置和可移植。另外我们最好按照 Verilog-2001 标准，把 parameter 放在模块名字后面，这样看起来更清晰。
5. 如果一个模块需要按不同配置实例化，而且存在实例化多个子模块的情况，那么必须选择 parameter，同时配合 for 语句和 generate 语句，可以在模块里根据参数实例化所需要数目的子模块。
6. 在定义常量时，如果一个常量依赖于其他常量，那么在定义该常量时就直接用表达式表示出这种关系。
7. 不要使用 defparam 修改参数定义，要使用 Verilog-2001 名字参数值传递方法。

例子：使用 parameter 实现可配置模块。
```
module tcu
  #(parameter IS_OST = 0,
   COUNT_CHANNEL = 6, WIDTH_CHANNEL = 4,
   WIDTH_COUNTER = 16, SUPPORT_PWM = 1, SUPPORT_WDT = 1)
  (
  //..........
  output [COUNT_CHANNEL -1:0]    tcu_int_n,
  output [COUNT_CHANNEL -1:0]    tcu_wake_n,
  //..........
  );
```

例子：实例化可配置模块。
```
generate
    for (i = 0; i < COUNT_CHANNEL; i = i + 1)
      begin: gen_timer
        //Here i[WIDTH_CHANNEL-1:0] is used instead of i,
        //  this is used to avoid VCS compile warning.
        tcu_timer
          #(.IS_OST              (IS_OST),
            .CHANNEL_NUMBER      (i[WIDTH_CHANNEL-1:0]),
            .WIDTH_COUNTER       (WIDTH_COUNTER),
            .SUPPORT_PWM         (SUPPORT_PWM),
            .SUPPORT_WDT         (SUPPORT_WDT)) tcu_timer_i
            (
            //Interface with ports
            //...................
            );
      end
endgenerate
```

如果一个参数在多处使用，在修改时，要多处同时修改。
例子：

```
    input  [16-1:0]       gpio_data_i,
    output [16-1:0]       gpio_data_o,
    output [16-1:0]       gpio_data_oe_n,
```
改为,
```
    input  [GPIO_COUNT-1:0]     gpio_data_i,
    output [GPIO_COUNT-1:0]     gpio_data_o,
    output [GPIO_COUNT-1:0]     gpio_data_oe_n,
```

一个参数在设计的过程中，可能会经常变动，或者将来会发生变动。
例子：
```
`define GPIO_ADDR_PIN    8'h00
`define GPIO_ADDR_DAT    8'h10
`define GPIO_ADDR_IM     8'h20
`define GPIO_ADDR_PEN    8'h30
```

如果多个参数存在运算关系，从一个参数或几个参数可以推导出其他参数的值，那么就用这种运算关系定义参数。
例子：不要手工把 VAL_XYZ 的值计算出来。注意：17'h0 是用于防止运算结果溢出的。
```
`define VAL_X      8'h02
`define VAL_Y      8'h45
`define VAL_Z      8'hAD
`define VAL_XYZ    (`VAL_X * `VAL_Y + `VAL_Z + 17'h0)
```

如果使用状态机，最好就用 localparam 定义状态机的状态。
例子：
```
localparam MKT_IDLE   =     3'd0;
localparam MKT_SLEEP  =     3'd1;
localparam MKT_CHECK  =     3'd2;
localparam MKT_GET_X  =     3'd3;
localparam MKT_GET_Y  =     3'd4;
localparam MKT_FINISH =     3'd5;
```

5.8 lint 检查

编译时，打开 vcs 或 ncverilog 的 lint 检查。检查编译的输出，Error 一定要修正，但是那些 Warning 也要修正，因为这些 Warning 可能就是潜在的错误，可能导致仿真失败，也可能导致综合失败，而且这些 Warning 与 Error 混杂在一起，不便于查看 Error。

综合时，检查综合工具的编译输出，检查是否生成了 Latch，检查 always 敏感列表中的信号是否列全。

第二部分 语言特性

本部分讨论 Verilog 各个语言元素（Construct）的特性，探讨如何使用 Verilog-2001 的新特性，如何写出简洁的代码，如何避免前后仿真不一致，如何保持设计的一致性。

第 6 章

Verilog 特性

在 Janick Bergeron 写的《Writing Testbenches, Functional Verification of HDL Models》书中，他说 VHDL 和 Verilog 在同样的学习曲线下有同样的面积（就是说花同样的时间会得到同样的学习效果）。

事实上，如果正确地学习 Verilog，那么学习 Verilog 会更快一些，而且比起 VHDL 来说，Verilog 仿真运行速度更快。

6.1 Verilog 标准

Verilog 一共发行了三个标准：Verilog-1995、Verilog-2001 和 Verilog-2005。

在 Verilog-2001 里，相比 Verilog-1995，加入了很多有用的特性，这些特性可以提高设计的生产率，提高综合的能力，提高验证的效率。下面是一些很有用的新特性。

1. 增加 generate 语句，简化模块多次实例化或选择实例化。
2. 增强对多维数组的支持。
3. 增强文件 I/O 的操作。
4. 增加对 task 和 function 重入的支持。
5. 增加 always @(*)。
6. 增加 part-select（+:和-:）。
7. 增加 localparam。
8. 增加新的端口声明方式。
9. 支持常数函数。

在 Verilog-2005 里，相比 Verilog-2001，只是把寄存器类型（register type）改名为变量类型（variable type），增加了 uwire，另外修正了一些书写错误。

我们必须掌握 Verilog-2001，想一想已经过去这么多年了，如果我们不把它掌握好，是不是有点说不过去呢？但是现在很多书还是只描述 Verilog-1995 的特性，没有描述 Verilog-2001 的新特性。事实上这些新特性非常有用，仔细研究一下，实际应用一下，就会越用越顺手，越用越喜欢。

后续的章节主要译自 Verilog-2005 标准，同时参考了 Cliff Cummings 和 Stuart Sutherland 等专家写的论文和书籍，参考了软件使用手册，如 vcs.pdf、ncverilog.pdf、preug.pd、dftug.pdf 等。后续章节的安排基本上是按照 Verilog-2005 标准中的顺序编写的，所以如果读者有什么不清晰的地方，可以直接参考 Verilog-2005 标准中对应的章节。

6.2 抽象级别

Verilog 可以在三种抽象级上进行描述：行为级模型、RTL 级模型和门级模型。

行为级（behavior level）模型的特点如下。

1. 它是比较高级的模型，主要用于 testbench。

2. 它着重于系统行为和算法描述，不在于系统的电路实现。
3. 它不可以综合出门级模型。
4. 它的功能描述主要采用高级语言结构，如 module、always、initial、fork/join、task、function、for、repeat、while、wait、event、if、case、@等。

RTL 级（register transfer level）模型的特点如下。
1. 它是比较低级的模型，主要用于 ASIC 和 FPGA 设计。
2. 它着重于描述功能块内部或功能块之间的数据流和控制信号，重点在于电路实现，在于如何在 timing、area 和 power 中做出平衡。
3. 它可以综合出门级模型。
4. 它的功能描述主要采用可以综合的语言结构，如 module、always、for、case、if、assign、@、continuoous assignment、blocking/nonblocking assignment 等。

门级（gate level）模型的特点如下。
1. 它是更加低级的模型，主要用于后端的物理实现。
2. 它是实际电路的逻辑实现。
3. 它通常是用综合工具从 RTL 级模型综合出来的。
4. 它的功能描述主要采用逻辑门（gate 和 switch）、用户定义原语（UDP）、模块和线网连接。
5. 它还用于开发小规模的元件，如 ASIC 和 FPGA 的单元。

设计工程师可以在不同的设计阶段采用不同的抽象级。
1. 在行为级描述各功能块，评估系统和算法，以降低描述难度，提高仿真速度。
2. 在 RTL 级描述各功能块，精确描述系统和算法。
3. 综合出门级模型，对应于实际电路的逻辑实现。

例子：行为级或 RTL 级的 MUX。
```
module mux (input a, b, sel,
         output reg out);
  always @( sel or a or b)
    if (! sel) out = a;
    else      out = b;
endmodule
```

例子：门级的 MUX。
```
module mux (input a, b, sel,
         output out);
  not   u1 (nsel, sel);
  and #1 u2 (sela, a, nsel);
  and #1 u3 (selb, b, sel);
  or  #2 u4 (out, sela, selb);
endmodule
```

6.3 可综合子集

表 6-1 和表 6-2 列出了综合工具通常都支持的 Verilog HDL Constructs。

表 6-1 综合支持的 Verilog-1995 Constructs（来源于 Stuart Sutherland）

Verilog HDL Constructs	Descriptions
module declarations	fulling supported
port declarations input, output, inout	fully supported; any vector size supported
net data types wire, wand, wor, supply0, supply1	fully supported; scalars and vectors
variable data types reg, integer	may be scalar or vector or variable array the assignments to a variable can only from one procedure integers default to 32 bits
parameter constants	limited to integers
literal integer numbers	fully supported; all sizes and bases
module instances	fully supported; both port order and port name instantiation supported
primitive instances and, nand, or, nor, xor, not buf, bufif1, bufif0, notif1, notif0	fully supported
assign continuous assignment	fully supported, both explicit and implicit forms are supported
assign procedural continuous assignment	fully supported, but the deassign keyword is not supported
function definitions	may only use supported constructs
task definitions	may only use supported constructs
always procedural block	must have a sensitivity list
begin ... end statement groups	fully supported; both named and unnamed blocks are supported; fork ... join statement groups are not supported
= blocking procedural assignment <= non-blocking procedural assignment	fully supported; only one type of assignment can be used for all assignments to the same variable
decision statements if, if...else, case, casex, casez	logic X and Z only supported as "don't care" bits
for loops while loops	the step assignment must be an increment or decrement (+ -)
disable statement group	must be used within the same named block that is being disabled

operators
  & ~& | ~|
  ^ ^~ ~^
  == != < >
  <= =>
  ! && ||
  << >>
  {} {{}} ?:
  + - * /
	operands may be:
	scalar or vector
	constant or variable
	the === and !== operators are not supported

vector bit selects vector part selects	fully supported on the right-hand side of an assignment; restricted to constant bit or part selects on the left-hand side of an assignment

表 6-2 综合支持的 Verilog-2001 Constructs（来源于 Synposys）

Verilog HDL Constructs	Descriptions
Comma-separated sensitivity lists	fully supported
@* combinational logic sensitivity	fully supported
Combined port/data type declaration	fully supported
ANSI C style port declarations	fully supported
Implicit nets with continuous assignments	fully supported
Multi-dimensional arrays	fully supported
Array bit and part selects, +: and -:	fully supported
Signed data types	fully supported
Signed literal numbers	fully supported
<<<, >>> arithmetic shifts	fully supported
** power operator	(may have restrictions)

续表

Verilog HDL Constructs	Descriptions
Sized parameters	fully supported
Parameter passing by name	fully supported
Local parameter	fully supported
`ifndef,`elsif and `undef compiler directives	fully supported
Automatic tasks and functions	fully supported
Constant functions	fully supported
generate statement	fully supported

6.4 保持一致

工程师的任务是把一个想法或一个 SPEC 转化为物理设计（ASIC 或 FPGA），在开发简洁精确设计的同时，也包含着学习什么样的编码风格能够综合，什么样的编码风格会出现问题。

但是经常会发生这种事，就是直到芯片已经生产出来了，才发现芯片不能正常工作，才发现前仿真和后仿真不一致（presynthesis and postsynthesis mismatch），于是不得不重新开始设计，修正错误，再次投片（tapeout）。

本书将讨论那些会导致前后仿真不一致的 Verilog 编码风格。这里有一个准则：如果一个编码风格只把设计的信息传递给仿真器，却没有传递给综合工具，那么这就不是好的编码风格；或者如果一个编码风格只把设计的信息传递给综合工具，却没有传递给仿真器，那么这也不是好的编码风格。

Verilog 很灵活，不像 VHDL 那么死板啰嗦，如果不注意，就会违反这条准则，就有可能发生前后仿真不一致的情况。如果没有对设计做充分的验证，或者设计规模巨大，那么就很难发现这些不一致，对 ASIC 设计来说后果就很严重。

所以我们就需要理解什么样的编码风格会导致前后仿真不一致，理解为什么不一致会发生。避免使用那些易于导致错误（error-prone）的编码风格，将会大大地减少 RTL 设计的缺陷，减少用于修复这些不一致所用的调试时间。随着 ASIC 设计规模的增加，在每次综合后做 100%覆盖的回归验证已经变得很不现实，所以设计者应该使用各种有效的方法尽早地消除这些风险。

我们尽量不要使用内嵌编译指令。例如，"//synopsys full_case parallel_case"和"//synopsys translate_on/off"，因为它们可能会导致前后仿真不一致。我们还要小心使用 casex 和 casez，因为它们也可能会导致前后仿真不一致。

第 7 章

常数

本章主要描述整数常数、实数常数和字符串的定义。

7.1 整数（integer）

Verilog 采用四值逻辑。
1. 0：表示 Low、False、Ground、VSS、Negative Assertion。
2. 1：表示 High、True、Power、VDD、VCC、Positive Assertion。
3. x 或 X：表示 Unknown，仿真发生了不能解决的逻辑冲突。
4. z 或 Z：表示 HiZ、High Impedance、Tri-State、Disabled Driver。

整数常数的定义规则如下。
1. 整数可以用十进制（decimal）、十六进制（hexadecimal）、八进制（octal）、二进制（binary）形式表示，表现形式为：

   <null | + |-><size><sign: s|S><base: d|D|h|H|o|O|b|B><0~9 | 0~f | 0~7 | 0~1 | x | z>，其中 size、sign 和 base 是可选的。

2. 最简单的整数是没有 size、sign 和 base 的十进制数，只用 0~9，可选+或-，表示的是符号数（signed integer）。
3. sign 必须和 base 一起使用。当 base 前面有 sign 标志时，表示的是符号数（signed integer）；当 base 前面没有 sign 标志时，表示的是无符号数（unsigned integer）。
4. 负数以 2 的补码形式表示。
5. x 表示不可知值（unknown），z 表示高阻值（HiZ），在十进制数中不能使用 x 和 z。
   其中 z 可以用?代替，在使用 casex 和 casez 时，为了便于理解常用?代替 z。
   当 z 作为逻辑门的输入或在表达式中出现时，通常把 z 当做 x 处理，但是当 z 出现在 MOS 的原语（primitive）中，还是当做 z，因为 MOS 可以传送高阻（HiZ）。
6. 如果无符号数的位数小于 size，那么就在左端扩展：如果最左边的位是 0 或 1，左端就补 0 扩展；如果最左边的位是 x，左端就补 x 扩展；如果最左边的位是 z，左端就补 z 扩展。
7. 如果无符号数的位数大于 size，那么就在左端截去多余的位。
8. 在 Verilog-2001 中，对于没有 size 限定的数，那么就在左端按照表达式的 size 根据最左边的位进行扩展（0、x 或 z），扩展多少位都没有问题。但是在 Verilog-1995 中，如果最左边位是 x 或 z，那么 x 或 z 最多只能扩展到 32 位，超出的位按 0 扩展。
9. 对于<sign>、<base>、a~f、x 和 z，大写和小写都可以使用（case insensitive）。
10. 为了阅读方便，可以在数字之间加_（下划线）分割数字。
11. 注意：当把带有 size 的负常数（sized signed constant numbers）赋给一个 reg 类型的变量时，不管这个变量是否是 signed，对这个负常数做符号扩展（sign-extend）。

例子：
```
//1. Unsized constant numbers
659           // is a decimal number
'h 837FF      // is a hexadecimal number
'o7460        // is an octal number
4af           // is illegal (hexadecimal format requires 'h)

//2. Sized constant numbers
4'b1001       // is a 4-bit binary number
5 'D 3        // is a 5-bit decimal number
3'b01x        // is a 3-bit number with the least significant bit unknown
12'hx         // is a 12-bit unknown number
16'hz         // is a 16-bit high-impedance number

//3. Using sign with constant numbers
8 'd -6       // this is illegal syntax
-8 'd 6       // this defines the two's complement of 6,
              // held in 8 bits—equivalent to -(8'd 6)
4 'shf        // this denotes the 4-bit number '1111', to be
              // interpreted as a 2's complement number, or '-1'.
              // This is equivalent to -4'h 1
-4 'sd15      // this is equivalent to -(-4'd 1), or '0001'
16'sd?        // the same as 16'sbz

//4. Automatic left padding
reg [11:0] a, b, c, d;
initial begin
  a = 'h x;    // yields xxx
  b = 'h 3x;   // yields 03x
  c = 'h z3;   // yields zz3
  d = 'h 0z3;  // yields 0z3
end

reg [84:0] e, f, g;
e = 'h5;       // yields {82{1'b0},3'b101}
f = 'hx;       // yields {85{1'hx}}
g = 'hz;       // yields {85{1'hz}}

//5. Use _
27_195_000
16'b0011_0101_0001_1111
32 'h 12ab_f001

//6. sign-extend
reg signed [15:0] h;
reg [15:0] m;
h = -12'h123;   //16'FEDD
h =  12'shEDD;  //16'FEDD
```

```
m = -12'h123;   //16'FEDD
m = 12'shEDD;   //16'FEDD
```

我们要避免如下书写错误：
```
case (sel[1:0])
  00: y = a;
  01: y = a;
  10: y = a;  //not execute
  11: y = a;  //not execute
endcase
```

7.2 实数（real）

实数常数定义符合 IEEE Std 754-1985 标准，采用双精度浮点数（double-precision floating-point numbers）。实数有两种方式：十进制法和科学计数法。

例如：
```
1.2,       0.1,        2394.26331
1.2E12,    1.30e-2,    0.1e-0,    23E10,    29E-2
236.123_763_e-12    //underscores are ignored
```

当把实数赋给一个整数变量时，按四舍五入转换后赋值。
例如，35.7 和 35.5 都转换成 36，而 35.2 则转换成 35。
例如，-1.5 转换成-2，而 1.5 则转换成 2。

7.3 字符串（string）

字符串的定义规则如下。
1. 字符串是包含在两个"（双引号）之间的字符。
2. 字符串在表达式中或在赋值时，被当做一个由 8-bit ASCII 码序列组成的无符号数。
3. 字符串中可以使用如下的特殊字符：\n、\t、\\、\"和\ddd，\ddd 用于表示八进制数。
4. 使用 reg 变量操作字符串时，每 8-bit 存一个字符。
5. 因为字符串被当做无符号数，所以也用整数的补齐和截去规则，就是如果字符串的位长小于变量的位长，那么字符串做右对齐存放到变量的右侧，变量的左侧补 0；如果字符串的位长大于变量的位长，那么字符串做右对齐存放到变量的右侧，多余的位截去。

7.4 标识符（identifier）

标识符就是模块、端口、任务、函数、变量、线网、参数、实例等的名字。
定义标识符要花一些心思，要含义清晰、简洁明了。

第 8 章

数据类型

Verilog 中主要有两种数据类型：变量（variable）和线网（net）。这两种数据类型主要区别在于它们的赋值（assign）和保持（hold）方式，它们代表了不同的硬件结构。

8.1 线网（net）

线网（net）用于表示结构体（如逻辑门）之间的连接。除了 trireg 之外，所有其他的线网类型都不能保存值，线网的值是由 driver 决定的，例如由连续赋值驱动或由逻辑门驱动。如果 driver 没有驱动线网，那么线网的值是 z，但是 tri0、tri1、trireg 除外，tri0 将是 0，tri1 将是 1，而 trireg 将保持之前 driver 驱动的值。

线网有以下这些类型：wire、wand、wor、tri、triand、trior、tri0、tri1、trireg、uwire、supply0、supply1。

8.1.1 wire 和 tri

wire 和 tri 是一样的，具有同样的语法和功能，提供两个名字是用于不同方面的建模：wire 用于逻辑门的驱动或连续赋值的驱动，而 tri 用于多 driver 驱动。

当多个具有相同驱动强度的 driver 驱动同一个 wire 或 tri 线网出现逻辑冲突时，线网的值是 x（unknown）。

8.1.2 wor、wand、trior、triand

线逻辑（model wired logic）类型的线网有 wor、wand、trior 和 triand，它们用于解决多个 driver 驱动同一个线网时出现的逻辑冲突。wor 和 trior 实现线或（or）逻辑，wand 和 triand 实现线与（and）逻辑。

wor 和 trior 是一样的，wand 和 triand 是一样的，都是为了不同方面的建模。

8.1.3 tri0、tri1

tri0 用于表示带有下拉电阻（pulldown）的线网。当没有 driver 驱动 tri0 线网时，它的值是 0，强度是 pull。

tri1 用于表示带有上拉电阻（pullup）的线网。当没有 driver 驱动 tri1 线网时，它的值是 1，强度是 pull。

8.1.4 uwire

Verilog-2005 增加了 uwire，只能被一个 driver 驱动，如果被多个 driver 驱动，那么编译时就会出错。但是不知为什么 VCS 现在还不支持 uwire。

8.1.5 supply0、supply1

supply0 和 supply1 用于模型电源，就是只能提供 0 和 1 值的线网，通常只在 Vendor 提供的标准单元库中使用，平时不用。

8.1.6 驱动强度

线网驱动强度（drive strength）包括：
1. 用于表示 0 的强度：highz0、supply0、strong0、pull0、weak0。
2. 用于表示 1 的强度：highz1、supply1、strong1、pull1、weak1。

8.1.7 默认 net

在 Verilog-1995 中，由连续赋值驱动而且不是端口的 1-bit 线网必须声明，用于端口连接的 1-bit 线网可以不必声明。但是在 Verilog-2001 中，就去掉了这个限制。

例子：Verilog-2001 允许使用默认的 1-bit net。

```
//Verilog-1995 required net declaration for the LHS of a continuous
// assignment to an internal net.
module andor1 (y, a, b, c);
  output y;
  input  a, b, c;
  wire   n1;           //It is NOT required in Verilog-2001
  assign n1 = a & b;
  assign y  = n1 | c;
endmodule
```

8.2 变量（variable）

变量是数据存储单元的抽象。变量具有如下特性。
1. 变量将保持每次赋给它的值，直到下一次赋值给它。当过程块被触发时，过程块中的赋值就会改变变量的值。
2. reg、time 和 integer 的初始化值是 x，real 和 realtime 的初始化值是 0.0。如果使用变量声明赋值（variable declaration assignment，例如 reg abc = 1'b0;），那么就相当于在 initial 块中使用阻塞赋值。
3. 对 reg 的赋值是过程赋值（阻塞赋值和非阻塞赋值），因为 reg 能够保持每次赋的值，所以它能模型硬件寄存器（例如，边沿敏感的触发器或电平敏感的锁存器）。但是 reg 不只用于模型硬件寄存器，它也用于模型组合逻辑。
4. 除了用于模型硬件，变量也有其他的用途。虽然 reg 很通用，但是 integer 和 time 可以提供更大的方便性和可读性。time 变量常和 $time 函数一起使用。
5. 注意：可以把负值赋给线网和变量，只有 integer、real、realtime、reg signed 和 net signed 才能保持符号标志，而 time、reg unsigned 和 net unsigned 则把赋给它们的数值都当做无符号数处理。

6. 注意：interger 等价于 reg signed [31:0]，time 等价于 reg unsigned [63:0]。
7. 注意：real 和 realtime 是等价的，都是 64-bit 双精度浮点数，只不过 realtime 变量常和 $realtime 函数一起使用。
8. 注意：不能对 real 和 realtime 使用位索引（bit-select）和部分索引（part-select）。

例子：
```
integer i = 32'h1234_5678;
time    t = 64'habcd_efab_1234_5678;
$display ("%x, %x", i[15:0], t[63:60]);
```

8.3 线网和变量的区别

Verilog 中让人困惑的地方就是 reg 和 wire 的使用，什么时候使用 reg？什么时候使用 wire？虽然声明 reg 和 wire 的规则很简单，但是很多新手总是难以理解。

其实规则很简单。在 Verilog 中，任何过程赋值（procedural assignment）的左侧变量（LHS, left hand side）必须声明为 reg，除此之外使用的变量必须声明为 wire，没有其他例外的情况。

Verilog 为什么要区分 reg 和 wire 类型呢？这个问题的答案和数据类型检查有关，因为数据类型检查是对同一变量识别错误赋值（就是对同一变量既有连续赋值又有过程赋值）的最容易方法。

连续赋值设置线网的驱动，多个 driver 可以同时驱动同一个线网。例如：y 的值是由所有 driver 驱动值的组合决定的（见图 8-1）。

```
module drivers1 (y, a1, en1, a2, en2)
  output y;
  input  a1, en1, a2, en2;
  assign y = en1 ? a1 : 1'bz;
  assign y = en2 ? a2 : 1'bz;
endmodule
```

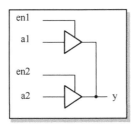

图 8-1 使用多个连续赋值驱动一个线网

过程赋值（例如 always 块）使得变量发生变化。例如：下面代码中有多个 always 块，都是对同一个变量行为赋值，而不是设置多个驱动。在这个例子中，最后执行的赋值起作用，见图 8-2。

```
module drivers2 (y, a1, en1, a2, en2)
  output y;
  input  a1, en1, a2, en2;
  reg    y;
  always @(a1 or en1)
    if (en1) y = a1;
    else     y = 1'bz;
```

```
    always @(a2 or en2)
      if (en2) y = a2;
      else     y = 1'bz;
endmodule
```

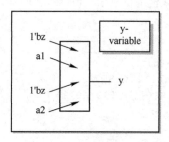

图 8-2 使用多个过程赋值对一个变量赋值

如果有人尝试对同一个变量既做 driver 赋值，又做 behavioral 赋值，那么 driver 赋值是连续赋值，要求用 net 声明，behavioral 赋值是过程赋值，要求用 reg 声明。但是把同一个变量同时声明为两种类型，就是语法错误。所以这就保证了设计者不能对同一变量使用两种不同类型赋值。

表 8-1 列出了线网和寄存器的不同点。

表 8-1 线网和寄存器的区别（来源于 Stuart Sutherland）

项目	线网类型	变量类型
Verilog strength	Yes	No
Uninitialized value	HiZ	X (unknown)
Multiple assignments	Combination of all driven values	Last assignment wins
Types allowed to be declared with a range	wire, tri, wor, trior, wand, triand, tri0, tri1,supply0, supply1, trireg	reg
Types with implied range (excluding 1-bit values)	None	integer (32-bit), time (64-bit), real,realtime (64-bit)

8.4 向量（vector）

标量（scalar）是没有范围声明的 1-bit 的线网（net）或 reg。
向量（vector）是带有范围声明的 multi-bit 的线网（net）或 reg。
例子：

```
wand w;                          // a scalar net of type "wand"
wire w1, w2;                     // declares two wires
tri [15:0] busa;                 // a three-state 16-bit bus
reg a;                           // a scalar reg
reg[3:0] v;                      // a 4-bit vector reg made up of v[3],
                                 // v[2], v[1], and v[0]
reg signed [3:0] signed_reg;     // a 4-bit vector in range -8 to 7
reg [4:-1] b;                    // a 6-bit vector reg
reg [4:0] x, y, z;               // declares three 5-bit regs
```

8.5 数组（array）

Verilog-2001 对数组的定义和访问做了极大的增强，具有如下特性。
1. 数组的元素可以是标量（scalar，1-bit）也可以是向量（vector，multi-bit）。
2. 数组的维数可以是一维、二维……多维。
3. 数组的引用可以针对某一个元素或某一个元素的一部分（使用 bit-select 或 part-select）。
4. 通常把一维数组称为 memory。例如，$readmemh 和$readmemb 就把数据加载到 memory 中。
5. 在常规的仿真条件下，波形文件不存储数组。为了在波形文件中保存数组，需要使用内嵌函数和相应的命令行选项。

例子：数组声明。
```
reg x[11:0];              //one-dimension array
wire [0:7] y[5:0];        //8-bit-wide vector wire indexed from 0 to 5
reg [31:0] x [127:0];     //32-bit-wide reg
reg [23:0] image_rgb [0:1023][0:1023]; //two-dimension arrary
reg [7:0] mema[0:255];    // declares a memory mema of 256 8-bit registers
reg arrayb[7:0][0:255];
                          // declare a two-dimensional array of one bit registers
wire w_array[7:0][5:0];   // declare array of wires
integer inta[1:64];       // an array of 64 integer values
time chng_hist[1:1000]    // an array of 1000 time values
```

例子：数组赋值。
```
mema = 0;              // Illegal syntax- Attempt to write to entire array
arrayb[1] = 0;         // Illegal Syntax - Attempt to write to elements
arrayb[1][12:31] = 0;  // Illegal Syntax - Attempt to write to elements
mema[1] = 0;           // Assigns 0 to the second element of mema
arrayb[1][0] = 0;      // Assigns 0 to the bit referenced by indices [1][0]
inta[4] = 33559;       // Assign decimal number to integer in array
chng_hist[t_index] = $time; // Assign current simulation time
```

例子：向量和数组有区别。
```
reg [1:n] rega;        // An n-bit register is not the same
reg mema [1:n];        // as a memory of n 1-bit registers
```

8.6 多维数组

在 Verilog-1995 中，可以把寄存器变量声明为一维数组，如 reg [31:0] mem[0:127]。但是却存在两个明显的限制：A. 线网类型不能声明为一维数组；B. 数组只能按全字（full array-word）引用，不能引用全字中的几位。

在 Verilog-2001 中，这两个限制被去掉了，线网和寄存器变量都可以声明为数组，而且数组可以是多维的，既可以引用全字，也可以引用全字中的几位，而且多维数组是可以综合的。如果你熟悉 C 语言，那么对多维数组的操作应该一看就会。

但是在 Verilog-2001 中，引用数组中的多个元素（多于一个全字）依旧是非法的。也就是说，你不能通过引用数组的一部分来初始化数组的一部分，也不能引用整个数组来初始化整个数组。一维数组必须用一个或两个索引变量访问，二维数组必须用两个或三个索引变量访问，等等。

有的时候，使用多维数组会更加方便。例如，用二维数组表示图像数据，用 x 和 y 索引就很方便很直观，reg [31:0] image_data [0:800-1][0:800-1];。

例子：使用多维数组表示图像数据。
```
reg [23:0] image[0:599][0:799];
wire [23:0] pixel = image[y][x];
wire [7:0] color_r = image[y][x][23:16];
wire [7:0] color_g = image[y][x][15:8];
wire [7:0] color_b = image[y][x][7:0];
//You can also use the below part-select.
//wire [7:0] color_r = image[y][x][16 +: 8];
//wire [7:0] color_g = image[y][x][8 +: 8];
//wire [7:0] color_b = image[y][x][0 +: 8];
```

例子：使用多维数组编程。
```
module m
  (input [7:0] a, output z);
  reg        t [0:3][0:7];
  integer    i, j;
  integer    k;
  always @(a)
    begin
      for (j = 0; j < 8; j = j + 1) begin
        t[0][j] = a[j];
      end
      for (i = 1; i < 4; i = i + 1) begin
        k = 1 << (3-i);
        for (j = 0; j < k; j = j + 1)
          begin
            t[i][j] = t[i-1][2*j] ^ t[i-1][2*j+1];
          end
      end
    end
  assign z = t[3][0];
endmodule
```

第 9 章 表达式

表达式用操作符（operator）把操作数（operand）组合起来，并按照操作符的语义计算出结果。当 Verilog 语句中需要一个值的时候，就可以使用一个表达式。

有些语句要求表达式是常数表达式，例如 constant numbers、strings、parameters、constant bit-selects and part-selects of parameters、constant function calls 和 constant system function。

常数函数（Constant system function）的参数必须是常数表达式，它们的计算结果只与常数表达式有关，不能有任何副作用。这样在做函数调用时，函数调用的结果在 elaboration 时就可以计算出来。

9.1 操作符（Operator）

Verilog 支持的操作符见表 9-1。

表 9-1 Verilog 的操作符

操作符	用途	可以用于实数运算吗？	备注
{} {{}}	Concatenation, replication		连接和复制
unary +，unary -	Unary operators	Yes	正号和负号
+ - * / **	Arithmetic	Yes	**是指数操作
%	Modulus		%是取模操作
> >= < <=	Relational	Yes	
!	Logical negation		
&&	Logical and		
||	Logical or		
==	Logical equality	Yes	
!=	Logical inequality	Yes	
===	Case equality		0、1、x、z 都参与比较
!==	Case inequality		0、1、x、z 都参与比较
~	Bitwise negation		
&	Bitwise and		
|	Bitwise or		
^	Bitwise exclusive or		
^~ or ~^	Bitwise exclusive nor		
&	Reduction and		
~&	Reduction nand		
|	Reduction or		
~|	Reduction nor		
^	Reduction xor		
~^ or ^~	Reduction xnor		
<<	Logical left shift		
>>	Logical right shift		
<<<	Arithmetic left shift		
>>>	Arithmetic right shift		根据 unsigned 和 signed 操作
?:	Conditional	Yes	

9.1.1 操作符的优先级（Operator priority）

Verilog 操作符的优先级见表 9-2。

表 9-2 操作符的优先级

操作符	优先级
+ - ! ~ & ~& | ~| ^ ~^ ^~ （单操作数）	Highest precedence
**	
* / %	
+ - （双操作数）	
<< >> <<< >>>	
< <= >> =	
== != === !==	
& （双操作数）	
^ ^~ ~^ （双操作数）	
| （双操作数）	
&&	
||	
?: （条件操作符）	
{} {{}}	Lowest precedence

操作符优先级的说明如下。
1. 表格中行间的操作符优先级按降序排列。
2. 表格中行内的操作符具有相同优先级。
3. 除了条件操作符（conditional operator, ?:），其他的操作符都按照从左到右的方式进行操作。例如，A + B - C，A + B / C。
4. 可以用括号调整操作符的顺序。例如，(A + B) / C。

9.1.2 表达式中使用整数

整数可以在表达式中使用，例如：
1. An unsized, unbased integer (e.g., 12)。
2. An unsized, based integer (e.g., 'd12, 'sd12)。
3. A sized, based integer (e.g., 16'd12, 16'sd12)。

在表达式中，对于用不同方式表示的整数有不同的解释。
1. An unsized, unbased integer 被当做符号数。
2. An unsized, signed, based integer 被当做符号数。
3. An sized, signed, based integer 被当做符号数。
4. An unsized, unsigned, based integer 被当做无符号数。
5. An sized, unsigned, based integer 被当做无符号数。

例子：有两种方式执行"minus 12 divided by 3"。注意-12 和-'d12 具有同样的 2 的补码位，但是在表达式中-'d12 失去了作为符号负数的特性。

```
integer IntA;
IntA = -12 / 3;          // The result is -4.
IntA = -'d 12 / 3;       // The result is 1431655761.
IntA = -'sd 12 / 3;      // The result is -4.
IntA = -4'sd 12 / 3;     // -4'sd12 is the negative of the 4-bit
                         // quantity 1100, which is -4. -(-4) = 4.
                         // The result is 1.
```

9.1.3 算数操作符（Arithmetic operators）

算术操作符有：+，-，*，/，%，**。说明如下：

1. /是除法运算，在做整数除时向零方向舍去小数部分。
2. **是指数运算，是 Verilog-2001 新增的操作。
3. %是取模运算，只可用于整数运算，而其他操作符既可用于整数运算，也可用于实数运算。

例子：我们在生成时钟的时候，必须需选择合适的 timescale 和 precision。当我们使用"PERIOD/2"计算延迟的时候，必须保证除法不会舍弃小数部分，所以实际上我们应该使用实数除法"PERIOD/2.0"。

```
parameter PERIOD=15;
initial begin clk <= 0; forever #(PERIOD/2) clk = ~clk; end    //Not correct
initial begin clk <= 0; forever #(PERIOD/2.0) clk = ~clk; end  //Correct
```

9.1.4 算术表达式中的 regs 和 integers

下面是表达式中数值的解释。

1. 赋给 reg 变量或 net 线网的值被当做 unsigned，除非 reg 变量或 net 线网被清晰声明成 signed。
2. 赋给 integer、real 或 realtime 变量的值被当做 signed。
3. 赋给 time 变量的值被当做 unsigned。
4. 除了赋给 real 和 realtime 变量的值，符号数（signed）都用 2 的补码形式表示。
5. 赋给 real 和 realtime 变量的值用浮点数表示。
6. signed 和 unsigned 之间的转换保持同样的位（bit）表示，只不过解释改变。

表 9-3 列出了算术表达式对数据类型的解释。

表 9-3 算术表达式对数据类型的解释

数据类型	解释
unsigned net	unsigned
unsigned reg	unsigned
signed net	signed, two's complement
signed reg	signed, two's complement
Integer	signed, two's complement
Time	unsigned
real, realtime	signed, floating point

例子：下面的代码说明实现"divide minus twelve by three"的不同方式，在表达式中使用 integer 和 reg 数据类型。

```
integer intA;
reg [15:0] regA;
reg signed [15:0] regS;
intA = -4'd12;
regA = intA / 3;      // expression result is -4,
                      // intA is an integer data type, regA is 65532
regA = -4'd12;        // regA is 65524
intA = regA / 3;      // expression result is 21841,
                      // regA is a reg data type
intA = -4'd12 / 3;    // expression result is 1431655761.
                      // -4'd12 is effectively a 32-bit reg data type
regA = -12 / 3;       // expression result is -4, -12 is effectively
                      // an integer data type. regA is 65532
regS = -12 / 3;       // expression result is -4. regS is a signed reg
regS = -4'sd12 / 3;   // expression result is 1. -4'sd12 is actually 4.
                      // The rules for integer division yield 4/3==1.
```

9.1.5 比较操作符（Compare operators）

比较操作符有：<、<=、>、>=、===、!==、==、!=。

例子：a < b, a > b, a <= b, a >= b, a === b, a !== b, a == b, a != b。

比较操作的规则如下。
1. 它们的比较结果是 0（false）或 1（true），但是如果操作数中有 x 或 z，而且比较操作不是 === 和 !==，那么结果就是 x。
2. == 和 != 被称为 logical equality and logical inequality operators，操作数中的 x 或 z 会导致结果为 x。
3. === 和 !== 被称为 case equality and case inequality operators，操作数中的 x 或 z 也要参与比较，所以结果只能为 0 或 1。
4. 如果两个操作数中有一个或两个无符号数，那么比较就按照无符号数比较；如果操作数的位长不一样，那么位长小的操作数就需要先做零扩展（zero-extended）。
5. 只有两个操作数都是符号数时，比较才按照符号数比较；如果操作数的位长不一样，那么位长小的操作数就需要先做符号扩展（sign-extended）。
6. 如果两个操作数中只有一个操作数是实数，那么另一个操作数要先转换成实数，然后再比较。
7. 比较操作符比算数操作符的优先级低。例如，a < foo - 1 和 a < (foo - 1) 是一样的，而 foo - (1 < a) 和 foo-1<a 就完全不一样。

9.1.6 逻辑操作符（Logical operators）

逻辑操作符有以下三种：&&（logical and）、||（logical or）和！（logical unary negation）。
1. 它们的运算结果为 0 或 1。但是当操作数中有 x 或 z 时，结果为 x。
2. 它们三个的优先级依次为：!最高，&&次之，||最低。

例子：a < size-1 && b != c && index != lastone。
　　等价于　　(a < size-1) && (b != c) && (index != lastone)。
例子：if (!inword)等价于 if (inword == 0)。

9.1.7 位运算操作符（Bitwise operators）

位运算操作对操作数按位进行操作，就是对两个操作数按位一对一地进行操作。注意：它们和逻辑操作符有很大的差别，不要用错了。

位运算操作符有
```
& (bitwise and),
| (bitwise or),
^ (bitwise exclusive or),
~^ (bitwise exclusive nor),
~ (bitwise unary negation)。
```

9.1.8 归约操作符（Reduction operators）

归约操作对操作数进行操作然后产生 1-bit 的结果，归约操作符有
```
& (reduction and),    | (reduction or),    ^ (and reduction xor),
~& (reduction nand),  ~| (reduction nor),  ~^ (and reduction xnor)。
```

归约操作相当于把位操作的&、|或^等插入到操作数的所有相邻位中间，可以简化代码的书写，见表 9-4。

表 9-4　归约操作的例子（来源于 Verilog-2005 标准）

Operand	&	~&	|	~|	^	~^	Comments
4'b0000	0	1	0	1	0	1	No bits set
4'b1111	1	0	1	0	0	1	All bits set
4'b0110	0	1	1	0	0	1	Even number of bits set
4'b1000	0	1	1	0	1	0	Odd number of bits set

9.1.9 移位操作符（Shift operators）

移位操作符有两类：逻辑移位<< 和 >>、算数移位<<< 和 >>>。
算数移位是在 Verilog-2001 标准增加的，是为了支持 signed 和 unsigned。
移位操作规则如下。
1. 左移操作<<和<<<把左操作数向左移动右操作数规定的位数，空出的位填充 0。
2. 右移操作>>和>>>把左操作数向右移动右操作数规定的位数，但是对于空出的位处理不一样：对于>>，空出的位填充 0；对于>>>且操作数为 unsigned，空出的位填充 0；对于>>>且操作数为 signed，空出的位填充符号位。
3. 如果右操作数含有 x 或 z，那么结果为 x。
4. 如果使用>>>，那么结果的正负是由左操作数决定的。
5. 右操作数始终被当做无符号数，而且对结果的正负没有影响。

例子：<<操作。
```
//In this example, the reg result is assigned the binary value 0100,
// which is 0001 shifted to the left two positions and zero-filled.
module shift;
  reg [3:0] start, result;
  initial begin
    start = 1;
    result = (start << 2);
  end
endmodule
```

例子：>>>操作。
```
//In this example, the reg result is assigned the binary value 1110,
// which is 1000 shifted to the right two positions and sign-filled.
module ashift;
  reg signed [3:0] start, result;
  initial begin
    start = 4'b1000;
    result = (start >>> 2);
  end
endmodule
```

9.1.10 条件操作符（Conditional operator）

条件操作（?:）需要三个操作数，条件操作表示如下：
`conditional_expression = expr1 ? expr2 : expr3;`
条件操作规则如下。
1. 如果 expr1 是 1，那么结果为 expr2；
2. 如果 expr1 是 0，那么结果为 expr3；
3. 如果 expr1 是 x 或 z，那么结果为 x。

条件操作类似于 if-else 语句，但是使用?:可以写出更简洁的表达式，而且它还可以在连续赋值中使用，if-else 语句就不能在连续赋值中使用。

例子：使用?:。
```
wire [15:0] bus = bus_enable ? drive ? bus_data : 16'bz;
wire [7:0] data = (sel_a ? data_a :
                   sel_b ? data_b :
                   sel_c ? data_c : 8'bz);
```

9.1.11 连接操作符（Concatenations）

连接操作（{ }）把一个或多个操作数的位连接起来。没有 size 的常数不能在连接操作中使用，这是因为连接操作需要每个操作数的 size。

例子：连接操作。
`{a, b[3:0], w, 3'b101}`
等价于

{a, b[3], b[2], b[1], b[0], w, 1'b1, 1'b0, 1'b1}
```

连接操作还支持复制，复制数应该大于等于 0。

例子：复制操作。
```
{4{w}}   // This yields the same value as {w, w, w, w}.
{b, {3{a, b}}}   // This yields the same value as {b, a, b, a, b, a, b}
```

零复制（zero replication）是复制数等于 0 的复制，就是不去复制对应的操作数。零复制不能用在产生为空的复制上，就是此连接至少要有一个非零宽度的操作数。零复制在参数化的代码中非常有用。

例子：使用零复制。
```
parameter P = 32;
// The following is legal for all P from 1 to 32
assign b[31:0] = { {32-P{1'b1}}, a[P-1:0] };   //Good
// The following is illegal for P=32 because the zero
// replication appears alone within a concatenation
assign c[31:0] = { {{32-P{1'b1}}}, a[P-1:0] };   //Error
// The following is illegal for P=32
initial $displayb({32-P{1'b1}}, a[P-1:0]);   //Error
```

在使用 dc_shell 时，为了正确地使用零复制，你应该把 hdlin_vrlg_std 变量设为 2005。如果你把 hdlin_vrlg_std 变量设为 1995 或 2001，那么零复制就返回 1'b0。

在做复制操作时，只对操作数计算一次。如果有函数调用，那么只执行一次函数调用。

例子：对 func(w) 只计算一次。
```
  result = {4{func(w)}};
```
实际等价于
```
  y = func(w); result = {y, y, y, y};
```

## 9.2 操作数（Operands）

表达式中的操作数有不同的形式。

1. 如果直接以完整的方式使用 net、variable 或 parameter，就是直接使用它们的名字，那么它们中的所有位将被当做操作数。
2. 如果只使用 vector net、vector reg、integer、time variable 或 parameter 的 1-bit 数据，那么就用 bit-slect 操作数。
3. 如果使用 vector net、vector reg、integer、time variable 或 parameter 的 multi-bit 数据，那么就用 part-slect 操作数。
4. 数组元素的 bit-slect 或 part-select 可以当做操作数使用。
5. 连接操作生成的数据（包括嵌套的连接操作）可以当做操作数使用。
6. 函数调用可以当做操作数使用。

### 9.2.1 向量的抽取（bit-select and part-select）

bit-select 规则如下。
```

1. bit-slect 从 vector net、vector reg、integer、time variable 或 parameter 中抽取 1-bit 指定的数据。
2. 位索引可以是一个表达式。
3. 如果位索引超出范围，或者位索引是 x 或 z，那么结果是 x。
4. 对 scalar、real variable 和 realtime variable 使用 bit-slect 是非法的。

part-select 规则如下。
1. part-select 是从 vector net、vector reg、integer、time variable 或 parameter 中抽取连续的 multi-bit 指定的数据。
2. 对 scalar、real variable 和 realtime variable 使用 part-slect 是非法的。
3. 如果 part-select 完全超出范围，对于 read 来说，结果为 x；对于 write 来说，没有意义。
4. 如果 part-select 部分超出范围，对于 read 来说，没有超出的位正常返回，超出的位结果为 x；对于 write 来说，没有超出的位受到影响。
5. part-select 有两种类型：constant part-select 和 indexed part-select。

constant part-select 使用如下的语法：
vect[msb_expr:lsb_expr]   //msb_expr 和 lsb_expr 必须是常数

indexed part-select 使用如下的语法：
reg [15:0] big_vect;
reg [0:15] little_vect;
//msb_base_expr 和 lsb_base_expr 既可以是常数，也可以是变量，而 width_expr 必须是常数。
   big_vect[lsb_base_expr +: width_expr]   // ascending the bit range
little_vect[msb_base_expr +: width_expr]   // ascending the bit range
   big_vect[msb_base_expr -: width_expr]   // descending the bit range
little_vect[lsb_base_expr -: width_expr]   // descending the bit range

表 9-5 就是对应的解释表格。

表 9-5 Part-Select 解释（来源于 Verilog-2005 标准）

Verilog 2001 语法	对应的 Verilog 1995 语法	对应的不可综合语句
a[x +: 3] for a descending array	{ a[x+2], a[x+1], a[x] }	a[x+2 : x]
a[x -: 3] for a descending array	{ a[x], a[x-1], a[x-2] }	a[x : x-2]
a[x +: 3] for an ascending array	{ a[x], a[x+1], a[x+2] }	a[x : x+2]
a[x -: 3] for an ascending array	{ a[x-2], a[x-1], a[x] }	a[x-2 : x]

例子：使用 part-select。
```
reg [31: 0] big_vect;
reg [0 :31] little_vect;
reg [63: 0] dword;
integer sel;
big_vect[ 0 +: 8]      // == big_vect[ 7 : 0]
big_vect[15 -: 8]      // == big_vect[15 : 8]
little_vect[ 0 +: 8]   // == little_vect[0 : 7]
```

```
little_vect[15 -: 8]         // == little_vect[8 :15]
dword[8*sel +: 8]            // variable part-select with fixed width
```

9.2.2 part-select 的例子

有时我们需要在一个位向量抽取 1bit 或几个 bits。

例子：下面是伪代码，抽取从 index*4 开始的 4-bit。

```
reg [31:0] vector;
reg [2:0]  index;
reg [3:0]  value;
always @(*)
  begin
    value = vecor[index*4+3 : index*4]; //This is error
  end
```

注意：value = vecor[index*4+3 : index*4];是非法的，因为:左右两侧的变量只能是常量。

于是我们不得不写成如下的代码。

例子：当 vector 的位长很大时，代码就很罗嗦，而且不好移植。

```
always @(*)
  begin
    case (index)
      0: value = vector[3:0];
      1: value = vector[7:4];
      2: value = vector[11:8];
      3: value = vector[15:12];
      4: value = vector[19:16];
      5: value = vector[23:20];
      6: value = vector[27:24];
      7: value = vector[31:28];
    endcase
  end
```

例子：使用 part-select 之后，代码就很简洁，而且这是可以综合的。

```
always @(*)
  begin
    value = vecor[index*4 +: 4];
  end
```

进一步我们可以将 vector 和 index 都参数化，以适应 vector 长度的变化。

9.2.3 数组的访问

例子：访问数组中的元素。

```
reg [7:0] twod_array[0:255][0:255];
wire threed_array[0:255][0:255][0:7];

twod_array[15][2]            // access one word
```

```
twod_array[15][4][3:0]           // access lower 4 bits of word
twod_array[15][4][0+:4]          // access lower 4 bits of word
twod_array[2][4][6]              // access bit 6 of word
twod_array[2][4][sel]            // use variable bit-select
threed_array[15][2][0]           // legal
threed_array[15][2][3:0]         // illegal
```

9.2.4 字符串

字符串是一个由 8-bit ASCII 构成的序列，它看起来就像一个单一的数值（single numeric value）。当字符串变量的长度大于它所容纳实际字符串的长度时，在赋值时这个变量的左侧就用 0 填充，这个赋值操作与其他非字符串的赋值类似。

例子：
```
module string_test;
  reg [8*14:1] stringvar;            //可以容纳 14 个字符
  initial begin
    stringvar = "Hello world";
    $display("%s is stored as %h", stringvar, stringvar);
    stringvar = {stringvar,"!!!"};   //使用连接操作
    $display("%s is stored as %h", stringvar, stringvar);
  end
endmodule
```
运行结果如下：
```
Hello world is stored as 00000048656c6c6f20776f726c64
Hello world!!! is stored as 48656c6c6f20776f726c64212121
```

字符串操作

Verilog 支持一般的字符串操作：复制、连接和比较。复制通过赋值语句实现；连接通过连接操作符实现；比较通过比较操作符实现。

当在 reg vector 中操作字符串时，为了保存 8-bit ASCII 序列，reg 至少应该有 8*n bits，这里 n 是字符的个数。

空字符串（""）应该看作 ASCII NULL（"\0"），就是一个 0 值，它不同于"0"。

字符串填充的问题

当字符串赋给变量时，变量的左侧用 0 填充。但是填充会影响比较和连接的结果，这是因为没有为字符串提供专用的的比较和连接操作。

例子：字符串填充可能会造成理解上的错误。
```
module string_test;
  reg [8*10:1] s1, s2;
  initial begin
    s1 = "Hello";
    s2 = " world!";
    if ({s1,s2} == "Hello world!")
      $display("strings are equal");
  end
```

```
endmodule
```

上面的字符串比较是失败的,这是因为,
```
s1 = 000000000048656c6c6f
s2 = 00000020776f726c6421
"Hello world!" = 48656c6c6f20776f726c6421
```
在 s1 和 s2 连接之后,
```
{s1,s2} = 000000000048656c6c6f00000020776f726c6421
```
所以{s1,s2}不等于"Hello world!"。

9.3 表达式位长(Expression bit lengths)

如果想要在计算表达式时获得一致和谐的结果,那么控制表达式中的位长就很重要。很多时候方法很简单。例如,如果在两个 16-bit 的 reg 变量上做位与(bitwise and)操作,那么计算结果就是 16-bit。但是在某些情况下,计算应该用多少位或者结果应该是多少位就不那么明显。

例如,对两个 16-bit 数据做加法操作是选择用 16-bit 进行计算呢,还是为了包含可能的进位而选择用 17-bit 进行计算呢?答案既与要模型的操作类型有关,也与操作是否要处理进位溢出有关。在计算表达式的时候,Verilog 使用操作数的位长规则来决定要使用多少位参与计算。对于这里的加法操作,就使用操作数的最大位长(包含赋值操作的 LHS)进行计算。

例子:表达式中的位长。
```
reg [15:0] a, b;     // 16-bit regs
reg [15:0] sumA;     // 16-bit reg
reg [16:0] sumB;     // 17-bit reg
sumA = a + b;
         // expression evaluates using 16 bits, because sumA is 16-bit
sumB = a + b;
         // expression evaluates using 17 bits, because sumB is 17-bit
```

9.3.1 表达式位长规则

为了在现实的情况下方便地解决位长问题,表达式位长规则如下所示。
1. 表达式的位长(或者表达式的 size)由表达式中的操作数和表达式所处的上下文决定。
2. 自决定表达式(self-determined expression)就是表达式的位长完全由表达式自己决定,例如用于表示延迟的表达式。
3. 上下义决定表达式(context-determined expression)就是表达式的位长既由表达式本身的位长决定,也由这样的事实决定(表达式本身是另一个表达式的一部分)。例如赋值 RHS 的位长既依赖于其自身,也依赖于 LHS 的位长,正如上面的 sumA 和 sumB 导致 RHS 的位长不一样。
4. 如果不想让乘法丢失溢出的位,那么就要把结果赋值给一个位长足够大的变量,这样才能够保存运算的最大结果。

表 9-6 列出了自决定表达式的位长规则。

表 9-6 自决定表达式的位长规则

Expression	Bit length	Comments
Unsized constant number	Same as integer	如果一个 unsized 的常数是位长大于 32-bit 的表达式的一部分，而且最高位是 x 或 z，那么最高位就按表达式的位长扩展；否则，符号常数就做符号扩展，无符号常数就按无符号扩展。（译者注：请读者参考标准）
Sized constant number	As given	
i op j, where op is: + - * / % & | ^ ~^ ^~	max(L(i),L(j))	
op i, where op is: + - ~	L(i)	
i op j, where op is: === !== == != > >= < <=	1 bit	Operands are sized to max(L(i),L(j))
i op j, where op is: && ||	1 bit	All operands are self-determined
op i, where op is: & ~& | ~| ^ ~^ ^~ !	1 bit	All operands are self-determined
i op j, where op is: >> << ** >>> <<<	L(i)	j is self-determined
i ? j : k	max(L(j),L(k))	i is self-determined
{i,...,j}	L(i)+..+L(j)	All operands are self-determined
{i{j,...,k}}	i * (L(j)+..+L(k))	All opera nds are self-determined

9.3.2 表达式位长问题的例子 A

在计算表达式时，中间结果就取操作数的最大位长（如果是赋值，也包含 LHS），所以计算时要防止中间结果出现丢失。

例子：中间结果没有保存进位。

```
reg [15:0] a, b, answer;   //16-bit regs
answer = (a + b) >> 1;     //will not work properly
```

这里就发生了问题，因为表达式中的所有操作数都是 16-bit，(a + b)就只产生 16-bit 的中间结果，这样进位在做右移 1 位之前被舍弃。

解决方法是强制(a + b)按 17-bit 计算。改正方法有三种。

1. 把(a + b)改为(a + b + 0)，这样就按 32-bit 计算，因为 0 是 32-bit 的数。
2. 把(a + b)改为(a + b + 17'b0)，这样就按 17-bit 计算。
3. 把 reg [15:0] answer 改为 reg [16:0] answer，这样也按 17-bit 计算。

例子：

```
reg [15:0] a, b, answer;           //16-bit regs
answer = (a + b + 0) >> 1;         //will work correctly and has lint warning
answer = (a + b + 17'b0) >> 1;     //will work correctly and no lint warning
```

例子：

```
reg [15:0] a, b;
reg [16:0] answer;
answer = (a + b) >> 1;
```

9.3.3 表达式位长问题的例子 B

例子：
```
module bitlength();
   reg [3:0] a,b,c;
   reg [4:0] d;
   initial begin
     a = 9;
     b = 8;
     c = 1;
     $display("answer = %b", c ? (a&b) : d);
   end
endmodule
```
运行结果如下：
answer = 01000

虽然(a&b)的位长是 4-bit，但是它所处的上下文是条件表达式，而且 d 的位长是 5，所以(a&b)就要使用最大的位长 5。

9.3.4 表达式位长问题的例子 C

例子：自决定表达式。
```
reg [3:0] a;
reg [5:0] b;
reg [15:0] c;
initial begin
  a = 4'hF;
  b = 6'hA;
  $display("a*b=%h", a*b); // expression size is self-determined
  c = {a**b};       // expression a**b is self-determined because of {}
  $display("a**b=%h", c);
  c = a**b;                  // expression size is determined by c
  $display("c=%h", c);
end
```
运行结果如下：
a*b=16   // 'h96 was truncated to 'h16 since expression size is 6
a**b=1   // expression size is 4 bits (size of a)
c=ac61   // expression size is 16 bits (size of c)

9.3.5 表达式位长问题的例子 D

在某公司的 JPEG CODEC IP 的 jpeg_hparse.v 中，作者就发现了一个类似的 Bug。
reg [25:0] next_hd_r2;
next_hd_r2= {((hd_r3[31:16]*hd_r1[31:16])>>6)};
这里 mul 的中间结果是 16-bit，超出 16-bit 的高位就会丢失，因为编写此代码的工程师多此一举地使用了{}。

把它改为
```
next_hd_r2= ({16'b0, hd_r3[31:16]} * {16'b0, hd_r1[31:16]})>>6;
```
这样 mul 的中间结果是 32-bit，超出 16-bit 的高位就不会丢失。

9.3.6 表达式位长问题的例子 E

运行下面的例子，对于 a、b、c、d 的数值，我们可能认为(a + b) > (c + d)应该为 true。但是，实际运行结果显示(a + b) > (c + d)为 false，为什么呢？因为在比较表达式中，中间结果的位长是以操作数的最大位长为准。

例子：比较表达式中的位长问题。
```
module test;
   reg [8:0] a = 510, b = 25;
   reg [7:0] c = 12,  d = 45;
   initial begin
     //1. This will be " less or equal "
     if ((a + b) > (c + d)) $display ("large");
     else                   $display ("less or equal");
     //2. This will be "large"
     if ((a + b + 0) > (c + d + 0)) $display ("large");
     else                           $display ("less or equal");
     //3. This will be "large "
     if ((a + b + 10'b0) > (c + d + 10'b0)) $display ("large");
     else                                   $display ("less or equal");
   end
endmodule
```

分析：

1. 对于(a + b) > (c + d)，这是因为(a + b)中的 a 和 b 的位长是 9-bit，那么(a + b)的中间结果就按 9-bit 计算，应该是 535，但是按 9-bit 就是 23 了；(c + d)中的 c 和 d 的位长是 7-bit，那么(c + d)的中间结果就按 7-bit 计算，应该是 57，按 7-bit 还是 57。所以(a + b) > (c + d)为 false。

2. 对于(a + b + 0) > (c + d + 0)，因为 0 是 32-bit，所以(a + b + 0)和(c + d + 0)的中间结果是按照 32-bit 表示，就是 535 > 57，所以(a + b + 0) > (c + d + 0)为 true。

3. 对于(a + b + 10'b0) > (c + d + 10'b0)，因为 10'b0 是 10-bit，所以(a + b + 10'b0)和(c + d + 10'b0)的中间结果按照 10-bit 表示，就是 535 > 57，所以(a + b + 10'b0) > (c + d + 10'b0)为 true。

9.4 符号表达式（Signed expressions）

如果想要在计算表达式时获得一致和谐的结果，那么控制表达式中的符号就很重要。除了下面描述的内容，系统函数$signed()和$unsigned()用于处理表达式的类型转换。
```
$signed     //returned value is signed
$unsigned   //returned value is unsigned
```

例子：$signed 和$unsigned。
```
reg [7:0] regA, regB;
```

```
reg signed [7:0] regS;
regA = $unsigned(-4);        // regA = 8'b11111100
regB = $unsigned(-4'sd4);    // regB = 8'b00001100
regS = $signed(4'b1100);     // regS = -4
```

9.4.1 表达式类型规则

表达式类型（unsigned 或 signed）规则如下所示。
1. 表达式类型只依赖于操作数，不依赖于 LHS（如果是赋值表达式，就存在 LHS）。
2. 十进制数是符号数（signed）。
3. 如果没有 sign 标志，那么带 base 的数是无符号数（unsigned）。
4. bit-select 的结果是无符号数（unsigned），不管操作数是符号数还是无符号数。
5. part-select 的结果是无符号数（unsigned），不管操作数是符号数还是无符号数，即使 part-select 的内容是整个向量。
6. 连接操作的结果是无符号数，不管操作数是符号数还是无符号数。
7. 比较操作的结果是无符号数，不管操作数是符号数还是无符号数。
8. real 强制转换 integer 的结果是符号数（signed）。
9. 任何自决定（self-determined）操作数的符号和位长都由操作数自身决定，独立于表达式的其他部分。

对于非自决定（nonself-determined）的操作数，遵从下面的规则。
1. 如果某个操作数是 real，那么结果是 real。
2. 如果某个操作数是无符号整数，那么结果是无符号整数，不管是什么操作。
3. 如果所有操作数是符号整数，那么结果才是符号整数，不管是什么操作。

例子：
```
reg [15:0] a0, a1;
reg signed [7:0] b;
a0 = b;      //b   is regarded as signed  and therefore sign-extended
a1 = b[7:0];
             //b[7:0] is regarded as unsigned and therefore zero-extended
```

9.4.2 计算表达式的步骤

计算表达式的步骤如下。
1. 基于表达式位长确定的规则，确定表达式的位长。
2. 基于表达式符号确定的规则，确定表达式的符号。
3. 把表达式（或者 self-determined subexpression）的类型和位长向下传播到表达式的上下文决定（context-determined）的操作数上。通常，上下文决定操作数的类型和位长与运算结果的类型和位长相同。但是也有两个例外：
   A. 如果运算结果是 real，但是它有一个上下文决定且不是 real 的操作数，那么这个操作数就按照 self-determined 处理，然后再把它转换成 real。
   例如，real r_r = (cond ? r_a : i_b); //r_r and r_a are real. i_b is integer.

B. 在比较操作中，如果两个操作数既不全是 self-determined 也不全是 context-determined，那么这两个操作数就互相影响，它们就如同是 context-determined 操作数一样，从而产生由它们决定的类型和位长，这时操作数的类型和位长独立于表达式的其他部分。但是比较操作的结果总是 1-bit 的无符号数。
4. 当传播到达一个简单的操作数时，这个操作数就转换到传播来的类型和位长。如果操作数必须被扩展，那么只有当传播类型是 signed 时，操作数才做符号扩展（sign-extend）。

9.4.3 执行赋值的步骤

计算赋值的步骤如下。
1. 根据赋值位长确定原则，确定 RHS 的位长。
2. 如果需要，就扩展 RHS。不管 LHS 的符号是什么，扩展时都不考虑 LHS 的符号；只有当 RHS 是 signed，才做符号扩展（sign-extend）。

9.4.4 signed 表达式中处理 x 和 z

1. 如果 signed 操作数需要被扩展到更大的位长，当符号位是 x 时，那么扩展的位就填充 x；当符号位是 z 时，那么扩展的位就填充 z。
2. 如果符号数的某一位是 x 或 z，那么任何非逻辑的操作都会导致整个结果是 x，而且类型和表达式类型一致。

9.4.5 signed 应用的例子

Verilog-2001 增加了符号数的算术运算，这样就消除了对 Verilog 经常性的抱怨：在模块内不得不清晰地把符号数的算术运算编码出来。signed 可以针对 reg、wire 和函数返回值使用。
例子：使用 signed 进行符号运算。

```
wire signed [7:0] temp_val;
reg signed [7:0]  base_val;
reg               int1_dtx;
wire signed [7:0] dt_plus_2  = (base_val + 8'sd2);
wire signed [7:0] dt_minus_2 = (base_val - 8'sd2);
always @(posedge clk or negedge reset_n)
  begin
    if (!reset_n) begin
      int1_dtx <= 0;
      base_val <= 25;
    end
    else if (temp_val >= dt_plus_2
          || temp_val <= dt_minus_2) begin
      int1_dtx <= 1;
      base_val <= temp_val;
    end
  end
```

9.4.6 signed 应用的错误

看一下下面的例子，当 in 的值是 5，out 值是 6 时，这是正确的；但是当 in 的值是-5，out 值是 252 时，这是错误的，与期望值不符，为什么呢？[Stuart Sutherland]

例子：错误的 signed 加法。

```
//How does adding 1 to -5 end up as 252?
module incrementer_with_overflow
  (input  logic              clock, resetN,
   input  logic signed [7:0] in,
   output logic signed [8:0] out);
   always @(posedge clock or negedge resetN)
     if (!resetN) out <= 0;
     else         out <= in + 1'b1;
endmodule
```

这是因为在 Verilog 中，加法运算符+既可以表示无符号加法，也可以表示有符号加法，这要从加法运算符+所处的符号上下文（sign context）做出判断。如果 RHS 的所有操作数都是有符号数，那么执行符号加法；如果 RHS 的操作数中有无符号数，那么所有的操作数被强制成无符号数，然后执行无符号加法。在这个例子中，虽然 in 是有符号数，但是 1'b1 却是无符号数，于是就按照无符号加法做，所以 in 要强制转换成无符号数。

另外加法运算符+既可以表示无溢出的加法，也可以表示有溢出的加法，这要基于加法运算符+所处的宽度上下文（size context）做出判断。宽度上下文是包含加法运算符+语句中的最长向量宽度，既包含赋值运算的 LHS，也包含 RHS。在做加法运算之前，所有的操作数先扩充到最长的向量宽度。在这个例子中，1'b1 是 1-bit，in 是 8-bit，out 是 9-bit，所以 1'b1 和 in 要先扩充成 9-bit，然后再做加法。由于这两个操作数都被当做无符号数，8-bit 的 in 在前面补 1-bit 的 0 成 9-bit。

当 in 是 5 时，它被强制转换成 9-bit 无符号数时依旧为 5，所以+1 就等于 6。但是当 in 是-5 时，它被强制转换成 9-bit 无符号数时却是 251，所以+1 就等于 252。

修正这个错误的方法是要保证赋值操作 RHS 的所有表达式都是同一种类型，要么都是无符号数，要么都是有符号数。所以如果你确实需要符号加法，那么就修改成以下的代码。

例子：正确的 signed 加法。

```
module incrementer_with_overflow
  (input  logic              clock, resetN,
   input  logic signed [7:0] in,
   output logic signed [8:0] out);
   always @(posedge clock or negedge resetN)
     if (!resetN) out <= 0;
     else         out <= in + 1;   // in and 1 are both signed expressions
endmodule
```

在 Verilog 中，如果一个数字前面没有指定的 base，那么就当做有符号的十进制数；如果有清晰的 base，但没有符号标志，例如 1'b1，就当做无符号数；如果有 base 又有符号标志，例如 1'sb1，就是有符号数。

如果把上面代码中的 1 改为 1'sb1，这样做可以吗？不可以，这时会出现错误。当 in 的值是 5，

out 值是 4；当 in 的值是-5，out 值是-6，为什么呢？

例子：错误的 signed 加法。
```
module incrementer_with_overflow
  (input logic           clock, resetN,
   input  logic signed [7:0] in,
   output logic signed [8:0] out);
  always @(posedge clock or negedge resetN)
    if (!resetN) out <= 0;
    else         out <= in + 1'sb1;
    //else       out <= in + 4'shF;
endmodule
```

首先让我们明确一下 1-bit 的符号数到底有哪两个数，1'sb0 肯定是 0，那么 1'sb1 是什么呢？1'sb1 不是 1，而是-1，所以会出错。所以不能把上面代码中的 1 改为 1'sb1。

其实用 4'shF 代替 1'sb1，错误的效果是一样的，这是因为 4-bit 符号数表示的范围是[-8, 7]，4'shF 正好是-1。

9.5 赋值和截断（Assignments and truncation）

赋值时，如果 RHS 的位长大于 LHS 的位长，那么直接把多出的位丢弃，以匹配 LHS 的位长。注意：对 signed 表达式截断可能会改变结果的符号。

例子：
```
reg        [5:0] a;
reg signed [4:0] b;
initial begin
  a = 8'hff; // After the assignment, a = 6'h3f
  b = 8'hff; // After the assignment, b = 5'h1f
end
```

例子：
```
reg        [0:5] a;
reg signed [0:4] b, c;
initial begin
  a = 8'sh8f;   // After the assignment, a = 6'h0f
  b = 8'sh8f;   // After the assignment, b = 5'h0f
  c = -113;     // After the assignment, c = 15
                // 1000_1111 = (-113) truncates to ('h0F = 15)
end
```

例子：
```
reg        [7:0] a;
reg signed [7:0] b;
reg signed [5:0] c, d;
initial begin
  a = 8'hff;
```

```
    c = a;      // After the assignment, c = 6'h3f
    b = -113;
    d = b;      // After the assignment, d = 6'h0f
end
```

9.6 与 x/z 比较

综合工具总是把对 x 或 z 的比较当做 false，这种行为不同于仿真器行为，可能会导致仿真和综合的不一致。所以为了防止这样的不一致，在比较时不要使用这些"不关心"的值（x/z, don't care）。

对于仿真器，x 或 z 值是不同于 0 或 1 的明显值（distinct value）。但是在综合时，x 或 z 值就会变为 0 或 1 值。当把 x 或 z 用在比较表达式中时，综合工具总是把比较当做 false。因为这种不同的处理，当对"不关心"的值（x/z, don't care）的比较时，就会发生前后仿真不一致。

例子：case 语句就会导致仿真和综合的不一致，因为仿真器会让 2'b1x 匹配 A=2'b11 或 2'b10，但是综合工具始终把 2'b1x 当做 false，对于 2'b0x 也同样处理。

```
case (A)
  2'b1x:...    // you want 2'b1x to match 11 and 10 but
               // HDLC always evaluates this comparison to false
  2'b0x:...    // you want 2'b0x to match 00 and 01 but
               // HDLC always evaluates this comparison to false
  default : ...
endcase
```

综合工具会对这样的比较会发出警告：
```
Warning: Comparison against '?', 'x', or 'z' values is always false. It may
cause simulation/synthesis mismatch.  (ELAB-310)
```

例子：综合工具总是把 B 赋值为 1，同时发出警告，因为 if(A == 1'bx)总是被当做 false。
```
//Example: Comparison to x Ignored
module test(input A, output reg B);
  always @(*)
    begin
      if (A == 1'bx) B = 0;
      else           R = 1;
    end
endmodule
```

第 10 章

赋值操作

Verilog 有如下几种赋值操作。
1. 连续赋值（Continuous assignment），用于对线网（Nets）的赋值。
2. 过程赋值（Procedural assignment），用于对变量（Variables）的赋值。
3. 还有两种附加的赋值：assign/deassign 和 force/realease，称为过程连续赋值。

赋值由两部分构成：左手端（Left-hand Side，LHS）和右手端（Right-hand Side，RHS），它们由=或<=分开。RHS 可以是一个能够计算出结果的表达式，LHS 则要根据赋值类型做出决定，见表 10-1。

表 10-1 LHS 的类型

赋值语句类型	LHS 的类型
Continuous assignment	Net (vector or scalar) Constant bit-select of a vector net Constant part-select of a vector net Constant indexed part-select of a vector net Concatenation or nested concatenation of any of the above left-hand side
Procedural assignment	Variables (vector or scalar) Bit-select of a vector reg, integer, or time variable Constant part-select of a vector reg, integer, or time variable Indexed part-select of a vector reg, integer, or time variable Memory word Concatenation or nested concatenation of any of the above left-hand side

10.1 连续赋值

当 RHS 发生变化时，连续赋值就会发生。连续赋值可以模型组合逻辑，不需要使用逻辑门，直接使用逻辑表达式驱动线网。

例子：
```
assign {carry_out, sum_out} = ina + inb + carry_in;
assign mynet = (enable ? data : 1'b0);
```

在声明线网时也可以赋值，但是这个线网就不能被多驱动了。
例子：
```
wire mynet = (enable ? data : 1'b0);
```

我们可以针对下面这些类型线网的连续赋值指定驱动强度（Driving strength）：wire、wand、wor、tri、triand、trior、trireg、tri0 和 tri1。

使用驱动强度的规则如下。
1. 连续赋值的驱动强度既可以在线网声明时指定，也可以在单独的赋值（使用 assign）中指定。当有连续赋值驱动线网时，就按照驱动强度的值驱动线网。
2. 驱动强度的值应该包含两个：一个是线网等于 1 的驱动强度；另一个是线网等于 0 的驱动强度。下面分别是线网等于 1 和 0 的驱动强度：
   supply1, strong1, pull1, weak1, highz1
   supply0, strong0, pull0, weak0, highz0
3. 这两个驱动强度的顺序是任意的。
4. 这两种组合(highz1, highz0)和(highz0, highz1)是非法的，不能使用。
5. 如果没有指定驱动强度，那么就默认使用(strong1, strong0)。

例子：
```
assign (strong1, pull0) mynet1 = enable;
assign (strong0, highz1) mynet2 = enable;
```

10.2 过程赋值

过程赋值就是把值放到变量中。过程赋值没有持续时间，相反，变量将保持赋值的值，直到发生下一次对变量的赋值。

过程赋值发生在过程块（always、initial、task 和 function）中，可以把它认为是触发赋值（Triggered assignment）。当执行到达过程块的赋值时，触发就发生。过程赋值受执行语句控制，事件控制、延迟控制、if 语句、case 语句和循环语句都能用来控制是否执行赋值操作。

变量声明赋值（Variable declaration assignment）是一种特殊的过程赋值，允许在声明变量时把初始值赋给变量。使用规则如下。
1. 对变量声明赋值所赋的值只能是常数。
2. 对数组不能使用变量声明赋值。
3. 只允许在模块级使用变量声明赋值。
4. 如果对同一个变量既有变量声明赋值，又在 initial 块中赋了其他值，那么它们的执行顺序是不定的。

例子：变量声明赋值。
```
reg[3:0] a = 4'h4;
//实际等价于
reg[3:0] a;
initial a = 4'h4;
```

第 11 章

门级和开关级模型

如果只是编写 RTL 代码或者验证代码，那么我们基本上就不用这些模型。但是如果我们要综合代码，要做网表仿真，那么就要研究一下 Vendor 的单元库，单元库的仿真模型恰恰是用门级和开关级模型及下一章的用户定义原语写的。

本章简要地描述一下 Verilog 内建的门级和开关级模型，以及在硬件设计中如何使用这些模型。
Verilog 共有 14 种逻辑门和 12 种开关，用于提供门级和开关级模型。使用门级和开关级模型有以下好处。

1. 在实际电路和逻辑模型之间，门和开关提供了一种近似的一一映射。
2. 因为连续赋值不能模型双向传输门。

11.1 门和开关的声明语法

门和开关实例的说明如下。
1. 门和开关的类型由关键字命名。
2. 可选驱动强度（Drive strength）。
3. 可选传输延迟（Propagation delay）。
4. 门和开关的实例名（Instance name）是可选的。
5. 实例化时可以使用实例数组（Instance array）。
6. 同一类型的多个实例在声明时可以使用逗号分隔，所有这样的实例具有同样的驱动强度和延迟要求。

11.1.1 门和开关类型

Verilog 支持的门和开关类型见表 11-1。在实例化门和开关时，要使用这些关键字。

表 11-1 内建的门和开关类型

n_input gates	n_output gates	Three-state gates	Pull gates	MOS switches	Bidirectional switches
and	buf	bufif0	pulldown	cmos	rtran
nand	not	bufif1	pullup	nmos	rtranif0
nor		notif0		pmos	rtranif1
or		notif1		rcmos	tran
xnor				rnmos	tranif0
xor				rpmos	tranif1

11.1.2 驱动强度

支持驱动强度的门有

and,or,xor,
nand,nor,xnor,
buf,bufif0,bufif1,
not,notif0,notif1,
pulldown 和 pullup。

它们可以使用的驱动强度分为两类 strength0 和 strength1，分别对应驱动 0 和 1 的强度：
strength0:supply0,strong0,pull0,weak0
strength1:supply1,strong1,pull1,weak1

例子：
nor (highz1,strong0) n1(out1,in1,in2);

11.1.3 延迟

我们可以像对连续赋值一样指定通过门和开关的传输延迟。
例子：
```
and #(10) a1 (out, in1, in2);          // only one delay
and #(10,12) a2 (out, in1, in2);       // rise and fall delays
bufif0 #(10,12,11) b3 (out, in, ctrl); // rise, fall, and turn-off delays
```

例子：
```
module tri_latch (qout, nqout, clock, data, enable);
  output qout, nqout;
  input clock, data, enable;
  tri qout, nqout;
  not #5           n1 (ndata, data);
  nand #(3,5)      n2 (wa, data, clock),
                   n3 (wb, ndata, clock);
  nand #(12,15)    n4 (q, nq, wa),
                   n5 (nq, q, wb);
  bufif1 #(3,7,13) q_drive (qout, q, enable),
                   nq_drive (nqout, nq, enable);
endmodule
```

11.1.4 实例数组

可以通过实例数组一次实例化多个门或开关的实例。使用实例数组看起来更加简洁易懂。
例子：
nand #2 t_nand[7:0](...);

例子：
```
module driver (in, out, en);
  input  [3:0] in;
  output [3:0] out;
  input        en;
```

```
    bufif0  ar[3:0] (out, in, en); // array of three-state buffers
endmodule
```

例子：
```
module busdriver (busin, bushigh, buslow, enh, enl);
  input   [15:0] busin;
  output  [7:0] bushigh, buslow;
  input          enh, enl;
  driver busar3 (busin[15:12], bushigh[7:4], enh);
  driver busar2 (busin[11:8], bushigh[3:0], enh);
  driver busar1 (busin[7:4], buslow[7:4], enl);
  driver busar0 (busin[3:0], buslow[3:0], enl);
endmodule
```

11.2　and、nand、nor、or、xor、xnor

对于 and、nand、nor、or、xor、xnor，
1. 它们都只能有一个输出端口，可以有多个输入端口，其中输出端口是第一个端口。
2. 从逻辑上 nand = ~and，nor = ~or，xnor = ~xor。

例子：
```
and  a1 (out, in1, in2);
```

11.3　buf、not

对于 buf、not，
1. 它们都只能有一个输入端口，可以有多个输出端口，其中输入端口是最后的端口。
2. 从逻辑上 not = ~buf。

例子：
```
buf b1 (out1, out2, out3, in);
```

11.4　bufif1、bufif0、notif1、notif0

对于 bufif1、bufif0、notif1、notif0，
1. 它们只能有一个数据输出端口、一个数据输入端口和一个控制输入端口，第一个端口是数据输出端口，第二个端口是数据输入端口，第三个端口是控制输入端口。
2. 对于 bufif1 和 notif1，当控制等于 1 时，数据通过；当控制等于 0 时，输出为 z（HiZ）。
3. 对于 bufif0 和 notif0，当控制等于 0 时，数据通过；当控制等于 1 时，输出为 z（HiZ）。

例子：
```
bufif1 bf1 (outw, inw, controlw);
```

11.5　MOS switches

MOS 开关有 cmos、nmos、pmos、rcmos、rnmos、rpmos。

例子：
```
pmos p1 (out, data, control);
```

例子：
```
cmos (w, datain, ncontrol, pcontrol);
//is equivalent to:
nmos (w, datain, ncontrol);
pmos (w, datain, pcontrol);
```

11.6 Bidirectional pass switches

双向传输开关有 tran、tranif1、tranif0、rtran、rtranif1、rtranif0。

1. 对于 tran 和 rtran，它们有两个端口，都是双向数据端口。
2. 对于 tranif1、tranif0、rtranif1、rtranif0，它们有三个端口，前两个端口是双向数据端口，第三个端口是控制输入端口。
3. 对于 tranif1 和 rtanif1，当控制等于 1 时，数据通过；当控制等于 0 时，输出为 z（HiZ）。
4. 对于 tranif0 和 rtranif0，当控制等于 0 时，数据通过；当控制等于 1 时，输出为 z（HiZ）。

例子：
```
tranif1 t1 (inout1,inout2,control);
```

11.7 pullup、pulldown

上下拉有 pullup、pulldown。

例子：
```
pullup (strong1) p1 (neta), p2 (netb);
```

第 12 章

用户定义原语

用户定义原语（User-defined primitive，UDP）是一种模型硬件的技术，可以通过设计新的原语单元扩大门原语集合。UDP 可以和门原语一样使用，用于表示要模型的电路。

UDP 分为两种。
1. 组合 UDP（Combinational UDP）：它使用输入值决定下一个输出值。
2. 时序 UDP（Sequential UDP）：它使用输入值和当前值决定下一个输出值。它可以模型沿敏感（Edge-sensitive）和电平敏感（Level-sensitive）的行为，所以它可以用来模型触发器（Flip-flop）和锁存器（Latch）。

每个 UDP 只能有一个输出，只能有 3 个状态：0、1 和 x。它不支持 z，如果输入值是 z，那么就把它当做 x。对于时序 UDP，输出值总是和内部状态保持一致。

12.1 UDP 定义

UDP 定义独立于模块，它们和模块定义具有同样的语法层次，它们不能出现在关键字 module 和 endmodule 之间。UDP 的定义说明如下。
1. 使用 primitive 和 endprimitive 定义 UDP。
2. 使用与模块一样的方式声明端口和内部变量。
3. 使用内部状态表（State table）模型 UDP 的行为。
4. UDP 的实例化与模块的的实例化类似，但是实例名是可选的，还可以使用延迟值。

12.1.1 UDP 状态表

状态表（State table）用于定义 UDP 的行为。状态表规则如下。
1. 状态表处于关键字 table 和 endtable 之间，每一行要以分号；结束。
2. 状态表的每一行都由一些字符构成，用于指出输入值和输出状态，支持 0、1 和 x，不支持 z。一些特殊的字符用于表示某些可能状态的组合。
3. 状态表中每一行输入状态的顺序要和 UDP 端口列表的顺序保持一致。
4. 对于组合 UDP，输入信号有一个区，输出信号有一个区，输入区和输出区用：分开。每一行用于定义在特定输入组合下的输出。
5. 对于时序 UDP，在输入区和输出区之间要插入一个附加区。附加区用于表示当前 UDP 的状态，等价于当前输出值。这三个区之间同样要以：分开。每一行用于定义在当前状态和特定输入组合下的输出。注意：每一行最多只能有一个输入信号变化，所以下面的一行就是非法的。

```
(10) (10) 0 : 0 : 1;
```
6. 如果所有输入值都是 x，那么输出值也是 x。

7. 没有必要清晰地列出所有输入组合，因为对于没有列出的输入组合，输出值默认为 x。
8. 不能对同样输入值（包括沿）的组合指定不同的输出值。

12.1.2 状态表符号

为了提高状态表符号的可读性和易用性，状态表符号提供了一些特殊的字符。表 12-1 列出了用于 UDP 定义的状态表符号。

表 12-1 UDP 状态表符号

Symbol	Interpretation	Comments
0	Logic 0	
1	Logic 1	
x	Unknown	Permitted in the input and output fields of all
?	Iteration of 0, 1, and x	UDPs and in the current state field of sequential UDPs. Not permitted in output field.
b	Iteration of 0 and 1	Permitted in the input fields of all UDPs and in the current state field of sequential UDPs. Not permitted in the output field.
-	No change	Permitted only in the output field of a sequential UDP.
(vw)	Value change from v to w	v and w can be any one of 0, 1, x, ?, or b, and are only permitted in the input field.
*	Same as (??)	Any value change on input.
r	Same as (01)	Rising edge on input.
f	Same as (10)	Falling edge on input.
p	Iteration of (01), (0x) and (x1)	Potential positive edge on the input.
n	Iteration of (10), (1x) and (x0)	Potential negative edge on the input.

12.2 组合 UDP

对于组合 UDP，输出状态直接由输入状态决定。当输入状态变化时，就从状态表查找与输入状态匹配的行，输出对应的值，如果没有匹配的行，就输出 x。

例子：用组合 UDP 表示 Mux。

```
primitive tsmc_mux (q, d0, d1, s);
   output q;
   input s, d0, d1;
   table
   // d0  d1  s  : q
      0   ?   0  : 0;
      1   ?   0  : 1;
      ?   0   1  : 0;
      ?   1   1  : 1;
      0   0   x  : 0;
      1   1   x  : 1;
   endtable
endprimitive
```

12.3 电平敏感时序 UDP

电平敏感时序 UDP（Level-sensitive sequential UDP）与组合 UDP 的行为类似，只不过输出是

reg 类型，而且状态表中要增加一个附加区。附加区用于表示 UDP 的当前状态，输出区用于表示 UDP 的下一个状态。

例子：简单的 Latch。
```
primitive simple_latch (q, clock, data);
  output q; reg q;
  input clock, data;
  table
   //clock data q q+
      0    1 : ? : 1;
      0    0 : ? : 0;
      1    ? : ? : -; // no change
  endtable
endprimitive
```

例子：带有复位和置位的 Latch。
```
primitive complex_latch (q, d, e, cdn, sdn, notifier);
  output q;
  reg q;
  input d, e, cdn, sdn, notifier;
  table
   1   1   1  ?  ?  : ? : 1 ; // Latch 1
   0   1   ?  1  ?  : ? : 0 ; // Latch 0
   0 (10)  1  1  ?  : ? : 0 ; // Latch 0 after falling edge
   1 (10)  1  1  ?  : ? : 1 ; // Latch 1 after falling edge
   *   0   ?  ?  ?  : ? : - ; // no changes
   ?   ?   ?  0  ?  : ? : 1 ; // preset to 1
   ?   0   1  *  ?  : 1 : 1 ;
   1   ?   1  *  ?  : 1 : 1 ;
   1   *   1  ?  ?  : 1 : 1 ;
   ?   ?   0  ?  ?  : ? : 0 ; // reset to 0
   ?   0   *  1  ?  : 0 : 0 ;
   0   ?   *  1  ?  : 0 : 0 ;
   0   *   ?  1  ?  : 0 : 0 ;
   ?   ?   ?  ?  *  : ? : x ; // toggle notifier
  endtable
endprimitive
```

12.4 沿敏感时序 UDP

对于电平敏感时序 UDP，输入和当前状态就足够用于决定下一个状态。但是对于沿敏感时序 UDP（Edge-sensitive sequential UDP），输出的下一个状态是由特定的输入转换触发的，这就使得状态表实际上变成了转换表。

1. 表中每一行最多只能有一个输入信号发生变化。(01) (01) 0 : 0 : 1; 就是非法的。
2. 对于所有没有指明的转换，输出默认为 x。
3. 对于所有不改变输出状态的转换都要清晰地指明，否则就会导致输出变成 x。
4. 如果时序 UDP 对每个输入的沿都敏感，那么这些沿在表中都要列出来。

5. 对于时序 UDP，可以使用 initial 语句给输出状态一个初始值。

例子：简单的触发器。
```
primitive simple_dff (q, clock, data);
   output q; reg q;
   input clock, data;
   //initial q = 1'b1;
   table
     // clock data q q+
     // obtain output on rising edge of clock
     (01) 0 :?:0;
     (01) 1 :?:1;
     (0?) 1 :1:1;
     (0?) 0 :0:0;
     // ignore negative edge of clock
     (?0) ? :?:-;
     // ignore data changes on steady clock
     ? (??):?:-;
   endtable
endprimitive
```

例子：带有复位和置位的触发器。
```
primitive complex_dff (q, d, cp, cdn, sdn, notifier);
   output q;
   input d, cp, cdn, sdn, notifier;
   reg q;
   table
      ?   ?   0   ?   ?  : ? : 0;   // CDN dominate SDN
      ?   ?   1   0   ?  : ? : 1;   // SDN is set
      ?   ?   1   x   ?  : 0 : x;   // SDN affect Q
      ?   ?   1   x   ?  : 1 : 1;   // Q=1,preset=X
      ?   ?   x   1   ?  : 0 : 0;   // Q=0,clear=X
      0  (01)  ?   1   ?  : ? : 0;   // Latch 0
      0   *   ?   1   ?  : 0 : 0;   // Keep 0 (D==Q)
      1  (01)  1   ?   ?  : ? : 1;   // Latch 1
      1   *   1   ?   ?  : 1 : 1;   // Keep 1 (D==Q)
      ? (1?)  1   1   ?  : ? : -;   // ignore negative edge of clock
      ? (?0)  1   1   ?  : ? : -;   // ignore negative edge of clock
      ?   ? (?1)  1   ?  : ? : -;   // ignore positive edge of CDN
      ?   ?   1  (?1)  ?  : ? : -;   // ignore posative edge of SDN
      *   ?   1   1   ?  : ? : -;   // ignore data change on steady clock
      ?   ?   ?   ?   *  : ? : x;   // timing check violation
   endtable
endprimitive
```

UDP 允许把沿敏感和电平敏感混合在一起使用。当输入变化时，沿敏感的变化先处理，电平敏感的变化后处理，所以当沿敏感和电平敏感的变化得出不同状态时，最后结果由电平敏感变化的结果决定。

例子:复杂的 JK 触发器。

```
primitive complex_jk_ff (q, clock, j, k, preset, clear);
    output q; reg q;
    input clock, j, k, preset, clear;
    table
    // clock jk pc state output/next state
        ? ?? 01 : ? : 1; // preset logic
        ? ?? *1 : 1 : 1;
        ? ?? 10 : ? : 0; // clear logic
        ? ?? 1* : 0 : 0;
        r 00 00 : 0 : 1; // normal clocking cases
        r 00 11 : ? : -;
        r 01 11 : ? : 0;
        r 10 11 : ? : 1;
        r 11 11 : 0 : 1;
        r 11 11 : 1 : 0;
        f ?? ?? : ? : -;
        b *? ?? : ? : -; // j and k transition cases
        b ?* ?? : ? : -;
    endtable
endprimitive
```

第 13 章

行为模型

我们已经把 Verilog 语言的 construct 介绍到一定程度了，可以在相对细致的级别上描述硬件，可以使用逻辑门和连续赋值描述接近实际电路的硬件结构。但是在描述一个复杂高级的系统时，这些 construct 不能提供强有力的抽象，它们显得力不从心。过程 construct 就能解决这方面的问题，可以使用它们描述复杂高级的系统，例如，描述一个微处理器，或者实现复杂的时序检查，或者验证一个系统。

13.1 概览

Verilog 行为模型（Behavioral modeling）包含有控制仿真和操作变量的过程语句，它们包含在过程块内。每个过程块都有一个与它相联系的活动流。

活动从 initial 和 always 开始，每个 initial 和每个 always 都开始各自的活动流。所有的活动流都是并发的（Concurrent），用于模型硬件固有的并发行为。

例子：一个简单的 Verilog 行为模型。

```
module behave;
  reg a, b;
  initial begin
    a = 1'b1;
    b = 1'b0;
  end
  always begin
    #50 a = ~a;
  end
  always begin
    #100 b = ~b;
  end
endmodule
```

在仿真这个模型时，所有由 initial 和 always 定义的活动流在仿真 0 时刻同时开始。initial 只执行一次，always 重复执行。在这个模型中，在仿真 0 时刻，reg 变量 a 和 b 分别被初始化为 1 和 0，然后 initial 就结束而且不再执行。在 initial 中包含了一个 begin-end 块，在这个块内，a 先初始化，然后是 b。

always 也是在 0 时刻开始，但是直到过了指定的延迟之后，变量值才发生改变，所以 a 在 50 时间单位（Time unit）之后改变，b 在 100 时间单位之后改变。因为 always 是重复执行的，所以这个模型就产生两个方波，分别是 100 时间单位和 200 时间单位的方波。

这两个 always 在整个仿真期间总是并发执行的。

13.2 过程赋值

过程赋值（Procedural assignments）用于修改 reg、integer、time、real 和 realtime 类型的变量。过程赋值和连续赋值有很大的不同。

1. 连续赋值驱动线网，当输入发生变化时就计算并更改线网。
2. 过程赋值更改变量，在包含它的过程流的控制下更改变量。

过程赋值的 RHS（Right Hand Side）可以是任何能够计算出值的表达式。LHS（Left Hand Side）必须是一个能够接受 RHS 赋值的变量，请参考前面"赋值操作"章节的 LHS 类型。

当 RHS 计算的位长小于 LHS 的位长，就对 RHS 补齐（Padded）。如果 RHS 是 unsigned，就做 zero-extend；如果 RHS 是 signed，就做 sign-extend。

Verilog 有两种过程赋值：阻塞赋值（Blocking Assignment，BA）和非阻塞赋值（Nonblocking Assignment，NBA）。它们在顺序块中有不同的过程流。

13.2.1 阻塞赋值

在顺序块（Sequential block）内，阻塞赋值语句必须在它的后续语句执行之前执行，但是在并行块（Parallel block）内，阻塞赋值语句不能阻止它的后续语句的执行。注意：这里的并行块指的是 fork/join 语句。

阻塞赋值的语法如下：
```
variable_lvalue = [delay_or_event_control] expression
delay_or_event_control ::= delay_control
    | event_control
    | repeat ( expression ) event_control
delay_control ::= # delay_value | #(mintypmax_expression)
event_control ::= @hierarchical_event_identifier
    | @( event_expression )
    | @*
    | @(*)
event_expression ::= expression
    | posedge expression
    | negedge expression
    | event_expression or event_expression
    | event_expression , event_expression
```

阻塞赋值的说明如下：
1. =是阻塞赋值的操作符。
2. delay_or_event_control 是可选的赋值间时序控制，既可以是 delay_control（例如，#6），也可以是 event_control （例如，@(posedge clk)）。
3. 当 LHS 使用到了变量（例如数组的索引），那么此变量的值就是在执行此赋值语句时刻的值，可以用下面的例子说明。
   ```
   always @(*) begin mem[addr] = #5 data; end
   //实际等价于
   always @(*)
   ```

```
    begin
      x_addr = addr;
      x_data = data;
      #5 mem[x_addr] <= x_data;
    end
```
4. 注意：=也被过程连续赋值和连续赋值使用。

例子：
```
rega = 0;
rega[3] = 1; // a bit-select
rega[3:5] = 7; // a part-select
mema[address] = 8'hff; // assignment to a mem element
{carry, acc} = rega + regb; // a concatenation
a = #5 b;
a = @(posedge clk) b;
a = repeat(3) @(posedge clk) b;
```

13.2.2 非阻塞赋值

非阻塞赋值能够在不阻塞过程流的情况下允许赋值调度。当需要对几个变量在同一个 time-step 赋值，而且不用考虑赋值语句的顺序和依赖关系时，就可以使用非阻塞赋值。

非阻塞赋值的语法如下：
```
variable_lvalue <= [delay_or_event_control] expression
delay_or_event_control ::= delay_control
    | event_control
    | repeat ( expression ) event_control
delay_control ::= # delay_value | #(mintypmax_expression)
event_control ::= @hierarchical_event_identifier
    | @( event_expression )
    | @*
    | @(*)
event_expression ::= expression
    | posedge expression
    | negedge expression
    | event_expression or event_expression
    | event_expression , event_expression
```

非阻塞赋值的说明如下。
1. 非阻塞赋值的语法与阻塞赋值的语法一样，只不过<=是阻塞赋值的操作符。
2. delay_or_event_control 是可选的赋值间时序控制，既可以是 delay_control（例如，#6），也可以是 event_control （例如，@(posedge clk)）。
3. 当 LHS 使用到了变量（例如数组的索引），那么此变量的值就是在执行此赋值语句时刻的值，可以用下面的例子说明。
   ```
   always @(posedge clk) begin mem[addr] <= #5 data; end
   ```

```
//实际等价于
always @(posedge clk)
  begin
    x_addr = addr;
    x_data = data;
    #5 mem[x_addr] <= x_data;
  end
```

4. 注意：<=也是比较操作符（less-than-or-equal-to），要根据其出现的位置判断是做非阻塞赋值，还是做比较操作。
5. 不像阻塞赋值中的事件或延迟控制，非阻塞赋值不能阻塞过程流。在非阻塞赋值计算 RHS 和调度 LHS 的更改时，它不会阻塞同一块内后续语句的执行。
6. 非阻塞赋值的执行要分为两步，我们将在后面的"调度和赋值"章中详细讨论。
   1）Step 1：在执行非阻塞赋值时，仿真器计算 RHS，然后把更改 RHS 的调度到非阻塞赋值更改事件队列（Nonblocking assign update event queue，NBAU_EQ）的尾部。
   2）Step 2：当 time-step 的最后，仿真器激活 NBAU_EQ 时，更改每个赋值语句的 LHS。
7. 非阻塞赋值是在 time-step 最后执行的，当然也有例外。因为非阻塞赋值还会导致其他阻塞赋值和连续赋值事件的发生，但是只有在调度的非阻塞赋值事件（NBAU_EQ）完成后，才处理这些阻塞赋值和连续赋值事件。

例子 1：在下面的代码中 a 和 b 可以正确地交换。
```
module evaluates2 (out);
  output out;
  reg a, b, c;
  initial begin
    a = 0;
    b = 1;
    c = 0;
  end
  always c = #5 ~c;
  always @(posedge c) begin
    //evaluates, schedules, and executes in two steps
    a <= b;
    b <= a;
  end
endmodule
```

在当前 time-step 的结束时，仿真器调度更改 LHS 的事件。
例子 2：下面的代码可以以任意顺序对 d、e 和 f 赋值。
```
module non_block1;
  reg a, b, c, d, e, f;
  //blocking assignments
  initial begin
    a = #10 1;    // a will be assigned 1 at time 10
    b = #2 0;     // b will be assigned 0 at time 12
    c = #4 1;     // c will be assigned 1 at time 16
```

```
    end
//non-blocking assignments
  initial begin
    d <= #10 1;  // d will be assigned 1 at time 10
    e <= #2 0;   // e will be assigned 0 at time 2
    f <= #4 1;   // f will be assigned 1 at time 4
  end
endmodule
```
执行如下：
```
scheduled changes at time 2 e = 0
scheduled changes at time 4 f = 1
scheduled changes at time 10 d = 1
```

例子 3：在下面的代码中 a 和 b 可以正确地交换。
```
module non_block1;
  reg a, b;
  initial begin
    a = 0;
    b = 1;
    a <= b;     // evaluates, schedules, and
    b <= a;     // executes in two steps
  end
  initial begin
    $monitor ($time, ,"a = %b b = %b", a, b);
    #100 $finish;
  end
endmodule
```

仿真器必须保证在一个过程块内对同一变量的不同非阻塞赋值的执行顺序。

例子 4：在下面的代码中 a 的结果在 time 4 时是 1。
```
module multiple;
  reg a;
  initial a = 1;
  // The assigned value of the reg is determinate
  initial begin
    a <= #4 0;  // schedules a = 0 at time 4
    a <= #4 1;  // schedules a = 1 at time 4
  end           // At time 4, a = 1
endmodule
```

如果仿真器并发地执行两个过程块，而且两个过程块包含有对同一变量的非阻塞赋值，那么这个变量的结果可能是不定的，也可能是确定的。

例子 5：在下面的代码中 a 的结果在 time 4 时是不确定的。
```
module multiple2;
  reg a;
  initial a = 1;
```

```
    initial a <= #4 0;      // schedules 0 at time 4
    initial a <= #4 1;      // schedules 1 at time 4
    // At time 4, a = ??
    // The assigned value of the reg is indeterminate endmodule
endmodule
```

例子 6：在下面的代码中 a 的结果在 time 16 时是确定的。
```
module multiple3;
  reg a;
  initial #8 a <= #8 1;    // executed at time 8;
                           // schedules an update of 1 at time 16
  initial #12 a <= #4 0;   // executed at time 12;
                           // schedules an update of 0 at time 16
// Because it is determinate that the update of a to the value 1
// is scheduled before the update of a to the value 0,
// then it is determinate that a will have the value 0
// at the end of time slot 16.
endmodule
```

例子 7：下面的代码说明 i[0]的值是如何赋值给 r1 的，在每个 time-step 赋值是如何调度的。仿真波形见图 13-1。
```
module multiple4;
  reg r1;
  reg [2:0] i;
  initial begin
    // makes assignments to r1 without cancelling previous assignments
    for (i = 0; i <= 5; i = i+1)
      r1 <= # (i*10) i[0];
  end
endmodule
```

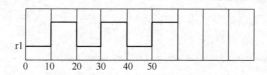

图 13-1　r1 的仿真波形（来源于 Verilog-2005 标准）

13.3　过程连续赋值

过程连续赋值（Procedural continuous assignments）是允许用表达式对变量或线网连续驱动的过程赋值，包括 assign/deassign 语句和 force/release 语句。LHS 使用规则如下。

1．使用 assign 过程连续赋值的 LHS 可以是 variable reference 或 concatenation of variables，但不能是 memory word（array reference）、bit-select and part-select of variable。
2．使用 force 过程连续赋值的 LHS 可以是 variable reference、net reference 或者它们的 concatenation，但不能是 bit-select and part-select of vector variables。

在实际的编程中，很少用到过程连续赋值。

13.3.1 assign 和 deassign 过程语句

assign 过程连续赋值的使用规则如下。
1. 对变量的 assign 过程连续赋值优先于（override）所有的其他过程赋值。
2. deassign 过程语句用于终止对此变量的 assign 过程连续赋值。
3. 对变量做 assign 过程连续赋值时，变量的值就保持不变，直到通过过程赋值或过程连续赋值对这个变量赋一个新值。

例子：assign 和 deassign 可以用来模型 D 触发器的异步复位/置位（clear/preset）。
```
module dff (q, d, clear, preset, clock);
  output q;
  input d, clear, preset, clock;
  reg q;
  always @(clear or preset)
    if (!clear)       assign q = 0;
    else if (!preset) assign q = 1;
    else              deassign q;

  always @(posedge clock) q = d;
endmodule
```
如果 clear 或 preset 为 0，那么输出 q 就保持为常数 0 或 1（使用 assign），posedge clock 对 q 没有任何影响。当 clear 和 preset 都为 1 时，那么就取消 assign 过程连续赋值（使用 deassign），然后 posedge clock 对 q 就有影响。

13.3.2 force 和 release 过程语句

另一种形式的过程连续赋值是 force 和 release 过程语句，它们和 assign-deassign 对有类似的作用，但是 force 既可以对变量使用，也可以对线网使用。force 过程连续的使用规则如下。
1. 赋值的 LHS 可以是 variable、net、constant bit-select of vector net、part-select of vector net 或 concatenation，但不可以是 memory word、bit-select or part-select of vector variable。
2. 对变量的 force 过程连续赋值优先于（overide）过程赋值和 assign 过程连续赋值，直到在此变量上执行 release 语句。
3. 如果 release 此变量时，在此变量上没有 active 的 assign 过程连续赋值，那么此变量就保持不变，直到在此变量上发生过程赋值或 assign 过程连续赋值。
4. 如果 release 此变量时，恰好在此变量上有 assign 过程连续赋值，那么此 assign 过程连续赋值马上起效。
5. 对一个线网的 force 语句将优先于所有对线网的 drivers（包含门输出、模块输出和连续赋值），直到在此线网上执行 release 语句。在 release 时，此线网马上被 drivers 赋值。

例子：在下面的代码中，通过使用 force 过程语句，与门被"patched"成了或门，一个是针对"assign d = a & b & c;"，另一个是针对"and and1 (e, a, b, c);"。

```
module test;
  reg a, b, c, d;
  wire e;
  and and1 (e, a, b, c);
  initial begin
    $monitor("%d d=%b,e=%b", $stime, d, e);
    assign d = a & b & c;
    a = 1;
    b = 0;
    c = 1;
    #10;
    force d = (a | b | c);
    force e = (a | b | c);
    #10;
    release d;
    release e;
    #10 $finish;
  end
endmodule
```
运行结果：
```
 0 d=0,e=0
10 d=1,e=1
20 d=0,e=0
```

assign 过程连续赋值和 force 语句的 RHS 可以是一个表达式，如同连续赋值一样，这就意味着如果 RHS 中的变量发生变化，而且 assign 或 force 正在有效，那么赋值就会被重新计算。

例子：如果 b 或 c 发生变化，那么 a 就会被强制更改为新值。
```
force a = b + f(c);
```
注意：建议不要使用 force，而是使用仿真器提供的系统函数$deposit，具体用法请参考仿真器的手册。

13.4　条件语句

条件语句（Conditional statement）用起来很简单，与 C 语言中的 if 语句一样。if 语句对应综合出来的逻辑具有优先级，靠前的逻辑少、路径短，靠后的逻辑多、路径长。

例子：else 总是和它最近的 if 配对。
```
if (index > 0)
  if (rega > regb)
    result = rega;
  else   //else applies to preceding if
    result = regb;
```

如果这不是我们期望的，那么需要使用 begin 和 end，强制 else 与外层的 if 配对。

例子：使用 begin 和 end，调整 if 和 else 的配对。
```
if (index > 0) begin
  if (rega > regb)
```

```
      result = rega;
end
else
   result = regb;
```

另外下面两条语句是等价的,就看我们习惯用哪个。
```
if (expression)
if (expression != 0)
```

13.5 循环语句

Verilog 有 4 种循环语句,如下所示。
1. forever:持续不断地执行,就是死循环。
2. repeat:执行括号内表达式指定的循环次数,如果表达式是 x 或 z,就不执行。
3. while:与 C 语言的 while 循环一样,当括号内表达式为 true 时就执行,否则不进入循环或跳出循环。
4. for:与 C 语言的 for 循环一样,括号内分三个部分。

通常按如下方式使用它们。
1. forever:用在需要死循环的地方,例如生成时钟的地方。
2. repeat:可以不用定义循环变量,直接使用,更加清晰。
3. while:循环中的判断条件可以很简单,也可以很复杂。
4. for:常用于固定次数或可变次数的循环,要定义一个循环变量。

例子:
```
//forever example
initial begin
  clk <= 0;
  forever #(PERIOD/2.0) clk = ~clk;
end

//repeat example
repeat (3) @(posedge clk);

//while example
begin: count1s
  reg [7:0] tempreg;
  count = 0;
  tempreg = rega;
  while (tempreg) begin
    if (tempreg[0])
      count = count + 1;
    tempreg = tempreg >> 1;
  end
end
```

13.5.1 for 循环例子

使用 for 循环可以减少代码的书写量，使得代码更加紧凑，不易出错，而且可以做到随意配置。

例子：ISN 是一个 parameter，是在实例化时从顶层传递过来的，其值不是固定值。最好的办法是用 for 循环，否则若一条一条地书写，根本就不好维护。

```
reg [ISN-1:0]     SelY;
reg [ISN*2-1:0]   TransY;
reg [ISN*3-1:0]   BurstY;
reg [ISN-1:0]     WriteY;
always @(*)
  begin
    for (i = 0; i < ISN; i = i + 1)
      begin
        SelY[i*1 +: 1]   = (SelX[i*1 +: 1]   & {1{os_access_bits[i]}});
        TransY[i*2 +: 2] = (TransX[i*2 +: 2] & {2{os_access_bits[i]}});
        BurstY[i*3 +: 3] = (BurstX[i*3 +: 3] & {3{os_access_bits[i]}});
        WriteY[i*1 +: 1] = (WriteX[i*1 +: 1] & {1{os_access_bits[i]}});
      end
  end
```

例子：使用 for 循环实现优先级解码器。这里 NUMBER 怎么变化都没关系，代码也不需要像用 casez 一样需要修改。

```
parameter NUMBER = 8;
localparam WIDTH=$clog2(NUMBER);
reg [NUMBER-1:0] intc_src;
reg [WIDTH:0]    intc_number;
reg              flag;
always @(*)
  begin
    intc_number = (1'b1 << WIDTH);
    flag = 1;
    for (i = 0; flag && (i < NUMBER); i = i + 1)
      begin: intc_number_block
        if (intc_src[i] == 1) begin
          intc_number = i;
          flag = 0;
        end
      end
  end
```

现在的综合工具很强大，当循环个数是常量的时候，这样书写的 for 循环是可以综合的，例如上面的两个 for 循环。但是如果循环个数是变量的时候，那么任何综合工具都综合不出来，这是因为硬件规模必须是有限的、固定的。当综合工具遇到循环语句时，就把它们展开成若干条顺序执行的语句，然后再综合成电路。若循环个数是常数，则展开的语句数是确定的，所以可以综合；而若循环个数是变量，则展开的语句数是不确定的，对应的硬件电路数量也不能确定，所以无法综合。

13.5.2 disable 语句

对于上面的中断优先级编码，有没有办法不用 flag 变量呢？有，那就是使用 disable 语句。

disable 语句可以在命名块（Named block）中使用。当 disable 执行的时候，命名块就被终止执行，所以它可以用于停止块、退出循环或退出 task 和 function。实际上就是用 disable 实现 C 语言的 continue、break 和 return 语句，就是 Verilog 发明时偷懒的做法。

例子：使用 disable 实现循环的 continue 和 break。

```
module test;
  integer i;
  initial begin
    begin: break_block
      for (i = 0; i < 10; i = i+1)
        begin: continue_block
          if (i == 5) disable continue_block;
          if (i == 8) disable break_block;
          $display ("i = %-d", i);
        end
    end
    $finish;
  end
endmodule
```

运行结果如下：

```
i = 0
i = 1
i = 2
i = 3
i = 4
i = 6
i = 7
```

例子：对于上面的优先级编码器，通过把 disable 当做 break 使用，去除了 flag 变量。这也是可以综合的。

```
reg [NUMBER-1:0] intc_src;
reg [WIDTH:0]    intc_number;
always @(*)
  begin
    intc_number = (1'b1 << WIDTH);
    begin: look_for_block
      for (i = 0; i < NUMBER; i = i + 1)
        begin
          if (intc_src[i] == 1) begin
            intc_number = i;
            disable look_for_block;
          end
        end
```

```
    end
  end
```

在后面章节还要对 disable 语句做更详细的介绍。

13.6 过程时序控制

在执行过程语句的时候，有两种清楚（Explicit）的时序控制（Timing control）。第一种类型是延迟控制（Delay control），就是直到过了指定的时间延迟，才允许后续语句的执行。延迟控制表示从开始遭遇语句到最后执行语句之间的时间，它既可以是电路状态的动态函数，也可以是很简单用于分隔语句执行的整数。

第二种类型是事件控制（Event control），就是直到某些仿真事件发生，才允许后续语句的执行。仿真事件既可以是线网值或变量值的变化（Implicit event，称为隐含事件），也可以是由其他过程触发的命名事件（Named event，Explicit event，明确事件）。通常情况下，事件控制使用时钟的 posedge 或 negedge。

```
procedural_timing_control ::= delay_control | event_control
delay_control ::= #delay_value | #(mintypmax_expression)
event_control ::= @hierarchical_event_identifier
                | @(event_expression)
                | @* | @(*)
```

只有当所有的当前 time-step 的过程语句都执行完时，仿真时间才能前进。仿真时间是通过下面的方法前进的。

1. 延迟控制，由#引入。
2. 事件控制，有@引入。
3. wait 语句，如同操作一个事件控制和 while 循环的组合。
4. 逻辑门和线网的延迟也会让仿真时间前进。

13.6.1 延迟控制（Delay control）

延迟控制后面的语句要根据指定的延迟时间推迟执行。延迟控制的规则如下。

1. 如果延迟表达式是 x 或 z，那么就当做 0 延迟。
2. 如果延迟表达式是负数，那么就把它解释成同样位长的无符号整数。
3. specify parameters 也可用在延迟表达式中，这些参数在做 SDF 反标时会被替换掉（就是对延迟表达式重新计算）。

例子：
```
#10 rega = regb;         // delays the execution by 10 time units
#d rega = regb;          // d is defined as a parameter
#((d+e)/2) rega = regb;  // delay is average of d and e
#regr regr = regr + 1;   // delay is the value in regr
```

13.6.2 事件控制（Event control）

过程语句的的执行可以和线网、变量变化或命名事件的发生同步。事件控制的规则如下。

1. 线网或变量的变化可以当做触发事件使用，称为隐含事件（Implicit event）。
2. 事件可以基于方向的变化，包括 posedge 和 negedge。
3. negedge：the transition from 1 to x, z, or 0, and from x or z to 0。
4. posedge：the transition from 0 to x, z, or 1, and from x or z to 1。
5. 注意：negedge 不只是 1→0 的转变，posedge 不只是 0→1 的转变。
6. 注意：negedge 和 posedge 只关注表达式中的最低位（LSB）。
7. 注意：当表达式的值发生变化时，就检测到隐含事件。但是当表达式内操作数发生变化，而表达式的结果没有发生变化时，就检测不到隐含事件。

例子：
```
@r rega = regb;                        // controlled by any change in the reg r
@(posedge clock) rega = regb;          // controlled by posedge on clock
forever @(negedge clock) rega = regb;  // controlled by negative edge
```

13.6.3 命名事件（Named events）

命名事件（Named events）是一种新的数据类型，必须先声明后使用。命名事件是要明确（Explicitly）触发的，用于控制过程语句的执行。命名语句可以在过程内发生，这样可以控制其他过程里的多个活动。

一个受事件控制（Event-controlled）的语句（例如，@trig rega = regb;）会导致包含此语句的过程等待，直到其他过程执行了对应的触发事件语句（例如，-> trig;）。

命名事件和事件控制为多个并发进程之间通信或同步提供了一种强大高效的方法。

13.6.4 事件 or 操作符（Event or operator）

逻辑或在一起的多个事件用于表示：这些多个事件中只要任意事件发生，那么就可以触发后续语句的执行。or 或 ","（逗号）被当做事件逻辑或操作符（Event logical or operator），它们的作用是一样的。事实上，"or" 只是用做信号之间的分界符，没有其他的用处，所以到了 Verilog-2001，就可以使用 "," 代替 "or"。

例子：使用逻辑或操作符。
```
//1.Use or operator
@(trig or enable) rega = regb; // controlled by trig or enable
@(posedge clk_a or posedge clk_b or trig) rega = regb;
//2.Use , operator
always @(a, b, c, d, e)
always @(posedge clk, negedge rstn)
always @(a or b, c, d or e)
```

13.6.5 隐含事件列表（Implicit event_expression list）

我们在做 RTL 代码仿真的时候，经常碰到由事件列表不全引起的 bug，工程师很容易就忘记把某些线网或变量添加到事件列表中。所以隐含事件表达式（@*）就是一种方便快捷的解决方法，在仿真时@*可以自动地建立隐含事件列表，可以消除由事件列表不全引起的 bug。

使用@*，所有语句中出现的线网和变量会自动地添加到事件表达式中，但是除了 wait 语句和事件控制中出现的标志符，和赋值 LHS 中要修改的变量。

使用@*，在这些位置出现的线网和变量就会添加到隐含事件列表中：赋值 RHS、函数和任务调用、case 语句和 if 语句的表达式、赋值 LHS 的索引、case item 的表达式。

例子：使用@*。
```
//equivalent to @(a or b or c or d or f)
always @(*)
  y = (a & b) | (c & d) | myfunction(f);

//equivalent to @(a or b or c or d or tmp1 or tmp2)
always @* begin
  tmp1 = a & b;
  tmp2 = c & d;
  y = tmp1 | tmp2;
end

//equivalent to @(b)
always @* begin
  @(i) kid = b;  // i is not added to @*
end

//equivalent to @(a or b or c or d)
always @* begin
  x = a ^ b;
  @*              // equivalent to @(c or d)
  x = c ^ d;
end

//same as @(a or en)
always @* begin
  y = 8'hff;
  y[a] = !en;
end

//same as @(state or go or ws)
always @* begin
  next = 4'b0;
  case (1'b1)
    state[IDLE]: if (go) next[READ] = 1'b1;
                 else    next[IDLE] = 1'b1;
    state[READ]: next[DLY ] = 1'b1;
    state[DLY ]: if (!ws) next[DONE] = 1'b1;
    ..............
  endcase
end
```

13.6.6 电平敏感事件控制（Level-sensitive event control）

过程语句也可以通过 wait 语句延迟执行，直到等待的条件变成 true，wait 语句是一种特殊形式的事件控制。wait 语句的本质是电平敏感的（Level-sensitive），而基本事件控制（由@指定的）其实是边沿敏感的（Edge-sensitive）。

wait 语句计算条件值，如果是 false，那么后续语句就被阻塞，直到条件值变成 true。

例子：使用 wait。

```
//Use wait to accomp lish level-sensitive event control
begin
  wait (!enable) #10 a = b;
  #10 c = d;
end
```

如果进入块时 enable 是 1，wait 语句就会推迟后续语句（#10 a = b;）的执行，直到 enable 变成 1。如果进入块时 enable 是 0，那么在延迟 10 个时间单位后就执行"a = b"，不会有附加的延迟。

13.6.7 赋值间时序控制（Intra-assignment timing controls）

前面描述的延迟控制和事件控制都位于语句的前面，用于推迟对应语句的执行。相反，赋值间的延迟控制和事件控制包含在赋值语句里面，以不同的方式执行活动流（The flow of activity）。这里就描述赋值间时序控制（Intra-assignment timing controls）和重复时序控制（Repeat timing control，用于赋值间延迟）的作用。

赋值间延迟控制或事件控制会推迟对 LHS 的更改，但是 RHS 是在延迟之前计算，而不是在延迟之后。下面是赋值间延迟和事件控制的语法。

```
blocking_assignment ::= variable_lvalue = [ delay_or_event_control ] expression
nonblocking_assignment ::= variable_lvalue <= [ delay_or_event_control ] expression
delay_or_event_control ::= delay_control
    | event_control
    | repeat ( expression ) event_control
delay_control ::= # delay_value | # ( mintypmax_expression )
event_control ::= @ hierarchical_event_identifier
    | @ ( event_expression )
    | @*
    | @ (*)
event_expression ::= expression
    | posedge expression
    | negedge expression
    | event_expression or event_expression
    | event_expression , event_expression
```

赋值间延迟控制和事件控制既可以用在阻塞赋值上，也可以用在非阻塞赋值上。重复事件控制（Repeat event control）就是让一个事件发生指定次数的赋值间延迟。如果在计算时重复次数小于等于 0，那么赋值马上发生，如同没有 repeat 一样。如果需要同步时钟的计数，使用 repeat 就很方便。

例子：使用 repeat。

```
// will not execute event_expression.
```

```
repeat (-3) @(event_expression)
// if a is assigned -3, it will execute the event_expression
// if a is declared as an unsigned reg, but not if a is signed
repeat (a) @(event_expression)
```

表 13-1 解释了赋值间时序监控的哲理，说明不用赋值间时序控制也可以达到同样的时序效果。

表 13-1 赋值间时序控制的等价语句（来源于 Verilog-2005 标准）

With intra-assignment construct	Without intra-assignment construct
a = #5 b;	begin 　temp = b;　#5 a = temp; end
a = @(posedge clk) b;	begin 　temp = b;　@(posedge clk) a = temp; end

a = repeat (3)
　@(posedge clk) b;
	begin
	　temp = b;
	　@(posedge clk);
	　@(posedge clk);
	　@(posedge clk) a = temp;
	end

下面的 3 个例子使用 fork/join 语句。所有 fork 和 join 之间的语句要并发地执行，后面会详细介绍。

例子：因为同时对 a 和 b 采样和更改新值，所以会导致竞争条件。

```
//The code samples and sets the values of both a and b at the same
// simulation time, thereby creating a race condition.
fork
  #5 a = b;
  #5 b = a;
join
```

例子：通过使用赋值间时序控制就可以避免竞争条件，因为赋值间延迟使得 a 和 b 的值在延迟前被计算，然后 a 和 b 在延迟后被更改为新值。在实现赋值间时序控制的时候，仿真器使用临时存储（Temporary storage）保存 RHS 的计算结果。

```
fork // data swap
  a = #5 b;
  b = #5 a;
join
```

例子：赋值间事件等待也是有效的，在执行赋值语句时 RHS 先被计算，但是更改新值被推迟到 posedge clk。

```
fork // data shift
  a = @(posedge clk) b;
  b = @(posedge clk) c;
join
```

例子：重复事件控制用于赋值间延迟控制。仿真波形见图 13-2。

```
a <= repeat (5) @(posedge clk) data;
```

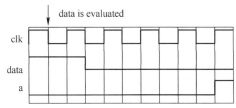

图 13-2 重复事件控制的仿真波形（来源于 Verilog-2005 标准）

在这个例子中，在执行这条语句时，data 被计算并保存到临时存储中，过了 5 个 posedge clk 之后，a 才被更改为 data 的值。

例子：重复事件控制用于赋值间延迟控制。
```
a = repeat (num) @(clk) data;        //num is a variable
next_data <= repeat (a+b) @( posedge phi1 or negedge phi2) data;
```

13.7 块语句

块语句（Block statements）是一种把语句组织在一起的方法，这样它们从语义上（Syntactically）就像一个单独的语句。Verilog 中有两种块类型。
1. 顺序块（Sequential block），也称为 begin-end block，位于 begin 和 end 之间的语句按照指定的顺序执行。
2. 并行块（Parallel block），也称为 fork-join block，位于 fork 和 join 之间的语句并发执行。

13.7.1 顺序块（Sequential block）

顺序块有以下特性。
1. 语句按顺序执行，执行一条之后，再执行下一条。
2. 每条语句的延迟值是相对于它前面语句完成时的仿真时间。
3. 在最后一条语句执行完后，控制就从对应的顺序块离开。

例子：
```
//sequential block enables the following two assignments to have a deterministic result:
begin
  areg = breg;
  creg = areg;  // creg stores the value of breg
end
```

例子：
```
//Delay control can be used in a sequential block to separate the two assignments in time.
begin
  areg = breg;
  @(posedge clock) creg = areg; // assignment delayed until
end // posedge on clock
```

例子：
```
//Use the combination of the sequential block and delay control
// to specify a time-sequenced waveform:
parameter d = 50; // d declared as a parameter and
reg [7:0] r;      // r declared as an 8-bit reg
begin // a waveform controlled by sequential delay
  #d r = 'h35;
  #d r = 'hE2;
  #d r = 'h00;
  #d r = 'hF7;
  #d -> end_wave; //trigger an event called end_wave
end
```

13.7.2 并行块（Parallel block）

并行块有以下特性。
1. 所有语句都并发执行。
2. 每条语句的延迟值都是相对于进入并行块时的仿真时间。
3. 可以使用延迟控制，从而为赋值提供了 time-ordering。
4. 在最后一条 time-ordered 语句执行完后，控制就从对应的并行块离开。
5. fork/join 块内的时序控制（Timing controls）不用按照时间顺序排列。

例子：下面使用并行块生成波形。
```
//Use a parallel block instead of a sequential block. The waveform produced
// on the reg is exactly the same for both implementations.
fork
  #50 r = 'h35;
  #100 r = 'hE2;
  #150 r = 'h00;
  #200 r = 'hF7;
  #250 -> end_wave;
join
```

13.7.3 块名字（Block names）

顺序块和并行块可以被命名，就是在 begin 或 fork 后面加上 ": name_of_block"。因为：
1. 允许为块声明 local variables、parameters、named events。
2. 允许其他地方引用块。例如，使用 disable 语句终止命名块。

所有块内声明的变量都是静态的，即所有 local 变量都有自己单独的存储空间，进入和离开块都不会影响保存在变量中的值。
另外块有了名字之后，就可以在仿真时检查块内的变量。

13.7.4 开始和结束时间（Start and finish times）

顺序块和并行块都有开始和结束时间的概念。
1. 对于顺序块，开始时间是在执行第一条语句的时候，结束时间是在最后一条语句执行完的时候。

2. 对于并行块，开始时间对所有的语句是相同的，结束时间是在最后的 time-ordered 语句执行完的时候。

顺序块和并行块可以互相包含，这样复杂的控制结构就很容易地表示出来，而且是以一种很高级的结构表示出来的。当顺序块和并行块互相包含的时候，那么一个块的开始和结束时间就很重要。直到块的结束时间到了，也就是整个块已经执行完成，块后面的语句才能执行下去。

例子：
```
//Here the statements are written in reverse order
// and the same waveform is still produce
fork
  #250 -> end_wave;
  #200 r = 'hF7;
  #150 r = 'h00;
  #100 r = 'hE2;
  #50 r = 'h35;
join
```

例子：
```
//When an assignment is to be made after two separate events have occurred,
// known as the joining of events , a fork-join block can be useful.
begin
  fork
    @Aevent;
    @Bevent;
  join
  areg = breg;
end
```
Aevent 和 Bevent 可以以任意顺序发生（甚至于同时发生），然后 fork/join 块结束，开始执行赋值语句。但是如果把 fork/join 块换成 begin/end，而且 Bevent 先于 Aevent 发生，那么 begin/end 块就会继续等待，直到下一次 Bevent 发生。

例子：
```
//This example shows two sequential blocks, each of which will execute
// when its controlling event occurs. Because the event controls are
// within a fork-join block, they execute in parallel, and the sequential
// blocks can, therefore, also execute in parallel.
fork
  @enable_a
    begin
      #tawa=0;
      #tawa=1;
      #tawa=0;
    end
  @enable_b
    begin
```

```
    #tbwb=1;
    #tbwb=0;
    #tbwb=1;
  end
join
```

13.8 结构化过程

Verilog 中的过程要用以下 4 种语句表示：initial、always、task 和 function。

task 和 function 是由其他过程使能调用的，后续章节再做讨论。

关于 initial 和 always 的规则如下：

1. initial 和 always 在仿真开始的时候被使能（are enabled）。
2. initial 块只执行一次，当它里面的语句都执行完时，initial 块就停止。
3. always 块要重复执行，只有仿真结束，always 才停止。
4. 在 initial 块和 always 块之间，没有执行顺序的要求。
5. 模块内对 initial 块和 always 块的数量没有限制。

13.8.1 initial construct

例子：
```
//Use the initial construct to initialize variables
// at the start of simulation.
initial begin
  areg = 0; // initialize a reg
  for (index = 0; index < size; index = index + 1)
   memory[index] = 0; //initialize memory word
end
```

例子：
```
//Use the initial construct to input stimulus
initial begin
  inputs = 'b000000;       // initialize at time zero
  #10 inputs = 'b011001;   // first pattern
  #10 inputs = 'b011011;   // second pattern
  #10 inputs = 'b011000;   // third pattern
  #10 inputs = 'b001000;   // last pattern
end
```

13.8.2 always construct

因为 always 循环执行的本质，所以只有让 always 和时序控制结合在一起，always 才发挥作用。如果一个 always 块没有时序控制（让仿真时间前进的控制），那么仿真时就是一个死锁条件（Deadlock condition）。

例子：这就是一个零延迟的无限循环。
```
always areg = ~areg;
```

例子：加入时序控制之后的代码。
```
always #half_period areg = ~areg;
```

注意：在写综合代码时，当always块包含异步行为时，例如always @(posedge clock or negedge reset_n)，那么此 always 块只能包含一个独立的 if 块。但是当 always 块只包含同步行为，例如 always @(posedge clock)，那么此 always 块就可以包含多个独立的 if 块。

13.8.3 always 的敏感列表

Verilog-1995 使用 "or" 作为敏感列表的分界符。学习 Verilog 的新手经常问这样的问题，"我是否可以用 and 代替 or？"，答案是 No。因为在敏感列表里 "or" 只是用做信号之间的分界符，没有其他的用处。

VHDL 中敏感列表的分界符是逗号，所以很多 Verilog 用户就认为逗号是更好的分界符，所以在 Verilog-2001 中增加了这个要求。例如，可以把 always @(a or b or c)写成 always @(a, b, c)。

虽然 Verilog 不像 VHDL 那么啰嗦，但是 Verilog 还是包含了几个啰嗦的地方。其中 Verilog 的敏感列表就很啰嗦，而且很让人讨厌。如果敏感列表不完整，就会发生问题。综合工具严格按照 always 块内的表达式创建组合逻辑，但是综合工具也要检查敏感列表是否完整。如果综合工具发现敏感列表不完整，就发出这样的警告：可能存在潜在的前后仿真不一致。

所以在 Verilog-2001 中增加了@*或@(*)，用于描述组合逻辑的敏感列表。使用@(*)，就不用在敏感列表中手工列出每个信号，减少键盘输入和设计错误，消除由于敏感列表不全导致的前后仿真不一致。always @(*)可以减少编码错误、精简代码，而且意图明显，就是要实现组合逻辑。

例子：使用@(*)简化代码。
```
//Same as always @(sel or or b)
always @(*)
  begin
    if (sel==0) y = a + b;
    else        y = a * b;
  end
```

13.8.4 并发进程

语句（Statement）是进程的简单表现形式。在 Verilog 中，并发进程包含 initial 块、always 块、连续赋值语句和 fork/join 之间的语句。进程之间是并发的，但是进程内部却是串行的，即进程内部的语句要按照顺序执行。

仿真时，进程宏观上表现是并行的，微观上表现是串行的，因为仿真器要按照调度的安排一个一个地执行每一个进程。

仿真时，initial 和 always 过程块有以下几种状态。

1. 消极（inactive）：仿真器开始执行时，所有的过程块处于 inactive 状态，然后仿真器依次执行每个过程块。在执行时，先把块状态从 inactive 改成 active-exec，若遇到时序控制（延迟时间、使用 wait 或@等待事件），就把过程块转为 active-wait。
2. 等待（active-wait）：在此状态的过程块等待它们期望的事件发生。如果期望的事件发生，那么就进入 active-exec。
3. 执行（active-exec）：在此状态过程块顺序执行块中的语句。

A. 如果执行了等待事件（wait 或@），过程块转入 active-wait。
B. 如果 always 块执行完成，过程块转入 active-wait。
C. 如果 initial 块执行完成，过程块就彻底终结。
D. 如果对过程块执行了 disable，那么此过程块转成 active-wait。

13.9 always 有关的问题

对于 always 敏感列表，我们要特别注意以下事项。

1. 综合工具对没有 posedge 和 negedge 的 always 块推导出组合逻辑或 Latch 逻辑。
2. 对于组合 always 块，组合逻辑是从块中的逻辑推导出来的，与敏感列表没有任何关系，但是综合工具会检查敏感列表是否完整，如果综合工具发现敏感列表不完整，就发出警告：可能导致前后仿真不一致。
3. 当敏感列表不包含 edge 表达式，通常生成组合逻辑，但是如果输出变量没有在每个分支上都赋值，就会生成 Latch，所以设计者要注意检查是否生成了不想要的 Latch。
4. 当敏感列表中有 edge 表达式的时候，那么就不能再出现 non-edge 表达式。如果你在敏感列表中把 edge 和 non-edge 表达式混杂在一起，综合工具就会报告 Error，但是仿真器不会报告 Error。
5. 在 always 敏感列表中存在但没有被使用的信号不会导致前后仿真不一致，但是这些额外信号会使前仿真运行变慢，这是因为 always 块会更多地进入并被计算，而有些进入和计算是毫无用处的。

13.9.1 敏感列表不完整

综合工具在综合 always 块时总是认为敏感列表是完整的，但是仿真工具就不这么做，仿真工具严格按照敏感列表仿真。

1. 在 code1a 中，敏感列表是完整的，所以前后仿真就会按照 2-and 门仿真。
2. 在 code1b 中，敏感列表只包含 a 变量，后仿真按照 2-and 门仿真。但是在前仿真时，只有在 a 变化时，此 always 块才执行，b 的任何变化（与 a 没有同时变化）不会导致此 always 块的执行，这就与后仿真的 2-and 门不一致。
3. 在 code1c 中，不包含任何敏感列表。在前仿真时，这个 always 块会让仿真器进入死循环，虽然同样是 2-and 门。

例子：三种敏感列表的仿真行为。

```
module code1a (o, a, b);
  output o; input a, b; reg    o;
  always @(a or b)
    o = a & b;
endmodule

module code1b (o, a, b);
  output o; input a, b; reg    o;
  always @(a)
    o = a & b;
endmodule
```

```
module code1c (o, a, b);
  output o;  input  a, b; reg   o;
  always
    o = a & b;
endmodule
```

综合工具综合出来的电路对所有包含在块内的信号都是敏感的，甚至对于那些没有在敏感列表列出的信号。这就与仿真器的行为不同，因为仿真器仿真时依赖于敏感列表。为了避免前后仿真不一致，请遵守下面的规则。

1. 对于时序逻辑，在敏感列表中列出时钟信号和异步控制信号。
2. 对于组合逻辑，要保证所有输入信号在敏感列表中出现，建议使用 Verilog 2001 的 always @(*)。

13.9.2 赋值顺序错误

always 块中前仿真赋值是按照顺序执行的。如果在 always 块中使用 local temp 变量，就可能出现问题。temp 变量可以在 if 语句、case 语句或赋值语句的 RHS 使用。如果 temp 变量在被赋值之前就被使用，那么就会导致错误顺序的赋值，因为 temp 变量将一直保持上次 always 块执行时的值，直到 temp 变量赋值被执行。

在 code2a 中，temp 在被赋值之前就被使用，那么上次 always 执行时的赋值给 temp 的值就被用于计算变量的赋值。在下一行 temp 被赋值一个对应于本次 always 执行的新值。前仿真时 temp 就像一个 Latch，值被保留用于下一次的计算。然而在综合时，综合工具其实是按照 temp = c & d;在前面考虑的，不会生成 Latch，这就导致前后仿真不一致。code2b 给出了正确的编码顺序，这样才会前后仿真才一致。

例子：赋值顺序错误。

```
module code2a (o, a, b, c, d);
  output o;
  input  a, b, c, d;
  reg    o, temp;
  always @(a or b or c or d) begin
    o    = a & b | temp;
    temp = c & d;
  end
endmodule

module code2b (o, a, b, c, d);
  output o;
  input  a, b, c, d;
  reg    o, temp;
  always @(a or b or c or d) begin
    temp = c & d;
    o    = a & b | temp;
  end
endmodule
```

第 14 章

case 语句

Verilog 的 case 语句是多路决策语句，用于检查一个表达式是否与多个其他的表达式匹配，如果发现匹配，就做对应的跳转。

Verilog 的 case 语句初看起来很简单，和 Pascal 语言的 case 语句一样，或者和 C 语言的 switch 语句（每个分支要以 break 结尾）一样。

例子：Pascal 中的 case 结构和例子。

```
case expression of
   const_1: statement_1;
   const_2: statement_2;
   ..................
   const_n: statement_n;
   else   : statement_n+1;
 end;

case P of
   0:             tax:=0;
   1, 2, 3, 4:    tax:=x*0.2;
   5, 6, 7, 8, 9: tax:=x*0.3;
   10:            tax:=x*0.5
end;
```

如果只是像 Pascal 语言或 C 语言的 case 语句这样，那么 Verilog 的 case 语句用起来就简单了，但是 Verilog 的 case 语句还有以下这些特性。

1. 除了 case，还支持 casex 和 casez 变种。
2. case_expression 和 case_item 可以多种组合：变量/常数、常数/变量、变量/变量。
3. 既可以实现 parallel，也可以实现优先级编码。
4. 支持反向 case 语句，就是让 case_expression 是常量。
5. 如果使用时不仔细，就可能生成 Latch。
6. 仿真器和综合工具对 x 和 z 理解不同，容易导致前后仿真不一致。
7. Synopsys 的 full_case 和 parallel_case 综合指令，又把事情搞复杂了，也容易导致前后仿真不一致。

因为这些特性，把 case 语句搞得很灵活，也把 case 语句搞得很复杂，如果不注意使用，很容易就出现仿真错误，也很容易造成前后仿真不一致，所以我们要注意 case 语句的使用。

本章主要参考了 CummingsSNUG1999Boston_FullParallelCase.pdf。

14.1 case 语句定义

为了全面理解 case 的各种特性，首先描述一下 case 语句的各个部分。

case 语句

在 Verilog 中，case 语句就是所有包含在 case 和 endcase 之间的代码（也包括 casex 和 casez），逻辑上等价于 if-else-if 语句，如下所示：

```
//Case Statement - General Form
case (case_expression)
  case_item1 : case_item_statement1;
  case_item2 : case_item_statement2;
  case_item3 : case_item_statement3;
  case_item4 : case_item_statement4;
  default    : case_item_statement5;
endcase
```

等价于：

```
//If-else-if Statement - General Form
if      (case_expression === case_item1)  case_item_statement1;
else if (case_expression === case_item2)  case_item_statement2;
else if (case_expression === case_item3)  case_item_statement3;
else if (case_expression === case_item4)  case_item_statement4;
else                                      case_item_statement5;
```

case head（case 语句头）

case 语句头包含 case/casex/casez 关键字，后面跟随者 case expression，通常都是一行代码，当向一个 case 语句加 full_case 和 parallel_case 指令时，这些指令就加在 case 语句头 case expression 的后面和 case items 行的前面。

case expression（case 表达式）

case expression 是紧随 case 关键字包围在括号内的表达式。在 Verilog 中，case expression 用于和 case item 比较，它既可以是 n-bit 的常数，也可以是 n-bit 的表达式。

case item（case 分支项）

case item 可以使用 bit、vector 或表达式，用于和 case expression 比较。不像 VHDL，Verilog 的 case item 也可以是表达式。不像 C 语言，Verilog 的 case 语句包含了隐含的 break 语句。在每次 case 语句检查匹配时，与当前 case expression 匹配的第一个 case item 会导致对应的 case item statement 执行，然后跳出 case 语句，后续的 case items 不会被检查和执行。

case item statement（case 分支语句）

case item statement 是当 case item 匹配当前 case expression 时要执行的一条或多条语句。如果 case item 需要执行多于一条语句，那么就要把这些语句包围在 begin 和 end 之间。

case default（case 默认分支项）

case default 是可选的，当没有定义的 case item 匹配时，就采取默认的操作。在所有的 case items

之后编写 case default 的代码是好的编码风格，虽然 Verilog 没有这样的要求。

casez

casez 语句是 case 语句的一个变种。casez 允许"z"和"?"值在比较时被当做"不关心"（don't care）的值，如果"z"和"?"在 case expression 或 case item 中，那么就不关心对应的位。"z"和"?"是等价的，只不过用"?"更清晰一些。注意：当编写可综合的代码时，要小心使用 casez；使用 casez 时，最好使用"?"表示"不关心"，不要使用"z"表示"不关心"。

casex

casex 语句是 case 语句的一个变种。casex 允许"x"、"z"和"?"值在比较时被当做"不关心"（don't care）的值，如果"x"、"z"和"?"在 case expression 或 case item 中，那么就不关心对应的位。注意：当编写可综合的代码时，不要使用 casex。

14.2 case 语句的执行

case 语句执行过程如下：

1. 每次执行 case 语句的时候，括号内的 case expression 只计算一次，然后按照从上到下的顺序与每个 case item 比较。
2. 如果有 case default，那么在这个从上到下的比较过程中忽略它。
3. 如果在比较时有一个 case item 与 case expression 匹配上，那么就执行此 case item 的语句，然后终止 case 语句。
4. 如果所有的比较都失败，而且有 case default，那么就执行 case default 的语句，然后终止 case 语句。
5. 如果所有的比较都失败，而且没有 case default，那么就终止 case 语句。

实际上 Pascal 和 C 的 case 语句是跳转表，如果它们 case item 的值是连续的或接近连续的，例如 3、4、5、6、7、8 等，那么在编译时就会生成一个跳转表，在跳转表中存放对应代码的指令地址，执行类似于 jump table[case_expression - 3] 的汇编指令，不会一个一个地进行比较。作者曾经深受 Pascal 和 C 的 case 语句的影响，对 Verilog 的 case 语句能够生成优先级编码器感觉有些不可思议，但是在知道 case expression 和 case item 要依次比较时，排在前面的 case item 具有更高的优先级，也就终于明白了。

在做 case 比较时，只有当每 bit 都是精确匹配的（0、1、x、z），比较才算成功。所以要小心指定 case expression 和 case item。所有表达式的位长应该相等，这样才能做精确的匹配。所有 case expression 和 case item 的位长都将调整到最长的位长。如果有一个是 unsigned，那么所有都按照 unsigned 调整（zero-extend）；如果所有（包含 case expression 和 case item）都是 signed，那么所有就按照 signed 调整（sign-extend）。

case 提供精确匹配（0、1、x、z），就是为了提供一种能够检测出 x 和 z 的机制，但是 casez 和 casex 这两个变种提供了比较时不关心（x、z）的机制。另外 if-else-if 语句可以通过使用==或!==检测出 x 和 z。

case 语句中 case expression 要和多个 case item 依次比较，所以 if-else-if 语句更加通用，不用限

制在一个 expression 上。

14.3 Verilog 和 VHDL 对比

VHDL 的 case item 只能是常数，用于和 case expression 比较。VHDL 的 case 语句要求任何 case item 都不能 overlapping（就是不能出现多个匹配），所以始终是 parallel，从而不能用 VHDL 的 case 语句设计出优先级编码器。

通常我们在使用 Verilog 的 case 语句时，其实和使用 VHDL 的 case 语句一样，case item 是常数，没有 overlapping，不使用优先级编码器。

Verilog 的 case item 允许 overlapping，所以允许 case expression 与多个 case item 匹配，从而设计出优先级编码器。另外，casez 和 casex 语句可以在 case item 中包含"不关心"位。

Verilog 还支持反向 case 语句（"reverse case"，也称为"case if true"），在这种风格中 case expression 是常量，case items 是由变量构成的表达式，这就要求对每个 case item 计算检查是否匹配。如果任何时候只出现 1 个匹配，就是普通的编码器，可以 parallel；如果能够出现多个匹配，就是优先级编码器，不可以 parallel。这种编码风格经常在高效的 One-hot FSM 中使用，而且采用 parallel 方式。

14.4 case 的应用

使用 case 语句可以实现条件分支语句。在 case item 中，可以使用 0、1、x 和 z。若用到 x 和 z，那么对应的位也做对应的比较，但是这样的代码是不可以综合的。

例子：这段代码说明 case 可以检查 x 和 z。
```
case (sig)
  1'bz: $display ("signal is floating");
..1'bx: $display ("signal is unknown");
  default: $display ("signal is %b", sig);
endcase
```

例子：这段代码不可以综合，因为 case item 中有 x 和 z。
```
  case (select[2:1])
    2'b00:          result = 0;
    2'b01:          result = flaga;
    2'b0x, 2'b0z: result = flaga ? 'bx : 0;
    2'b10:          result = flagb;
    2'bx0, 2'bz0: result = flagb ? 'bx : 0;
    default:        result = 'bx;
  endcase
```

例子：这是反向 case 语句（Reverse case），而且是优先级编码器。
```
reg [2:0] encode;
case (1)
  encode[2]: $display("Select Line 2");
  encode[1]: $display("Select Line 1");
  encode[0]: $display("Select Line 0");
```

```
           default:   $display("Error: Only one of the bits is expected ON");
         endcase
```

case 语句可以是 full 和 parallel：若是 full，就不会生成 Latch；若是 parallel，就不会生成优先级编码器。综合工具一般可以自动推导出是否是 full 或 parallel。

例子：这段代码是 full 和 parallel。它既不会生成 Latch，也不会生成优先级编码器。

```
         always @(*)
           begin
             case (sel)
               2'b00: outc = a;
               2'b01: outc = b;
               2'b10: outc = c;
               2'b11: outc = d;
             endcase
           end
```

例子：若使用 if，就会生成优先级编码器。if 和 case 对应的电路见图 14-1。

```
         always @(*)
           begin
             if (sel == 2'b00)      outi = a;
             else if (sel == 2'b01) outi = b;
             else if (sel == 2'b10) outi = c;
             else                   outi = d;
           end
```

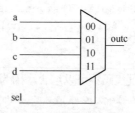

图 14-1 if 和 case 对应的电路

例子：下面是 APB Bus 读 UART registers 的部分代码。虽然这里没有写 default，但是不会生成优先级编码器，因为在 case 前面写了 iprdata = {32{1'b0}};。其实这段代码看起来啰嗦，修改起来费劲，容易出错。

```
         wire rbr_en, dll_en, dlh_en, .....;
         reg [31:0] iprdata;
         always @(*)
           begin
             iprdata = {32{1'b0}}; //因为这里，所以不会生成 Latch
             case({rbr_en, dll_en,
                   dlh_en, ier_en, iir_en, lcr_en,
                   mcr_en, lsr_en, msr_en, scr_en})
               10'h10_0000_0000: iprdata[`LEGACY_RW-1:0]  = rbr[`LEGACY_RW-1:0];
```

```
      10'h01_0000_0000: iprdata[`LEGACY_RW-1:0] = dll[`LEGACY_RW-1:0];
      10'h00_1000_0000: iprdata[`LEGACY_RW-1:0] = dlh[`LEGACY_RW-1:0];
      10'h00_0100_0000: iprdata[`LEGACY_RW-1:0] = ier[`LEGACY_RW-1:0];
      10'h00_0010_0000: iprdata[`LEGACY_RW-1:0] = iir[`LEGACY_RW-1:0];
      10'h00_0001_0000: iprdata[`LEGACY_RW-1:0] = lcr[`LEGACY_RW-1:0];
      10'h00_0000_1000: iprdata[`MCR_RW-1:0]    = mcr[`MCR_RW-1:0];
      10'h00_0000_0100: iprdata[`LEGACY_RW-1:0] = lsr[`LEGACY_RW-1:0];
      10'h00_0000_0010: iprdata[`LEGACY_RW-1:0] = msr[`LEGACY_RW-1:0];
      10'h00_0000_0001: iprdata[`LEGACY_RW-1:0] = scr[`LEGACY_RW-1:0];
    endcase
  end
```

例子：下面是更改后的代码，这里使用了反向 case 语句，看起来更好看，修改也很方便。因为这些 rbr_en 和 dll_en 等信号，最多时候只有 1 个_en 信号等于 1，而且还使用//synopsys full_case parallel_case，所以不会生成优先级编码器。其实//synopsys full_case parallel_case 根本就不需要，因为现在的综合工具非常聪明。综合工具可以检查到 iprdata = {32{1'b0}};，所以就不需要 full_case；综合工具可以判断出最多只有 1 个_en 信号等于 1，所以就不需要 parallel_case。

```
  always @(*)
   begin
    iprdata = {32{1'b0}};
    case(1'b1) //synopsys full_case parallel_case
      rbr_en: iprdata[`LEGACY_RW-1:0] = rbr[`LEGACY_RW-1:0];
      dll_en: iprdata[`LEGACY_RW-1:0] = dll[`LEGACY_RW-1:0];
      dlh_en: iprdata[`LEGACY_RW-1:0] = dlh[`LEGACY_RW-1:0];
      ier_en: iprdata[`LEGACY_RW-1:0] = ier[`LEGACY_RW-1:0];
      iir_en: iprdata[`LEGACY_RW-1:0] = iir[`LEGACY_RW-1:0];
      lcr_en: iprdata[`LEGACY_RW-1:0] = lcr[`LEGACY_RW-1:0];
      mcr_en: iprdata[`MCR_RW-1:0]    = mcr[`MCR_RW-1:0];
      lsr_en: iprdata[`LEGACY_RW-1:0] = lsr[`LEGACY_RW-1:0];
      msr_en: iprdata[`LEGACY_RW-1:0] = msr[`LEGACY_RW-1:0];
      scr_en: iprdata[`LEGACY_RW-1:0] = scr[`LEGACY_RW-1:0];
    endcase
   end
```

14.5 casez 的应用

在 case item 中，0、1、z、x 都是要比较的，不会忽略。但是我们可以使用 casez 忽略某些 bit 位。在 casez 中，z 和？对应的 bit 在比较时忽略，x 不会被忽略。在使用 casez 时，最好用？表示比较时要忽略的对应 bit。casez 常用于实现优先级编码器。

例子：使用 casez 实现指令译码，实现了优先级编码器。

```
  reg [7:0] ir;
  casez (ir)
    8'b1???????: instruction1(ir);
    8'b01??????: instruction2(ir);
    8'b00010???: instruction3(ir);
    8'b000001??: instruction4(ir);
```

endcase

例子：这是一个中断优先级编码器，要根据 int_src 计算出对应的中断号码。bit[0]有最高优先级，bit[NUMBER-1]有最低优先级，用(1'b1 << WIDTH)的值表示没有对应的号码。

```verilog
parameter NUMBER = 8;
localparam WIDTH = $clog2(NUMBER);
reg [NUMBER-1:0] intc_src;
reg [WIDTH:0]    intc_number;
always @(*)
  begin
    casez (int_src)
      8'b????_???1: intc_number = 0;
      8'b????_??10: intc_number = 1;
      8'b????_?100: intc_number = 2;
      8'b????_1000: intc_number = 3;
      8'b???1_0000: intc_number = 4;
      8'b??10_0000: intc_number = 5;
      8'b?100_0000: intc_number = 6;
      8'b1000_0000: intc_number = 7;
      default:      intc_number = (1'b1 << WIDTH);
    endcase
  end
```

例子：对于上面的中断优先级编码器，我们也可以使用反向 case 语句实现。注意：这里用 case 语句生成优先级编码器，因为 int_src[7:0]有优先级关系，没有 parallel 关系。

```verilog
always @(*)
  begin
    case (1'b1)
      int_src[0]: intc_number = 0;
      int_src[1]: intc_number = 1;
      int_src[2]: intc_number = 2;
      int_src[3]: intc_number = 3;
      int_src[4]: intc_number = 4;
      int_src[5]: intc_number = 5;
      int_src[6]: intc_number = 6;
      int_src[7]: intc_number = 7;
      default:    intc_number = (1'b1 << WIDTH);
    endcase
  end
```

14.6 描述状态机

case 语句常用于描述状态机，状态机描述时要分为两部分：组合逻辑和时序逻辑，这样看起来更加清晰。

例子：使用 case 描述状态机。

```verilog
module mealy (input in1, in2, clk, reset, output out);
```

```
    reg current_state, next_state, out;
    always @(*)
      //Output and state vector decode (combination)
      next_state = current_state;
      case (current_state)
        0: begin
          if (in1)
            next_state = 1;
          out = 1'b0;
        end
        1: if (in1) begin
          next_state = 1'b0;
          out = in2;
        end
        else begin
          next_state = 1'b1;
          out = !in2;
        end
      endcase

    always @(posedge clk or negedge reset)
      //State vector flip-flops (sequential)
      if (!reset)
        current_state = 0;
      else
        current_state = next_state;
endmodule
```

14.7 casex 的误用

casex 会导致设计出现问题，因为 casex 把 x（Unkownn state）当做"不关心"（Don't care），不管 x 是在 casex 的 case expression 中还是在 case items 中。当 case expression 中出现了 x 时，这时就会发生问题，因为前仿真在计算 casex 语句把 x 值的输入当做"不关心"，而后仿真在检查条件时会把 x 在门级模型中传播。

某公司就有过在设计中使用 casex 的经历。在复位信号释放后，设计就进入一个状态，在这个状态 casex 的一个输入信号是 x，由于前仿真把 x 当做"不关心"，于是 casex 错误地把设计初始化成一个工作状态。网表仿真时又没有仔细地检查，没有看到错误，于是这个 ASIC 的第一次投片失败。

下面的 code6 模块是带有一个 enable 信号的地址译码器。有的时候，初始化还没有进入有效的状态，外部接口的设计错误会导致 enable 变为 x 值。当 enable 为 x 时，casex 会基于 addr 的值错误地匹配一个 case item。在前仿真时，就会把复位后的初始化错误隐藏起来。只有到后仿真，这个错误才会表现出来。当在 enable=1 且 addr[31]=x 时，也会发生同样的错误，导致 memce0 或 memce1 被置位，而实际上 cs 信号应该被置位。

例子：使用 casex 语句。
```
module code6 (memce0, memce1, cs, enable, addr);
  output       memce0, memce1, cs;
```

```
    input           enable;
    input    [31:30] addr;
    reg             memce0, memce1, cs;
    always @(addr or enable) begin
      {memce0, memce1, cs} = 3'b0;
      casex ({addr, enable})
        3'b101: memce0 = 1'b1;
        3'b111: memce1 = 1'b1;
        3'b0?1: cs     = 1'b1;
      endcase
    end
endmodule
```

所以不要在 RTL 中使用 casex，casex 很容易就匹配一个 x 信号，更好的办法是使用 casez。

14.8　casez 的误用

casez 可以导致与 casex 类似的设计问题，就是当 case expression 中出现了 z 时就会发生问题，因为前仿真在计算 casez 语句把 z 值的输入当做"不关心"，这种问题在验证时一般不会被忽略。但是在设计某些高效的逻辑时，用 casez 可以写出更加简洁的表达式，例如优先级编码器和地址译码器等，所以工程师在设计有用的代码结构时，casez 不应该被取消掉。

与 code6 一样，只不过这里使用 casez。当一个输入变为 z 时，同时根据其他输入的值，错误匹配就会发生。但是比起 casex（信号为 x），casez（信号为 z）引起错误匹配的概率更小一些。要小心使用 casez，要避免出现匹配 z 的错误。

例子：使用 casez 语句。

```
module code7 (memce0, memce1, cs, enable, addr);
    output          memce0, memce1, cs;
    input           enable;
    input    [31:30] addr;
    reg             memce0, memce1, cs;
    always @(addr or enable) begin
      {memce0, memce1, cs} = 3'b0;
      casez ({addr, enable})
        3'b101: memce0 = 1'b1;
        3'b111: memce1 = 1'b1;
        3'b0?1: cs     = 1'b1;
      endcase
    end
endmodule
```

14.9　full_case 和 parallel_case

在 Verilog 模型中有两条经常使用又颇受指责的综合指令：//synopsys full_case parallel_case。它们有这样的神话：这两条指令会使设计变得更小更快，而且不会生成 Latch。其实这根本不对，事实上 "//synopsys full_case parallel_case" 可能会对设计毫无影响、没有什么用处，不会造成什么麻烦，但是也可能会把设计变得更大更慢，会把设计变得晦涩难懂，会把 Latch 推导出来。因为这两条指令可能把设计的功能改变，从而导致前后仿真不一致，如果在门级仿真时没有发现这些不一致，那么就会导致带着问题的 ASIC 投片。

因此使用"//synopsys full_case parallel_case"其实是很危险的，所以要避免使用它们。下面我们就详细地讨论一下 full_case 和 parallel_case 的定义，以及它们对综合代码的影响。

14.10 full_case

full_case 语句是指每个可能的 case expression 的取值都有 case item 或 case default 与之相匹配。即使 case 语句没有包含 default，如果每个 case expression 能够找到一个与之匹配的 case item，那么还是 full_case。

14.10.1 不是 full 的 case 语句

对于下面的 3-to-1 multiplexer，这里的 case 语句不是 full，因为当 sel=2'b11 时，没有对应的 y 输出赋值。在仿真时，当 sel=2'b11 时，y 就表现为一个 Latch，它会保持最后赋给 y 的值，而且综合工具会在 y 上推导出一个 Latch。

例子：不是 full 的 case 语句。

```
module mux3a (y, a, b, c, sel);
  output       y;
  input  [1:0] sel;
  input        a, b, c;
  reg          y;
  always @(a or b or c or sel)
    case (sel)
      2'b00: y = a;
      2'b01: y = b;
      2'b10: y = c;
    endcase
endmodule
```

14.10.2 是 full 的 case 语句

Verilog 不要求 case 语句在综合或 RTL 仿真时是 full，但是可以通过添加 case default 使之变为 full。对于下面的 3-to-1 multiplexer，因为使用了 case default，所以这个 case 语句变为 full。在仿真时，当 sel=2'b11 时，y 就被驱动为 x，但是在综合时，x 会被当做"不关心"（既可以按 0 综合，也可以按 1 综合，综合工具看用哪个节省逻辑，就用哪个），这就导致了仿真和综合的不一致。为了保证前后仿真一致，可以在 case default 处给 y 赋一个常数值。

但是我们在设计 FSM 时，在 case default 处把 next_state 赋值为 x，可以帮助调试假冒的（Bogus）状态转换，这样如果存在错误的转换，next_state 就保持为 x，state 就会变为 x，这样就可以很方便在波形上看到。

例子：是 full 的 case 语句，但是会出现前后仿真不一致。

```
module mux3b (y, a, b, c, sel);
  output       y;
  input  [1:0] sel;
  input        a, b, c;
  reg          y;
```

```
    always @(a or b or c or sel)
      case (sel)
        2'b00:   y = a;
        2'b01:   y = b;
        2'b10:   y = c;
        default: y = 1'bx;
      endcase
endmodule
```

如果在 case 语句前给输出赋一个默认值，那么这也被当做是 full 的 case 语句，不会生成 Latch。

例子：在 case 前面给输出信号赋默认值，不会出现前后仿真不一致。

```
module mux3c (y, a, b, c, sel);
  output     y;
  input [1:0] sel;
  input      a, b, c;
  reg        y;
  always @(a or b or c or sel)
    y = 1'b0;      //<----------default value
    case (sel)
      2'b00:  y = a;
      2'b01:  y = b;
      2'b10:  y = c;
    endcase
endmodule
```

14.10.3 使用 full_case 综合指令

当 "//synopsys full_case" 被加到 case 语句头部时，在 Verilog 仿真时它对 case 语句没有什么影响，这是因为 "//synopsys full_case" 只是被看成注释。但是 Synopsys 的 dc_shell 要过滤所有以 "//synopsys ......" 开始的注释语句，而且把 full_case 解释为：如果 case 语句不是 full，那么对于那些没有出现的 case items，输出就按照"不关心"处理；如果 case 句包含一个 case default，那么 full_case 指令就被忽略。

对于下面的 3-to-1 multiplexer，这里的 case 不是 full，但是在 case 语句头上加了一条 "full_case" 指令，综合工具就把它看作是 full 的。Verilog 仿真时，当 sel=2'b11 时，y 输出表现为一个 Latch。但是综合工具就把在 sel=2'b11 时 y 输出当做"不关心"，从而导致前后仿真不一致。

例子：使用 full_case 综合指令。

```
module mux3d (y, a, b, c, sel);
  output     y;
  input [1:0] sel;
  input      a, b, c;
  reg        y;
  always @(a or b or c or sel)
    case (sel) // synopsys full_case
      2'b00: y = a;
      2'b01: y = b;
      2'b10: y = c;
```

```
    endcase
endmodule
```

14.10.4 full_case 综合指令的缺点

综合工具指令 //synposys full_case 只用于综合工具，而没有作用于仿真工具。这个特殊的指令被用于告诉综合工具 case 语句是全部定义的（Fully defined），对于那些无用的 case 输出赋值是不关心的（Don't care）。如果使用这条指令，综合前后的功能可能会不一样。另外虽然这个指令告诉综合工具不用关心那些无用的状态，但是比起不用 full_case 指令来说，这个指令有时会让设计变得又大又慢。

在 code4a 中，case 语句没有使用任何综合指令，最后输出的逻辑是由 3-input 与门和反相器组成的译码器，前后仿真是一致的。在 code4b 中，case 语句使用了 full_case 指令，所以 en 输入在综合时被优化掉，变成了 dangling 输入。code4a 和 code4b 的前仿真是一致的，但是 code4b 的前后仿真是不一致的。

例子：没有使用 full_case，前后仿真是一致的。

```
//Decoder built from four 3-input and gates and two inverters
module code4a (y, a, en);
  output [3:0] y;
  input  [1:0] a;
  input      en;
  reg    [3:0] y;
  always @(a or en) begin
    y = 4'h0;
    case ({en,a})
      3'b1_00: y[a] = 1'b1;
      3'b1_01: y[a] = 1'b1;
      3'b1_10: y[a] = 1'b1;
      3'b1_11: y[a] = 1'b1;
    endcase
  end
endmodule
```

例子：使用 full_case，导致前后仿真不一致。

```
//Decoder built from four 2-input nor gates and two inverters
//The enable input is dangling (has been optimized away)
module code4b (y, a, en);
  output [3:0] y;
  input  [1:0] a;
  input      en;
  reg    [3:0] y;
  always @(a or en) begin
    y = 4'h0;
    case ({en,a}) // synopsys full_case
      3'b1_00: y[a] = 1'b1;
      3'b1_01: y[a] = 1'b1;
      3'b1_10: y[a] = 1'b1;
```

```
      3'b1_11: y[a] = 1'b1;
    endcase
  end
endmodule
```

14.10.5 使用 full_case 指令后还是生成 Latch

有这样的神话：//synosys full_case 能够消除 case 语句中的所有 Latch。如果 case 语句不加 full_case，综合会生成 Latch，那么在使用 full_case 后，就可以消除它们。

事实上，这是错误的。如果在 case 语句中存在对多个输出的赋值，而在某些 case items 中忽略了对某些输出的赋值，那么对于这种 case 语句，即使加上 full_case 也不会消除 Latch。

例如，下面简单的地址译码器就会为 mce0_n、mce1_n 和 rce_n 生成 Latch。虽然在这个 case 语句上使用了 full_case，但是因为在每个 case item 里不是对所有的输出做了赋值，所以就为所有的输出综合出 Latch。其实消除 Latch 最简单的方法是：在 always 块的敏感表下面，在执行 case 语句之前为每个输出都赋一个默认值。

例子：即使有 full_case，依旧生成 Latch。

```
//Example: "full_case" directive with latched outputs
module addrDecode1a (mce0_n, mce1_n, rce_n, addr);
  output        mce0_n, mce1_n, rce_n;
  input  [31:30] addr;
  reg           mce0_n, mce1_n, rce_n;
  always @(addr)
    casez (addr) // synopsys full_case
      2'b10: {mce1_n, mce0_n} = 2'b10;
      2'b11: {mce1_n, mce0_n} = 2'b01;
      2'b0?:          rce_n  = 1'b0;
    endcase
endmodule
```

14.11 parallel_case

parallel_case 语句是指 case expression 只能匹配一个 case item 的语句。如果发现 case expression 能够匹配超过 1 个的 case item，那么这些匹配的 case item 被称为 overlapping case item，这个 case 语句就不是 parallel。

14.11.1 不是 parallel 的 case 语句

下面使用 casez 的例子不是 parallel 的 case 语句，因为如果 irq=3'b011、3'b101、3'b110 或 3'b111，就会有多于 1 个 case item 与 irq 匹配。这在仿真时就像一个优先级编码器，irq[2]的优先级大于 irq[1]，irq[1]的优先级大于 irq[0]。这个例子在综合时也会推导出优先级编码器。

例子：不是 parallel 的 case 语句。

```
//Example: Non-parallel case statement
module intctl1a (int2, int1, int0, irq);
  output       int2, int1, int0;
  input  [2:0] irq;
  reg          int2, int1, int0;
```

```
    always @(irq) begin
      {int2, int1, int0} = 3'b0;
      casez (irq)
        3'b1??: int2 = 1'b1;
        3'b?1?: int1 = 1'b1;
        3'b??1: int0 = 1'b1;
      endcase
    end
endmodule
```

14.11.2 是 parallel 的 case 语句

我们对上面的例子修改后得到如下代码，这里每个 case item 都是独立的（Unique），所以是 parallel。但是即使 case item 是 parallel，综合时还是有可能推导出优先级编码器，这就看综合工具的聪明程度了。

例子：是 parallel 的 case 语句。

```
//Example: Parallel case statement
module intctl2a (int2, int1, int0, irq);
    output      int2, int1, int0;
    input  [2:0] irq;
    reg         int2, int1, int0;
    always @(irq) begin
      {int2, int1, int0} = 3'b0;
      casez (irq)
        3'b1??: int2 = 1'b1;
        3'b01?: int1 = 1'b1;
        3'b001: int0 = 1'b1;
      endcase
    end
endmodule
```

14.11.3 使用 parallel_case 综合指令

下面的例子是在 case 语句头部加上了 "//synopsys parallel_case" 指令。这个例子在仿真时是按优先级编码器仿真的，但是在综合时就推导出非优先级编码器。虽然综合时 parallel_case 指令发生了作用，但是这时综合出的逻辑与 RTL 功能模型不匹配。

例子：使用 parallel_case 综合指令，导致前后仿真不一致。

```
module intctl1b (int2, int1, int0, irq);
    output      int2, int1, int0;
    input  [2:0] irq;
    reg         int2, int1, int0;
    always @(irq) begin
      {int2, int1, int0} = 3'b0;
      casez (irq) // synopsys parallel_case
        3'b1??: int2 = 1'b1;
        3'b?1?: int1 = 1'b1;
        3'b??1: int0 = 1'b1;
```

```
      endcase
  end
endmodule
```

14.11.4 parallel_case 综合指令的缺点

综合指令"//synposys parallel_case"只用于综合工具，而没有用于仿真工具。这个特殊的指令用于告诉综合工具所有的 case 是并行地检查的，即使是存在可以推导出优先编码器（Priority encoder，存在 Overlapping case items）的情况。当一个设计有 overlapping cases 时，那么综合前和综合后的功能就不一样。另外，这个指令有时会让设计变得又大又慢。

有个工程师就有过这样的经历，他在一段 RTL 代码中使用 parallel_case 以优化面积和速度。RTL 模型表现为一个优先级编码器，并且通过了 testbench 的验证，但是他在做网表仿真时忽略了仿真出现的错误，因为此段代码没有被实现为优先级编码器。结果这个设计是错误的，直到 ASIC 生产出来之后，这个错误才被发现，然后不得不重新设计，重新投片，浪费掉大量的金钱和时间。

code5a 和 code5b 模块的前仿真和 code5a 的后仿真都是按照优先级编码器工作的，但是 code5b 的后仿真就只表现为两个与门（and gates）。因为"//synposys parallel_case"指令使本来是优先级编码器的 case 语句被实现为并行逻辑，从而导致前后仿真不一致。

例子：不用 paralle_case 指令，前后仿真是一致的。

```
//Priority encoder - 2-input nand gate driving aninverter (z-output)
// and also driving a 3-input and gate (y-output)
module code5a (y, z, a, b, c, d);
  output y, z;
  input  a, b, c, d;
  reg    y, z;
  always @(a or b or c or d) begin
    {y, z} = 2'b0;
    casez ({a, b, c, d})
      4'b11??: z = 1;
      4'b??11: y = 1;
    endcase
  end
endmodule
```

例子：使用 paralle_case 指令，导致前后仿真不一致。

```
// two parallel 2-input and gates
module code5b (y, z, a, b, c, d);
  output y, z;
  input  a, b, c, d;
  reg    y, z;
  always @(a or b or c or d) begin
    {y, z} = 2'b0;
    casez ({a, b, c, d}) // synopsys parallel_case
      4'b11??: z = 1;
      4'b??11: y = 1;
    endcase
```

```
    end
endmodule
```

14.11.5 没有必要的 parallel_case 指令

下面 casez 的例子本来就是 parallel，在 case 语句头部加上 parallel_case 指令，实际上没有多大意义，因为使用 parallel_case 综合出来的逻辑和不用 parallel_case 综合出来的逻辑是一样的。

例子：没有必要的 parallel_case 指令。

```
//Example: Parallel case statement with "parallel_case" directive
module intctl2b (int2, int1, int0, irq);
    output       int2, int1, int0;
    input  [2:0] irq;
    reg          int2, int1, int0;
    always @(irq) begin
      {int2, int1, int0} = 3'b0;
      casez (irq) // synopsys parallel_case
        3'b1??: int2 = 1'b1;
        3'b01?: int1 = 1'b1;
        3'b001: int0 = 1'b1;
      endcase
    end
endmodule
```

所以当 parallel_case 起作用时，parallel_case 是很危险的。当 parallel_case 不起作用时，那么它只是 case 语句头的额外字符罢了。

14.12 综合时的警告

当 Synopsys dc_shell 读入 Verilog 的文件时，如果 full_case 指令被用在不是 full 的 case 语句上，dc_shell 就会报告 warning。例如：

```
//Example: Non-full case statement with "full_case" directive
module fcasewarn1b (y, d, en);
    output y;
    input  d, en;
    reg    y;
    always @(d or en)
      case (en) // synopsys full_case
        1'b1: y = d;
      endcase
endmodule

Warning: You are using the full_case directive with a casestatement in
which not all cases are covered.
Statistics for case statements in always block at line 6 in file fcasewarn1b.v
===============================================
|       Line          |  full/ parallel  |
===============================================
|        8            |     user/auto    |
```

==

上面的 warning 实际上是说："小心点，full_case 可能起作用，可能会让你的设计崩溃（Break）"。但是这个 warning 很容易被忽略，而且设计严重地被 full_case 影响。

同样，当 Synopsys dc_shell 读入 Verilog 的文件时，如果 parallel_case 指令被用在不是 parallel 的 case 语句上，dc_shell 就会报告 warning。

同样，这样的 warning 实际上是说："小心点，parallel_case 可能起作用，可能会让你的设计崩溃（Break）"。但是这个 warning 很容易被忽略，而且设计严重地被 parallel_case 影响。

14.13 case 语句的编码原则

下面是使用 case 语句、full_case 和 paralle_case 指令的原则。

1. 对于编写表达式并行（像真值表一样）的设计，case 语句是不错的选择，而且代码更加简洁清楚。
2. 在设计可综合的代码时，要小心使用 casez 语句，不要使用 casex 语句。
3. 要小心使用反向 case 语句，最好只针对是 parallel 的 case 语句使用。
4. 要小心使用 casez 语句设计优先级编码器，也可以用 if-else-if 语句实现优先级编码器，这样意图更明显。
5. 在使用 casez 语句时，用 "?" 表示 "不关心"（don't care）的位，最好不要使用 "z"。
6. 最好为 case 语句添加 case default，而且不要把输出值赋值为 "x"，没有必要为了节省一点点的逻辑造成前后仿真不一致。当然也可以在 case 语句前面给所有的输出赋默认值。
7. 通常情况下，不要使用 "//synopsys full_case parallel_case"。因为这两条指令只向综合工具传递了特定的信息，没有向仿真器传递，很有可能导致前后仿真不一致。
8. 如果你非常明白这两条指令的工作机制，如果你非常明确你的意图，那么你可以使用这两条指令。
9. 最好只针对 One-hot FSM 使用 "//synopsys full_case parallel_case"。
10. 检查综合工具输出的关于 case 语句的报告。当发现异常的时候，就要修改对应的 case 语句。

最后的结论是：当 full_case 和 paralle_case 综合指令起作用的时候，其实它们是最危险的。最好的方法是不去使用 full_case 和 paralle_case 综合指令，直接编写本身就是 full 和 parallel 的 case 语句。另外就是要小心使用 casez 和 casex。

第 15 章

task 和 function

任务（task）和函数（function）既提供了从不同位置执行公共过程的能力（因为这样可以实现代码共享），也提供了把大过程切分成小过程的能力（因为小过程更便于阅读和调试）。下面将介绍 task 和 function 之间的不同点，介绍如何定义和调用 task 和 function。

注意：函数和任务都是可以综合的，但是有诸多的要求和限制，所以要谨慎使用。

15.1 task 和 function 之间的不同点

下面列出了 task 和 function 之间的不同点。

1. function 不能包含时序控制语句，只能在一个时间单位（time-unit）执行，而 task 就可以包含时序控制语句。
2. function 不能调用 task，而 task 可以调用 function。
3. function 至少要有一个 input 类型的参数，不能有 output 和 inout 类型的参数，而 task 既可以没有参数，也可以有各种类型的参数。
4. function 返回一个值，而 task 不返回值。
5. function 只能对输入值返回一个结果值，而 task 可以支持各种用途，可以计算并返回多个结果值。对于 task，只有使用 output 和 inout，才能把结果值传递回来。function 可以在表达式中当做操作数使用，操作数的值就是 function 的返回值。

例子：对 16-bit word 交换 byte，我们既可以用 task 实现，也可以用 function 实现。
```
//Use the task, old_word is input and new_word is output
switch_bytes (old_word, new_word);
//Use the function, old_word is input, new_word is returned value
new_word = switch_bytes (old_word);
```

15.2 task 的声明和使能

task 的使能（就是调用，但是在标准中对 task 使用的是 enable，对 function 使用的是 call），就是从一条包含有传进去的参数和用于接收结果的变量的调用语句，控制从调用的过程转到 task。当 task 完成的时候，控制再传回调用的过程。所以如果 task 包含时序控制的语句，那么调用 task 的时间和退出 task 的时间可以是不一样的。task 可以再使能（调用）其他 task，没有数量的限制。不管调用了多少 task，直到使能的 task 已经完成，控制才返回到调用的过程。

15.2.1 task 的声明

task 声明的语法如下：

```
//Verilog-1995 Task Declaration
task [automatic] task_name;
  port_declaration port_name, port_name, ... ;
  port_declaration port_name, port_name, ... ;
  local variable declarations;
  procedural_statement or statement_group
endtask

//Verilog-2001 Task Declaration (ANSI-C Style)
task [automatic] task_name (
  port_declaration port_name, port_name, ... ,
  port_declaration port_name, port_name, ... );
  local variable declarations
  procedural_statement or statement_group
endtask
```

task 声明的说明：
1. 第一种是 Verilog-1995 的语法，传递的参数在 task_name;后面依次声明。
2. 第二种是 Verilog-2001 的语法，传递的参数在 task_name()里面依次声明，这是 ANSI-C 的风格。
3. 可以在 task 内声明各种类型的变量（reg [signed]、integer、time、real、realtime）。
4. 没有使用 automatic 的 task 是静态的（Static），所有 task 声明的参数和变量都是静态地分配，仿真器对所有并发执行的同一个 task 共享这些参数和变量。
5. 使用 automatic 的 task 是可重入的（Reentrant），仿真器对每个并发执行的 task 动态地分配 task 声明的参数和变量。

15.2.2　task 的使能和参数传递

task 使能语句就是把括号内以逗号分隔的表达式列表作为参数传递给 task。
task 使能的语法如下：
```
hierarchical_task_identifier [ ( expression { , expression } ) ];
```

task 参数传递的规则如下：
1. 如果 task 没有参数，那么就不需要传递参数，否则表达式列表要和 task 参数的个数和顺序匹配。空表达式不能作为 task 使能语句的参数。
2. 表达式列表中表达式的计算顺序是不定的（Undefined）。
3. 如果 task 的参数是 input，那么对应的表达式可以是任何表达式。
4. 如果 task 的参数是 output 或 inout，那么表达式要符合过程赋值 LHS 的规则：
   A. reg、integer、real、realtime、time variables
   B. Memory references
   C. Concatenations of reg、integer、time variables
   D. Concatenations of memory references
   E. Bit-selects and part-selects of reg、integer、time variables
5. 执行 task 使能语句时，要把对应表达式的值传入到 input 和 inout 参数中。
6. 从 task 返回时，要把 output 和 inout 参数值传回到对应的表达式中。

7. 所有参数是按值（By value）传递，不是按引用（By reference）传递。

例子：task 使能。
```
//Verilog-1995 task definition with five arguments
task  my_task;
  input   a, b;
  inout c;
  output  d, e;
  begin
    ...          // statements that perform the work of the task
  c = foo1;      // the assignments that initialize result regs
  d = foo2;
  e = foo3;
  end
endtask

//Verilog-2001 task definition with five arguments
task  my_task ( input  a, b, inout  c, output  d, e);
  begin
    ...          // statements that perform the work of the task
  c = foo1;      // the assignments that initialize result regs
  d = foo2;
  e = foo3;
  end
endtask

//task enabling statement
my_task (v, w, x, y, z);
```

说明如下：
1. task 使能语句的参数(v, w, x, y, z)对应到 task 的参数(a, b, c, d, e)上。
2. 在 task 使能的时候，input 和 inout 类型参数 a、b 和 c 分别接受由 v、w 和 x 传进来的值。
3. 在 task 执行的时候，task 要把计算出来的值放到 c、d 和 e 中。
4. 在 task 完成的时候，task 要把 c、d 和 e 的值传递回 x、y 和 z。

例子：使用 task 描述交通灯。
```
//Use the task to describe a traffic light sequencer
module traffic_lights;
  reg clock, red, amber, green;
  parameter on = 1, off = 0, red_tics = 350,
            amber_tics = 30, green_tics = 200;
  //Initialize colors.
  initial  red = off;
  initial  amber = off;
  initial  green = off;
  always  begin                    // sequence to control the lights.
    red = on;                      // turn red light on
```

```
      light(red, red_tics);         // and wait.
      green = on;                   // turn green light on
      light(green, green_tics);     // and wait.
      amber = on;                   // turn amber light on
      light(amber, amber_tics);     // and wait.
    end

    // task to wait for 'tics' positive edge clocks
    // before turning 'color' light off.
    task light;
      output color;
      input [31:0] tics;
      begin
        repeat (tics) @(posedge clock);
        color = off;   // turn light off.
      end
    endtask

    always begin       // waveform for the clock.
      #100 clock = 0;
      #100 clock = 1;
    end
endmodule
```

15.2.3　task 的内存使用和并发进程

可重入任务（Re-entrant task）对验证工程师非常重要，因为这些工程师需要多次并发地调用同一个 task。但是很多人并不知道，Verilog-1995 的任务使用静态变量，这就意味着在第一次任务调用还在运行的时候，对这个任务再做第二次调用，那么这两次任务调用使用的是同样的静态变量，这就会给 testbench 带来严重的问题。

Verilog-2001 对 task 和 function 做了扩充，增加了一个可选的属性 automatic，每次在 task 或 function 调用时，局部变量要用的存储空间才被分配，这样就可以实现 task 或 function 的重入。重入就是在一个 task 或 function 执行期间，可以再次调用这个 task 或 function。

下面是关于 static task 和 automatic task 的对比。

1. 对于 static task，它的所有参数和变量都是静态的，不管并发地使能 task 多少次。所谓静态是指，对于模块的每个实例，仿真器只在初始时为 static task 声明的参数和变量分配一次存储空间，然后就一直使用，在执行时不再分配。注意：对于模块的不同实例，每个 static task 还是要使用自己独立的存储空间。
2. static task 中声明的变量，包括 input、output 和 inout 参数，会保持最后一次使用时候的值。在仿真 0 时刻，它们将初始化成默认值（x 或 0）。
3. 对于 automatic task，当每次并发地使能它时，仿真器会为它的所有参数和变量分配新的存储空间。因为 automatic task 声明的参数和变量在 task 完成时要释放，所以 task 完成后就不能再使用它们。
4. automatic task 中声明的变量，包括 output 参数，在使能的时候初始化成默认值（x 或 0），而 input 和 inout 参数则初始化为从表达式列表传进来的值。

对于 static task 和 static function，它们的参数和变量具有静态的生命时间，就是这些变量只是在仿真开始的时候分配一次，然后就一直使用它。这就导致这些参数和变量始终保持最后一次使用时候的值。但是综合工具不这么看，综合工具认为 task 和 function 不会依赖这些参数和变量以前的值，认为每次调用的时候都要重新初始化这些参数和变量。这就有可能导致仿真和综合不一致。所以为了得到一致的结果，为了每次都重新分配这些参数和变量，我们应该使用 automatic。

15.3 disable 语句

disable 语句提供了终止并发活动进程的能力，同时保持了 Verilog 过程描述的结构化本质。disable 语句在处理意外情况时很有用，例如硬件中断或全局复位。

disable 语句可以有如下用途。
1. 提前结束 task 的执行。
2. 终止命名块的执行。
3. 跳出循环语句（类似于 C 语言的 break）。
4. 忽略循环中的后续语句（类似于 C 语言的 continue）。

disable 语句能够终止 task 或命名块的活动，说明如下：
1. 在 disable 语句执行后，task 或命名块就停止执行，然后位于 task 使能之后或位于命名块之后的语句开始执行。
2. 如果 task 使能是嵌套的（例如，A 使能 B，B 使能 C），那么在 disable 一个 task 时，那么也 disable 所有被嵌套使能的 task（例如，disable A，那么 A、B 和 C 全都终止）。
3. 如果 task 被并发地使能多次，那么当一个并发的 task 被 disable 时，所有使能的 task 全都被终止。

如果 task 被 disable，那么下面的结果没有定义。
1. 从 output 和 inout 参数返回的结果。
2. 已经调度但是还没有执行的非阻塞赋值。
3. 过程连续赋值（assign 和 force 语句）。

disable 语句可以用在包含 disable 语句的命名块，或者用在包含 disable 语句的 task。disable 语句可以用于 function 中的命名块，但是不能用于 function。

15.3.1 disable 语句的例子 A

例子：包含 disable 语句的命名块。
```
//The block disables itself.
begin : block_name
  rega = regb;
  disable block_name;
  regc = rega; // this assignment will never execute
end
```

例子：disable 语句当做 goto 使用，命名块后面的语句继续执行。
```
begin : block_name
  ............
```

```
    if (a == 0)
      disable block_name;
...........
end // end of named block
// continue with code following named block
```
....

例子：disable 语句当做 early-return 使用。

注意：它不像 C 语言中的 return，因为 output 和 inout 参数是不定的。

```
task proc_a;
  begin
    ...........
    if (a == 0)
      disable proc_a; // return if true
    ...........
  end
endtask
```

例子：disable 语句当做 return 使用。

注意：这里它才像 C 语言中的 return，因为 output 和 inout 参数会正确地返回。

```
task proc_a;
  begin: block_proc_a
    ...........
    if (a == 0)
      disable block_proc_a; // return if true
    ...........
  end
endtask
```

例子：disable 语句当做循环中的 break 和 continue（C 语言）使用。

```
begin: break_block
  for (i = 0; i < n; i = i+1) begin: continue_block
    @clk
    if (a == 0) // "continue" loop
      disable continue_block;
    .........
    @clk
    if (a == b) // "break" from loop
      disable break_block;
    .........
  end
end
```

例子：disable 语句用于并发进程。在下面的代码中，fork/join 包含了两个并发的进程，一个是包含一些语句的命名块，另一个等待 reset 发生。当 reset 发生时，就并发地 disable 命名块，不管命名块执行到什么地方。

```
fork
  begin : event_expr
    @ev1;
```

```
    repeat (3) @trig;
    #d action (areg, breg);
  end
  @reset disable event_expr;
join
```

例子：这是一个重复触发的 monotable 的行为描述。retrig 事件让 monotabl 的时间周期重新开始。如果 retrig 事件在 250 时间单位内连续发生，那么 q 就保持为 1。

```
always begin: monostable
  #250 q = 0;
end
always @(retrig) begin
  disable monostable;
  q = 1;
end
```

15.3.2 disable 语句的例子 B

为什么下面的代码没有使用 disable bus_request 从 task 中退出，而是使用 disable bus_request_block 呢？

例子：
```
task bus_request;
  output good;
  begin: bus_request_block
    if (grt == 1'b1) begin
      good = 1'b0;
      disable bus_request_block;   //<------------------Here
    end
    req = 1'b1;
    fork: wait_for_grt
      #60 disable wait_for_grt;
      @(posedge grt) disable wait_for_grt;
    join
    good = (grt == 1'b1);
  end
endtask
```

因为 task 正常返回时，task 要把 output 和 inout 参数传递回对应的调用变量中，就是要把 good 的值传递回去。使用 disable bus_request_block，还属于正常返回，相当于 C 语言中的 return 语句，good 的值会传回去。但是如果使用 disable bus_request，那么就不属于正常返回，good 的值就不会传递回去。

例子：用 for 和 disable 实现比较器，这也是可以综合的。
```
//Comparator Using disable
begin : compare
  for (i = 7; i >= 0; i = i - 1) begin
    if (a[i] != b[i]) begin
      greater_than = a[i];
```

```
            less_than = ~a[i];
            equal_to = 0;
            //comparison is done so stop looping
            disable compare;
        end
    end
    // If you get here a == b
    // If the disable statement is executed, the next three
    // lines will not be executed
    greater_than = 0;
    less_than = 0;
    equal_to = 1;
end
```

例子：这里 disable 当做 return 使用，只能用于验证代码。

```
    task check_result;
        input [1:0] val_sel;
        input [9:0] val_a;
        input [9:0] val_b;
        input [9:0] val_c;
        output     val_result;
        begin: block_check_result
            ........................
            ........................
            if (val_sel === 2'b00) begin
                val_result = (val_a > val_c);
                disable block_check_result;
            end
            else if (val_sel === 2'b01) begin
                val_result = (val_b > val_c);
                disable block_check_result;
            end
            ........................
            ........................
            val_result = (val_a == 100 && val_b == 88);
        end
    endtask
```

例子：Count Zeros。
```
//1. The input to the circuit is an 8-bit value, and the two outputs the
//   circuit produces are the number of zeros found and an error indication.
//2. A valid value contains only one series of zeros. If more than one
//   series of zeros appears, the value is invalid. A value consisting
//   of all ones is a valid value. If a value is invalid, the count of
//   zeros is set to zero. For example,
//   The value 00000000 is valid, and the count is eight zeros.
//   The value 11000111 is valid, and the count is three zeros.
//   The value 00111110 is invalid.
module count_zeros(in, out, error);
```

```
    input  [7:0] in;
    output [3:0] out;
    output error;

    function legal;
    input [7:0] x;
    reg seenZero, seenTrailing;
    integer i;
    begin : _legal_block
       legal = 1; seenZero = 0; seenTrailing = 0;
       for ( i=0; i <= 7; i=i+1 )
          if ( seenTrailing && (x[i] == 1'b0) ) begin
             legal = 0;
             disable _legal_block;
          end
          else if ( seenZero && (x[i] == 1'b1) )
             seenTrailing = 1;
          else if ( x[i] == 1'b0 )
             seenZero = 1;
       end
    endfunction

    function [3:0] zeros;
    input [7:0] x;
    reg   [3:0] count;
    integer i;
    begin
       count = 0;
       for ( i=0; i <= 7; i=i+1 )
          if ( x[i] == 1'b0 ) count = count + 1;
       zeros = count;
    end
    endfunction

    wire is_legal = legal(in);
    assign error = !is_legal;
    assign out   = is_legal ? zeros(in) : 1'b0;
endmodule
```

15.4 function 的声明和调用

function 的用途就是要返回一个值,然后把它用在表达式中。

15.4.1 function 的声明

function 声明的语法如下:

```
//Verilog-1995 Function Declaration
function [automatic] [function_range_or_type] function_name;
  port_declaration port_name, port_name, ... ;
  port_declaration port_name, port_name, ... ;
  local variable declarations;
  procedural_statement or statement_group
endfunction

//Verilog-2001 Function Declaration (ANSI-C Style)
function [automatic] [function_range_or_type] function_name (
  port_declaration port_name, port_name, ... ,
  port_declaration port_name, port_name, ... );
  local variable declarations
  procedural_statement or statement_group
endfunction
```

function 声明的说明：

1. 第一种是 Verilog-1995 的语法，传递的参数在 function_name;后面依次声明。
2. 第二种是 Verilog-2001 的语法，传递的参数在 function_name()里面依次声明，这是 ANSI-C 的风格。
3. 可以在 function 内声明各种类型的变量（reg [signed]、integer、time、real、realtime）。
4. 没有使用 automatic 的 function 是静态的（Static），所有 function 声明的参数和变量都是静态地分配，对于所有并发执行的同一个 function，这些参数和变量都是共享的。
5. 使用 automatic 的 function 是可重入的（Reentrant），仿真器为每个并发的 function 动态地分配 function 声明的参数和变量。
6. function_range_or_type 用于声明返回值的类型，它是可选的。如果没有声明，那么就认为返回值是 1-bit 的标量；如果声明，那么返回值可以是这些类型：integer、time、realtime、用 [n:m]表示的 vector（signed 是可选的）。
7. function 至少应该有一个 input 参数。

例子：

```
//Verilog-1995 syntax
function [7:0] getbyte;
  input [15:0] address;
  begin
    // code to extract low-order byte from addressed word
    ...............
    getbyte = result_expression;
  end
endfunction

//Verilog-2001 syntax
function [7:0] getbyte (input [15:0] address);
  begin
    // code to extract low-order byte from addressed word
    ...............
    getbyte = result_expression;
```

```
      end
    endfunction
```

15.4.2 function 的返回值

在定义 function 时，同时在 function 内部隐含地声明了一个与 function 名字一样的变量。它或者是一个 1-bit 的 reg，或者是与 function 声明时的同样类型。function 返回时，就是把这个变量返回。所以上面的例子，用如下的代码返回函数值。

```
getbyte = result_expression;
```

15.4.3 function 的调用

函数调用被当做表达式中的操作数使用。函数调用时，参数的计算顺序没有定义。

例子：调用两次函数后，连接成一个 word。

```
word = control ? {getbyte(msbyte), getbyte(lsbyte)}:0;
```

15.4.4 function 的规则

与 task 相比，function 有很多限制，下面是 function 的使用规则。
1. function 定义不能包含任何时间控制的语句，即不能包含#、@和 wait。
2. function 不能使能 task。
3. function 至少要包含一个 input 参数。
4. function 不能包含任何 output 和 inout 参数。
5. function 不能使用非阻塞赋值和过程连续赋值。
6. function 不能触发任何事件。

例子：使用递归的方式计算整数的阶乘，必须使用 automatic。

```
module tryfact;
  //Define the function
  function automatic integer factorial;
    input [31:0] operand;
    integer i;
    begin
      if (operand >= 2)
        factorial = factorial (operand - 1) * operand;
      else
        factorial = 1;
    end
  endfunction
  //Test the function
  integer result;
  integer n;
  initial begin
    for (n = 0; n <= 7; n = n+1) begin
      result = factorial(n);
      $display ("%0d factorial=%0d", n, result);
```

      end
    end
endmodule

运行结果如下：
```
0 factorial=1
1 factorial=1
2 factorial=2
3 factorial=6
4 factorial=24
5 factorial=120
6 factorial=720
7 factorial=5040
```

15.4.5　constant function

常数函数（constant function）是 Verilog-2001 标准增加的，用于在 elaboration 时计算复杂的值。常数函数要求工具在编译的时候就计算出某些参数的值。

常数函数对于 IP 开发非常重要，目的是允许 IP 设计人员为一个模块添加 local parameters，这些 local parameters 是从在模块实例化时传递给模块的参数计算得来的。

让我们考虑一个简单的 RAM 模型，为了使这个模型参数化，我们需要地址的宽度、存储的深度和数据的宽度。数据的宽度必须要传递给模型，但是对于地址的宽度和存储的深度，就只需要传递一个即可。如果传递地址的宽度，那么存储的深度可以计算出来；如果传递存储的深度，那么地址的宽度可以计算出来。

为了让工具厂商更加接受常数函数，Verilog 标准化组织（Verilog Standard Group，VSG）在常数函数上定义了明显的约束，而在常规函数上就没有这些约束。常数函数是常规函数的子集，具有如下的要求。

1. 它们不能包含层次引用。
2. 常数函数在调用模块内定义，而且参数是常数。
3. 常数函数可以调用参数为常数表达式的系统函数，但是不能调用其他函数。
4. 任何 system task 将被忽略。
5. 任何使用的 parameters 都要预先定义好。
6. 不能对 parameters 使用 defparam。
7. 不能在 generate 块内声明。

例子：这里定义了 clogb2 函数，用于计算一个整数的以 2 为底的对数，然后向上取整。
```
//the function of clogb2 returns an integer with the value of
// the ceiling of the log base 2.
module ram_model (address, write, chip_select, data);
  parameter data_width = 8;
  parameter ram_depth = 256;
  localparam addr_width = clogb2(ram_depth);
  input [addr_width - 1:0] address;
  input write, chip_select;
  inout [data_width - 1:0] data;
```

```
    //define the clogb2 function
    function integer clogb2;
      input [31:0] value;
      begin
        value = value - 1;
        for (clogb2 = 0; value > 0; clogb2 = clogb2 + 1)
          value = value >> 1;
      end
    endfunction
    reg [data_width - 1:0] data_store[0:ram_depth - 1];
    //the rest of the ram model
endmodule

//An instance of this ram_model with parameters assigned is as follows:
ram_model #(32, 421) ram_a0(a_addr, a_wr, a_cs, a_data);
```

15.5 task 的误用

你认为下面的例子能正常工作吗？[Janick Bergeron]。

例子：

```
task request;
  output bus_rq;
  input  bus_gt;
  begin
    //The new value does not "flow" out
    bus_rq <= 1'b1;
    //And changes do not "flow" in
    wait bus_gt == 1'b1;
  end
endtask
```

答案是 No。因为在 task 使能的时候，参数是通过数值传递的，而且只发生在调用时刻和返回时刻，所以上面的 task request 根本就不能工作。因为 bus_rq 只有在 task 返回的时候才能更改。只有 bus_gt 等于 1，task 才能返回。但是 bus_gt 的值根本不能更改，它的值始终是 task 使能时传进来的值。

如何更改此 task？方法就是不要传递 bus_rq 和 bus_gt。

15.6 function 的误用

function 总是综合出来组合逻辑，所以有些工程师就把所有的组合逻辑都用 function 实现。如果编码出来的 function 仿真时是按照组合逻辑执行的，那么就没有任何问题。但是如果工程师在设计组合逻辑的 function 时出了错误，创建了表现为 Latch 的仿真代码，那么就会出现问题。因为仿真时 function 表现为 Latch 的行为，而综合工具却按组合逻辑综合，而且不会报告 warning，所以对要综合的组合逻辑使用 function 是危险的。

在 code3a 中，显示了实现 Latch 的典型方法。但是在 code3b 中，当同样的 if 语句在 function 中使用时，综合出来的结果却是一个 3-input 与门。如果此 function 中的代码被用来推导出一个 Latch，那么前仿真确实按 Latch 仿真，但是后仿真就会按照组合逻辑仿真，这样就导致了前后仿真的不一致。

例子：

```verilog
//Infers a 3-input and gate
module code3a (o, a, nrst, en);
  output o;
  input  a, nrst, en;
  reg    o;
  always @(a or nrst or en)
    if     (!nrst) o = 1'b0;
    else if (en)    o = a;
endmodule

//Infers a latch with asynchronous low-true
//  nrst and transparent high latch enable "en"
module code3b (o, a, nrst, en);
  output o;
  input  a, nrst, en;
  reg    o;
  always @(a or nrst or en)
    o = latch(a, nrst, en);
  function latch;
    input a, nrst, en;
    if     (!nrst) latch = 1'b0;
    else if (en)    latch = a;
  endfunction
endmodule
```

第 16 章

调度和赋值

我们在前面章节介绍了 Verilog 的各种构成元素的行为,它们可以在各种抽象层次上描述硬件的行为。本章将讨论这些构成元素之间的交互,特别是事件的调度和执行。

Verilog 是一个并行的编程语言,这些构成元素的执行是由块(或进程)的并行执行定义的。理解什么样的执行顺序是确定的,什么样的执行顺序是不确定的,这是非常重要的。

虽然 Verilog 不只用于仿真,但是它的语义还是为仿真定义的,其他的都是在这个基本定义上的抽象。

本章主要参考了 CummingsSNUG2002Boston_NBAwithDelays.pdf 和 Verilog-2005 标准。

16.1 仿真过程

Verilog 仿真过程分为下面三步。
1. 编译:把设计编译成中间格式,把所有的模块组装成层次结构。源代码中的每个部件都被重新表示,并且要能在新的数据结构中找到。
2. 初始化:把变量初始化为 x 或 0.0(只对 real 和 realtime 类型的变量初始化为 0.0),把没有驱动的线网初始化为 z,然后在设计层次中传播这些初始值。
3. 仿真:在时间为 0 时,仿真器把 initial 和 always 语句都执行一次,遇到有时序控制时就停止,这些时序控制可以产生在时间 0 或其后时间的事件。随着时间推进,被调度事件的执行引起更多的调度事件,直至仿真结束。

16.2 事件仿真

Verilog 是基于离散事件执行模型定义的,这个模型为正确解释 Verilog 的各种 construct 提供了一个上下文。所有的 Verilog 仿真器都要实现这个模型,但是这个模型有很大的选择余地,不同仿真器会有一些不同的执行细节。Verilog 仿真器可以使用不同的执行算法,但是必须为用户提供与参考模型一致的反应。

设计是由进程构成的,进程可以计算(Evaluate),可以有状态,能够响应输入变化,能够改变输出信号。进程包括原语、模块、initial 块、always 块、连续赋值、异步任务和过程赋值语句等。

仿真时电路中线网或变量的每次变化,还有命名事件(Named event)的发生,都被认为是一个更改事件(Update event)。

进程对更改事件是敏感的。当一个更改事件发生时,所有对这个事件敏感的进程就以任意顺序计算(Evaluate)。进程的计算也是一个事件,称为计算事件(Evaluation event)。

除了事件,仿真器的另一个关键是时间,仿真时间是仿真器维护的时间值,用于模型被仿真电路的实际时间。

事件可以在不同时间发生，为了跟踪事件，确保事件能以正确的顺序处理，必须按照时间顺序把事件保存到事件队列中。调度一个事件就是把事件放入到队列中。

通过调度，所有在一个 time-step 内发生的事件得到了并行。实际上仿真器串行处理所有在一个 time-step 内发生的事件，但是在表现上它们都是在同一个 time-step 内并行执行的。

16.3 仿真参考模型

在 Verilog 标准 IEEE Std 1364-1995 和 IEEE Std1364-2001 中的 Section 5.4，都描述了 Verilog 仿真参考模型（The Verilog simulation reference model）。这个参考模型是 Verilog 事件队列算法的描述，Verilog 标准并没有定义精确的实现方法，但是实现的结果必须符合这里描述的功能。

假定 T 是一个用于跟踪仿真时间的整数。开始仿真时，T 被设为 0，所有的线网被设为 z，所有的变量被设为 x 或 0，然后所有的过程块（Initial and always blocks）变成活跃状态（Active）。但是在 Verilog-2001 标准中，变量可以在其声明的位置被初始化（例如 reg require = 1'b0;），这个初始化既可以在过程块变成 active 之前做，也可以在过程块变成 active 之后做。

Verilog 仿真参考模型如下：

```
//The Verilog simulation reference model
//In all the examples that follow, T refers to the current simulation time
//, and all events are held in the event queue, ordered by simulation time.
while (there are events) {
  if (no active events) {
    if (there are inactive events) {
      activate all inactive events;
    } else if (there are nonblocking assign update events) {
      activate all nonblocking assign update events;
    } else if (there are monitor events) {
      activate all monitor events;
    } else {
      advance T to the next event time;
      activate all inactive events for time T;
    }
  }
  E = any active event;
  if (E is an update event) {
    update the modified object;
    add evaluation events for sensitive processes to event queue;
  } else { /* shall be an evaluation event */
    evaluate the process;
    add update events to the event queue;
  }
}
```

如果不使用#0 延迟（Inactive events），那么可以简化和重构这个模型；如果把$monitor 和$strobe

命令也从算法中拿掉，那么可以进一步被简化这个模型。注意：$monitor 和$strobe 不会触发 evaluation 事件，它们总是在当前 time-step 的最后才被执行。为了便于理解算法的执行步骤，我们把上面的参考模型做了简化，简化后的模型如下：

```
//Modified Verilog simulation reference model
while (there are events) {
  if (there are active events) {
    E = any active event;
    if (E is an update event) {
      update the modified object;
      add evaluation events for sensitive processes to event queue;
    }
    else { // this is an evaluation event, so ...
      evaluate the process;
      add update events to the event queue;
    }
  }
  else if (there are nonblocking update events) {
    activate all nonblocking update events;
  }
  else {
    advance T to the next event time;
    activate all inactive events for time T;
  }
}
```

激活非阻塞赋值事件意味着取出所有的非阻塞赋值的 update 事件，然后把它们放入到 active 事件队列。当这些激活的事件被执行的时候，它们还会触发其他的进程，导致更多的 active 事件，导致更多的非阻塞赋值 update 事件在当前 time-step 被调度。当前 time-step 的活动持续进行，直到当前 time-step 的所有事件被执行完，而且不再有能够导致更多事件被调度的进程被触发。就此，所有的 $monitor 和$strobe 命令显示它们各自要输出的数值，然后仿真时间 T 可以向前进。

（译者特地保留此段：Activating the nonblocking events means to take all of the events from the nonblocking update events queue and put them in the active events queue. When these activated events are executed, they may cause additional processes to trigger and cause more active events and more nonblocking update events to be scheduled in the same time-step. Activity in the current time-step continues to iterate until all events in the current time-step have been executed and no more processes, that could cause more events to be scheduled, can be triggered. At this point, all of the $monitor and $strobe commands would display their respective values and then the simulation time T can be advanced.）

16.4 分层事件队列

IEEE 1364-2005 Verilog Standard 的 Section 5.3 定义了一个分层事件队列（Stratified event queue）模型。分层事件队列是为不同的事件队列所设想的名字，用于调度仿真事件，只是一个概念模型，软件开发商可以按照自己的方式高效地实现这个事件队列。

16.4.1 事件队列分类

分层事件队列在逻辑上被划分为 4 个用于当前仿真时间的明显队列和 1 个用于未来仿真时间的附加队列，见图 16-1。

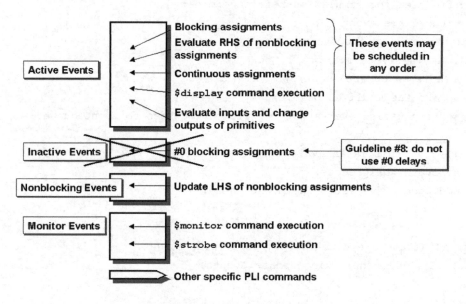

图 16-1　Verilog 分层事件队列

Verilog 事件队列从逻辑上分为 5 个队列。事件可以加入到任意一个队列，但是只能从 A_EQ 中移走。下面是这 5 个队列的说明。

1. 活动事件队列（Active event queue, A_EQ）是调度大多数 Verilog 事件的地方，包括：
   A. 阻塞赋值（Blocking assignments），
   B. 计算非阻塞赋值的 RHS（Evaluation of nonblocking RHS expressions），
   C. 连续赋值（Continuous assignments），
   D. 显示命令（$display commands），
   E. 计算原语和实例的输入信号，然后更改原语和实例的输出信号（Evaluation of instance and primitive inputs followed by updates of primitive and instance outputs）。

2. 非活动事件队列（Inactive event queue, IA_EQ），用于#0-delayed 赋值的调度。非活动事件发生在当前 time-step，只有当所有活动事件都处理完时，它们才被处理。如果两个独立过程块对同一个变量赋值，为了避免出现 Verilog 竞争条件，把处于同一 time-step 的某一个赋值推迟一下，设计者就可以使用#0-delayed 赋值，但是这是有瑕疵的。#0-delayed 赋值毫无必要地把调度事件的分析搞复杂，而且很难用更有效的编码风格把#0-delayed 赋值替换掉，所以最好不要使用#0-delayed 赋值。

3. 非阻塞赋值更改队列（Nonblocking assign update event queue, NBAU_EQ），用于更改非阻塞赋值 LHS 的调度。在仿真 time-step 的开始，非阻塞赋值 RHS 的计算是在活动事件队列（A_EQ）中进行的，但是非阻塞赋值 LHS 的更改不在活动事件队列中进行。相反，它们被放到非阻塞赋值更改队列（NBAU_EQ）中，它们停留在这个队列中，直到它们被激活（把它们移到活动事件队列中，但是它们还有 update 属性）。

4. 监控事件队列（Monitor event queue，M_EQ），用于$strobe 和$monitor 显示命令的调度。只有在仿真 time-step 结束时，所有当前 time-step 的赋值都已经完成，$strobe 和$monitor 命令才执行并显示对应变量。
5. 未来事件队列（Future event queue，F_EQ），用于保存未来执行的事件，包括 future inactive events 和 future nonblocking assignment update events。

16.4.2 事件队列特性

下面是事件队列的一些特性。
1. 所有 active 事件的处理称为一个仿真周期（Simulation cycle）。
2. 事件要根据它的属性添加到对应的事件队列中。不在 A_EQ 中的事件会被激活（Activated）并被提升到 A_EQ 中，然后被执行并从 A_EQ 中移除。
3. Verilog 调度算法可以选取任意的 active 事件并进行处理，这就是 Verilog 执行不确定性的本质来源。
4. 使用一个明显的 0 延迟（#0）会把进程挂起（Suspend），然后在当前时间把一个 inactive 事件放入到 IA_EQ，在当前时间的下一个仿真周期恢复进程执行。
5. 非阻塞赋值（NBA）创建非阻塞赋值更改事件（NBAU_E），它们在当前时间或未来时间调度。
6. $monitor 和$strobe 为它们的参数创建了 monitor 事件，这些事件在每个 time-step 被连续地使能。monitor 事件不能创建其他事件。
7. PLI 程序调度的回调过程，例如 vpi_register_cb，被认为是 inactive 事件。

16.4.3 事件调度例子

例子：下面的代码说明 a = 0;、a <= 1;、$display、$monitor 和$strobe 的执行顺序。

```
module display_cmds;
  reg a;
  initial $monitor("\$monitor: a = %b", a);
  initial begin
    $strobe  ("\$strobe : a = %b", a);
    a = 0;
    a <= 1;
    $display ("\$display: a = %b", a);
    #1 $finish;
  end
endmodule
```

运行结果如下：

```
$display: a = 0
$monitor: a = 1
$strobe : a = 1
```

说明：
1. 非阻塞赋值更改先放到 NBAU_EQ，然后调度执行它们。
2. $monitor 和$strobe 在 time-step 的最后执行。

例如：3 个进程控制 1 个变量[Janick Bergeron]。

```
module assignments;
  integer R;
  initial R <= #20 3;
  initial begin
    R = 5;
    R = #35 2;
  end
  initial begin
    R <= #100 1;
    #15 R = 4;
    #220;
    R = 0;
  end
endmodule
```

运行结果：R 的值依次为 5→4→3→2→1→0。因为 R 被这三个并发进程共享，当对应 time-step 的赋值执行时，R 就做对应的更改。

正如图 16-2 所示，活动事件，如阻塞赋值和连续赋值，可以触发额外的赋值和过程块，从而导致更多的活动事件和非阻塞赋值更改事件在同一个 time-step 中被调度。在这种情况下，新的活动事件（Active Event，A_E）将会在激活非阻塞赋值更改事件（Activate NBAU_EQ）之前被执行。

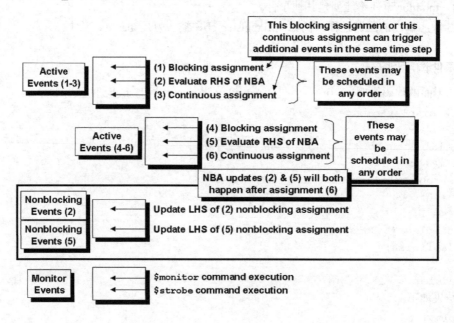

图 16-2　活动事件会触发在同一个 time-step 的额外事件

正如图 16-3 所示，在非阻塞赋值更改事件（Activate NBAU_EQ）激活后，非阻塞赋值的 LHS 被更改，这会触发额外的赋值和过程块，导致更多的活动事件和非阻塞赋值更改事件在同一个 time-step 中被调度。正如仿真参考模型所描述的，如果在当前的仿真时间里还有活动事件和非阻塞赋值更改事件，那么仿真时间不会向前。

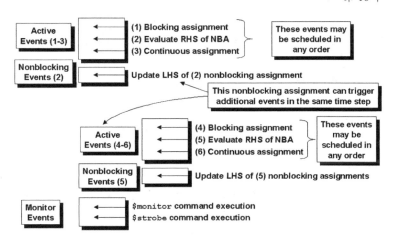

图 16-3 非阻塞赋值更改事件会触发在同一个 time-step 的额外事件

16.5 确定性和不确定性

16.5.1 确定性（Determinism）

仿真器要保证下面的两个调度顺序。

1. begin/end 块中的语句应该按照它们在块中呈现的顺序执行。为了模型中其他的进程（例如，@、#或 wait），在执行 begin/end 块中的语句时，执行中途可能会被挂起（转向执行其他进程），但是不管怎样，begin/end 块中的语句必须按照它们在块中呈现的顺序执行。
2. 非阻塞赋值的赋值顺序应该和语句执行的顺序保持一致。

例子：仿真器必须保证语句的执行顺序。
```
initial begin
  a <= 0;
  a <= 1;
end
```
当执行这个块时，会有两个事件调度到 NBAU_EQ（非阻塞赋值更改事件队列）中，它们必须以源代码中的顺序进入队列。当把它们从队列中调度出来时，它们还要以同样的顺序从队列中出来。所以在时刻 0，变量 a 先被赋值为 0，然后又被赋值为 1。

16.5.2 不确定性（Nondeterminism）

执行的不确定性（Nondeterminism）会导致竞争条件（Race Condition）。当多个进程并发访问和操作同一数据时，最终的的结果依赖于多个进程的指令执行顺序，就称为竞争条件。例如，假设两个进程 P1 和 P2 共享了变量 a。在同一时间 P1 要更新 a 为 1，P2 要更新 a 为 2，因此这两个进程在竞争更新变量 a。在这个例子中，竞争的失败者（最后更新的进程）决定了变量 a 的最终值。

不确定性的一个来源是：active 事件可以以任意的顺序从事件队列中取出事件并做处理。

在例子 A 中，因为当 posedge clk 发生时，这两个 always 都要被激活，仿真器可以以任意顺序执行它们，而且它们使用阻塞赋值，从而导致 x 的值是不确定的。在例子 B 中，因为使用了非阻塞

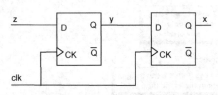

图 16-4 例子 A 和 B 对应的电路

赋值，计算 RHS 和更改 LHS 分开进行，所以解决了竞争条件。这两个例子对应统一的电路图，见图 16-4。

例子 A：Race Condition Using Blocking Assignments。
```
always @(posedge clk) x = y;
always @(posedge clk) y = z;
```

例子 B：Race Solved With Nonblocking Assignments。
```
always @(posedge clk) x <= y;
always @(posedge clk) y <= z;
```

上面竞争条件的情况是两个进程对一个变量同时有 read 又有 write。还有一种竞争条件的情况是两个进程对一个变量同时有 write。在这种情况下，即使你使用非阻塞赋值，竞争条件还是依旧存在。例如下面的例子 C，当 posedge clk 发生时，x 的值是不定的。

例子 C：Race Not Solved With Nonblocking Assignments。
```
always @(posedge clk) x <= y;
always @(posedge clk) x <= z;
```

不确定性的另一个来源是：行为块中没有时序控制（例如，@、#或 wait）的语句不用必须在一个事件中执行完。在执行一条行为语句时，仿真器可以挂起执行，把部分执行完的语句作为挂起（Pending）事件放到事件队列中。这么做就是允许进程交替执行，但是交替执行的顺序是不确定的，而且不在用户的控制下。

例子 D：因为计算表达式和更改线网可能是交替的，这就会产生竞争条件。
```
assign p = q;
initial begin
  q = 1;
  #1 q = 0;
  $display(p);
end
```
对于这个例子仿真器显示 0 或 1 都是对的。把 q 赋值为 0 导致一个对 p 的 update 事件发生。仿真器既可以继续执行$display，也可以转去执行更改 p，然后再执行$display。

我们在编写代码时，应该尽量避免出现竞争条件，因为：
1. 竞争条件会导致运行不稳定。A. 有时运行对，有时运行错；B. 有时调整一下文件列表顺序或调整一下代码相对位置，运行就可能出错；C. 在不同仿真器上，有的运行对，有的运行错。
2. 竞争条件出错时难于 debug。因为竞争条件发生在运行的同一时间，就是在仿真器的 delta time 内发生的。如果仿真时不把生成波形文件的 delta time 选项使能，那么在波形上根本看不到在 delta time 内对同一变量的修改。这时你就会很奇怪，为什么某个变量在波形上显示的不是你期望的值呢，你可能认为你期望的事件没有发生，你可能认为仿真器出了问题。事实上，你期望的事件发生了，你期望的赋值也发生了，可是在同一时刻，在这个变量上又发生了新的事件，你的赋值被覆盖掉了。

16.6 赋值的调度含义

赋值在执行时要被翻译成进程和事件，下面详细解释。

16.6.1 连续赋值

连续赋值语句（Continuous assignment）对应于一个对表达式中线网和变量敏感的进程。当表达式的值发生变化时，就会导致一个 active update 事件加入到事件队列中，这个事件要用当前值计算出结果值。连续赋值在时刻 0 也要进行计算，以保证常数值能够传播下去。

16.6.2 过程连续赋值

过程连续赋值（Procedural continuous assignment，过程块中的 assign 和 force）对应于一个对表达式中线网和变量敏感的进程。当表达式的值发生变化时，就会导致一个 active update 事件加入到事件队列中，这个事件要用当前值计算出结果值。

deassign 和 release 语句用于取消对应的 assign 和 force 语句。

16.6.3 阻塞赋值

带有延迟的阻塞赋值（Blocking assignment，例如 a = #5 b &c;）使用当前值计算 RHS，然后让执行进程挂起，并作为未来 future 事件调度。如果是带有延迟 0 的阻塞赋值（例如 a = #0 b &c;），那么就把进程作为 inactive 事件在当前时间调度。

当进程返回时（如果没有延迟就立即返回，例如 a = b &c;），进程执行对 LHS 的更改，然后可能触发由 LHS 更改引起的事件，之后执行下一条语句，或者执行其他事件。

16.6.4 非阻塞赋值

非阻塞赋值（Nonblocking assignment）始终计算 RHS 的值，然后把更改 LHS 作为非阻塞赋值更改事件（NBAU_E）调度。如果延迟为 0，那么就在当前 time-step 调度；否则就作为 future 事件调度。实际上当 update 事件被放到事件队列时，它的值既是 RHS 的值，也是要赋值给 LHS 的值。

16.6.5 开关处理

前面描述的事件驱动仿真算法依赖于单一方向的信号流，而且可以独立地处理事件。输入发生变化，读取输入，计算结果，调度 update 事件。

除了行为和门级模型，Verilog 也提供开关级（Switch-level）模型。Verilog 的开关模型有：tran、tranif0、tranif1、rtran、rtranif0、rtranif1。开关能够提供双向信号流，所以需要由连接开关的节点协调处理。

因为开关的输入和输出互相作用，所以仿真器要考虑线网上的所有器件，仿真器可以用 relaxation 技巧实现。仿真器既可以在任何时候处理 tran，也可以在特定的时间，与其他 active 事件混在一起，处理与 tran 连接的事件。

16.6.6 端口连接

端口连接当做隐含连续赋值或隐含双向连接处理。双向连接可以当做两个线网之间的 always-enabled tran，但是没有任何强度减少（Strength reduction）。端口连接规则要求接收值的对象是一个线网或一个线网表达式。

端口连接按照下面的规则处理。

1. 如果是 input 端口，就当做一个从外面表达式到内部线网的连续赋值。
2. 如果是 output 端口，就当做一个从内部线网到外面表达式的连续赋值。
3. 如果是 inout 端口，就当做一个内部线网与外面线网连接的没有强度减少的晶体管。

16.6.7 任务和函数

任务和函数传递参数是通过传值，在执行时把参数复制进来，在返回时把参数复制出去。这种在返回时把参数复制出去的行为与阻塞赋值的行为一样。

16.7 阻塞赋值和非阻塞赋值

Verilog 中最令人难以理解的语句是非阻塞赋值，很多非常有经验的设计者也不能完全理解非阻塞赋值在 Verilog 仿真器中如何被调度，更不能理解什么时候或者为什么要使用非阻塞赋值。这里将详细介绍阻塞赋值和非阻塞赋值是如何被调度的，给出重要的编码原则以便于写出正确的可综合逻辑，给出合理的编码风格以避免仿真中出现竞争条件。

我们都知道 Verilog 有两条众所周知的编码原则。
1. 在 always 块中要使用阻塞赋值（Blocking Assignment，BA）以生成组合逻辑。
2. 在 always 块中要使用非阻塞赋值（NonBlocking Assignment，NBA）以生成时序逻辑。

但是为什么会有这样的要求呢？通常，答案和仿真有关。如果忽略这两条原则，综合工具还是能够综合出正确的逻辑，但是前仿真（RTL_SIM）和后仿真（NET_SIM）很可能不一致。

竞争条件是这样发生的：当在同一个仿真 time-step 中执行两条或多条语句的时候，按照 Verilog 标准改变这些语句的执行顺序是允许的，但是会得到不同的运行结果。

为了理解隐藏在这两条原则后面的原因，为了理解为什么会发生竞争条件，我们需要全面地理解阻塞赋值和非阻塞赋值的功能和调度。

16.7.1 阻塞赋值

阻塞赋值是在过程块（Procedural block）中的过程赋值（Procedural assignment），操作符是=。阻塞赋值只能针对寄存器类型，所以只能在过程块中使用，例如 initial 块和 always 块。虽然=也用到了对线网的赋值，但是对线网的赋值称为连续赋值（Continuous assignment）。

阻塞赋值的计算 RHS（Right Hand Side）值和修改 LHS（Left Hand Side）不能被其他 Verilog 语句中断，所以阻塞赋值就获得这样的名字。这个赋值阻塞了其他的赋值，直到这个赋值完成。当然也有例外，就是在=的后面使用了时序控制（例如 A = #2 B&C;。注意：虽然它没有阻塞其他块的语句执行，但是它仍然阻塞了自己块的语句执行），但是这样的编码风格并不好。

如果阻塞赋值使用不正确，就会发生竞争条件，这在前面已经论述了。例如一个过程块中的一个赋值的 RHS 变量，也是另一个过程块中的另一个赋值的 LHS 变量，这两个赋值被调度到同一个仿真 time-step 中运行，这时它们的执行顺序是不确定的，先执行哪一个都符合 Verilog 标准，这时就发生了竞争条件。

例子：使用阻塞赋值，导致竞争条件。

```
//blocking assignments
module fbosc1 (y1, y2, clk, rst);
  output y1, y2;
  input  clk, rst;
```

```
    reg    y1, y2;
    always @(posedge clk or posedge rst)
      if (rst) y1 = 0;  // reset
      else     y1 = y2;
    always @(posedge clk or posedge rst)
      if (rst) y2 = 1;  // reset
      else     y2 = y1;
  endmodule
```

根据 Verilog 标准，这两个 always 块可以以任意顺序被调度，如果第一个 always 块在复位后先执行，那么 y1 和 y2 的值都是 1；如果第二个 always 块在复位后先执行，那么 y1 和 y2 的值都是 0。所以这段代码存在明显的竞争条件。

16.7.2 非阻塞赋值

非阻塞赋值是在过程块（Procedural block）中的过程赋值（Procedural assignment），操作符是 <=。非阻塞赋值只能针对寄存器类型，所以只能在过程块中使用，例如 initial 块和 always 块。

非阻塞赋值在 time-step 的开始计算 RHS，然后把更改 LHS 调度到 time-step 的结束才执行，所以非阻塞赋值获得这样的名字。在计算 RHS 和更改 LHS 之间，既可以对其他 Verilog 赋值语句（assign 和阻塞赋值）计算 RHS 和更改 LHS，也可以对其他非阻塞赋值语句计算 RHS 和调度更改 LHS。非阻塞赋值不会阻塞其他 Verilog 语句的计算。

非阻塞赋值由两步操作构成：在 time-step 的开始计算 RHS（1. Evaluation RHS），在 time-step 的结束更改 LHS（2. Update LHS）。

例子：使用非阻塞赋值，避免竞争条件。

```
//nonblocking assignments
module fbosc2 (y1, y2, clk, rst);
    output y1, y2;
    input  clk, rst;
    reg    y1, y2;
    always @(posedge clk or posedge rst)
      if (rst) y1 <= 0;  // reset
      else     y1 <= y2;
    always @(posedge clk or posedge rst)
      if (rst) y2 <= 1;  // reset
      else     y2 <= y1;
  endmodule
```

根据 Verilog 标准，这两个 always 块可以以任意顺序被调度。不管哪一个 always 块在复位后先执行，都会在这个 time-step 的开始计算这两个非阻塞赋值的 RHS，然后在这个 time-step 的结束更改这两个非阻塞赋值的 LHS。所以从用户的观点看，这两个非阻塞赋值的执行是并行的，所以这段代码不存在竞争条件。

16.8 赋值使用原则

在进一步给出阻塞赋值和非阻塞赋值的解释之前，这里先给出使用 Verilog 精确模型和仿真硬件的八条指导原则。如果我们能遵循这八条指导原则，就可以把很多设计者遭遇到的竞争条件去除

90%～100%。
1. 当模型触发器（Flip-flop）时，使用非阻塞赋值。
2. 当模型锁存器（Latch）时，使用非阻塞赋值。
3. 当模型组合逻辑（使用 always 块）时，使用阻塞赋值。
4. 当在同一个 always 块中，如果既模型时序逻辑，又模型组合逻辑，那么使用非阻塞赋值。
5. 不要在同一个 always 块中既使用阻塞赋值，又使用非阻塞赋值。
6. 不要在两个或多个 always 块中对同一个变量赋值。
7. 使用$strobe 显示那些用非阻塞赋值的变量。
8. 不要对赋值使用#0 延迟。

原则 1～4 被公认为是友好且安全的 RTL 编码风格。虽然对原则 5 有争论，但是普遍接受。违反原则 6，综合工具会报告错误，产生不了网表。原则 7 说明如何在同一个 time-step 中显示由非阻塞赋值更改的变量。对于原则 8，因为#0 延迟赋值会导致赋值事件被调度到一个毫无必要的中间事件队列，经常会导致令人迷惑的结果，所以不要使用。

违反这些原则的编码也许可以安全地实现，但是当违反这些原则时，那么就思考一下下面的问题：能否让编写代码更容易？能否让代码更有可读性？能否让仿真明显地加快？如果不能，那么就不值得违反这些原则。

例子：综合工具不允许在同一个 always 中既有阻塞赋值，又有非阻塞赋值。这个例子就导致编译失败。
```
always @(posedge clk or negedge reset)
  begin
    if (~ reset) q = 1'b0;
    else         q <= d;
  end
```

16.9 自己触发自己

一般来说，always 块不能触发自己。看一下下面的振荡器 osc1，这个振荡器使用阻塞赋值。阻塞赋值在计算 RHS 和更改 LHS 时不能被中断。这个阻塞赋值必须在这个 always 块对 clk 的变化又变成敏感之前完成，这样当这个 always 块对 clk 的变化又变成敏感时，阻塞赋值已经完成，所以在这个 always 块不会触发自己。

例子：Non-self-triggering oscillator using blocking assignments，不能正常工作。
```
module osc1 (output reg clk);
  initial #10 clk = 0;
  always @(clk) #10 clk = ~clk;
endmodule
```

相反，看一下下面的振荡器 osc2，这个振荡器使用非阻塞赋值。在第一个@(clk)触发后，就计算非阻塞赋值的 RHS，然后把更改 LHS 调度到 NBAU_EQ。在 NBAU_EQ 被激活之前，这个 always 块对 clk 的变化又变成敏感。这样在同一个 time-step 当 LHS 发生更改时，@(clk)又被触发。所以这个 always 块可以触发自己。

例子：Self-triggering oscillator using nonblocking assignments，正常工作。

```
module osc2 (output reg clk);
  initial #10 clk = 0;
  always @(clk) #10 clk <= ~clk;
endmodule
```

16.10 仿真零延迟 RTL 模型

在对零延迟的（0-delay）RTL 模型仿真时，因为时序逻辑的活动都发生在时钟有效沿（Active clock edge），所以通常是在时钟无效沿（Inactive clock edge）加上激励输入。例如下面的例子就是把 posedge clk 当做时钟有效沿。

下面分别是逻辑电路图（见图 16-5）、零延迟 RTL 模型和对应的验证代码。

例子：0-delay RTL model for simple sequential logic with one clock。

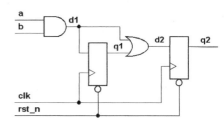

图 16-5 有一个时钟的时序逻辑

```
module sblk1 (
  output reg q2,
  input       a, b, clk, rst_n);
  reg       q1, d1, d2;
  always @(a or b or q1) begin
    d1 = a & b;
    d2 = d1 | q1;
  end
  always @(posedge clk or negedge rst_n)
    if (!rst_n) begin
      q2 <= 0;
      q1 <= 0;
    end
    else begin
      q2 <= d2;
      q1 <= d1;
    end
endmodule
```

例子：Simple testbench to apply stimulus to the 0-delay RTL model。

```
//for simple sequential logic
module tb;
  reg a, b, clk, rst_n;
  initial begin // clock oscillator
    clk = 0;
    forever #10 clk = ~clk;
  end
  sblk1 u1 (.q2(q2), .a(a), .b(b), .clk(clk), .rst_n(rst_n));
  initial begin // stimulus
    a = 0; b = 0;
    rst_n <= 0;
    @(posedge clk);
    @(negedge clk) rst_n = 1;
    a = 1; b = 1;
```

```
        @(negedge clk) a = 0;
        @(negedge clk) b = 0;
        @(negedge clk) $finish;
    end
endmodule
```

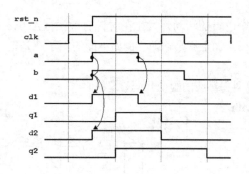

图 16-6　零延迟模型仿真波形

验证代码中有一个 free-running 时钟，在第一个 half-cycle 中初始化为 0，同时在 initial 块中为输入 a 和 b 设置初始值，然后复位电路一个周期。在第一个 negedge clk 处，撤销复位，输入 a 和 b 都变为 1；在接下来的两个 negedge clk 处，输入 a 和 b 依次变为 0；在最后的 negedge clk 处，$finish 命令结束仿真。仿真波形见图 16-6。

从这个简单的激励输入序列，我们可以看到激励和 RTL 事件是如何在 Verilog 事件队列中被调度的。

首先请注意基本输入（a 和 b）和所有连接到基本输入上的 RTL 组合逻辑（d1 和 d2）是在 negedge clk 处变化的。这典型地意味着：只有活动的事件被调度，而且在时钟无效沿处执行，见图 16-7。

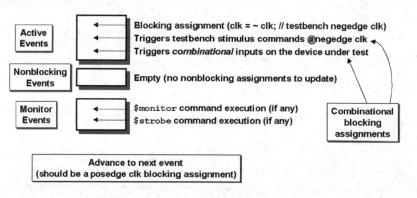

图 16-7　Verilog 时间队列：@negedge clk 的组合输入

在 Verilog 事件队列中，非阻塞赋值是在活动事件（阻塞赋值）执行之后更改的，但是对于这个零延迟 RTL 模型，在每个 time-step 当时钟沿有效发生时，在执行处于同一个 time-step 的组合逻辑（d2 = d1 | q1）之前，所有的非阻塞赋值（q2 <= d2 和 q1 <= d1）竟然被更改了。为什么呢？

正如图 16-8 所示的事件队列和图 16-9 所示的波形变化：时钟上升沿（posedge clk）触发了时序 always 块，计算 q1 和 q2 的 RHS，并把更改 q1 和 q2 的 LHS 的事件放入到非阻塞赋值更改事件队列（NBAU_EQ）。

1. 当所有的活动事件执行完时，所有的非阻塞赋值更改事件就会被激活，然后执行更改（q1 和 q2 的 LHS）。
2. 在这同一个 time-step 中，q1 的变化又触发了组合逻辑（d2 = d1 | q1），执行这个赋值，导致 d2 变化，见图 16-10。
3. 在下一个 posedege clk，时序逻辑（q1<=d1 和 q2<=d2）又被稳定的组合值更改，然后再次触发组合逻辑（d2 = d1 | q1）。

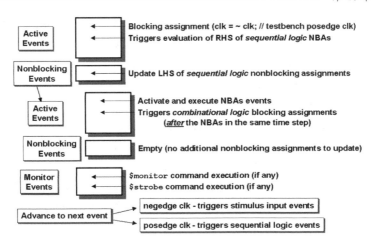

图 16-8 Verilog 时间队列：@posedge clk 的时序逻辑

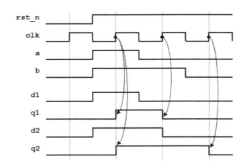

图 16-9 时序逻辑的非阻塞赋值输出在 posedge clk 先变化

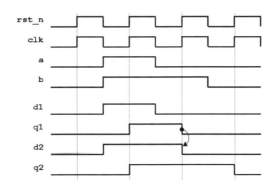

图 16-10 组合逻辑的阻塞赋值输出在 posedge clk 非阻塞赋值完成后变化

16.11 惯性延迟和传输延迟

惯性延迟模型（Inertial Delay Model，IDM）是 Verilog 中把短于门级原语或连续赋值（Continuous assignment）的传播延迟的脉冲过滤掉的仿真模型，它只能传送那些稳定时间大于或等于传播延迟（Propagation delay）的信号。

惯性延迟对仿真器的实现来说非常简单，因为仿真器只要跟踪每次赋值的数值和时间即可。如果以前调度的事件还没有被执行，对同一个变量又发生再一次赋值，那么仿真器就把以前还没有执行的调度事件用新的值和新的时间代替，这样就把窄的脉冲过滤掉。

传输延迟模型（Transport Delay Model，TDM）是 Verilog 中能够传送所有宽度的脉冲（包括那些短于过程赋值传播延迟的脉冲）的仿真模型。传输延迟可以传送毛刺（Glitch）。Verilog 语言通过在非阻塞赋值的 RHS 加上明显的延迟实现传输延迟。

除了在非阻塞赋值的 RHS 加的延迟可以精确地模型传输延迟（TDM）外，其他在 always 块内对语句加的延迟都不能精确地模型真实硬件的延迟，所以不应该使用它们。我们可以使用传输延迟模型（TDM，在非阻塞赋值的 RHS 上加延迟），但是这会降低仿真性能。

在连续赋值上加延迟，或者使用较为啰嗦的逻辑（就是在 always 块内不加延迟，而是使用带有延迟的连续赋值驱动 always 块的输出），都可以精确地模型惯性延迟（IDM），所以推荐在模型组合逻辑时使用惯性延迟。

16.11.1 门级仿真中的传输延迟

许多 ASIC 门级模型在 specify 块中描述延迟，默认地是纯的惯性延迟模型（Pure inertial delay），但是我们可以通过在 VCS 的命令行上使用特定的选项，改变这种门级仿真延迟的行为。例如，我们可以通过使用特定的命令行选项，使用传输延迟（Transport delay）达到传送脉冲的目的。

典型地，Verilog 仿真器使用命令行选项：reject +pulse_r/%和 error +pulse_e/%，这里%的值在 0～100 之间，以 10 为递加值。说明如下：

1. +pulse_r/R%：强制那些短于%R 传播延迟的脉冲拒绝掉（Rejected）或忽略掉（Ignored）。
2. +pulse_r/R%和+pulse_e/E%：强制那些长于%R 但短于%E 传播延迟的脉冲出错（Error），导致 x 值（Unkown）驱动到输出信号上。
3. +pulse_e/E%：强制那些大于%E 传播延迟的脉冲则被传送到输出信号上，如同期望的输出值被延迟了一样。
4. 注意：+pulse 只工作在 specify 块的延迟上，不能工作在其他延迟上。

考虑一个简单的 delay buffer，它有 5ns 的传播延迟，在 specify 块中描述。下面是对应的模型代码和验证激励代码。

例子：5ns delay buffer。
```
//Delay buffer with specify-block path delay of 5ns
`timescale 1ns/1ns
module delaybuf (output y, input a);
  buf u1 (y, a);
  specify
    (a*>y) = 5;
  endspecify
endmodule

//Simple stimulus testbench for the delay buffer model
`timescale 1ns/1ns
module tb;
  reg     a;
  integer i;
```

```
delaybuf i1 (.y(y), .a(a));
initial begin
  a = 0;
  #10 a = ~a;
  for (i = 1; i < 7; i = i + 1) #(i) a = ~a;
  #20 $finish;
end
endmodule
```

对于这个 delaybuf 模型，默认应该是在纯的惯性延迟模式下仿真，所有宽度小于 5ns 的脉冲将被过滤掉或忽略掉，见图 16-11。使用如下任意命令：

```
vcs -RI +v2k tb.v delaybuf.v
vcs -RI +v2k tb.v delaybuf.v +pulse_r/100 +pulse_e/100 +transport_path_delays
```

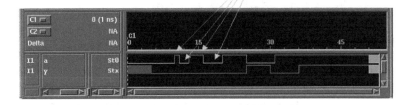

图 16-11 Pure inertial delays

这个 delaybuf 也可以在纯的传输延迟模式下仿真，通过把打开特定的选项（既不会把脉冲过滤掉，也不会让脉冲出错（Unkown, x）。使用如下命令：

```
vcs -RI +v2k tb.v delaybuf.v +pulse_r/0 +pulse_e/0 +transport_path_delays
```

注意：+transport_path_delays 是必需的，否则波形会出现错误，这不是我们期望的，见图 16-12。

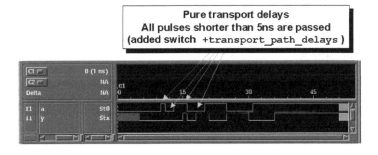

图 16-12 Corrected transport delays：+pulse_r/0 +pulse_e/0 +transport_path_delays

这个 delaybuf 模型也可以仿真纯的 error 延迟，通过让短于传播延迟的脉冲出错（输出 x），见图 16-13。使用如下任意命令：

```
vcs -RI +v2k tb.v delaybuf.v +pulse_r/0 +pulse_e/100
vcs -RI +v2k tb.v delaybuf.v +pulse_r/0 +pulse_e/100 +transport_path_delays
```

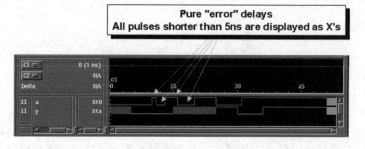

图 16-13　Pure error delays：+pulse_r/0 +pulse_e/100

事实上，真正的硬件既不是纯的惯性延迟也不是纯的传输延迟。真正的硬件一般拒绝短脉冲，传送长脉冲，不长不短的脉冲在有些单元上能够通过，在有些单元上就不能通过，这是由生产时的工艺偏差决定的。

这个 delaybuf 模型也可以仿真这种比较现实的混杂情况（惯性、不确定和传输延迟）。例如，拒绝短脉冲（<=40%，2ns），传送长脉冲（>=80%，4ns），不长不短的脉冲（2～4ns）传送 x（Unknown）值，见图 16-14。使用如下命令：

```
vcs -RI +v2k tb.v delaybuf.v +pulse_r/40 +pulse_e/80
vcs -RI +v2k tb.v delaybuf.v +pulse_r/40 +pulse_e/80 +transport_path_delays
```

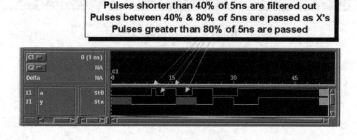

图 16-14　Mixed delays：+pulse_r/40 +pulse_e/80

16.11.2　各种#delay 的位置

我们可以在下面的位置放置#delay，那么它们的意义到底如何解释呢？

```
assign #5 x = y | z; //inertial delay
always @(posedge clk) begin a <= #5 b & c; d <= #10 e & f; end
always @(posedge clk) begin #5 a <= b & c; #10 d <= e & f; end
always @(posedge clk) begin #5; a <= b & c; #10; d <= e & f; end
always @(*) begin a = #5 b & c; d = #10 e & f; end
always @(*) begin #5 a = b & c; #10 d = e & f; end
always @(*) begin #5; a = b & c; #10; d = e & f; end

//Inertial delay
assign #5 x = y | z;
```
这是在模型惯性延迟（IDM）：小于 5ns 的信号变化被过滤掉。

```
//Transport delay
always @(posedge clk) begin a <= #5 b & c; d <= #10 e & f; end
```
这是在模型传输延迟（TDM）：当 posedge clk 发生时，相当于做如下事情，
```
a_rhs = b & c; place "after 5ns a= a_rhs" into NBAU_EQ;
d_rhs = e & f; place "after 10ns d= d_rhs" into NBAU_EQ;
```

下面这些#delay 既不是惯性延迟，也不是传输延迟。
```
always @(posedge clk) begin #5 a <= b & c; #10 d <= e & f; end
always @(posedge clk) begin #5; a <= b & c; #10; d <= e & f; end
```
"#5 a <= b & c;" 和 "#5; a <= b & c;" 有什么区别吗？没有太大的区别，只不过前一个是一条语句，节省了一个分号，后一个是两条语句，因为#5;也是一条语句。

实际上上面两个 always 块等价于：
```
always @(posedge clk) begin
  #5;
  a <= b & c; //在 posedge clk 的 5ns 后，才执行，b 和 c 是 posedge clk 5ns 后的值
  #10;
  d <= e & f; //在 posedge clk 的 15ns 后，才执行，e 和 f 是 posedge clk 15ns 后的值
end
```

```
always @(*) begin a = #5 b & c; d = #10 e & f; end
```
等价于
```
always @(*) begin
  a_tmp = b & c; #5; a = a_tmp;       //a_tmp 是 0ns 时的值, 过 5ns 后更新 a
  d_tmp = e & f; #10; d = d_tmp;      //d_tmp 是 5ns 时的值, 再过 10ns 后更新 d
end
```
当这个 always 块开始执行时，之后的 15ns 时间内发生的事件（b、c、e、f 的变化）不会引起这个 always 块的再次执行。

```
always @(*) begin #5 a = b & c; #10 d = e & f; end
always @(*) begin #5; a = b & c; #10; d = e & f; end
```
同上，"#5 a = b & c;" 和 "#5; a = b & c;" 没有太大的区别。

这两个 always 块都是：在 5ns 时更改 a，使用 b 和 c 在 5ns 时的值；在 15ns 时更改 d，使用 e 和 f 在 15ns 时的值。

当这两个 always 块开始执行时，之后的 15ns 时间内发生的事件（b、c、e、f 的变化）不会引起这两个 always 块的再次执行。

16.11.3 仿真时钟生成方法

下面是一些我们可能用的仿真生成时钟方法，有些是错误的，你可以研究一下为什么它们不能生成生成时钟。

例子：仿真时钟生成。
```
`timescale 1ns / 100ps
module test;
```

```
reg clk;
initial clk = 0;
//always @(clk) begin #50 clk = ~clk; end     //FAIL, only execute once
//always @(clk) begin #50; clk = ~clk; end    //FAIL, only execute once
//always @(clk) begin clk = #50 ~clk; end     //FAIL, only execute once
//always begin #50 clk = ~clk; end //PASS

//always @(clk) begin #50 clk <= ~clk; end    //PASS
//always @(clk) begin #50; clk <= ~clk; end   //PASS
//always @(clk) begin clk <= #50 ~clk; end    //PASS

//initial begin clk <= 0; forever clk = #50 ~clk; end    //PASS
//initial begin clk <= 0; forever #50 clk = ~clk; end    //PASS, good
//initial begin clk <= 0; forever clk <= #50 ~clk; end   //FAIL,
initial begin clk <= 0; forever #50 clk <= ~clk; end     //PASS
initial begin
   $monitor ("clk %d %b", $time, clk);
   #500;
   $finish;
end
endmodule
```

我们最好使用：

```
initial begin clk <= 0; forever #50 clk = ~clk; end
```

16.12 延迟线模型

下面是延迟线模型（Delay line model），它有一个输入和两个输出，这两个输出默认地被延迟了 25ns 和 40ns，而且可以把输入上的毛刺传送到输出上。

例子：正确的延迟线模型。

```
`timescale 1ns / 1ns
module DL2 #(parameter TAP1 = 25, TAP2 = 40)
   (output reg y1, y2,
    input     in);
  always @(in) begin
    y1 <= #TAP1 in;
    y2 <= #TAP2 in;
  end
endmodule
```

注意：当在模块中使用#delays 时，一定要在模块的前面加上一条`timescale 指令，这是因为编译指令（例如`timescale）依赖于编译顺序，如果这个模块没有`timescale，那么会使用它之前最后声明的`timescale，就可能与这个模块期望的 timescale 不匹配。

使用下面的代码达到延迟线，是错误的。

例子：错误的延迟线模型。
```verilog
module code11 (out1, out2, in);
  output out1, out2;
  input  in;
  reg    out1, out2;
  always @(in) begin
    #25 out1 = ~in;
    #40 out2 = ~in;
  end
endmodule
```
这个延迟线模型是错误的，因为：
1. 一旦敏感列表中的 in 变量发生变化，那么就进入 always 块。
2. 在 25ns 之后，in 被读取，取反，然后赋值给 out1。
3. 再过 40ns 之后，in 又被读取，取反，然后赋值给 out2。
4. 在整个延迟期间（65ns），所有 in 上发生的事件被忽略。如果输入变化比 65ns/次频繁，那么每次的输入变化不会在输出上反映出来。
5. 综合前的 RTL 代码会错过每次输入的变化，而综合后的门级模型只是两个反相器。

所以在 always 块赋值的 LHS 上加延迟不能精确地模型 RTL 或行为模型。

16.13 使用#1 延迟

加 delay 还是不加 delay，这是一个问题！因为有这样的神话：为了修正非阻塞赋值的问题，要求加上#1 delays。

原作者曾经在很多公司里工作过，经常看到工程师在非阻塞赋值的 RHS 上加上#1 延迟。他问工程师为什么在非阻塞赋值上加延迟，回答经常是这样的："Verilog nonblocking assignments are broken and adding #1 fixes the problem!!"。

事实上，非阻塞赋值根本不会崩溃，工程师理解是错误的。在非阻塞赋值的 RHS 加延迟，既有几个好的原因，也有很多坏的原因。

好的原因 1：在非阻塞赋值上加上#1，输出变化就会有 1 个时间单位的延迟，便于查看波形。例如，看一下下面的寄存器模型。

例子：Verilog-2001 register model with #1 delays。
```verilog
`timescale 1ns / 1ns
module reg8 (
  output reg [7:0] q,
  input      [7:0] d,
  input            clk, rst_n);
  always @(posedge clk or negedge rst_n)
    if (!rst_n) q <= #1 8'b0;
    else        q <= #1 d;
endmodule
```
这个模型在 posedge clk 之后或在 negedge rst_n 之后让输出延迟 1ns。这个延迟有效地实现了 1ns 的 clk-to-q 或 rst_n-to-q 的延迟，查看波形时容易理解，因为这个延迟让我们更容易理解波形。波形上的小延迟也可以让人更容易地看到时序逻辑输出在时钟沿之前的值，通过把波形查看工具的 cursor

（一条竖线）放在时钟沿上，在波形工具的左侧就会把每个信号对应的值显示出来，然后把 cursor 移动到时钟沿 1ns 之后的位置，就可以看到更改后的值。

好的原因 2：许多高性能触发器的 hold 时间是在 0～800ps 之间。在那些驱动门级模型的 RTL 模型上加上#1 延迟，通常就可以修正很多与 RTL 和门级混合仿真相关的问题。当然也有例外，例如门级模型要求的 hold 时间大于 1ns，或者时钟树偏差大于 1ns。

坏的原因 1：Verilog 非阻塞赋值会崩溃吗？这是错误的！即使没有 RHS #1 的延迟，非阻塞赋值也会工作得很好。如果你在不知道添加延迟原因的情况下在非阻塞赋值的 RHS 上添加延迟，那么就可能陷入到与 RTL 和门级混合仿真相关的问题中，例如门级模型要求的 hold 时间大于 1ns，或者时钟树偏差大于 1ns，你的仿真就会失败。

坏的原因 2：仿真器对于高速 cycle-based 的仿真具有内在的优化（Built-in optimiza-tions），但是在非阻塞赋值的 RHS 添加#1 延迟后，仿真器的运行速度就会明显地变慢。原作者专门对没有延迟的非阻塞赋值和带有延迟的非阻塞赋值做了仿真性能上的对比，发现带有延迟的非阻塞赋值对仿真性能有很大的影响，具体数据请参考原文。

16.14 多个公共时钟和竞争条件

当多个公共的时钟在同一个 time-step 中生成的时候，例如 assign clkb = clka;或者 always @(*) clkb = clka，是否需要在非阻塞赋值上添加#1 延迟以避免竞争条件（Race conditions）呢？如果使用没有延迟的连续赋值（assign clkb = clka;）或者使用阻塞赋值（always @(*) clkb = clka;）来生成时钟信号，那么答案是 No。但是如果你错误地使用了非阻塞赋值来生成时钟信号，例如，使用了 always @(*) clkb <= clka，那么答案是 Yes。

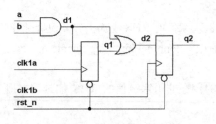

图 16-15 由 clk1 的两个复制驱动的时序逻辑

看一下下面的例子。这里 clk1a 和 clk1b 是同一个 clk1 的两份复制，就是 assign clk1a = clk1; assign clk1b = clk1;，见图 16-15。在这种情况下，posedge clk1a 和 posedge clk1b 在仿真时会同时发生。现在这两个时钟是由 RTL 代码不同块生成的，那么是否存在由这两个时钟导致的竞争条件呢？如果这两个时钟驱动的时序逻辑正确地使用了没有延迟的阻塞赋值，那么答案是 No。

对于这个例子，所有 posedge clk1a 的非阻塞赋值的更改将要被调度到 NBAU_EQ_clk1a 中。在 NBAU_EQ_clk1a 被激活之前，所有 posedge clk1b 的非阻塞赋值的更改将要被调度到 NBAU_EQ_clk1b 中。这就保证了所有的寄存器在没有偏差的时钟域之间在组合逻辑被更改之前被正确地传递。

我在设计一个芯片时，需要为 ARM926 提供两个时钟 ARM_CLK 和 HCLK，它们之间的周期比例可以是 1/1、1/2、1/4 等。我把相关的代码简化为
```
always @(posedge ARM_CLK) HCLK_2 <= ~HCLK_2;
always @(posedge HCLK_2)  HCLK_4 <= ~HCLK_4;
assign HCLK = (rate == 1 ? ARM_CLK :
               rate == 2 ? HCLK_2 : HCLK_4);
```
当我做 1/1 的仿真时，运行正确，但是当我做 1/2 或 1/4 的仿真时，运行错误。于是我开始调

试,费了好大劲,最后我把所有进入 ARM926 和从 ARM926 出来的信号都加上#2 延迟,暂时解决了问题,但是我一直在想为什么呢?

其实原因就在于我使用了非阻塞赋值生成时钟 HCLK_2 和 HCLK_4,所以我应该使用阻塞赋值,把代码改成如下:

```
always @(posedge ARM_CLK) HCLK_2 = ~HCLK_2;
always @(posedge HCLK_2)  HCLK_4 = ~HCLK_4;
assign HCLK = (rate == 1 ? ARM_CLK :
               rate == 2 ? HCLK_2 : HCLK_4);
```

16.15 避免混杂阻塞赋值和非阻塞赋值

"避免在 always 块中混杂阻塞赋值和非阻塞赋值",这条原则是原作者在 SNUG2000 关于非阻塞赋值的论文中提出的,在公共讨论时受到广泛的质疑。Paul Campbell 指出:"我们可以在时钟沿触发的 always 块里把模型组合逻辑(临时变量)的阻塞赋值(没有延迟)和模型触发器的非阻塞赋值安全地混杂在一起"。

Paul Campbell 是对的,但是这种编码风格有以下不足。

1. 这种 always 块的事件调度理解起来比较费劲。
2. 这种 always 块应该只使用一个非阻塞赋值,而且这个非阻塞赋值应该放在最后。
3. 在零延迟的 RTL 模型中,输入信号(临时变量)和对应的触发器输出会在同一个时钟沿变化,这种波形令人困惑。

看一下下面的电路图(图 16-16)和正确编码的代码。这段代码没有把阻塞赋值和非阻塞赋值混杂在一起,这是很好的编码风格。

例子:正确的编码风格,阻塞赋值和非阻塞赋值没有混杂在一起。

```
module blk1 (
  output reg q,                    // registered output
  output     y,                    // combinational output
  input      a, b, c,              // combinational inputs
  input      clk, rst_n);          // control inputs
  wire       d;
  always @(posedge clk or negedge rst_n)
    if (!rst_n) q <= 0;
    else        q <= d;
  assign d = a & b;
  assign y = q & c;
endmodule
```

用 LSI 10K library 对这段代码综合,对应的电路见图 16-17。

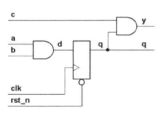

图 16-16 简单电路

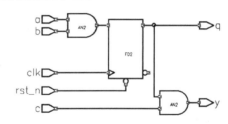

图 16-17 对应的综合电路

虽然下面的代码也正确地模型图 16-16 所示的电路,但是这段代码把阻塞赋值和非阻塞赋值混杂在同一个 always 块中。这种编码风格经常被那些具有 VHDL 背景的工程师采用,因为他们为了提高 VHDL 仿真性能,习惯于把变量和信号赋值混杂在同一个 process 块中,但是在 Verilog 中使用这种风格就不会提高仿真性能。

例子:不正确的编码风格,阻塞赋值和非阻塞赋值混杂在一起。

```
module blk1a (
  output reg q,                              // registered output
  output     y,                              // combinational output
  input      a, b, c,                        // combinational inputs
  input      clk, rst_n);                    // control inputs
  always @(posedge clk or negedge rst_n)
    if (!rst_n) q <= 0;
    else begin: logic                        //<------------ Add block name
      reg d; // combinational intermediate signal
      d = a & b;
      q <= d;
    end
  assign y = q & c;
endmodule
```

虽然这段代码在仿真和综合时都正确,但是最好还是不要使用这种编码风格,因为仿真波形会让人困惑。这种混杂的编码风格意味着:当与门的输入发生变化时,组合信号 d 不会发生变化,组合信号 d 发生变化的唯一时刻是在时钟有效沿或在复位时。正如图 16-18 所示,在第二个 posedge clk,d 和 q 发生了变化。对于大型的设计,工程师要花费很多的时间去理解为什么触发器的输入和输出在时钟有效沿同时发生变化。在真实的硬件上这种奇怪的事情是不会发生的,这只是这种编码风格产生的副作用。

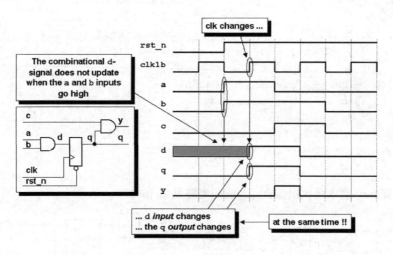

图 16-18 让人困惑的波形

另外,内部信号 d 和模块中其他信号不处于同一个仿真范围,为了显示 d,需要把包含 d 的 block 命名为 logic,这样才能把层次名字 logic.d 加到显示波形上。

有个工程师曾经说:对于混杂赋值的代码,当非阻塞赋值用完内部信号后,就把它们赋值为

x，这样就不会有人在波形上查看这些内部信号，也不会让人糊涂。下面就是使用这种奇怪编码风格后的代码。对于这种编码风格，内部信号在整个仿真中都被显示成 x，即使它们具有用于更改时序逻辑的暂时值。为了使用这种不好的编码风格，就制造了这么多的麻烦。

例子：不正确的编码风格，阻塞赋值和非阻塞赋值混杂在一起，更加麻烦。

```
module blk1b (
  output reg q,                    // registered output
  output     y,                    // combinational output
  input      a, b, c,              // combinational inputs
  input      clk, rst_n);          // control inputs
  always @(posedge clk or negedge rst_n)
    if (!rst_n) q <= 0;
    else begin: logic            //<------------ Add block name
      reg d; // combinational intermediate signal
      d = a & b;
      q <= d;
      d = 1'bx; // to avoid waveform confusion
    end
  assign y = q & c;
endmodule
```

我们仔细思考这种在同一个 always 块混杂赋值的编码风格的缺点：仿真性能差，不容易理解（需要很好地理解 Verilog 事件调度），不容易编码（可能错误地混杂阻塞赋值和非阻塞赋值，而且波形显示令人困惑）。即使这种编码风格可以工作，但是它容易导致在编码和看波形上的错误。由于这种风格没有什么明显的优点，所以原作者坚持认为不要在同一个 always 块中把阻塞赋值和非阻塞赋值混杂在一起。

如果坚持使用这种混杂的风格，那么最安全的办法是把信号 d 声明在命名块 logic 中。如果把信号 d 声明在模块空间内，而且这个信号又被意外地直接或间接（通过组合逻辑）连接到输出端口上，那么综合工具就会为这个信号推导出一个额外的触发器，见图 16-19。

例子：不正确的编码风格，阻塞赋值和非阻塞赋值混杂在一起，信号 d 还用到别处。

```
module blk2a (
  output reg q, q2,                // registered outputs
  output     y,                    // combinational output
  input      a, b, c,              // combinational inputs
  input      clk, rst_n);          // control inputs
  reg        d;                    // combinational intermediate signal
  always @(posedge clk or negedge rst_n)
    if (!rst_n) q <= 0;
    else begin
      d = a & b;
      q <= d;
    end
  assign y = q & c;
  always @(d) q2 = d;
endmodule
```

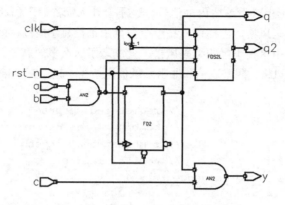

图 16-19 生成额外触发器的电路

16.16 RTL 和门级混合仿真

对于很多人参与的大型 ASIC 项目，每个工程师都要负责一部分代码，见图 16-20。随着设计的进展，有的人已经完成了编写代码和综合网表工作，有的人还在继续编写代码。在其他部分完成综合之前，对那些已经综合出来的部分进行网表仿真，这是非常不错的做法，可以加快项目进度。通过把网表模块（先综合出来的）和 RTL 模块（还正在设计的）放在一起验证，这样就可以在其他部分没有完成之前对一些网表模块进行验证，这就是 RTL 和门级的混合仿真。

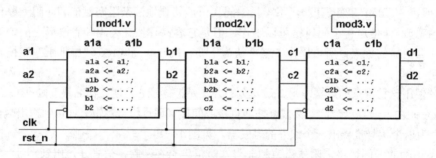

图 16-20 ASIC 设计：划分为多个部分

对于大型项目，RTL 和门级混合仿真不能只局限于工程师工作进度（有的已经完成，有的还在加紧设计）的情况。事实上，混合仿真经常只对某些模块使用一个门级模型，其他部分不使用门级模型，即使它们已经被综合出来。这么做不仅可以把调试工作重点放在一个或几个门级模型上，而且因为 RTL 模型仿真起来要比对应的门级模型快得多，使用较少的门级模型可以大大地提高仿真效率。RTL 和门级混合仿真是否会存在什么问题？

考虑一下图 16-20 中的 ASIC，它被划分为 3 块。对于纯 RTL 仿真，它有一个理想的公共时钟（在时钟通路上没有延迟和偏差），只要符合前面章节介绍的编码原则，那么这个 RTL 仿真就没有竞争（Race-free）。

现在假定对一个 RTL 模型已经完成编写代码和综合网表工作，见图 16-21。门级网表中真正的触发器有非零的 setup 和 hold 时间要求，而且真正的逻辑有非零的传播时间。零延迟的 RTL 模型驱动带有真正 setup 和 hold 时间要求的门级模型，是否有问题？带有真正传播时间的门级模型驱动零延迟的 RTL 模型，是否有问题？

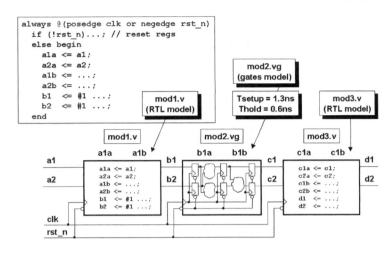

图 16-21　RTL 和门级混合仿真：2 个 RTL 和 1 个门级

16.16.1 RTL-to-Gates 仿真

首先我们检查一下门级模型的 setup 时间要求。如果门级模型有非零的 setup 时间要求，那么当它被零延迟的 RTL 模型驱动时，满足 setup 时间要求没有问题。当有一个时钟上升沿，RTL 模型马上就改变正在驱动门级模型的输出信号，所以输出信号在被门级模型锁存之前会在一个全的时钟周期（Full clock cycle）保持有效。所以结论是：RTL-to-Gates 没有 setup 时间问题。

其次我们检查一下门级模型的 hold 时间要求。如果门级模型有非零的 hold 时间要求，那么当它被零延迟的 RTL 模型驱动时，满足 hold 时间要求就有问题。当有一个时钟上升沿，RTL 模型马上就改变正在驱动门级模型的输出信号，但是门级模型希望输出信号还保持以前的数据值，以满足门级模型的 hold 时间要求。RTL 模型以 0 时间（Zero-time）改变了门级模型的输入，违反了门级模型的 hold 时间要求。所以结论是：RTL-to-Gates 有 hold 时间问题。

我们如何修正 RTL-to-Gates 的 hold 时间问题呢？首先我们注意到当今大多数高性能 ASIC 和 FPGA 的 hold 时间一般小于 1ns（典型值为 0~0.8ns 之间，译者注：其实现在大多数高性能库的 hold 时间是负值）。通过在 RTL 模型的输出信号上加上 1ns 的延迟，RTL 模型就会把时钟沿之前的输出值保持 1ns，实际上就创建了一个 clk-to-q 的延迟，这个延迟就能满足大多数 ASIC 和 FPGA 的 hold 时间要求。

1ns 的 RTL 延迟能够修正所有 RTL-to-Gates 的 hold 时间问题吗？不能。如果门级模型的 hold 时间大于 1ns，那么 1ns 的 RTL 延迟就不能满足要求的 hold 时间。最常见的 hold 时间要求大于 1ns 模型就是 RAM 模型，当然也有其他模型。所以对于那些需要较长 hold 时间要求的门级模型，对应驱动的 RTL 模型需要把输出信号的延迟加大，而且要大于最大的 hold 时间。如果在 RTL 模型的输出信号上添加 2ns，那么就会在 posedge clk 后把以前输出值保持 2ns。

如果一个工程师无知地在所有非阻塞赋值上添加了 1ns 延迟，而且他使用的门级模型的 hold 时间小于 1ns，那么他很幸运，他能做 RTL 和门级混合仿真，但是他不知道潜在的 hold 时间问题可能导致仿真失败。

16.16.2 Gates-to-RTL 仿真

在探讨 Gates-to-RTL 仿真时，首先我们注意到门级模型驱动的 RTL 模型没有 setup 和 hold 时间要求。

在做 Gates-to-RTL 仿真时有 setup 时间问题吗？在时钟有效沿之后，只要从门级模型出来到 RTL 模型的数据传播时间在一个时钟周期内，那么就没有 setup 时间问题。如果传播时间超过了一个时钟周期，那么这就不是仿真问题了，这其实是一个必须要修正的设计问题（设计不满足时序要求）。所以结论是：Gates-to-RTL 没有 setup 时间问题。

在做 Gates-to-RTL 仿真时有 hold 时间问题吗？在时钟有效沿之后，即使是最快的门级设计也有传播延迟，而且 RTL 模型没有 hold 时间要求，所以仿真时就不会有违反 hold 时间的问题。所以结论是：Gates-to-RTL 没有 hold 时间问题。

16.16.3　有时钟偏差的门级时钟树

在系统仿真中使用 Vendor 的模型时，可能会以下面两种方式加入时钟偏差：1. 实例化一个时钟电路时，例如 PLL，在对应模型的多个缓冲时钟输出（Multiple buffered clock outputs）之间编码了内在的偏差；2. 在 Vendor 模型内部在时钟通路上加了门控。任何加在多个时钟上的时钟偏差，都会导致可能错误的仿真行为。注意：这个问题与非阻塞赋值和 Verilog 事件队列的实现无关。任何逻辑仿真器都存在这个问题。

如果时钟偏差小于 1ns，那么只要在非阻塞赋值驱动的输出上加上 1ns 的延迟，就能解决时钟偏差问题。见图 16-22，在每个模块的 RTL 输出上加上了#1 延迟。#1 延迟对 mod1.v 和 mod2.v 有用，对 mod3.v 无用，因为 mod3.v 没有驱动任何 RTL 模块。

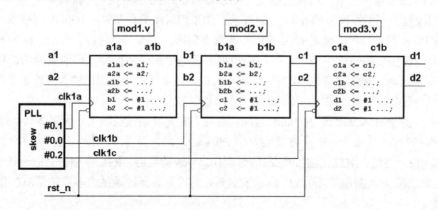

图 16-22　实例化时钟树模块：时钟之间有偏差

16.16.4　有时钟偏差的 Vendor 模型

如果 Vendor 提供的 Verilog 模型是带有延迟的行为模型，或者是带有延迟的门级模型，那么 Vendor 就可能在时钟通路上引入偏差，这就可能导致混合 RTL 和 Vendor 模型仿真失败。

正如上节的例子，虽然实例化了带有偏差的时钟树模型，但是通过修改 RTL 模型，让非阻塞赋值输出的延迟大于最长的时钟延迟，混合仿真问题就可以修正。

如果不去仔细考虑实现仿真的方法，一旦混合仿真出问题，就向 Vendor 抱怨它们提供的模型不好，抱怨不能使能理想的无门控的时钟，抱怨不能在多个时钟之间禁止时钟偏差，这么做其实很不好。

当然 Vendor 也应该考虑到它的仿真模型可能要和理想的 RTL 代码一起仿真。所以为了 RTL 和门级混合仿真，Vendor 的仿真模型应该既可以模型理想时钟情况（时钟通路上没有偏差和门控），也可以模型实际时钟情况（时钟通路上有偏差或门控）。例如，我们可以通过`define IDEAL_CLOCK 选择，也可以通过+define+IDEAL_CLOCK 选择。

16.16.5 错误的 Vendor 模型

Vendor 模型让人担心的是：Vendor 错误地使用阻塞赋值模型时序逻辑，或者更糟的是使用带有 #1 延迟的阻塞赋值。如果我们在非阻塞赋值上加上#1 延迟，那么可以安全地使用这些错误的 Vendor 模型吗？答案是 No。即使在我们的 RTL 模型上对非阻塞赋值加上#1 延迟，也不能保证与有问题的 Vendor 模型之间的交互正常工作。

考虑下面混合 Vendor 模型和正确 RTL 模型的情况，见图 16-23。

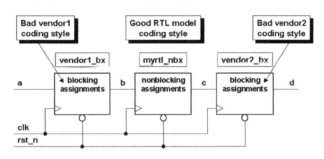

图 16-23 混合仿真：和不好的 Vendor 模型

假定 Vendor1 模型是按照下面两种方式设计：没有延迟的阻塞赋值和带有延迟的阻塞赋值。

例子：Bad vendor #1 model - blocking assignments with no delays。
```
module vendor1_b0 (
  output reg b,
  input      a, clk, rst_n);
  always @(posedge clk or negedge rst_n)
    if (!rst_n) b = 0;
    else        b = a;
endmodule
```

例子：Bad vendor #1 model - blocking assignments with #1 delays。
```
`timescale 1ns / 1ns
module vendor1_b1 (
  output reg b,
  input      a, clk, rst_n);
  always @(posedge clk or negedge rst_n)
    if (!rst_n) b = #1 0;
    else        b = #1 a;
endmodule
```

假定我们的 RTL 模型按照下面两种方式设计：没有延迟的非阻塞赋值和带有延迟的非阻塞赋值。

例子：Good RTL model - nonblocking assignments with no delays。
```
module myrtl_nb0 (
  output reg c,
  input      b, clk, rst_n);
```

```
    always @(posedge clk or negedge rst_n)
      if (!rst_n) c <= 0;
      else        c <= b;
endmodule
```

例子：Good RTL model - nonblocking assignments with #1 delays。
```
`timescale 1ns / 1ns
module myrtl_nb1 (
  output reg c,
  input       b, clk, rst_n);
  always @(posedge clk or negedge rst_n)
    if (!rst_n) c <= #1 0;
    else        c <= #1 b;
endmodule
```

假定 Vendor2 模型是按照下面两种方式设计：没有延迟的阻塞赋值和带有延迟的阻塞赋值。与 Vendor1 模型结构相同。

例子：Bad vendor #2 model - blocking assignments with no delays。
```
module vendor2_b0 (
  output reg d,
  input       c, clk, rst_n);
  always @(posedge clk or negedge rst_n)
    if (!rst_n) d = 0;
    else        d = c;
endmodule
```

例子：Bad vendor #2 model - blocking assignments with #1 delays。
```
`timescale 1ns / 1ns
module vendor2_b1 (
  output reg d,
  input       c, clk, rst_n);
  always @(posedge clk or negedge rst_n)
    if (!rst_n) d = #1 0;
    else        d = #1 c;
endmodule
```

首先让我们检查不好的 Vendor 模型和好的 RTL 模型之间的交互。高性能的 Verilog 仿真器，例如 VCS，具有打平（Flatten）模块边界的能力，有效地把阻塞赋值和非阻塞赋值结合到一个由同一个时钟沿触发的 always 块中。根据编译器从两个不同的源模块结合语句的方式（Vendor 的语句在 RTL 的语句后面，或者 Vendor 的语句在 RTL 的语句前面），就有可能存在或可能不存在仿真的竞争条件，见图 16-24 和图 16-25。注意：不管我们是否在 RTL 模型上加了#1 延迟，竞争条件都有可能存在。

然后让我们检查好的 RTL 模型和不好的 Vendor 模型之间的交互。高性能的 Verilog 仿真器，例如 VCS，具有打平（Flatten）模块边界的能力，有效地把阻塞赋值和非阻塞赋值结合到一个由同一个时钟沿触发的 always 块中。根据编译器从两个不同的源模块结合语句的方式（Vendor 的语句在 RTL 的语句后面，或者 Vendor 的语句在 RTL 的语句前面），在一个公共时钟下或者在多个时钟之间没有偏差的情况下，不会存在仿真的竞争条件，见图 16-26 和图 16-27。注意：不管我们是否在 RTL

模型上加了#1 延迟，竞争条件都不存在。

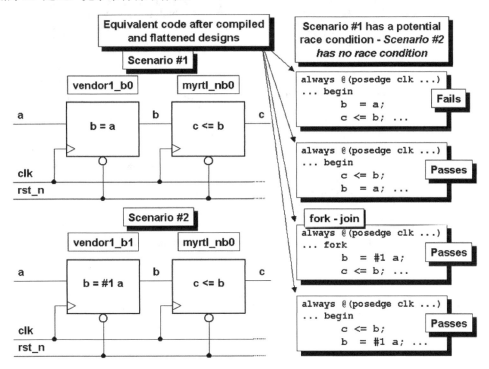

图 16-24　不好的 Vendor1 模型驱动 RTL 模型（RTL 没有加延迟）

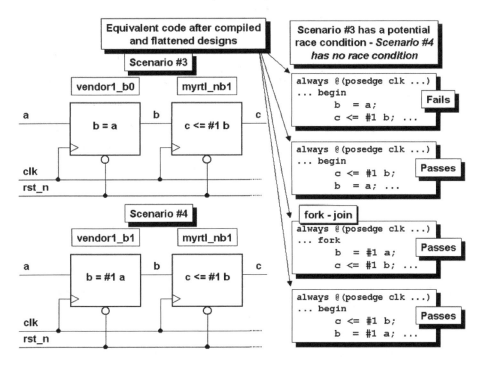

图 16-25　不好的 Vendor1 模型驱动 RTL 模型（RTL 加#1 延迟）

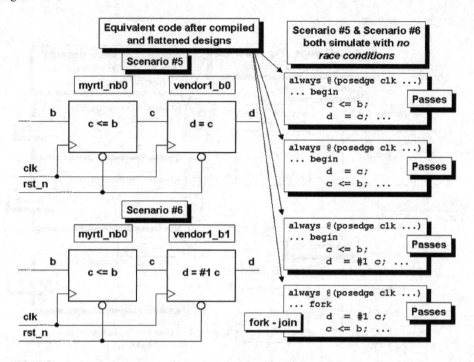

图 16-26 RTL 模型（RTL 没有加延迟）驱动不好的 Vendor2 模型驱动

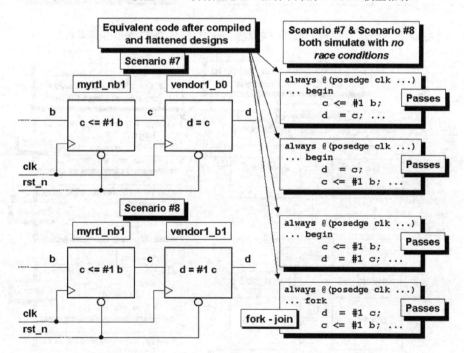

图 16-27 RTL 模型（RTL 加#1 延迟）驱动不好的 Vendor2 模型驱动

总结上面的分析结果，我们得到下面的表格（见图 16-28）。当我们和不好的使用阻塞赋值的 Vendor 模型交互时，在 RTL 模型上加上#1 延迟没有用处。很明显，这种错误必须向 Vendor 报告，而且 Vendor 必须修正，不要指望在 RTL 模型上加上#1 延迟后这种错误就会消失。

Vendor1 Model	RTL Model	Vendor2 Model	Race Condition?
b = a	c <= b		RACE CONDITION
b = #1 a			NO race condition
b = a	c <= #1 b		RACE CONDITION
b = #1 a			NO race condition
	c <= b	d = c	NO race condition
		d = #1 c	NO race condition
	c <= #1 b	d = c	NO race condition
		d = #1 c	NO race condition

图 16-28　RTL 模型和不好的 Vendor 模型之间的竞争条件

16.16.6　结论和建议

非阻塞赋值 RHS 加#1 的延迟能够提供一些仿真上的便利，但是这个延迟对仿真性能有很大的影响。虽然 VCS 的+nbaopt 编译选项可以对#1 延迟的非阻塞赋值提高仿真性能，但是还是没有达到与不使用延迟的非阻塞赋值一样的性能。

如果工程师坚持要对非阻塞赋值使用#1 延迟，那么最好使用`D 宏定义添加延迟，那么当`D 定义为空时，就可以达到对非阻塞赋值不使用延迟时的性能。

不管怎样，还是编写没有延迟的非阻塞赋值更好。如果以后需要做 RTL 和门级混合仿真，那么就对连接 RTL 模型输出的非阻塞赋值加上延迟，而且只要在那些真正需要的位置添加即可。你也可以使用 shell 命令做全局替换，把所有的<=替换为<= `D 即可。

当然你可以在工程开始的时候，就要求在所有的 RTL 代码对非阻塞赋值使用`D 宏定义。这个方法可以避免 90%的 RTL 和门级混合仿真潜在问题。注意：#1 延迟不能修正所有的混合仿真问题。

工程师应该明白为什么要在非阻塞赋值上加延迟，为什么#1 延迟能够和不能修正 RTL 和门级混合仿真问题。如果时钟偏差大于 1ns 或者门级模型的输入 hold 时间大于 1ns，对#1 延迟的无知应用不会修正仿真问题，只会带来抱怨。

16.17　带有 SDF 延迟的门级仿真

在当今设计时代我们可以使用时序分析（Static Timing Analysis，STA）工具和等价检查（Equivalence Checking）工具，为什么我们还要做带有延迟的门级仿真？

为什么工程师要做带有反标 SDF 的延迟和时序检查（Back-annotated SDF delays and timing checks）的仿真，有一些非常实际的原因。有时我们把带有反标 SDF 延迟的仿真称为动态时序分析（Dynamic timing analysis），这是一个很有想象力的名字。

16.17.1　全系统仿真

对 ASIC 做 STA 分析相对来说很容易。只要有逻辑库（Logic library，用于时序分析的模型），那么就可以建立一个美好、方便、封闭的分析环境。

但是全系统的 STA 分析还不能成为普遍的现实。对于板级设计上具有 FPGA、ASIC、标准 IC 和互连的混合体，时序验证典型地还需要做动态时序分析，因为要为如此多的器件和板上走线找到兼容的 STA 模型几乎不可能。

16.17.2 软件要花钱

通过细致严密的 RTL 仿真、STA 分析、RTL 与门级之间等价检查，通常可以不用做门级仿真。但是财务紧张的初创（startup）公司或其他小公司可能不会购买等价检查软件。

好的方法和好的风格经常可以把那些需要先进工具检查出来的问题最小化。资源有限的公司为了提高设计成功的概率，需要仔细审慎地规划和设计。这样在做带有 SDF 的门级仿真时，通过所有仿真验证的概率就大大地提高，需要进行多次带有 SDF 的门级仿真的次数就大大地降低。

16.17.3 门级回归仿真

即使 STA 检查和等价检查都通过，最后带有 SDF 的门级仿真还是得运行，这是让人关注的事实，可以用于检验综合和 STA 的约束文件是正确的。

有的工程师认为只要运行少许的验证用例即可，但是根据我们的经验，太少的门级仿真实在不让人放心。几年前，一位出席 SNUG 会议的人员就报告说，在他参加的 ASIC 设计中，带有 SDF 的门级仿真可以发现 STA 不能发现的问题，10 个设计中有 9 个设计出过这样的问题。

原作者认为这样的事情不可思议，如果有人遭遇过这样的问题（门级仿真发现了 STA 不能发现的问题），请把你的经历发到 cliffc@sunburst-design.com，原作者希望追踪这样的问题。

注意：作者就遭遇到这样的问题，RTL 仿真很好，STA 很好，等价检查很好，但是门级仿真就是出错，最后发现很多与异步信号处理有关。

下面就是作者遇到的一个问题，发生在某著名公司的 SSI IP。在这个 IP 中，有两个时钟 ssi_clk 和 pclk，ssi_clk 比 pclk 慢。下面是发生问题的代码。

例子：发生问题的代码。

```verilog
  always @(posedge ssi_clk or negedge ssi_rst_n) begin : POP_PUSH0_PROC
    if(ssi_rst_n == 1'b0) begin
      rx_push_r0  <= 1'b0;
      tx_pop_r0   <= 1'b0;
    end else begin
      if(ssi_clk_en == 1'b1) begin
        rx_push_r0  <= load_rx_buf;
        tx_pop_r0   <= load_tx_shift;
      end
    end
  end

  always @(posedge ssi_clk or negedge ssi_rst_n) begin : POP_PUSH_PROC
    if(ssi_rst_n == 1'b0) begin
      rx_push_r1  <= 1'b0;
      tx_pop_r1   <= 1'b0;
    end else begin
      if(ssi_clk_en == 1'b1) begin
        rx_push_r1 <= rx_push_r0;
        tx_pop_r1  <= tx_pop_r0;
      end
    end
```

```
      end

      assign rx_push = (rx_push_r0 | rx_push_r1);
      assign tx_pop  = (tx_pop_r0  | tx_pop_r1) & !tx_empty_sync;

      always @(posedge pclk or negedge presetn) begin : FIFO_SYNC0_PROC
        if(presetn == 1'b0) begin
          tx_pop_sync0  <= 1'b0;
          rx_push_sync0 <= 1'b0;
        end else begin
          tx_pop_sync0  <= tx_pop;
          rx_push_sync0 <= rx_push;
        end
      end
```

具体分析如下：
```
RTL simulation
tx_pop_r0    _____|-------------|_____
tx_pop_r1    _____|------------|_____
tx_pop       _____|---------------------------|_____
tx_pop_sync0 _____|-----------------|_____
There is no glitch on tx_pop and run OK

Gate simulation
tx_pop_r0    _____|----------------|_____
tx_pop_r1    _____|------------|_____
tx_pop       _____|---------|__|----------|_____
tx_pop_sync0 _____|---------|___|------------|_____

There is one glitch (low pulse) on tx_pop and run failed.
The logic of tx_pop is combinational. If the path from tx_pop_r0/Q to tx_pop
is short and the path from tx_pop_r1/Q to tx_pop is long, then there is one
glitch on tx_pop.
Because the pclk is fast and the glitch is just clocked by pclk,
tx_pop_sync0/Q has one cycle of LOW level, which causes the related counter
error.
```

解决办法如下：
```
Further I find that the RTL itself has problem that tx_pop_r0 should not be
used. In fact rx_push also has similar problem. So the correct method is as
follows.
  assign rx_push = (rx_push_r1);
  assign tx_pop  = (tx_pop_r1) & !tx_empty_sync;
```

16.18　验证平台技巧

下面是一些小技巧，可以帮助工程师验证基于 cycle 的 RTL 设计，可以帮助避免 Verilog 竞争条件。

16.18.1 在 0 时刻复位

在 0 时刻使用阻塞赋值让复位生效（Assert）可能会导致竞争条件，为什么？因为所有的过程块在 0 时刻被激活。如果 initial 块在 always 块之前被激活，那么 always 块就不会意识到复位生效，直到下一个 posedge clk 或者下一次复位生效。

例子：Race condition while asserting reset at time 0。
```
initial begin
  rst_n = 0;
  ...
end
always @(posedge clk or negedge rst_n)
```

事实上，虽然 IEEE Verilog 标准没有明确说明，但是大多数 Vendor 的 Verilog 仿真器在激活 initial 块之前，首先激活所有的 always 块，这意味着在 initial 块的复位信号执行之前，always 块已经为复位信号准备好（等待复位的到来）。

但是设计者不应该依赖于这样的激活顺序（initial 块在 always 块之后激活）。避免这个竞争条件的简单方法是：如果要让第一个复位信号在 0 时刻起效，那么就使用非阻塞赋值。对复位使用非阻塞赋值会强制复位信号在 0 时刻的最后执行，这时所有的 always 块已经被激活。当复位信号在 0 时刻被更改时，就会触发 always 块执行复位。

例子：No race condition while asserting reset at time 0。
```
initial begin
  rst_n <= 0;
  ...
end
always @(posedge clk or negedge rst_n)
```

16.18.2 时钟沿之后复位

另一个避免竞争条件方法是：在仿真器开始 1~2 时钟周期之后，再让复位在时钟无效沿起效。因为我们一般都会忽略开始前几个时钟周期不定态（Unknown），如同在真实硬件上电复位时一样。

16.18.3 创建仿真时钟

很多人经常使用类似下面的代码创建时钟，这里使用了两个过程块：initial 块和 always 块[Janick Bergeron]。

例子：常用的生成时钟方法。
```
reg clk;
initial clk = 1'b0;
always #50 clk = ~clk;
```

但是生成时钟本来是一个顺序的过程：赋一个初始值，然后以一定时间间隔在 0 和 1 之间翻转，所以最好写成下面的形式。在 0 时刻对第一个时钟赋值使用非阻塞赋值，是为了在 0 时刻触发那些对 negedge clk 敏感的过程块。

例子：更好的生成时钟方法。
```
initial begin
```

```
    clk <= 0;    //or clk <= 1;
    forever #(`cycle/2) clk = ~clk;
end
```

通过在 0 时刻结束时（所有的过程块已经变成活跃）把时钟信号强制改变成 0 或 1，这样就可以避免 0 时刻的竞争条件。在 0 时刻的第一个时钟沿（negedge 或 posedge）之后，所有后续的时钟转换就在 forever 语句中执行，而且是以对仿真器更有效的阻塞赋值执行。

16.18.4　在无效沿输入激励

在激励代码中，尽可能在时钟无效沿对输入赋值，而不要使用固定的#延迟，这是一个很好的创建验证平台的策略。因为使用固定延迟有缺点，如果工程师要尝试其他的频率，所有使用固定延迟的代码都需要修改。但是如果要对使用时钟无效沿改变激励的验证平台尝试其他的频率，就很少需要修改。

第 17 章

层次结构

Verilog 通过在模块中实例其他模块的方法支持层次化的硬件描述。高层模块对底层模块创建实例，通过 input、output 和 inout 端口进行联系。这些端口既可以是 scalar，也可以是 vector。

17.1 模块

这里讨论模块定义和模块实例的语法，同时给出相应的例子。

17.1.1 模块定义

模块包含在关键字 module 和 endmodule 之间。在 module 之后是模块名字，然后依次是可选的参数列表和端口列表（或者端口声明），再就是模块内部的各种语句。

模块定义的语法如下：

```
//Verilog-1995 syntax
module module_identifier [ module_parameter_port_list ]
list_of_ports;
{ module_item }
endmodule
```

或者

```
//Verilog-2001 syntax
module module_identifier [ module_parameter_port_list ]
[ list_of_port_declarations ];
{ non_port_module_item }
endmodule
```

Verilog-1995 和 Verilog-2001 的模块定义区别主要在参数声明和端口声明上。

17.1.2 模块实例

模块实例的使用规则如下：

1. 通过模块实例，一个模块可以把其他模块包含到自己模块内。
2. 通过模块实例，一个模块可以对其他子模块创建多个实例。
3. 在模块实例时，可以使用范围说明（Range specification），即可以创建实例数组。
4. 端口连接有两种方式：按位置连接和按名字连接。建议不要使用按位置连接的方式，因为不清晰、容易错。
5. 模块实例化与调用程序不同。每个实例都是模块的一个完全的复制，相互独立、并行。

17.2 参数

参数对于可配置的设计非常有用，在模块实例化时通过调整参数，模块就可以用在多个地方。

例如,Synopsys 的 Designware 库就使用了大量的参数。

17.2.1 参数声明

参数声明有两种格式:一种是 Verilog-1995,在模块内部声明;另一种是 Verilog-2001 新增的,在模块名字后面声明,这种方式更加友好。

使用参数时,这两种格式既可以任选其一,也可以两者都用,但是推荐使用 Verilog-2001 新增的格式。

```
//Verilog-1995 parameter declaration
module generic_fifo
   (reset, clk, read, write, in, out, full, empty);
   parameter MSB=3;
   parameter LSB=0;
   parameter DEPTH=4;
   input reset, clk, read, write;
   input [MSB:LSB] in;
   output [MSB:LSB] out;
   output full, empty;
   //Local parameters can not be overridden. They can be
   //affected by altering the public parameters above.
   localparam FIFO_MSB = DEPTH*MSB;
   localparam FIFO_LSB = LSB;
   reg [FIFO_MSB:FIFO_LSB] fifo;
   reg [LOG2(DEPTH):0] depth;
   ...............
endmodule

//Verilog-2001 parameter declaration
module generic_fifo
   #(parameter MSB=3, LSB=0, DEPTH=4)
   (input reset, clk, read, write,
    input [MSB:LSB] in,
    output [MSB:LSB] out,
    output full, empty);
   ...............
endmodule
```

17.2.2 参数调整

模块参数声明时可以有类型(Type:signed or unsigned)和范围(Range:[m:n]),也可以没有。在模块实例时,使用下面的原则调整参数的类型和范围。
1. 对于没有范围和没有类型的参数,那么就默认地使用模块实例时传进来数值的范围和类型。
2. 对于有范围但没有类型的参数,就认为参数类型是 unsigned。模块实例时传进来数值的范围和类型要转换成参数的范围和类型。
3. 对于没有范围但有类型的参数,就使用参数的类型。模块实例时传进来数值的类型要转换成参数的类型。对于符号数,那么就默认地使用模块实例时传进来数值的范围。
4. 对于有范围又是符号数的参数,模块实例时传进来数值的类型和范围要转换成参数的范围和类型。

例子：
```
module foo(a,b);
   real r1,r2;
   parameter [2:0] A = 3'h2;
   parameter B = 3'h2;
   initial begin
    r1 = A;
    r2 = B;
    $display("r1 is %f r2 is %f",r1,r2);
   end
endmodule

module bar;
   wire a,b;
   defparam f1.A = 3.1415;
   defparam f1.B = 3.1415;
   foo f1(a,b);
endmodule
```

参数调整的说明如下：
1. A 有范围[2:0]，同时认为是 unsigned。当 3.1415 传进来时，就要把浮点数 3.1415 转成整数 3，然后赋给 A，所以 A=3。
2. B 没有范围，也没有类型。当 3.1415 传进来时，浮点数 3.1415 不做任何转换，直接把它赋给 B，所以 B=3.1415。

17.2.3 参数传递

参数传递方法：通过 defparam 修改和模块实例时传递。模块实例时传递还分为两种方式：按位置传递（By ordered list）和按名字传递（By name）。按名字传递的方式是 Verilog-2001 增加的，具有简单明了和使用方便的特点，所以建议使用按名字传递方式。

defparam 语句很清晰地指出了要修改的模块实例名字和参数名字，defparam 可以放在模块实例的前面或后面，或者文件中的任何位置。defparam 给人的第一感觉是很讨人喜欢，事实上有很多人喜欢用它，"因为 defparam 可以自成文档，而且在修改参数声明时更加强壮"。然而不幸的是，本来意图很好的 defparam 被很滥用了：
1. 使用 defparam 跨越模块层次修改模块的参数。
2. 把 defparam 语句放到一个单独的文件里，而不是放到模块实例的位置。
3. 在一个文件中使用多个 defparam 语句来修改一个实例的参数。
4. 在多个文件中使用多个 defparam 语句来修改一个实例的参数。

现在 defparam 已经过时，就应该抛弃掉，所以就不要使用了。

例子：使用 defparam 语句重新定义参数值。
```
module two_regs1 (q, d, clk, rst_n);
  output [15:0] q;
  input  [15:0] d;
  input         clk, rst_n;
  wire   [15:0] dx;
```

```
    defparam r1.SIZE=16;
    defparam r2.SIZE=16;
    register r1 (.q(q),  .d(dx), .clk(clk), .rst_n(rst_n));
    register r2 (.q(dx), .d(d),  .clk(clk), .rst_n(rst_n));
endmodule
```

例子：在实例化时按位置传递参数。缺点：所有的参数必须清晰地以正确的顺序列出来。
```
module two_regs1 (q, d, clk, rst_n);
    output  [15:0] q;
    input   [15:0] d;
    input          clk, rst_n;
    wire    [15:0] dx;
    register #(16) r1 (.q(q),  .d(dx), .clk(clk), .rst_n(rst_n));
    register #(16) r2 (.q(dx), .d(d),  .clk(clk), .rst_n(rst_n));
endmodule
```

例子：在实例化时按名字传递参数。
```
module demuxreg (q, d, ce, clk, rst_n);
    output [15:0] q;
    input  [ 7:0] d;
    input         ce, clk, rst_n;
    wire   [15:0] q;
    wire   [ 7:0] n1;
    not           u0 (ce_n, ce);
    regblk #(.SIZE( 8)) u1
       (.q(n1), .d (d),    .ce(ce),   .clk(clk), .rst_n(rst_n));
    regblk #(.SIZE(16)) u2
       (.q (q), .d({d,n1}), .ce(ce_n), .clk(clk), .rst_n(rst_n));
endmodule
```

这个新的方法具有很大的优点：可以只把那些需要改变的参数列出来（如同 defparam 一样），而且很方便地把参数值放到了实例化的语法中，如同用 Verilog-1995 的#重定义一样，但是有了参数名字后看起来就很清晰，而且不会造成 defparam 那样的滥用。

这是最干净的实例化模块的方法，设计者应该积极地使用它创建可重用的模块。

例子：
```
module vdff (out, in, clk);
    parameter size=5, delay=1;
    output [size-1:0] out;
    input  [size-1:0] in;
    input             clk;
    reg    [size-1:0] out;
    always @(posedge clk)
        #delay out = in;
endmodule

module tb2;
```

```
    wire    [9:0] out_a, out_d, out_e;
    wire    [4:0] out_b, out_c;
    reg     [9:0] in_a, in_d, in_e;
    reg     [4:0] in_b, in_c;
    reg           clk;
    // testbench clock & stimulus generation code ...
    // Four instances of vdff with parameter value assignment by name
    // mod_a has new parameter values size=10 and delay=15
    // mod_b has default parameters (size=5, delay=1)
    // mod_c has one default size=5 and one new delay=12
    // mod_d has a new parameter value size=10.
    //      delay retains its default value
    vdff #(.size(10),.delay(15))   mod_a (.out(out_a),.in(in_a),.clk(clk));
    vdff                           mod_b (.out(out_b),.in(in_b),.clk(clk));
    vdff #(.delay(12))             mod_c (.out(out_c),.in(in_c),.clk(clk));
    vdff #(.delay( ),.size(10))    mod_d (.out(out_d),.in(in_d),.clk(clk));

    //One instances of vdff with parameter value assignment by ordered list
    vdff #(10, 15)    mod_e (.out(out_e), .in(in_e), .clk(clk));
endmodule
```

对于可配置模块，parameter 直接放在 module_name 后面，可以很清楚地查看。另外在模块实例化的时候，parameter 的传递，也可以像端口连接一样，使用名字连接。

例子：

```
    tcu     tcu_i
      #(.IS_OST            (0),
        .COUNT_CHANNEL     (3),
        .WIDTH_CHANNEL     (2),
        .WIDTH_COUNTER     (32),
        .SUPPORT_PWM       (1),
        .SUPPORT_WDT       (1))
      (//port conections
       ... ... ... ... ...);
```

17.2.4 参数依赖

一个参数（例如 memory_size）可以用包含其他参数（例如 word_size）的表达式定义，这就是参数依赖（Parameter dependence）。

例子：
`#(parameter word_size = 32, memory_size = word_size * 4096)`

在传递参数时，这个参数的值要根据表达式对应的改变。例如，如果把 word_size 改变了（word_size=16），那么 memory_size 也做对应的改变（16 * 4096）。但是如果直接地把 memory_size 改变了，那么表达式就失去了作用，不管 word_size 取什么值。

建议：对使用表达式定义的参数，如果表达式始终保持有效，那么就不用 parameter 定义，而用 localparam 定义，这样就不会在传递参数时发生可能的错误。

17.2.5 内部参数

localparam 是 Verilog-2001 新增加的。不像 parameter，localparam 不能通过参数重定义（Positional or named redefinition）或者 defparam 语句修改。但是 localparam 可以被定义成 parameter 的运算，从而达到修改的目的。

localparam 的思想就是基于其他的 parameter 生成一些参数，但是又避免最终用户意外或者错误地修改。另外，应该积极考虑使用 localparam 定义内部使用的各种常量，包括状态机的状态名字。

注意：Verilog-2001 规定 localparam 只能在模块内部定义。

在下面的例子中 MEM_DEPTH 就被保护起来，而且随着 ASIZE 的变化做相应的变化。

例子：使用 Verilog-2001 的 parameter 和 localparam。

```
module ram1 #(parameter ASIZE=10, DSIZE=8)
  (inout [DSIZE-1:0] data,
   input [ASIZE-1:0] addr,
   input             en, rw_n);
  //Memory depth equals 2**(ASIZE)
  localparam MEM_DEPTH = 1<<ASIZE;
  reg [DSIZE-1:0] mem [0:MEM_DEPTH-1];
  assign data = (rw_n && en) ? mem[addr] : {DSIZE{1'bz}};
  always @(addr, data, rw_n, en)
    if (!rw_n && en) mem[addr] = data;
endmodule
```

17.2.6 clog2

Verilog-2001 增加了一个 $clog2 系统函数，用于返回以 2 为底参数的对数的向上取整的值（clog2(x) = round_up(log2(x))）。参数可以是一个整数或一个任意长度的向量，被看作无符号数，参数 0 返回值是 0。

$clog2 可以用于对指定的地址长度计算地址的最小宽度。

例子：使用$clog2 实现更加方便的模块配置。

```
//Verilog-2001 module declaration
module #(parameter ADDR_SIZE=100) abc_ctrl
  (//注意这里不能用 ADDR_WIDTH，因为它在下面才被定义
   input [$clog2(ADDR_SIZE)-1:0] address,
   ············);
  localparam ADDR_WIDTH = $clog2(ADDR_SIZE);
  ············
endmodule

//Verilog-1995 module declaration
module abc_ctrl (address, ············);
  parameter ADDR_SIZE=100;
  localparam ADDR_WIDTH = $clog2(ADDR_SIZE);
  //注意这里可以用 ADDR_WIDTH，因为它在上面已被定义
  input [ADDR_WIDTH-1:0] address;
  ············
endmodule
```

17.2.7 指数**

Verilog-2001 支持指数运算**，同样可以用于可配置的设计。使用**是计算内存深度（Memory depth）的最直接方法。例如，如果一块 memory 的地址有 10-bit，那么就应该有 1024 个地址，2 ** 10 = 1024，当然也可以使用 1 << 10。如果**的两个操作数都是常数，那么它就可以综合，因为它的值在编译时就可以被计算出来。

17.3 端口

17.3.1 端口声明

端口声明有两种格式：一种是 Verilog-1995，另一种是 Verilog-2001 新增的，二者不可混用。

```
// Verilog-1995: Old Style Port List
module module_name (port_name, port_name, ... );
  port_declaration port_name, port_name,...;
  port_declaration port_name, port_name,...;
  module items
endmodule

// Verilog-2001: ANSI-C Style Port List
module module_name
 #(parameter_declaration, parameter_declaration,... )
  (port_declaration port_name, port_name,...,
   port_declaration port_name, port_name,...);
  module items
endmodule
```

Verilog-1995 要求做 2 次或 3 次端口声明：1. 在模块头部的端口列表；2. 端口方向声明；3. 对于寄存器输出端口，还要再声明一次端口类型。Verilog-2001 的 ANSI-C style 端口声明是非常漂亮的增强，可以使代码更加简洁，因为 Verilog-2001 把这些信息合为单一的端口声明，明确地消除了冗余。

例子：使用 Verilog-1995 的端口声明方式，端口 q 就被声明了 3 次，非常啰嗦。

```
//Verilog-1995 D-flip-flop model with verbose port declarations
module dffarn (q, d, clk, rst_n);
  output q;
  input  d, clk, rst_n;
  reg    q;
  always @(posedge clk or negedge rst_n)
    if (!rst_n) q <= 1'b0;
    else        q <= d;
endmodule
```

例子：使用 Verilog-2001 新的端口声明方式，用起来就非常方便。

```
//Verilog 2001 D-flip-flop model with new-style port declarations
module dffarn (
  output reg q,
  input     d, clk, rst_n);
```

```
    always @(posedge clk or negedge rst_n)
      if (!rst_n) q <= 1'b0;
      else        q <= d;
endmodule
```
例子：使用 Verilog-2001 新的端口声明方式。
```
module assume
  #(parameter SIZE = 4096)
  (input                   a, b, sel,
   input signed [15:0]     c, d,
   output signed [31:0]    result,
   inout [15:0]            data_bus,
   input [log2(SIZE)-1:0]  addr,
  );
```

17.3.2 端口连接

端口连接有两种方式：按位置连接（By ordered list）和按名字连接（By name）。

1. 按位置连接：模块实例中的端口表达式列表要和模块定义中的端口列表一一对应。对于只有几个端口的小模块还可以使用这种方式，对于大模块就不能使用这种方式，因为容易出错、阅读不便、不易维护。
2. 按名字连接：就是在实例时，把模块定义的端口和对应连接的信号清晰地列出来，而且书写时最好是每行只放置一个端口连接。用这种方式进行端口连接，清晰明了，阅读方便。

例子：模块实例的端口连接。
```
module ffnand (q, qbar, preset, clear);
  output q, qbar;
  input preset, clear;
  nand g1 (q, qbar, preset),
       g2 (qbar, q, clear);
endmodule

//Connecting module instance ports by ordered list
module ffnand_wave;
  wire out1, out2;
  reg in1, in2;
  parameter d = 10;
  ffnand ff(out1, out2, in1, in2);                //++++
  initial begin
    #d in1 = 0; in2 = 1;
    #d in1 = 1;
    #d in2 = 0;
    #d in2 = 1;
  end
endmodule

//Connecting module instance ports by name
module ffnand_wave;
  wire out1, out2;
  reg in1, in2;
```

```
    parameter d = 10;
    ffnand ff(.q(out1), .qbar(out2), .preset(in1), .clear(in2));    //++++
    initial begin
      #d in1 = 0; in2 = 1;
      #d in1 = 1;
      #d in2 = 0;
      #d in2 = 1;
    end
endmodule
```

17.3.3 实数传递

实数类型不能直接连接到端口上，应该使用间接的方法连接，就是在模块端口上使用$realtobits 和$bitstoreal 传递位模式。

例子：
```
module driver (output net_r);
  real r;
  wire [64:1] net_r = $realtobits(r);
endmodule

module receiver (input net_r);
  wire [64:1] net_r;
  real r;
  initial assign r = $bitstoreal(net_r);
endmodule
```

17.4 Generate 语句

Verilog-2001 很多有用的特性是从 VHDL 语言借鉴过来的，例如 generate 语句就来源于 VHDL。Verilog-2001 除了支持 for-loop generate 和 if-else generate 语句外，还支持 case generate 语句。

generate construct 用于在模块内有条件地实例生成块，或者实例多个生成块。这里生成块（Generate block）指的是一组模块项，但是不能是端口声明、参数声明、specify 块和 specparam 声明。generate construct 提供了通过参数改变模块结构的能力，它既能把重复的结构变得很简洁，也能把实例多个子模块的工作变得很轻松。

generate construct 有两种：循环（loop）和条件（conditional）。Loop generate construct 允许在模块内对一个生成块实例化多次。Conditional generate construct 包括 if-generate 和 case-generate，它从一组备选的生成块中有选择地实例化生成块。generate scheme 是用于决定实例化哪个生成块或者实例化多少个生成块的方法，包含 generate construct 中的条件表达式、case 语句和循环控制语句。

generate scheme 是在模型 elaboration 时评估的，elaboration 发生在语法分析之后和仿真之前，它包括扩展模块实例、计算参数值、分解层次名字、建立线网连接和准备模型仿真。虽然 generate scheme 使用类似于行为语句的语法，但是我们应该认识到它们不是在仿真时执行的。它们在 elaboration 时就被计算出来，在仿真开始时它们的结果是确定的。因此，所有在 generate scheme 中的表达式应该是常数表达式，在 elaboration 时就能确定下来。

对 generate construct 做 elaboration 就会生成 0 个、1 个或者多个生成块的实例。一个生成块的实例在很多方面上类似于模块的实例。它创建了一个新的层次，把生成块中的行为描述和模块实例变成实体。这些生成块实例里的名字可以按照层次引用。

generate 区域是由关键字 generate 和 endgenerate 定义的。generate 区域不能嵌套，只能在模块内直接使用。

使用 generate 可以创建多种类型的模块项（Item）。例如，模块的多个实例化，根据参数选择某一个模块，生成多个 assign 语句等。这样可以减少代码的书写，更紧凑、更易读、更不容易出错。例如，我们用手工书写多个实例，如果把某一个数组的 index 搞错，那么就只有一个 item 错误，但是如果用 generate 生成，通常要么所有 item 都对，要么所有 item 都错。

17.4.1 Loop generate construct

Loop generate construct 允许用 for 循环多次实例生成块，它需要使用循环变量，需要使用 genvar 声明的变量。

genvar 当做整数在 elaboration 时使用，用于计算 generate 循环，创建生成块实例。genvar 是 VSG（Verilog Standard Group）争吵的结果，只可用于 generate 语句，不可用于其他地方，而且在仿真时不可见。VSG 认为增加一个限制用途的变量类型是最安全的办法，因为他们不想在 integer 上加入一些用于 generate 语句的规则。下面是 genvar 的要求。

1. genvar 既可以在 generate 语句的里面声明，也可以在 generate 语句的外面声明。
2. genvar 是正整数，只能用于 generate 循环，在仿真时不存在。
3. 两个使用同一个 genvar 的 generate 循环不能嵌套。
4. 可以把 genvar 当做常量，用于修改模块的 parameter。

例子：参数化的格雷码转换为二进制码模块。

```
//parameterized gray-code-to-binary-code converter
module gray2bin1 #(parameter SIZE = 8)
  (output [SIZE-1:0] bin,
   input  [SIZE-1:0] gray);
  genvar i;
  generate
    for (i=0; i<SIZE; i=i+1) begin:bit
      assign bin[i] = ^gray[SIZE-1:i];
    end
  endgenerate
endmodule
```

例子：ripple adder，线网在 generate loop 外声明。

```
//Generated ripple adder with two-dimensional net declaration
// outside of the generate loop
module addrgen1 (co, sum, a, b, ci);
  parameter SIZE = 4;
  output [SIZE-1:0] sum;
  output            co;
  input  [SIZE-1:0] a, b;
  input             ci;
  wire   [SIZE  :0] c;
  wire   [SIZE-1:0] t [1:3];
  assign c[0] = ci;
  // Hierarchical gate instance names are:
  // xor gates: bit[0].g1 bit[1].g1 bit[2].g1 bit[3].g1
```

```verilog
//              bit[0].g2 bit[1].g2 bit[2].g2 bit[3].g2
// and gates:   bit[0].g3 bit[1].g3 bit[2].g3 bit[3].g3
//              bit[0].g4 bit[1].g4 bit[2].g4 bit[3].g4
// or gates:    bit[0].g5 bit[1].g5 bit[2].g5 bit[3].g5
// Generated instances are connected with
// multidimensional nets t[1][3:0] t[2][3:0] t[3][3:0]
// (12 nets total)
  genvar i;
  generate
    for(i=0; i<SIZE; i=i+1) begin:bit
      xor g1 ( t[1][i],   a[i],     b[i]);
      xor g2 ( sum[i], t[1][i],     c[i]);
      and g3 ( t[2][i],   a[i],     b[i]);
      and g4 ( t[3][i], t[1][i],    c[i]);
      or  g5 ( c[i+1], t[2][i], t[3][i]);
    end
  endgenerate
  assign co = c[SIZE];
endmodule
```

例子：ripple adder，线网在 generate loop 里面声明。

```verilog
module addergen1 (co, sum, a, b, ci);
  parameter SIZE = 4;
  output [SIZE-1:0] sum;
  output            co;
  input  [SIZE-1:0] a, b;
  input             ci;
  wire   [SIZE :0]  c;
  assign c[0] = ci;
// Hierarchical gate instance names are:
// xor gates: bit[0].g1 bit[1].g1 bit[2].g1 bit[3].g1
//            bit[0].g2 bit[1].g2 bit[2].g2 bit[3].g2
// and gates: bit[0].g3 bit[1].g3 bit[2].g3 bit[3].g3
//            bit[0].g4 bit[1].g4 bit[2].g4 bit[3].g4
// or gates:  bit[0].g5 bit[1].g5 bit[2].g5 bit[3].g5
// Gate instances are connected with nets named:
//            bit[0].t1 bit[1].t1 bit[2].t1 bit[3].t1
//            bit[0].t2 bit[1].t2 bit[2].t2 bit[3].t2
//            bit[0].t3 bit[1].t3 bit[2].t3 bit[3].t3
  genvar i;
  generate
    for(i=0; i<SIZE; i=i+1) begin:bit
      wire   t1, t2, t3;
      xor g1 (     t1, a[i], b[i]);
      xor g2 ( sum[i],   t1, c[i]);
      and g3 (     t2, a[i], b[i]);
      and g4 (     t3,   t1, c[i]);
      or  g5 ( c[i+1],   t2,   t3);
    end
```

```
  endgenerate
  assign co = c[SIZE];
endmodule
```

例子：多级 generate loop。对于每一个生成的实例，生成块的标志符通过"[genvar value]"索引，这些名字可以用于层次路径名字。

```
//multilevel generate loop
parameter SIZE = 2;
genvar i, j, k, m;
generate
  for (i=0; i<SIZE; i=i+1) begin:B1     // scope B1[i]
    M1 N1();                            // instantiates B1[i].N1
    for (j=0; j<SIZE; j=j+1) begin:B2   // scope B1[i].B2[j]
      M2 N2();                          // instantiates B1[i].B2[j].N2
      for (k=0; k<SIZE; k=k+1) begin:B3 // scope B1[i].B2[j].B3[k]
        M3 N3();                        // instantiates B1[i].B2[j].B3[k].N3
      end
    end
    if (i>0) begin:B4                   // scope B1[i].B4
      for (m=0; m<SIZE; m=m+1) begin:B5 // scope B1[i].B4.B5[m]
        M4 N4();                        // instantiates B1[i].B4.B5[m].N4
      end
    end
  end
endgenerate

// Some examples of hierarchical names for the module instances:
//   B1[0].N1              B1[1].N1
//   B1[0].B2[0].N2        B1[0].B2[1].N2
//   B1[0].B2[0].B3[0].N3  B1[0].B2[0].B3[1].N3
//   B1[0].B2[1].B3[0].N3
//   B1[1].B4.B5[0].N4     B1[1].B4.B5[1].N4
```

在 ASIC 中，需要实例大量的 PAD，使用 generate 语句就很方便。

例子：实例化 16 个 PMEMBS_ODT PAD 模块。

```
genvar i;
generate
for (i = 0; i <= 15; i = i + 1)
  begin: gen_pad_mem_dq
    PMEMBS_ODT x
      (.PAD(px_MEM_DQ[i]), .C(pp_MEM_DQ_15_0_i[i]),
       .I(pp_MEM_DQ_15_0_o[i]), .OEN(pp_MEM_DQ_15_0_oe_n[i]),
       .PD(pp_MEM_DQ_pd), .IEN(pp_MEM_DQ_ien),
       .ST(1'b0), .PE(1'b0), .PS(1'b0),
       .SSEL(pp_MEM_DQ_ds), .TSEL(pp_MEM_DQ_15_0_tsel[i*2 +: 2]));
  end
endgenerate
```

17.4.2 Conditional generate construct

conditional generate construct（if-generate 和 case-generate）在 elaboration 时，基于常数表达式的值从一组生成块中最多选择一个，然后把它实例化到模块中。

因为最多只能选择一个生成块实例化，所以这些生成块的名字可以相同。

例子：使用条件生成语句。

```verilog
module test;
  parameter p = 0, q = 0;
  wire a, b, c;
  //-------------------------------------------------------
  // Code to either generate a u1.g1 instance or no instance.
  // The u1.g1 instance of one of the following gates:
  // (and, or, xor, xnor) is generated if
  // {p,q} == {1,0}, {1,2}, {2,0}, {2,1}, {2,2}, {2, default}
  //-------------------------------------------------------
  generate
  if (p == 1)
    if (q == 0)
      begin : u1              // If p==1 and q==0, then instantiate
        and g1(a, b, c);      // AND with hierarchical name test.u1.g1
      end
    else if (q == 2)
      begin : u1              // If p==1 and q==2, then instantiate
        or  g1(a, b, c);      // OR with hierarchical name test.u1.g1
      end
                              // "else" added to end "if (q == 2)" statement
    else;                     // If p==1 and q!=0 or 2, then no instantiation
  else if (p == 2)
    case (q)
      0, 1, 2:
        begin : u1            // If p==2 and q==0,1, or 2, then instantiate
          xor g1(a, b, c);    // XOR with hierarchical name test.u1.g1
        end
      default:
        begin : u1            // If p==2 and q!=0,1, or 2, then instantiate
          xnor g1(a, b, c);   // XNOR with hierarchical name test.u1.g1
        end
    endcase
  endgenerate
endmodule
```

注意：
1. 所有实例生成块的名字都是 test.u1.g1，因为生成块和逻辑门都采用同样的名字 u1 和 g1。
2. 在上面的例子中插入了一个没有生成块的 else 语句，这样就使得后续的 else 与最外层的 if 语句匹配。当然也可以使用 begin/end 来避免混淆，但是这就违反了直接嵌套的标准，在生成块的层次上又增加了一层。

例子：根据参数实例乘法器模块。

```verilog
//parameterized multiplier module
module multiplier(a,b,product);
  parameter a_width = 8, b_width = 8;
  localparam product_width = a_width+b_width;
  input  [a_width-1:0] a;
  input  [b_width-1:0] b;
  output [product_width-1:0] product;
  //The hierarchical instance name is mult.u1
  generate
    if((a_width < 8) || (b_width < 8)) begin: mult
      //Instantiate a CLA  multiplier
      CLA_multiplier #(a_width,b_width) u1(a, b, product);
    end
    else begin: mult
      //Instantiate a Wallace-tree  multiplier
      WALLACE_multiplier #(a_width,b_width) u1(a, b, product);
    end
  endgenerate
endmodule
```

例子：根据参数实例加法器。

```verilog
//Generate with a case to handle widths less than 3
//The hierarchical instance name is adder.x1
generate
  case (WIDTH)
    1: begin: adder              // 1-bit adder implementation
         adder_1bit x1(co, sum, a, b, ci);
       end
    2: begin: adder              // 2-bit adder implementation
         adder_2bit x1(co, sum, a, b, ci);
       end
    default:
       begin: adder              // others - carry look-ahead adder
         adder_cla #(WIDTH) x1(co, sum, a, b, ci);
       end
  endcase
endgenerate
```

17.5 实例数组

虽然使用 Loop generate construct 可以编写出简洁的代码，但是使用实例数组（Instance array）可以编写出更加简洁的代码。其实 Verilog-1995 就支持实例数组，但是用的人不多，因为有些人宁愿书写冗长啰嗦易错的代码。

使用实例化数组，对连线有一定的要求。

1. 当端口的宽度和信号的宽度相等时，此信号全部被连接到每个模块实例上。
2. 如果端口的宽度和信号的宽度不相等，那么每个模块实例就连接信号的一部分，这时信号的

宽度 = 端口的宽度×实例化个数。最右侧的实例连接信号的最右部分，然后依次往左排。

例子：8-bit 的三态 buffer。

```
module tribuf8bit
  (output wire [7:0] y,
   input  wire [7:0] a,
   input  wire       en);
  //array of 8 Verilog tri-state primitives; each bit of the
  //vectors is connected to a different primitive instance
  bufif1 u[7:0] (y, a, en);
endmodule
```

例子：64-bit 的三态 buffer。

```
module tribuf64bit
  (output wire [63:0] out,
   input  wire [63:0] in,
   input  wire        enable);
  //array of 8 8-bit tri-state buffers; each instance is connected
  //to 8-bit part selects of the 64-bit vectors; The scalar enable line
  //is connected to all instances
  tribuf8bit i[7:0] (out, in, enable);
endmodule
```

假设我们要实例 32 个地址 pads 和 16 个数据 pads，最笨的方法就是一个一个地实例化，这谁都会写，但是容易出错。但是如果我们使用前面介绍的 generate 语句，那么就会得到如下的代码，很简洁。

例子：使用 generate 语句实例 PAD。

```
//Top-level ASIC model with address and data I/O pads
// instantiated using a generate statement
module top_pads2 (pdata, paddr, pctl1, pctl2, pctl3, pclk);
  inout  [15:0] pdata;                  // pad data bus
  input  [31:0] paddr;                  // pad addr bus
  input         pctl1, pctl2, pctl3, pclk;  // pad signals
  wire   [15:0] data;                   // data bus
  wire   [31:0] addr;                   // addr bus
  main_blk u1 (.data(data), .addr(addr),
               .sig1(ctl1), .sig2(ctl2), .sig3(ctl3), .clk(clk));
  genvar i;
  IBUF c4 (.O(ctl3), .pI(pctl3));
  IBUF c3 (.O(ctl2), .pI(pctl2));
  IBUF c2 (.O(ctl1), .pI(pctl1));
  IBUF c1 (.O( clk), .pI( pclk));
  generate
    for (i=0; i<16; i=i+1) begin: dat
      IBUF i1 (.O(data[i]), .pI(pdata[i]));
    end
  endgenerate
  generate
    for (i=0; i<32; i=i+1) begin: adr
```

```
      BIDIR b1 (.N2(addr[i]), .pN1(paddr[i]), .WR(wr));
    end
  endgenerate
endmodule
```

因为地址和数据相关的信号都是简单的数组,所以我们可以用实例数组书写,从而得到更加简洁的代码。

例子:使用实例数组实例 PAD。

```
//Top-level ASIC model with address and data I/O pads
// instantiated using arrays of instance
module top_pads3 (pdata, paddr, pctl1, pctl2, pctl3, pclk);
  inout    [15:0] pdata;                  // pad data bus
  input    [31:0] paddr;                  // pad addr bus
  input           pctl1, pctl2, pctl3, pclk;  // pad signals
  wire     [15:0] data;                   // data bus
  wire     [31:0] addr;                   // addr bus
  main_blk u1 (.data(data), .addr(addr),
               .sig1(ctl1), .sig2(ctl2), .sig3(ctl3), .clk(clk));
  IBUF c4 (.O(ctl3), .pI(pctl3));
  IBUF c3 (.O(ctl2), .pI(pctl2));
  IBUF c2 (.O(ctl1), .pI(pctl1));
  IBUF c1 (.O( clk), .pI( pclk));
  IBUF i[15:0] (.O(data), .pI(pdata));
  BIDIR b[31:0] (.N2(addr), .pN1(paddr), .WR(wr));
endmodule
```

使用实例数组,就可以一次实例化多个模块,可以节省语句,看起来更紧凑。如果用 generate 语句,就有点罗嗦,要定义 genvar,还要有 for 循环。

17.6 层次名字

Verilog 中的每一个标志符(Identifier)都有一个唯一的层次路径名字(Hierarchical name),模块层次、模块内定义的项目和命名块定义了这些名字。

一个设计可以包含一个或多个顶层模块(通常一个),顶层模块也被称为根模块。这个根模块或者这些根模块形成了设计的一个或多个层次,可以把每个层次看成一个树形结构。在任意模块内,子模块实例、生成块实例、任务、函数、命名 begin/end 块和命名 fork/join 块定义了层次的一个新分支,模块内的命名块和任务/函数内的命名块也定义了层次的新分支。

任何层次名字都可以引用,方法是把各个层次连接起来,层次之间的分隔符是.(点号)。完整的层次名字是从顶层模块开始的,但是在有名字的对象(模块、任务、函数等)内引用下级对象时,可以直接使用这个对象内的名字作为开始。注意:对于带有 automatic 的任务和函数,不能通过层次名字访问它们。

例子:模块层次名字。

```
module mod (input in);
  always @(posedge in) begin: keep
    reg hold;
    hold = in;
  end
endmodule
```

```
module cct (input stim1, stim2);
  mod amod(stim1),
      bmod(stim2);
endmodule

module wave;
  reg stim1, stim2;
  cct a(stim1, stim2);
  initial begin: wave1
    #100 fork: innerwave
      reg hold;
    join
    #150 begin
      stim1 = 0;
    end
  end
endmodule
```

见图 17-1，我们可以使用这些层次名字：

```
wave
wave.stim1
wave.stim2
wave.a
wave.a.stim1
wave.a.stim2
wave.a.amod
wave.a.amod.in
wave.a.amod.keep
wave.a.amod.keep.hold
wave.a.bmod
wave.a.bmod.in
wave.a.bmod.keep
wave.a.bmod.keep.hold
wave.wave1
wave.wave1.innerwave
wave.wave1.innerwave.hold
```

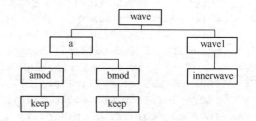

图 17-1　模块的层次（来源于 Verilog-2005 标准）

层次名字引用允许对任意级的对象做数据访问，如果知道一个对象的唯一层次名字，那么就可以在设计中对它采样或它修改。

例子：引用层次名字。

```
begin
  fork: mod_1
    reg x;
    mod_2.x = 1;
  join
  fork: mod_2
    reg x;
    mod_1.x = 0;
  join
end
```

第 18 章

系统任务和函数

系统任务和函数分为 11 大类：Display、File I/O、Timescale、Simulation control、Simulation time、Conversion、Math、Command line、Probabilistic distribution 、PLA modeling 和 Stochastic analysis。

18.1 显示任务

显示任务（Display system tasks）分为三类：
1. 显示和写出任务（Display and write tasks）。
2. 探测任务（Strobed monitoring tasks）。
3. 监控任务（Continuous monitoring tasks）。

18.1.1 显示和写出任务

显示和写出任务包含如下这些任务：

```
$display    $displayb    $displayo    $displayh
$write      $writeb      $writeo      $writeh
```

$display 和$write 具有如下特性。
1. $display 和$write 的区别在于$display 在输出后自动加上一个换行符。
2. $display 没有参数时，就显示一个换行符，而$write 没有参数时，就什么也不显示。
3. 任何空参数在显示时要输出一个空格字符。空参数就是参数列表中连续的两个逗号，例如，$display("abc", , "def");。
4. $display 和$write 在显示字符串参数时，除了特定的转义序列（Escape sequence），字符串的内容要逐字地（Literally）显示出来。

转义序列用于显示特定的字符，或者用于对后续参数指定显示格式。转义序列按照下面三种方式插入字符串中。
1. 特殊字符\指出与后面跟随的字符 起当做特殊的字符。
2. 特殊字符%指出后面跟随的字符用于对后续参数指定显示格式。除了%m 和%%，字符串中的每一个%，都要有一个对应的参数。
3. 特殊字符%%用于显示%。
4. 特殊字符%m 用于显示当前显示任务所在模块、任务、函数或命名块的层次名字。

18.1.1.1 特殊字符（见表 18-1）

18.1.1.2 显示格式

除%m 和%%之外，每个%格式用于控制对应输出参数的显示格式。

表 18-1 用于特殊字符的转义序列

Argument	Description	中文描述
\n	The newline character	换行
\t	The tab character	制表符
\\	The \ character	\
\"	The " character	"
\ddd	A character specified in 1–3 octal digits (0 ≤ d ≤ 7). If fewer than three characters are used, the following character shall not be an octal digit. Implementations may issue an error if the character represented is greater than \377.	表示一个3位的八进制数，此数应该小于256
%%	The % character	%

当输出参数没有对应的显示格式时，就使用默认的格式。

1. $display 和$write 默认用十进制。
2. $displayb 和$writeb 默认用二进制。
3. $displayo 和$writeo 默认用八进制。
4. $displayh 和$writeh 默认用十六进制。

表 18-2 至表 18-4 列出了用于显示格式的转义序列和显示格式中的逻辑值及逻辑强度。

表 18-2 用于显示格式的转义序列

Argument	Description	中文描述
%h or %H	Display in hexadecimal format	按十六进制显示
%d or %D	Display in decimal format	按十进制显示
%o or %O	Display in octal format	按八进制显示
%b or %B	Display in binary format	按二进制显示
%c or %C	Display in ASCII character format	显示 ASCII 字符
%s or %S	Display as a string	显示字符串
%m or %M	Display hierarchical name	显示层次名字
%l or %L	Display library binding information	用于显示特定模块的库信息，与 config 和 endconfig 有关
%v or %V	Display net signal strength	显示信号强度
%t or %T	Display in current time format	%t 与 $timeformat 配合工作，用于显示时间信息
%u or %U	Unformatted 2 value data	writing data without formatting (binary values)，要把 x 和 z 转成 0
%z or %Z	Unformatted 4 value data	writing data without formatting (binary values)，保持 x 和 z
%e or %E	Display 'real' in an exponential format	用于显示实数，用科学记数法输出
%f or %F	Display 'real' in a decimal format	用于显示实数，用十进制格式输出
%g or %G	Display 'real' in exponential or decimal format, whichever format results in the shorter printed output	用于显示实数，用较短的格式输出

表 18-3 显示格式中的逻辑值

Argument	Description	中文描述
0	For a logic 0 value	
1	For a logic 1 value	
X	For an unknown value	
Z	For a high-impedance value	
L	For a logic 0 or high-impedance value	
H	For a logic 1 or high-impedance value	

表 18-4 显示格式中的逻辑强度

Argument	Description	Strength level
Su	Supply drive	7
St	Strong drive	6
Pu	Pull drive	5
La	Large capacitor	4
We	Weak drive	3
Me	Medium capacitor	2
Sm	Small capacitor	1
Hi	High impedance	0

例子:

```
module disp;
  reg [31:0] rval;
  pulldown (pd);
  initial begin   rval = 101;
    $display("rval = %h hex %d decimal",rval,rv
    $display("rval = %o octal\nrval = %b bin",r
    $display("rval has %c ascii character value
    $display("pd strength value is %v",pd);
    $display("current scope is %m");
    $display("%s is ascii value for 101",101);
    $display("simulation time is %t", $time);
  end
endmodule
```

运行结果如下:

```
rval = 00000065 hex        101 decimal
rval = 00000000145 octal
rval = 00000000000000000000000001100101 bin
rval has e ascii character value
pd strength value is StX
current scope is disp
e is ascii value for 101
simulation time is                    0
```

18.1.1.3 显示宽度

显示任务能够自动调整显示数值的宽度。例如对于一个 12-bit 的数值,用十六进制显示时分配 3 个字符(最大值是 FFF),用十进制显示时分配 4 个字符(最大值是 4095)。

显示宽度的规则如下:

1. 在用十进制显示时,不显示数值前面的 0,用空格代替。在用其他进制显示时,数值前面的 0 始终显示。
2. 如果在%和进制代码(d、h、o 或 b)之间插入 0,那么停止使用自动调整显示数值宽度。
3. 如果在%和进制代码(d、h、o 或 b)之间插入非零数值,那么设置显示数值宽度。

4. 如果在%和进制代码（d、h、o或b）之间-，那么显示数值靠左对齐。
5. 这些插入字符可以组合使用。

例子：
```
module printval;
  reg [11:0] r1;
  initial begin
    r1 = 10;
    $display( "1. %d: :%h:", r1, r1);
    $display( "2. %0d: :%0h:", r1, r1);
    $display( "3. %4d: :%0h:", r1, r1);
    $display( "4. %04d: :%04h:", r1, r1);
    $display( "5. %-d: :%-h:", r1, r1);
    $display( "6. %-0d: :%-0h:", r1, r1);
    $display( "7. %-4d: :%-4h:", r1, r1);
    $display( "8. %-04d: :%-04h:", r1, r1);
  end
endmodule
```

运行结果如下：
1.   10: :00a:
2. 10: :a:
3.   10: :00a:
4. 0010: :00a:
5. 10: :00a:
6. 10: :a:
7. 10   :00a :
8. 10   :00a :

18.1.1.4 层次名字

%m 不对任何参数起作用，用于显示当前显示任务所在模块、任务、函数或命名块的层次名字。

%m 对于调试非常有用。例如，对于触发器或锁存器，当发生违反 setup 或 hold 时间要求时，就输出对应的层次名字和时序违反信息。

18.1.1.5 字符串格式

%s 用于显示字符串，对应参数应该是一个字符串，就是把参数当做一个 8-bit ASCII 序列。如果参数是变量，那么字符串应该按右调整，就是参数最右的 bit 对应于字符串最后字符的最低位。Verilog 字符串不需要结束字符（C 语言中的字符串要以\0 结束），而且前面的 0 也不显示。

18.1.2 探测任务

探测任务包括$strobe、$strobeb、$strobeo、$strobeh。

探测任务的使用规则如下：
1. 探测任务提供了在指定时间显示仿真数据的能力。这个指定时间就是在当前 time-step 的最后，所有当前仿真时间的事件都已经处理完，刚好在 time-step 向前进之前。

2. 参数处理方式与$display 一样。

例子：$strobe 在 negedge clk 的最后，显示所要求的数据，可以确保 data 是已经更改过的。
```
forever @(negedge clock)
    $strobe ("At time %d, data is %h", $time, data);
```

18.1.3 监控任务

监控任务包括$monitor、$monitorb、$monitoro、$monitorh。
监控任务的使用规则如下：
1. $monitor 提供了监视和显示变量及表达式的能力。
2. 参数处理方式与$display 一样。
3. 当一个带有参数的$monitor 启动时，仿真器就监视参数列表中的变量和表达式的变化。除了 $time、$stime 和$realtime，当变量和表达式发生变化时，就在 time-step 最后显示出来。如果在同一时间有多个参数发生变化，只会显示一次。
4. 任何时候只能有一个$monitor 显示列表活跃，所以先执行的$monitor 会被后执行的$monitor 覆盖掉。
5. $monitoron 和$monitoroff 分别用于使能和停止 monitoring。

18.2 文件读写

与 Verilog-1995 相比，Verilog-2001 的文件读写能力做了很大的增强。
1. Verilog-2001 既支持原有的 MCD（Multi-Channal Descriptor），又支持 FD（File Descriptor）。
2. Verilog-2001 增加了一些 C 语言中常用的文件操作函数。
3. Verilog-2001 增加了一些字符串操作的函数。
如果你熟悉 C 语言，那么就会很容易地理解并使用它们。

文件读写函数主要分为以下几类。
1. 打开和关闭文件。
2. 写数据到文件中。
3. 写数据到变量中。
4. 从文件中读数据。
5. 从变量中读数据。
6. 文件定位。
7. 刷新文件输出。
8. 加载数据到 memory。

18.2.1 打开和关闭文件

在 Verilog-1995 中，最多只能同时打开 32 个文件。Verilog-1995 的文件句柄被称为多通道描述符（Multi-Channel Descriptor，MCD），每一个打开的文件用一个整数中的某一个 bit 置位（=1）表示，整数标志符就是 Verilog 代码中的文件句柄。多个 MCDs 可以位或（Bit-wise or'ed）到一起，然后赋值给一个整数，那么这个整数就表示多个打开的文件，用户用一条命令操作这个整数就可以访问多个文件。但是对 MCD 操作的函数功能有限，只支持 fdisplay、fwrite、fstrobe 和 fmonitor 函数输出到文件，不能做文件输入操作。

在 Verilog-1995 中，最多只能同时打开 32 个文件（其中包含一个已经打开的用于输出的 STDOUT），工程师在做验证时就很受限制，他们需要同时打开超过 31 个文件，他们还需要更好的文件 I/O 功能。另外 Verilog-1995 对文件输入的功能非常受限制，只支持 readmemb 和 readmemh 函数把 bin 或 hex 文件读入到指定的数组中。虽然可以通过 PLI 对文件 I/O 进行扩展，但是不管怎样，用起来都不是那么方便。

在 Verilog-2001 中，文件 I/O 的增强需要使用整数的最高位（MSB）：当 MSB=0 时，文件依旧是 Verilog-1995 形式，按照 MCD 操作；当 MSB=1 时，文件就是 Verilog-2001 形式，可以同时打开 2**31 个文件，每一个打开的文件用一个单独数字的句柄表示，它们不能像 MCD 那样位或到一起。所以到了 Verilog-2001，按照 MCD 方式打开的文件数就变成了 31 个。

打开和关闭文件函数是$fopen 和$fclose，其中$fopen 有两种打开的方式，它们的语法如下：

```
//Verilog-1995, multi_channel mode
mcd = $fopen ("file_name");
fclose (mcd);
//Verilog-2001 added, file_descriptor mode
fd = $fopen ("file_name", type);
$fclose (fd);
```

文件名既可以是一个字符串常量，也可以是一个字符串变量。

fopen 返回一个整数值，根据是否有 type 参数，返回 mcd 或 fd。如果没有 type，那么就返回 mcd，否则返回 fd。

1. mcd 是只有某一位被置为 1 的多通道描述符，但是 bit-31 被保留且始终为 0，所以最多可以打开 31 个 mcd。mcd 方式始终是打开一个新的只写文件（write only）。多个 mcd 可以位或到一起，这样就可以向多个文件同时输出东西。
2. fd 是有多位被置为 1 的单通道描述符，bit-31 被保留且始终为 1，另外某些其他 bit 可能被置为 1。用 fd 可以对文件做读、写或追加的操作。注意：使用 fd 只能操作一个文件，位或到一起没有意义。
3. 如果文件打开失败（例如 type 是"r"、"rb"、"r+"、"r+b"或"rb+"，但文件不存在，或者没有操作文件的权限），那么$fopen 返回 0。
4. 表 18-5 是 fd 文件打开方式的类型。

表 18-5 fopen type

Type	Descriptions	中文描述
"r" or "rb"	open for reading	按只读方式打开
"w" or "wb"	truncate to zero length or create for writing	按只写方式打开。若文件存在，则文件长度截为零；若文件不存在，则建立该文件
"a" or "ab"	append; open for writing at end of file	按追加方式打开，只在文件尾部写。若文件存在则保留，若文件不存在则建立该文件
"r+", "r+b", or "rb+"	open for update (reading and writing)	按更新方式打开，可读可写。文件必须存在
"w+", "w+b", or "wb+"	truncate or create for update	按更新方式打开，可读可写。若文件存在则文件长度截为零，若文件不存在则建立该文件
"a+", "a+b", or "ab+"	append; open or create for update at end-of-file	按追加方式打开。若文件不存在，则会建立该文件，如果文件存在，写入的数据会被加到文件尾后，即文件原先的内容会被保留

注意：type 中的"b"用于区分二进制文件和文本文件，对于 Unix 和 Linux 来说没有意义，但是对于 Windows 系统来说就有意义，因为 Windows 在读写文本文件时要对某些二进制值做一些转换。

18.2.2 文件输出

文件输出的任务包括如下任务：

```
$fdisplay,    $fdisplayb,    $fdisplayh,    $fdisplayo
$fwrite,      $fwriteb,      $fwriteh,      $fwriteo
$fstrobe,     $fstrobeb,     $fstrobeh,     $fstrobeo
$fmonitor,    $fmonitorb,    $fmonitorh,    $fmonitoro
```

它们和$display、$write、$monitor 和$strobe 一样操作，只不过第一个参数应该是 mcd 或 fd，把数据写到文件中。

```
file_output_task_name (mcd or fd, list_of_arguments);
```

但是$fmonitor 和$monitor 还是有一些区别。

1. 当执行多个$monitor 时，最后执行的$monitor 才活跃（Active）；而执行多个$fmonitor 时，这些$fmonitor 同时活跃。
2. $monitor 有对应的控制$monitoron 和$monitoroff，$fmonitor 就没有这样的控制，必须用$fclose 取消活跃的$fmonitor。

例子：

```
`timescale 1ns / 100ps
module test;
   reg clk;
   initial begin clk <= 0; forever #50 clk <= ~clk; end

   reg x;
   initial x = 0;
   always @(posedge clk) x <= ~x;

   integer fd;
   initial begin
      fd = $fopen("m.dat");
      $monitor ("clk %d %b", $time, clk); //this $monitor is overrode by the next $monitor
      $monitor ("x %d %b", $time, x);
      $fmonitor (fd, "clk %d %b", $time, clk);
      $fmonitor (fd, "x %d %b", $time, x);
      #500;
      $finish;
   end
endmodule
```

运行显示如下：

```
x              0 0
x             50 1
```

```
x              150 0
x              250 1
x              350 0
x              450 1
```

在 m.dat 中，clk 和 x 的监控数据都存在。
```
clk               0 0
x                 0 0
clk              50 1
x                50 1
clk             100 0
clk             150 1
x               150 0
clk             200 0
clk             250 1
x               250 1
clk             300 0
clk             350 1
x               350 0
clk             400 0
clk             450 1
x               450 1
```

下面的例子说明如何设置 MCD（Multi-Channel Descriptor）。3 个不同的 channel 由$fopen 返回，然后位或后赋给 messages，这个 messages 可用于文件输出任务的第一个参数。为了在输出文件时同时输出到 STDOUT 上，就和 1 做位或，然后赋值给 broadcast，这是因为 STDOUT 的 MCD 是 1。

```
integer messages, broadcast, cpu_ch, alu_ch, mem_ch;
initial begin
cpu_ch = $fopen("cpu.dat");
alu_ch = $fopen("alu.dat");
mem_ch = $fopen("mem.dat");
messages = cpu_ch | alu_ch | mem_ch;
// broadcast includes standard output
broadcast = 1 | messages;
$fdisplay (messages, "data to three files");
$fdisplay (broadcast, "data to three files and stdout");
end
forever @(posedge clock)
    $fdisplay( alu_ch, "acc= %h f=%h a=%h b=%h", acc, f, a, b );
endmodule
```

18.2.3 字符串输出

字符串输出任务包括$swrite、$swriteb、$swriteh、$swriteo、$sformat。
它们的语法如下：
```
$swrite | $swriteb | $swriteh | $swriteo (output_reg , list_of_arguments);
$sformat (output_reg , format_string , list_of_arguments);
```

$swrite 和$fwrite 具有类似的操作，只不过$swrite 第一个参数是用于保存结果字符串的变量，不是文件描述符（MCD 或 FD）。

$sformat 和$swrite 具有类似的操作，但是有一个重要的区别。$sformat 始终把第 2 个参数（既可以是字符串变量，例如"data is %d"，也可以是包含格式字符串的 reg 变量）当做格式字符串，其他参数不当做格式字符串。

例子：
```
module test;
   reg [512:1] str;
   integer i = 5;
   initial begin
      $swrite (str, "temp/abc_%-d", i);
      $display ("%-s", str);
      i = i + 145;
      $sformat (str, "temp/abc_%-d", i);
      $display ("%-s", str);
   end
endmodule
```

18.2.4 文件输入

只有当文件以 type="r"或"r+"打开时，文件才可读。

18.2.4.1 读字符

读字符函数包括$fgetc 和$ungetc。

```
c = $fgetc (fd);
```
$fgetc 用于从指定的 fd 读一个字符。如果读时发生错误，那么 c 就设为 EOF（-1）。所以 c 应该是一个 integer 或者是一个位长大于 8-bit 的 reg，这样$fgetc 返回的 EOF（-1）才能够和 0xFF 区分开。可以使用$ferror 检查发生了什么错误。

```
code = $ungetc (c, fd);
```
$ungetc 用于把一个字符放回到由 fd 指定的 buffer 中，那么下次使用$fgetc(fd)时，就会返回这个字符，但是文件本身并没有改变。如果发生错误，code 设为 EOF，否则 code 设为 0。可以使用$ferror 检查发生了什么错误。

注意：仿真器的文件 I/O 会限制可以放回的字符个数，另外$fseek 也会清除那些放回的字符。

18.2.4.2 读一行

读一行函数为$fgets。
```
integer code;
code = $fgets (str, fd);
```
$fgets 用于从指定的 fd 读字符到 str 中，直到填满 str，或者读到换行符，或者读到文件尾部。如果 str 的位长不是 8 的倍数，那么最高的几个 bit 不用。

如果发生错误，那么就返回 0，否则就返回读到的字符数。可以使用$ferror 检查发生了什么错误。

18.2.4.3 读格式化数据

读格式化数据函数包括$fscanf和$sscanf。

```
integer code;
code = $fscanf (fd, format, args);
code = $sscanf (str, format, args);
```

$fscanf和$sscanf的使用规则如下：

1. $fscanf用于从指定的文件描述符 fd 中读数据，$sscanf用于从指定的变量 str 中读数据。
2. 这里两个函数都用于读字符，按照格式解释，然后保存结果到指定的参数。如果没有足够的参数，那么这种行为没有定义。如果格式用尽但参数还未用完，那么多余的参数就被忽略。
3. 如果参数的位长太小不能放下转换后的数值，通常就保留数值的低位。任何位长的参数都可以使用。但是如果参数是一个 real 或 realtime，就保存+Inf (or -Inf)。
4. 格式可以是一个字符串常数，也可以是一个包含字符串的 reg 变量。格式中包含了转换约定，用于指导转换输入后保存到参数中。

格式中可以包含以下字符。

1. 空格字符（White space characters，包含 blank、tab、newline、formfeed），将被忽略直到读到一个非空格的字符，但是有一种情况不能不略，下面会描述。对于$sscanf，0（Null character，ASCII 0x00）也被认为是空格字符。
2. 普通字符（Ordinary character, not %），必须和输入流的下一个字符匹配。
3. 转换约定（Conversion specifications），包括%、可选的*、可选的用于指定数字最大宽度的数字、转换代码。

输入域是一串非空字符（String of nonspace character），它扩展到下一个不合适的字符，或者到了指定的最大域宽度。除了对%c 以外，输入域前面的所有空格字符都被忽略。

转换约定用于指导输入域的转换，如果没有使用*抑制赋值（Assignment suppression），那么就把转换的结果放到对应的参数中。如果使用*抑制赋值，那么就不用为它提供对应的参数，忽略对应的输入域。

表 18-6 是转换约定字符。

表 18-6 $fscanf 和$sscanf 的转换约定

Character	中文描述
%	期望下一个字符是一个%，不会发生对参数的赋值
b	匹配一个二进制数，由 0、1、X、x、Z、z、?和_构成的序列
o	匹配一个八进制数，由 0、1、2、3、4、5、6、7、X、x、Z、z、?和_构成的序列
d	匹配一个十进制数，由可选的+或-，后面跟随 0、1、2、3、4、5、6、7、8、9 和_构成的序列，或者后面跟随单一的 X、x、Z、z、?
h	匹配一个十六进制数，由 0、1、2、3、4、5、6、7、8、9、X、x、Z、z、?和_构成的序列
f, e, g	匹配一个浮点数。浮点数的格式如下：可选的+或-，跟随 0、1、2、3、4、5、6、7、8 和 9 构成的序列（其中可选包含小数点，跟随可选的 e 或 E（用于指示指数部分），跟随可选的+或-，跟随 0、1、2、3、4、5、6、7、8 和 9 构成的序列
v	匹配一个驱动强度。没什么用处
t	匹配一个浮点数，但是赋值给参数时要按$timeformat 设置的 time_scale 调整。例如，如果 \`timescale 1ns/100ps，$timeformat(-3,2," ms",10);，那么对于$sscanf("10.345", "%t", t)，t 就等于 10350000.0

续表

Character	中文描述
c	匹配一个单一的字符
s	匹配一个由非空格字符（Nonwhite space character）构成的字符串
u	匹配一个未格式化的数据。一般数据是用$fwrite ("%u",data)写出的数据，或者是由其他语言写出（C, Perl, or FORTRAN）的数据。2-值数据要转成 4-值格式存入到参数中。请谨慎使用
z	匹配一个未格式化的数据。4-值数据直接存入到参数中。请谨慎使用
m	返回当前层次名字到对应的参数中，不从文件或 str 参数中读数据

函数返回值是成功匹配的个数。如果发生错误，函数返回值是 0 或 EOF。可以使用$ferror 检查发生了什么错误。

例子：格式中的空格字符被忽略。
```
module test;
    integer i, j, k;
    integer x;
    initial begin
       x = $sscanf ("123 456 789", "%d%d%d", i, j, k);
       $display ("%-d %-d %-d", i, j, k);
       x = $sscanf ("123 456 789", "%d %d %d", i, j, k);
       $display ("%-d %-d %-d", i, j, k);
       x = $sscanf ("123 456 789", "   %d %d %d   ", i, j, k);
       $display ("%-d %-d %-d", i, j, k);
       x = $sscanf ("123 456 789", "   %d    %d    %d   ", i, j, k);
       $display ("%-d %-d %-d", i, j, k);
    end
endmodule
```

18.2.4.4 读二级制数据

读二级制数据函数为$fread。它的语法如下：
```
integer code;
code = $fread(myreg, fd);
code = $fread(mem, fd);
code = $fread(mem, fd, start);
code = $fread(mem, fd, start, count);
code = $fread(mem, fd, , count);
```

1. 从指定的文件中读二级制数据到 reg myreg 或 memory mem 中。
2. start 和 count 只对 memory 有效，对 reg 无效。
3. start 是可选的参数，用于对 memory 指定第一个写地址，如果不指定，就从最低地址开始。
4. count 是可选的参数，用于对 memory 指定最大可写的数量，如果不指定，就尽量往 memory 写数据。
5. 对于 memory，连续的数据向着高地址往 memory 里写，直到达到所要求的数量，或者直到 memory 变满，或者直到文件读完。
6. 为了完成要求，函数按照字节读文件中的数据。对于 8-bit 宽的 memory，每个 memory 元素填充 1 字节。对于 9-bit 宽（或者 10～16-bit 宽）的 memory，每个 memory 元素填充 2 字节。

7. 数据以 big-endian 方式从文件中读出，第一个读出的字节用于填充 memory 元素的高位。如果 memory 的位长不是 8 的倍数，那么就不是所有的数据被装填到 memory 中，因为发生截断。
8. 文件中的数据是 2 值的，$fread 不可能读到 x 或 z。
9. 如果发生错误，就返回 0，否则就返回读到的字符数。可以使用$ferror 检查发生了什么错误。
10. 注意：Verilog 没有 binary 和 ASCII 模式的区分，对同一个文件可以交替使用二进制读（$fread）和格式化读（$fscanf）。

18.2.5 文件定位

文件定位函数包括$ftell、$fseek 和$rewind。

```
integer pos;
pos = $ftell (fd);
```
$ftell 用于返回文件当前位置（从文件头部算起的偏移量），即下次要读或要写的位置。
1. 这个值可以用于$fseek 对文件重新定位。
2. 如果发生错误，就返回 EOF。

```
code = $fseek (fd, offset, fromwhere);
code = $rewind (fd);
```
这两个函数用于设置下次文件操作的位置，使用规则如下：
1. 新的位置是一个相对的距离偏移量，相对点 fromwhere 可以是：0（文件头部）、1（当前位置）、2（文件尾部）。
2. $rewind 等价于$fseek (fd,0,0)。
3. 任何重定位都会取消$ungetc 的操作。
4. $fseek 允许文件定位到超出文件尾部的位置。如果超出尾部定位，那么就在原来文件尾部和当前定位位置之间存在一个 gap。如果后来在这个超出的位置写了数据，那么后续对这个 gap 的读就会返回 0，直到这个 gap 被填充数据。
5. 如果文件以 a 或 a+打开，则根本没有可能覆盖文件中原来的数据。$fseek 可以用来定位到文件中任何位置，但是写数据到文件中时，就取消当前文件指针，把文件指针直接移到文件尾部，所有要写的数据都写到了文件尾部。
6. 如果发生错误，那么就返回-1，否则就返回 0。可以使用$ferror 检查发生了什么错误。

18.2.6 刷新输出

刷新文件输出的函数为$fflush。

```
$fflush (mcd or fd or empty);
```
刷新指定 mcd 或 fd 的 buffer 中数据，如果没有参数，就刷新所有打开的文件。

18.2.7 错误状态

文件错误状态函数为$ferror。当文件 I/O 发生错误时，就返回一个错误代码，一般这就是足够的，但是有时想获得更详尽的信息，那么就使用$ferror。

```
integer errno;
```

```
errno = $ferror (fd, str);
```
1．str 至少应该是 640-bit 的。
2．当最近的文件操作发生错误时，就把错误描述和错误代码分别返回到 str 和 errno 中。
3．当最近的文件操作没有发生错误时，就把空字符串和 0 分别返回到 str 和 errno 中。

18.2.8 检查文件尾部

检查文件尾部函数为$feof。
```
integer code;
code = $feof (fd);
```
$feof 用于检查读文件时是否到达文件尾部。如果到达，就返回非零值，否则返回 0。

18.2.9 加载文件数据

从文件加载数据到 memory 中的任务包括$readmemb 和$readmemh。它们的语法如下：
```
$readmemb ("file_name", memory_name, start_addr, finish_addr);
$readmemh ("file_name", memory_name, start_addr, finish_addr);
```

数据文件的要求如下：
1．对于$readmemb，必须是二级制；对于$readmemh，必须是十六级制。
2．可以使用空格字符（spaces, newlines, tabs and formfeeds）。
3．可以使用注释（//......, /*......*/）。
4．数据没有长度限制。
5．数据中可以使用 x、z 和 _。
6．数据之间可以用空格字符分隔。
7．数据文件中可以指定加载数据的地址，用@hh...h 表示，就是在@后面跟随一个十六进制数，注意@后面不能有空格。数据文件中可以声明多个地址。当$readmem 遇到一个指定地址时，它就把后续数据加载到对应地址的 memory 元素上。
8．注意：memory 实际指的是一维数组。随着读文件，每个数据就依次赋值给 memory 中元素。memory 的加载地址是由可选的 start_addr 和 finish_addr 指定的。

加载文件的说明如下：
1．如果没有 start_addr 和 finish_addr，文件中也没有指定地址，就从 memory 的最低地址加载，直到文件读完，或者填充完 memory。
2．如果有 start_addr，没有 finish_addr，就从 memory 的 start_addr 加载，直到文件读完，或者填充完 memory。
3．如果有 start_addr 和 finish_addr，文件中也没有指定地址，就从 memory 的最低地址加载，直到 memory 的 finish_addr，或者文件读完，或者填充完 memory。
4．如果$readmem 和文件中都有地址信息，那么文件中的地址应该在$readmem 的地址范围内，否则发出错误信息，加载中断。

例子：
```
reg [7:0] mem[1:256];
```

```
initial $readmemh("mem.data", mem);
initial $readmemh("mem.data", mem, 16);
initial $readmemh("mem.data", mem, 1, 128);
```

18.3 时间比例

时间比例任务包括$printtimescale 和$timeformat。

18.3.1 $printtimescale

$printtimescale 用于显示特定模块的时间单位和时间精度。

1. 如果没有参数，那么就显示它所在模块的时间单位和时间精度。
2. 如果有参数（模块实例的层次名字），那么就显示对应模块的时间单位和时间精度。

输出信息如下样子：

```
Time scale of (module_name) is unit / precision
```

18.3.2 $timeformat

$timeformat 的语法如下：

```
$timeformat(units_number, precision_number, suffix_string, minimum_field_width);
```

$timeformat 有下面两个功能。

1. 在$write、$display、$strobe、$monitor、$fwrite、$fdisplay、$fstrobe、$fmonitor 任务中，指定%t 显示时间信息的格式。如同`timescale 一样，编译时它对后续模块保持有效，直到执行了另一个$timeformat。
2. 指定交互时输入延迟值的时间单位。

具体细节请参考 Verilog-2005 标准。

18.4 仿真控制

仿真控制任务包括$finish 和$stop。

118.4.1 $finish

$finish 让仿真器退出执行，可以带参数（0、1 或 2），默认是 1。
0：什么都不显示。
1：显示仿真时间和位置。
2：显示仿真时间、位置、内存使用统计、用于仿真的 CPU 时间。

18.4.2 $stop

$stop 让仿真器挂起，接受与$finish 一样的参数（0、1 或 2）。

18.5 仿真时间

仿真时间函数包括$time，$stime，$realtime

1. $time 返回一个 64-bit 按时间单位表示的整数仿真时间。
2. $stime 返回一个 32-bit 按时间单位表示的整数仿真时间，如果超出仿真时间，就只保留低 32-bit。
3. $realtime 返回一个按时间单位表示的实数仿真时间。

例子：
```
`timescale 10 ns / 1 ns
module test;
   reg set;
   parameter p = 1.55;
   initial begin
     $monitor($time, "   ", $stime, "   ", $realtime, "   ","set=",set);
     #p set = 0;
     #p set = 1;
   end
endmodule
```

运行结果如下：
```
                    0         0   0   set=x
                    2         2   1.6 set=0
                    3         3   3.2 set=1
```

运行解释如下：
1. set 在 16ns 时变为 0，在 32ns 时变为 1。
2. 按照 10ns 的时间单位，16ns 和 32ns 变为 1.6 和 3.2。
3. 再舍入成整数，1.6 和 3.2 变为 2 和 3。

18.6　转换函数

转换函数包括$rtoi、$itor、$realtobits、$bitstoreal。它们语法如下：
```
integer $rtoi(real_val);
real $itor(int_val);
[63:0] $realtobits(real_val);
real $bitstoreal(bit_val);
```

转换函数说明如下：
1. $rtoi 把实数截断（Truncate，直接去掉小数部分）成整数 。例如，123.4、123.5 和 123.6 都变成 123。
2. $itor 把整数转换成实数。例如，123 变成 123.0。
3. $realtobits 用于让实数能从模块端口传递过去，把实数转成 64-bit 的 pattern。
4. $bitstoreal 是$realtobits 反向操作，把 64-bit 的 pattern 转成实数。pattern 应该符合 IEEE 754。

例子：
```
module driver (output [64:1] net_r);
   real r;
```

```
  assign net_r = $realtobits(r);
  ............
endmodule

module receiver (input [64:1] net_r);
  real r;
  assign r = $bitstoreal(net_r);
  ............
endmodule
```

18.7 概率分布

概率分布函数包括一个$random 和一类$dist_ functions。

18.7.1 $random

$random 说明如下：
1. $random 用于产生随机数。每调用一次，就返回一个 32-bit 的随机数。
2. $random 返回的随机数是符号数（Signed），可能是正数，也可能是负数。
3. $random 的参数 seed 用于生成不同的随机数序列。参数 seed 应该是一个 reg、integer 或 time 变量，不能是常数值。
4. 如果 b 是一个正数 ，那么$random % b 返回的数在[(-b+1): (b-1)]之间。

例子：
```
reg [23:0] rand1, and2;
//rand1 is between-59 and 59, because $random is signed.
rand1 = $random % 60;
//rand2 is between 0 and 59, because {$random} is unsigned.
rand2 = {$random} % 60;
```

18.7.2 $dist_functions

$dist_ function 包含如下这些函数：
```
$dist_uniform (seed, start, end);                    //均匀分布
$dist_normal (seed, mean, standard_deviation);       //正态分布
$dist_exponential (seed, mean)                       //指数分布
$dist_poisson (seed, mean);                          //泊松分布
$dist_chi_square (seed, degree_of_freedom);          //卡方分布
$dist_t (seed, degree_of_freedom);                   //t 分布
$dist_erlang (seed, k_stage, mean);                  //爱尔朗分布
```

具体细节请参考 Verilog-2005 标准。

18.8 命令行输入

在运行仿真的时候，可以通过命令行上可选的参数给仿真提供信息。这些参数以+开头，不同于仿真器的选项。这些参数被称为 plusargs，是由这两个函数访问的：$test$plusargs 和$value$plusargs。

18.8.1 $test$plusargs

$test$plusarg 在 plusargs 列表中搜索指定的 string（不能包含前导+），如果匹配（如果 string 是 plusargs 的子串，那么也认为是匹配的），就返回一个非零整数，否则就返回 0。

例子：使用$test$plusargs。
```
initial begin
  if ($test$plusargs("HELLO"))       $display("Hello argument found.")
  if ($test$plusargs("HE"))          $display("The HE subset string is
                                              detected.");
  if ($test$plusargs("H"))           $display("Argument starting with H
                                              found.");
  if ($test$plusargs("HELLO_HERE"))  $display("Long argument.");
  if ($test$plusargs("HI"))          $display("Simple greeting.");
  if ($test$plusargs("LO"))          $display("Does not match.");
end
```

在命令行上运行+HELLO，运行结果如下：
```
Hello argument found.
The HE subset string is detected.
Argument starting with H found.
```

18.8.2 $value$plusargs

$value$plusarg 像$test$plusarg 一样在 plusargs 列表中搜索指定的 string。string 是第一个参数，不能包含前导+。$value$plusarg 的匹配规则如下：

1. 如果某个 plusargs 的前缀与 string 匹配，那么此函数就返回一个非零整数，同时这个 plusargs 的剩余部分被转成 string 中指定的类型，然后保存到 variable 中。如果不匹配，那么此函数就返回 0，但是也不发出警告。
2. string 的格式应该是"plusarg_string format_string"。format_string 就用$display 中的格式，下面是有效的格式（大小写、%0 都可以使用）：
```
%d decimal conversion
%o octal conversion
%h hexadecimal conversion
%b binary conversion
%e real exponential conversion
%f real decimal conversion
%g real decimal or exponential conversion
%s string (no conversion)
```
3. 如果匹配的 plusargs 没有剩余部分，那么保存的值是 0 或空字符串。
4. 如果变量的位长大于转换后值的位长，那么保存的值就做零扩展（Zero-extend），否则保存的值就做截断（Truncate）。
5. 如果匹配的 plusargs 包含有非法字符，那么保存的值是 x。

例子：使用$value$plusarg。

```verilog
`define STRING reg [1024 * 8:1]
module goodtasks;
  `STRING str;
  integer int;
  reg [31:0] vect;
  real realvar;
  initial
    begin
      if ($value$plusargs("TEST=%d",int))
        $display("value was %d",int);
      else
        $display("+TEST= not found");
      #100 $finish;
    end
endmodule

module ieee1364_example;
  real frequency;
  reg [8*32:1] testname;
  reg [64*8:1] pstring;
  reg clk;
  initial
    begin
      if ($value$plusargs("TESTNAME=%s",testname))
        begin
          $display(" TESTNAME= %s.",testname);
          $finish;
        end
      if (!($value$plusargs("FREQ+%0F",frequency)))
        frequency = 8.33333; // 166 MHz
      $display("frequency = %f",frequency);
      pstring = "TEST%d";
      if ($value$plusargs(pstring, testname))
        $display("Running test number %0d.",testname);
    end
endmodule
```

运行结果如下:
```
//+TEST=5
value was            5
frequency = 8.333330
Running text number x.

//+TESTNAME=bar
+TEST= not found
TESTNAME=                         bar.

//+FREQ+9.234
```

```
+TEST= not found
frequency = 9.234000

//+TEST23
+TEST= not found
frequency = 8.333330
Running test number 23.
```

18.9 数学运算

数学函数包含 integer 和 real 函数。

18.9.1 整数函数

Verilog 整数函数只有一个：$clog2。

$clog2 的说明如下：

1. $clog2 等价于 round_up(log2(n))，round_up 是向上取整函数。
2. 参数始终被当做无符号数。
3. 参数等于 0 时，函数返回 0。

$clog2 可以用于：

1. 对于给定大小的 memory，计算地址的最小位长。
2. 对于给定数目的状态，计算向量的最小位长。

例子：
```
integer result;
result = $clog2(n);
```

18.9.2 实数函数

实数函数以实数为参数，返回值也是实数。表 18-7 列出了 Verilog 实数函数和对应的 C 语言库函数。

表 18-7 实数函数

Verilog function	Equivalent C function	Description
$ln(x)	log(x)	Natural logarithm
$log10(x)	log10(x)	Decimal logarithm
$exp(x)	exp(x)	Exponential
$sqrt(x)	sqrt(x)	Square root
$pow(x,y)	pow(x,y)	x**y
$floor(x)	floor(x)	Floor
$ceil(x)	ceil(x)	Ceiling
$sin(x)	sin(x)	Sine
$cos(x)	cos(x)	Cosine
$tan(x)	tan(x)	Tangent
$asin(x)	asin(x)	Arc-sine

Verilog function	Equivalent C function	Description
$acos(x)	acos(x)	Arc-cosine
$atan(x)	atan(x)	Arc-tangent
$atan2(x,y)	atan2(x,y)	Arc-tangent of x/y
$hypot(x,y)	hypot(x,y)	sqrt(x*x+y*y)
$sinh(x)	sinh(x)	Hyperbolic sine
$cosh(x)	cosh(x)	Hyperbolic cosine
$tanh(x)	tanh(x)	Hyperbolic tangent
$asinh(x)	asinh(x)	Arc-hyperbolic sine
$acosh(x)	acosh(x)	Arc-hyperbolic cosine
$atanh(x)	atanh(x)	Arc-hyperbolic tangent

18.10 波形记录

VCD（Value Change Dump）文件用于仿真时记录选定信号的变化，可以用波形查看工具查看信号，也可以用于其他工具里，例如在 Power Compiler 中对芯片做功耗分析。

Verilog 标准提供一系列记录 VCD 的任务，但是通常不使用这些任务。因为使用 VCD 记录出的文件一般都很大，并且每个仿真工具都有自己独有的更好的文件格式和任务。所以这里只是简单地介绍一下。

记录波形的系统任务见表 18-8。

表 18-8 波形记录任务

任务名	说明
$dumpfile("file.dump");	打开一个 VCD 文件用于记录。$dumpfile 必须先于其他任务使用，并且只能打开一个 VCD 文件
$dumpvars(...);	选择要记录的信号，可选择层次和实例
$dumpall;	在 VCD 文件中加一个 checkpoint，记录所有指定的信号值
$dumpflush;	刷新 VCD 数据，以防数据丢失
$dumpoff;	停止记录
$dumpon;	重新开始记录
$dumplimit(<file_size>);	限制 VCD 文件的大小（以字节为单位）

例子：$dumpvars。

```
$dumpvars;                        //Dump 所有层次的信号
$dumpvars (1, top);               //Dump top 模块中的所有信号
$dumpvars (2, top.u1);            //Dump 实例 top.u1 及其下一层的信号
//Dump top.u2 及其以下所有信号，以及信号 top.u1.u13.q
$dumpvars (0, top.u2, top.u1.u13.q);
//Dump top.u1 和 top.u2 及其下两层中的所有信号
$dumpvars (3, top.u2, top.u1);
```

例子：
```
initial begin
  $dumpfile ("testbench.dump");
  $dumpvars (0, testbench);
end
```

第 19 章

编译指令

编译指令（Compiler directive）能够让仿真器和综合工具执行一些特殊的操作。
编译指令具有如下特性。
1．编译指令是以 ` 为前缀，` 是重音符（ASCII 0x60）。注意：它不是 '（ASCII 0x27）。
2．编译指令从处理它的位置就一直保持有效，直到被别的编译指令覆盖或取消。
3．`resetall 指令把所有的编译指令复位成默认值。

19.1 `celldefine 和 `endcelldefine

它们具有如下特性。
1．`celldefine 和 `endcelldefine 用于把模块标记为单元（Cell），一般在标准单元库中使用。
2．某些 PLI 程序要使用单元，例如计算延迟，可以通过 `celldefine 识别模块是不是单元。
3．最好在模块的外部使用这两条指令。
4．`resetall 也起着 `endcelldefine 的作用。

19.2 `default_nettype

`default_nettype 具有如下特性。
1．`default_nettype 用于指定隐含声明线网（Implicit net declaration）的类型。类型可以是 none、wire、wand、wor、tri、triand、trior、tri0 和 tri1。
2．`default_nettype 只能在模块外部使用。
3．可以多次使用 `default_nettype，只是最新定义的指令才起作用。
4．如果没有设置 `default_nettype 或者使用了 `resetall，那么隐含线网的类型是 wire。
5．如果把 `default_nettype 设为 none，那么所有线网都要清晰地（Explicitly）声明；如果有线网没有被清晰地声明，那么就发生错误。

在 Verilog-1995 中，用于端口声明和端口连接的 1-bit 线网可以不必声明，但是由连续赋值驱动的而且不是端口的 1-bit 的线网必须声明。在 Verilog-2001 中，就去掉了这个限制，就是任何 1-bit 的线网都可以不必声明。

在 Verilog-2001 中，`defult_nettype 编译指令增加了一个新的选项 "none"。如果选择了 "none"，那么所有的 1-bit 线网必须被声明。强制声明 1-bit 线网是不是好的编程体验（Good coding practice），这是公开争论过的。有的工程师认为所有线网在使用之前必须声明，还有工程师则认为声明所有 1-bit 线网既浪费时间，又浪费空间。

Cliff Cummings 认为："我个人认为声明所有 1-bit 线网浪费时间、精力和代码行。VHDL 要求所有的 1-bit 线网必须声明。我在 1996 年做了一个 VHDL 的 ASIC 设计，在 ASIC 顶层模块里实例并连接子模块和 I/O Pads 的时候，我用在调试错误声明信号的时间和用在调试实际硬件错误的时间是一样的。我认为唯一值得声明的是多位信号，这在 Verilog-1995 也是要求的。我的信号声明占满了三页纸，但是没有什么有用的信息。当然如果有人想感受一下同样的痛苦，那么就可以使用一下`default_nettype none"。

但是本书作者不这样认为，也许是受 C 语言影响太深，认为任何变量都要先声明然后再使用。Cliff Cummings 认为浪费代码行，这我同意，但是如果说浪费时间，那我不太同意。我认为这是因为子模块的端口声明没有写好，没有好的命名方式，没有好的排列格式。如果子模块的端口声明写得很好，那么在高效的编辑器（例如 Emacs）中使用复制、粘贴和替换等一系列的操作，就可以很容易地完成上层模块中子模块和 I/O Pads 的实例和连接，而且在这上面花费的时间并不多，大部分时间还是用于调试硬件错误。另外我认为任何变量都要先声明再使用，是因为我们的代码不只是有代码，还要有注释，要解释一些变量的用途、有效电平和操作规则等，那么这些注释最好放在变量的上一行或者在变量的后面，而且我们有时候要解释某一组协议信号，如 AHB 信号，不能说 1-bit 的信号就不声明，否则注释没有对应的对象，所以最好的办法是声明所有的信号。

19.3 `define 和 `undef

`define 和 `undef 类似于 C 语言中的#define 和#undef，`define 用于定义一个宏替换，`undef 用于取消一个宏替换。`resetall 对`define 不起作用。

宏定义可以定义在模块内，也可以定义在模块外，效果都一样，而 parameter 就只能定义在模块内。

使用宏定义具有如下好处。
1. 可以定义设计参数和常量，如延时、位长、宽度、地址和状态等。
2. 可以定义 Verilog 命令的简写形式。
3. 可以提高代码的可读性和可维护性。

但是宏定义从它的定义点开始就是全局的，而且对后续读入的文件保持有效（这一点与 C 语言不同），直到另一个宏定义改变这个宏定义的值，或者使用`undef 取消这个宏定义。由于宏定义对后续读入的文件保持有效，所以通常要求按一定的顺序编译文件。

使用宏定义最典型的问题就是另一个文件的宏定义使用了同一个名字。当遇到这种情况的时候，编译器会发出"macro redefinition"的警告，如果不注意这个警告而且发生了相关的问题，那么就可能需要花费很大代价调试。

下面是一些使用宏定义的指导原则。
1. 只对那些确实需要全局定义的而且不会被其他设计更改的标志符才使用宏定义。
2. 尽量不要对那些只在模块内使用的常量使用宏定义，因为这些常量没有全局的意义，应该使用 localparam 定义这些常量。
3. 如有可能，就把所有的宏定义放到一个宏定义文件（例如 global_deffine.h）中，而且在编译时要先读这个文件，这样就可以保证在需要这些宏定义的时候，它们就已经存在，而且可以保证这些宏定义是全局的。
4. 编译时，特别要注意检查宏被重定义的警告。
5. 可以使用 C 语言中宏定义文件的技巧（打开 stdio.h 看看）来编写 Verilog 宏定义文件，使得宏定义只被定义一次，不会出现重定义的情况，即使这个文件被多个文件`include。例如下面的 global_define.h。

```
`ifndef __GLOBAL_DEFINE_H__
  `define __GLOBAL_DEFINE_H__
```

```
        //other define statements
    `endif
```

例子:
```
`define SDF_FILE "/ic/signoff/chip/ps-netlist/chip_ps_work_tt_fix.sdf.gz"

`define AHB_IDLE           2'b00
`define AHB_BUSY           2'b01
`define AHB_NONSEQ         2'b10
`define AHB_SEQ            2'b11

`define WORD_WIDTH     8
reg [`WORD_WIDTH-1:0] data;
```

宏定义还可以这样使用，但是这种用法很少有人使用:
```
`define macro_name(arguments) text_string(arguments)
```

例子:
```
`define NAND(dval) nand #(dval)
`NAND(3)     i1 (y,a,b);
`NAND(3:4:5) i2 (o,c,d);

`define print(x) $display("Info: the value is %d", x);
print(signal_a);
print(signal_b);

//Compare two number
`define max(a,b)((a) > (b) ? (a) : (b))
n = `max(p+q, r+s);
//will be expanded as
n = ((p+q) > (r+s)) ? (p+q) : (r+s);

//Compare two 32-bit signed number
`define gt(x,y) ((x[31] == 0 && y[31] == 0) ? (x[30:0] > y[30:0]) : \
                 (x[31] == 1 && y[31] == 1) ? (x[30:0] > y[30:0]) : \
                 (x[31] == 0 && y[31] == 1) ? 1 : 0)
reg [31:0] pig, dog;
if (`gt(pig, dog)) $display ("Info: pig is greater than dog");
```

19.4　`ifdef、`else、`elsif、`endif、`ifndef

它们的作用类似于 C 语言中的#ifdef 和#endif 等，但是没有 C 语言的强大，因为 C 语言的#if 和 #elseif 能够做比较判断。它们用于编译时有选择地包含某些代码行，其中`ifndef 和`elsif 是在 Verilog-2001 增加的。

例子:
```
module and_op (a, b, c);
```

```verilog
    output a;
    input b, c;
    `ifdef behavioral
      wire a = b & c;
    `else
      and a1 (a,b,c);
    `endif
endmodule

`ifdef first_result
  initial $display("first_result is defined.");
`elsif second_result
  initial $display("second_result is defined.");
`else
  initial $display("last_result is defined");
`endif
```

在使用 Synopsys 的 Design Compiler 时，SYNTHESIS 是综合工具预定义的宏，用来把那些综合时不用的代码给包围起来，用来代替//sysnosys translate_on 和//sysnosys translate_off。

例子：
```verilog
//Verilog-2001 `ifndef capability
`ifndef SYNTHESIS
  initial $display("Running RTL Model");
`endif
```

19.5 `include

`include 用于在源文件中插入另一个文件，要插入的内容可以是全局使用的宏定义，也可以是经常使用的任务和函数，便于 Verilog 文件的管理和维护。

最好不要在文件名中包含绝对路径和相对路径，而是在编译时使用+incdir 指定路径名。

`resetall 对`include 不起作用。

例子：
```verilog
`include "count.v"
`include "ahb_params.v"
```

19.6 `resetall

在编译时如果碰到了`resetall，那么所有指令就设为默认值。

`resetall 不能在模块和 UDP 内使用。

19.7 `line

Verilog 工具应该能够跟踪源文件的名字和行号，这样便于显示错误信息，便于调试源代码，PLI 程序也能访问这些信息。

但是如果 Verilog 文件是由其他工具处理后生成的，那么原始文件的文件名和行号信息就丢失了，例如增加了一些行，或者合并了一些行。

`line 就可用于指定原始文件的文件名和行号信息。经过预处理后，原始信息依旧保留，这样编译器就可以正确地引用原始信息。

例子：
```
`line 15 "orig_file.v" 2
// This line is line 15 of orig.v after exiting include file
```

19.8 `timescale

`timescale 用于指定后续模块的仿真时间单位（time_unit）和时间精度（time_precision）。

1. 使用格式：`timescale <time_unit> / <time_precision>。
2. time_unit 是用于仿真时间和延迟值的测量单位。
3. time_precision 是用于仿真时间和延迟值的测量精度，当延迟值超出精度时，要先舍入再使用。
4. time_precision 不能大于 time_unit。
5. time_precision 的单位应尽量与设计的实际精度相同。
6. 如果 time_unit 与 time_precision 差别太大，那么仿真速度就会大受影响。
7. 可以对不同的模块使用不同的`timescale。
8. 可以使用$printtimescale 显示模块的时间单位和时间精度。
9. 可以使用$time、$realtime、$timeformat 和%t 格式显示时间信息。
10. 测量单位（Measurement unit）可以是 s(second)、ms(millisecond)、μs(micro-second)、ns(nanosecond)、ps(picosecond)、fs(femtosecond)。
11. `resetall 对`timescale 起作用。

例子：
```
`timescale 1 ns / 100 ps
```
在这条指令之后模块的时间值以 1ns 作为时间单位，就是 1ns 的倍数。时间精度是 0.1ns，就是在延迟舍入时只保留小数点后一位小数。

例子：
```
`timescale 10 ns / 1 ns
module test;
  reg set;
  parameter d = 1.55;
  initial begin
    #d set = 0;
    #d set = 1;
  end
endmodule
```
这个例子仿真时间和延迟计算的说明如下：

1. 这个模块的时间单位是 10ns，时间精度是 1ns，就是按 1ns 舍入。
2. 因为时间单位是 10ns 和时间精度是 1ns，d 的延迟从 1.55 调整为 16ns。
3. 在仿真时间 16ns 时，set 被赋值为 0；在仿真时间 32ns 时，set 被赋值为 1。
4. 注意参数 d 始终保持 1.55。

19.9 `unconnected_drive 和 `nounconnected_drive

对于模块未连接的 input 端口，`unconnected_drive 用于指定这些端口的上下拉状态。

1. `unconnected_drive 和 `nounconnected_drive 之间要在模块的外面使用。
2. `unconnected_drive 可以取值 pull1 或 pull0，这时对应模块的所有未连接的 input 端口都强制成 pull-up 或 pull-down。
3. `resetall 可以起 `nounconnected_drive 的作用。

19.10 `begin_keywords 和 `end_keywords

`begin_keywords 和 `end_keywords 用于说明对一块源代码使用哪一个保留关键字集合。`begin_keywords 的取值为这几种：1364-1995、1364-2001、1364-2001-noconfig、1364-2005。这一对指令只能在模块和原语外面使用。

如果没有使用 `begin_keywords，或者执行了 `end_keywords，就使用默认的保留关键字。

有些仿真工具不支持这对指令。

19.11 `pragma

`pragma 是一条改变 Verilog 源程序解释的指令，作者未见有人使用它。

第 20 章

Specify 块

我们在做网表综合和仿真的时候,要求必须熟悉 Verilog 库文件(standard cell、pad 和 memory 等)里面的 specify 块,熟悉模块路径延迟,熟悉时序检查,知道如何反标 SDF。下面就分三个章节讨论这些内容。

在对结构化模型(例如 ASIC 标准单元)描述延迟的时候,经常使用下面两种 constructs:

1. 分布式延迟(Distributed delay),描述事件在逻辑门和线网上传播所用的时间。在实例化逻辑门和做连续赋值时候,使用#描述。
2. 模块路径延迟(Module path delay),描述事件从源(input 或 inout port)到目的(output 或 inout port)传播所用的时间。

本章就描述如何定义模块路径(Module path),如何把延迟赋给这些路径。

20.1　specify 块声明

模块路径延迟是由 specify 块描述的,specify 块是模块内包围在 specify 和 endspecify 之间的部分。specify 块有如下用途。

1. 描述模块路径(Module path),把延迟赋给这些路径。
2. 执行时序检查(Timing check),确保模块输入端口上发生的事件满足模块的时序约束(Timing constraint)。

例子:
```
specify
  specparam tRise_clk_q = 150, tFall_clk_q = 200;
  specparam tSetup = 70;
  (clk => q) = (tRise_clk_q, tFall_clk_q);   //Path delay: from clk to q
  $setup(d, posedge clk, tSetup);    //Timing check: between d and posedge clk
endspecify
```

20.2　speparam

specify 块中的参数由 specparam 说明,表 20-1 是 specparam 和 parameter 之间的对比。

表 20-1　specparam 和 parameter 的对比

Specparams (specify parameter)	Parameters (module parameter)	中文说明
Use keyword specparam	Use keyword parameter	
Shall be declared inside a module or specify block	Shall be declared outside specify blocks	通常 specparam 是在 specify 块内声明
May only be used inside a module or specify block	May not be used inside specify blocks	通常 specparam 是在 specify 块内使用
May be assigned specparams and parameters	May not be assigned specparams	通常 specparam 被其他 specparam 赋值
Use SDF annotation to override values	Use defparam or instance declaration parameter value passing to override values	反标 SDF 可以更改 specpram 参数的值

20.3 模块路径声明

设置模块路径延迟需要两步：首先描述模块路径，然后把延迟赋给这些路径。

模块路径按照三种方式描述：简单路径（Simple path）、沿敏感路径（Edge-sensitive path）、状态依赖路径（State-dependent path）。

例子：简单路径见图 20-1。

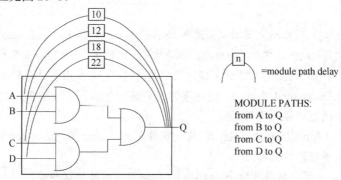

图 20-1　模块路径延迟（来源于 Verilog-2005 标准）

20.3.1 模块路径要求

模块路径有如下的要求。
1. 源信号（src）应该是模块的 input 或 inout port。
2. 源信号（src）可以是 scalar 和 vector 的任意组合。
3. 目的信号（dst）应该是模块的 output 或 inout port。
4. 目的信号（dst）可以是 scalar 和 vector 的任意组合。
5. 目的信号（dst）应该只能被一个驱动源（Driver）驱动。

20.3.2 简单路径

简单路径（Simple path）可以使用下面的两种连接类型。
1. src *> dst：用于 src 和 dst 之间的全连接（Full connection）。
2. src => dst：用于 src 和 dst 之间的并行连接（Parallel connection）。

并行连接和全连接的区别见图 20-2。

例子：并行连接和全连接。
```
module mux8 (in1, in2, s, q);
  output [7:0] q;
  input [7:0] in1, in2;
  input s;
  // Functional description omitted ...
  specify
    (in1 => q) = (3, 4); //parallel connection
    (in2 => q) = (2, 3); //parallel connection
    (s *> q) = 1;        //full connection
  endspecify
endmodule
```

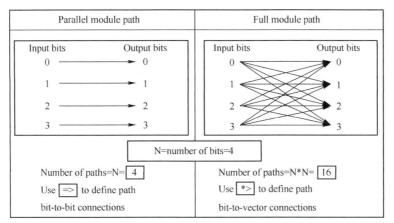

图 20-2 并行连接和全连接的区别（来源于 Verilog-2005 标准）

例子：可以使用分割的源列表和目的列表，同时用*>建立全连接。
```
(a, b, c *> q1, q2) = 10;
```
实际等价于
```
(a *> q1) = 10;
(b *> q1) = 10;
(c *> q1) = 10;
(a *> q2) = 10;
(b *> q2) = 10;
(c *> q2) = 10;
```

模块路径极性（Module path polarity）：
1. Unknown polarity：使用 *> 和 =>，
   src rise 导致 dst rise、fall or no_change，
   src fall 导致 dst rise、fall or no_change。
2. Positive polarity：使用 +*> 和 +=>，
   src rise 导致 dst rise or no_change，
   src fall 导致 dst fall or no_change。
3. Negative polarity：使用 -*> 和 -=>，
   src rise 导致 dst fall or no_change，
   src fall 导致 dst rise or no_change。

例子：模块路径极性。
```
//Unknown polarity
(In => q) = In_to_q;
//Positive polarity
(In +=> q) = In_to_q;
//Negative polarity
(In -=> q) = In_to_q;
```

20.3.3 沿敏感路径

沿敏感路径（Edge-sensitive path）就是在描述模块路径时对 src 使用了沿转换（Edge transition），用

于描述在 src 指定沿上发生的 input-to-output 延迟。

沿敏感路径的使用原则如下：
1. 沿（Edge）可以是 posedge 或 negedge，与 src 一起使用。
2. 如果 src 是 vector，那么就只检查最低位（LSB）的沿转换。
3. 如果没有指定沿转换，那么 src 的任意沿转换都会导致路径有效。
4. 沿敏感路径可以使用 => 和 *>。
    对于 =>，dst 应该是 scalar；对于 *>，dst 可以是 scalar 或 vector。
5. 沿敏感路径可以指出 data path 的关系：
    +：(not invert)，-：(invert)，：(not specify)。

例子：
```
//1. module path posedge clock--> out: rise delay=10, fall delay=8.
//   data path in -->out: not invert
(posedge clock => (out +: in)) = (10, 8);

//2. module path negedeg clock--> out: rise delay=10, fall delay=8.
//   data path in -->out: invert
(negedge clock => (out -: in)) = (10, 8);

//3. module path any_edge clock--> out: rise delay=10, fall delay=8.
//   data path in -->out: not specify
(clock => (out : in)) = (10, 8);

//4. module path posedge clock--> out: rise delay=10, fall delay=8.
//   no data path
(posedge clock => out) = (10, 8);
```

20.3.4　状态依赖路径

对于状态依赖路径（State-dependent path），只有在指定的条件为 true 时，对应的延迟才能起作用。状态依赖路径包含三部分：条件表达式（Conditional expression）、模块路径描述、模块路径上的延迟。

状态依赖路径语法如下：
```
if (module_path_expression ) simple_path_declaration
if (module_path_expression ) edge_sensitive_path_declaration
ifnone simple_path_declaration
```

条件表达式使用如下规则。
1. 条件表达式可以使用模块的 input 或 inout port、它们的 bit-select 或 part-select、模块内定义线网或变量、常数、specparams。
2. 如果条件表达式的值是 x 或 z，那么也认为是 true。
3. 如果条件表达式的值是 multi-bit，那么只检查最低位（LSB）。
4. ifnone 用于当所有条件为 false 时默认的状态依赖路径。
5. ifnone 只能用于简单路径。

例子：简单的状态依赖路径。

```
module XOR2XLTH (Y, A, B);
  output Y;   input A, B;
  xor I0(Y, A, B);
  specify
    //Delay parameters
    specparam tplh$A$Y = 1.0, tphl$A$Y = 1.0,
              tplh$B$Y = 1.0, tphl$B$Y = 1.0;
    //Path delays
    if (B == 1'b1) (A *> Y) = (tplh$A$Y, tphl$A$Y);
    if (B == 1'b0) (A *> Y) = (tplh$A$Y, tphl$A$Y);
    if (A == 1'b1) (B *> Y) = (tplh$B$Y, tphl$B$Y);
    if (A == 1'b0) (B *> Y) = (tplh$B$Y, tphl$B$Y);
  endspecify
endmodule
```

例子：沿敏感的状态依赖路径。

```
if (!reset && !clear) (posedge clock => (out +: in)) = (10, 8);
```

例子：译码器的状态依赖路径。

```
module ALU(o1, i1, i2, opcode);
  input [7:0]  i1, i2;
  input [2:1]  opcode;
  output [7:0] o1;
  //Functional description is omitted
  specify
  //Add operation
  if (opcode == 2'b00) (i1,i2 *> o1) = (25.0, 25.0);
  //Pass-through i1 operation
  if (opcode == 2'b01) (i1 => o1) = (5.6, 8.0);
  //Pass-through i2 operation
  if (opcode == 2'b10) (i2 => o1) = (5.6, 8.0);
  //Delays on opcode changes
  (opcode *> o1) = (6.1, 6.5);
  endspecify
endmodule
```

20.4 模块路径延迟

模块路径赋值的原则如下：
1. 左侧是模块路径描述，右侧是一个或多个延迟值。
2. 延迟值可以放在一个括号内。
3. 延迟值可以是常数，也可以是 specparams。
4. 延迟值可以是一个数值，也可以是一个表示（max:typ:min）的三元组。
5. 对于路径延迟与信号转换的关系，可以指定 1、2、3、6 或 12 个延迟值。

表 20-2 是路径延迟与信号转换的关系。

如果没有指明 x 转换的延迟，那么就基于下面的两条消极原则计算 x 转换的延迟。
1. 从可知态到 x 转换应该尽量快，就是选择最短的延迟。

2. 从 x 到可知态转换应该尽量慢，就是选择最长的延迟。

表 20-2 路径延迟与信号转换的关系

Transition	Number of path delay expressions specified				
	1	2	3	6	12
0 -> 1	t	trise	trise	t01	t01
1 -> 0	t	tfall	tfall	t10	t10
0 -> z	t	trise	tz	t0z	t0z
z -> 1	t	trise	trise	tz1	tz1
1 -> z	t	tfall	tz	t1z	t1z
z -> 0	t	tfall	tfall	tz0	tz0
0 -> x	*	*	*	*	t0x
x -> 1	*	*	*	*	tx1
1 -> x	*	*	*	*	t1x
x -> 0	*	*	*	*	tx0
x -> z	*	*	*	*	txz
z -> x	*	*	*	*	tzx

例子：

```
//One expression specifies all transitions
(C => Q) = 20;
(C => Q) = 10:14:20;

//Two expressions specify rise and fall delays
specparam tPLH1 = 12, tPHL1 = 25;
specparam tPLH2 = 12:16:22, tPHL2 = 16:22:25;
(C => Q) = (tPLH1, tPHL1);
(C => Q) = (tPLH2, tPHL2);

//Three expressions specify rise, fall, and z transition delays
specparam tPLH1 = 12, tPHL1 = 22, tPz1 = 34;
specparam tPLH2 = 12:14:30, tPHL2 = 16:22:40, tPz2 = 22:30:34;
(C => Q) = (tPLH1, tPHL1, tPz1);
(C => Q) = (tPLH2, tPHL2, tPz2);

//Six expressions specify transitions to/from 0, 1, and z
specparam t01 = 12, t10 = 16, t0z = 13, tz1 = 10, t1z = 14, tz0 = 34;
(C => Q) = (t01, t10, t0z, tz1, t1z, tz0);
specparam T01 = 12:14:24, T10 = 16:18:20, T0z = 13:16:30;
specparam Tz1 = 10:12:16, T1z = 14:23:36, Tz0 = 15:19:34;
(C => Q) = (T01, T10, T0z, Tz1, T1z, Tz0);

//Twelve expressions specify all transition delays explicitly
specparam t01=10, t10=12, t0z=14, tz1=15, t1z=29, tz0=36,
         t0x=14, tx1=15, t1x=15, tx0=14, txz=20, tzx=30;
(C => Q) = (t01, t10, t0z, tz1, t1z, tz0, t0x, tx1, t1x, tx0, txz, tzx);
```

第 21 章

时序检查

本章描述如何使用 specify 块中的时序检查（Timing check），如何判断信号是否满足时序约束（Timing constraints）。

21.1 概览

时序检查放置在 specify 块中，用于检查设计的时序性能，确保事件在指定的时间内发生。为了便于描述，时序检查分为如下两类。

1. 第一类时序检查根据稳定时间窗口（Stability time windows）描述，包括$setup、$hold、$setuphold、$recovery、$removal、$recrem。
2. 第二类时序检查根据两个事件的差值（Difference between two events）描述，用于检查控制和时钟信号，包括$skew、$timeskew、$fullskew、$width、$period、$nochange。

虽然这些时序检查以$开头，但是它们并不是系统任务，以$开头是因为历史原因造成的，不要和系统任务混淆。系统任务不能出现在 specify 块中，时序检查也不能出现在 specify 块外。

所有的时序检查都有一个 reference_event 和一个 data_event。有些时序检查清晰地有这两个信号；有些时序检查就只有一个信号，这就需要从这个信号中派生出另一个信号。这两个事件可以和条件表达式相关联，只有在与它们相联系的条件表达式 true 时，reference_event 和 data_event 才做检查。

时序检查基于两个事件 timestamp_event 和 timecheck_event。
1. timestamp_event 的变化导致仿真器记录这个变化的时间，以用于将来的时序检查。
2. timecheck_event 的变化导致仿真器执行时序检查，以确定是否发生 violation。

对于一些时序检查，reference_event 总是 timestamp_event，data_event 总是 timecheck_event。还有一些时序检查则正好相反，reference_event 总是 timecheck_event，data_event 是 timestamp_event。另外还有一些时序检查，要根据一些因素确定，我们在后面讨论。

每个时序检查可以包含可选的 notifier，发现时序违反（Timing violation）时，就 toggle notifier。

时序检查的限制值（Limit value）要使用常数（包括用 specparam 声明的常数）。

21.2 使用稳定窗口的时序检查

使用稳定窗口的时序检查包含如下：
$setup、$hold、$setuphold、$recovery、$removal、$recrem。
这些时序检查都有 reference_event 和 data_event。时序检查分为如下两步：
1. 使用一个事件和限制值（Limit）建立一个时序违反窗口。
2. 检查另一个事件是否在这个窗口内，若在这个窗口内，则发生时序违反。

21.2.1 $setup、$hold、$setuphold

$setup、$hold、$setuphold 的语法如下:
```
$setup (data_event, reference_event, limit, notifier);
$hold (reference_event, data_event, limit, notifier);
$setuphold (reference_event, data_event, setup_limit, hold_limit, notifier,
            stamptime_condition, checktime_condition,
            delayed_reference, delayed_data);
```

它们的说明如下:
1. $setuphold 包含了$setup 和$hold 功能,而且还支持 negative timing check。
2. 对于$setup 和$hold,如果 limit 是 0,就不做时序检查。
3. 对于$setuphold,如果 setup_limit 和 hold_limit 都是 0,就不做时序检查。

例子:
```
$setup(data, posedge clk, tSU);
$hold(posedge clk, data, tHLD);
//$setup and $hold can be combined into one $setuphold
$setuphold(posedge clk, data, tSU, tHLD);
```

对于$setup,如果下面的条件表达式为 true,$setup 就报告发生时序违反。
```
T_reference_event - limit < T_data_event < T_reference_event
```
(T_reference_event - limit, T_reference_event) 就是时间窗口。

对于$hold,如果下面的条件表达式为 true,$hold 就报告发生时序违反。
```
T_reference_event <= T_data_event < T_reference_event + limit
```
(T_reference_event, T_reference_event + limit) 就是时间窗口。

21.2.2 $recovery、$removal、$recrem

$recovery、$removal、$recrem 的语法如下:
```
$recovery (reference_event, data_event, limit, notifier);
$removal (reference_event, data_event, limit, notifier);
$recrem (reference_event, data_event, recovery_limit, removal_limit, notifier,
         stamptime_condition, checktime_condition,
         delayed_reference, delayed_data);
```

它们的说明如下:
1. reference_event 通常是异步控制信号(如 reset 和 set),而 data_event 通常是时钟信号。
2. 通常只在异步控制信号无效时,才做时序检查。因为异步控制信号有效时,是对模型复位或置位,没有必要做时序检查。
3. $recovery、$removal 和$recrem 用于异步控制信号(包含异步复位和异步置位)和时钟信号之间的时序检查。但是现实情况是,有些 ASIC 单元库根本就不用它们,而是使用$setup、$hold 和$setuphold 做时序检查,所以$recovery、$removal 和$recrem 根本没有必要发明。

4. $recrem 包含了$removal 和$recovery 功能，而且还支持 negative timing check。
5. 对于$removal 和$recovery，如果 limit 是 0，就不做时序检查
6. 对于$remrec，如果 removal_limit 和 recovery_limit 都是 0，就不做时序检查。

例子：
```
$recovery(posedge clear, posedge clk, tREC);
$removal(posedge clear, posedge clk, tREM);
//$recovery and $removal can be combined into one $recrem
$recrem(posedge clear, posedge clk, tREC, tREM);
```

对于$removal，如果下面的条件表达式为 true，那么$removal 就报告发生时序违反。
T_reference_event - limit < T_data_event < T_reference_event
(T_reference_event - limit, T_reference_event)就是时间窗口。

对于$recovery，如果下面的条件表达式为 true，那么$recovery 就报告发生时序违反。
T_reference_event <= T_data_event < T_reference_event + limit
(T_reference_event, T_reference_event + limit)就是时间窗口。

例子：
```
module DFCND1 (D, CP, CDN, Q, QN);
   input D, CP, CDN;
   output Q, QN;
   reg notifier;
   `ifdef RECREM    // Reserve for RECREM.
    wire CDN_d;
    buf      (CDN_i, CDN_d);
   `else              // Reserve for non RECREM.
    buf      (CDN_i, CDN);
   `endif
   wire D_d, CP_d;
   pullup   (SDN);
   tsmc_dff (Q_buf, D_d, CP_d, CDN_i, SDN, notifier);
   buf      (Q, Q_buf);
   not      (QN, Q_buf);
   specify
    (negedge CDN => (Q +: 1'b0))=(0, 0);
    (negedge CDN => (QN -: 1'b0))=(0, 0);
    (posedge CP => (Q +: D))=(0, 0);
    (posedge CP => (QN -: D))=(0, 0);
    $width(posedge CP &&& xCDN_i, 0, 0, notifier);
    $width(negedge CP &&& xCDN_i, 0, 0, notifier);
    $width(negedge CDN, 0, 0, notifier);
    `ifdef RECREM    // Reserve for RECREM.
     $recrem(posedge CDN, posedge CP, 0, 0,notifier, , ,CDN_d, CP_d);
     $setuphold(posedge CP &&& xCDN_i, posedge D, 0, 0, notifier, , ,CP_d, D_d);
     $setuphold(posedge CP &&& xCDN_i, negedge D, 0, 0, notifier, , ,CP_d, D_d);
```

```
        `else              // Reserve for non RECREM.
         $setup(posedge CDN, posedge CP, 0, notifier);
         $hold(posedge CP, posedge CDN, 0, notifier);
         $setuphold(posedge CP &&& xCDN_i, posedge D, 0, 0, notifier, , ,CP_d, D_d);
         $setuphold(posedge CP &&& xCDN_i, negedge D, 0, 0, notifier, , ,CP_d, D_d);
        `endif
    endspecify
endmodule
```

21.3 时钟和控制信号的时序检查

时钟和控制信号的时序检查包含如下：
$skew、$timeskew、$fullskew、$period、$width、$nochange。
ASIC 单元库中通常使用$period 和$width，其他 4 个检查很少使用，至少作者没有看到。

这些时序检查接受一个或两个信号，确保它们的转换不会违反 limit 的要求。对于只声明一个信号的检查，reference_event 和 data_event 要从它派生出来。时序检查分为如下三步。

1. 确定两个事件之间的经过时间。
2. 将这个经过时间与指定的 limit 比较。
3. 如果这个经过时间违反了指定的 limit 发生，就报告时序违反。

注意：$nochange 检查要使用三个事件，而不是两个。

21.3.1 $skew、$timeskew、$fullskew

$skew、$timeskew、$fullskew 的语法如下：
```
$skew (reference_event, data_event, limit, notifier);
$timeskew (reference_event, data_event, limit, notifier,
           event_based_flag, remain_active_flag);
$fullskew (reference_event, data_event, limit1, limit2, notifier,
           event_based_flag, remain_active_flag);
```

对于$skew，当下面的表达式为 true 时，$skew 就报告时序违反。
```
(T_data_event - T_reference_event) > limit
```
对于$timeskew 和$fullskew，时序检查有所不同，具体请参考标准。

21.3.2 $width

$width 的语法如下：
```
$width (reference_event, limit, threshold, notifier);
```

$width 的说明如下：
1. data_event 是从 reference_event 派生出来的，
   data_event = reference_event signal with the opposite edge
2. reference_event 必须是一个沿触发的（Edge-triggered）事件，否则编译报错。
3. 对于$width，当下面的表达式为 true 时，$width 就报告时序违反。

```
threshold < (T_data_event - T_reference_event) < limit
```

例子:确保 clk 的高电平时间大于或等于 6。
```
$width (posedge clk, 6, 0, ntfr_reg);
```

21.3.3 $period

$period 的语法如下:
```
$period (reference_event, limit, notifier );
```

$period 的说明如下:
1. data_event 是从 reference_event 派生出来的:
   ```
   data_event = reference_event signal with the same edge
   ```
2. reference_event 必须是一个沿触发的(Edge-triggered)事件,否则编译报错。
3. 对于 $period,当下面的表达式为 true 时,$period 就报告时序违反。
   ```
   (T_data_event - T_reference_event) < limit
   ```

例子:确保 clk 的周期时间大于或等于 20。
```
$period (posedge clk, 20, ntfr_reg);
```

21.3.4 $nochange

$nochange 的语法如下:
```
$nochange(reference_event, data_event, start_edge_offset, end_edge_offset, notifier);
```

$nochange 的说明如下:
1. 在要 reference_event 的指定电平中,检查 data_event。电平用 posedge 或 negedge 指定。
2. reference_event 必须是一个沿触发的(Edge-triggered)事件,否则编译报错。
3. start_edge_offset 和 end_edge_offset 用于扩大或缩小检查时间的范围。
4. 当下面的表达式为 true 时,$nochange 就报告时序违反。
   ```
   (T_leading_reference_edge - start_edge_offset) < T_data_event <
                           (T_trailing_reference_edge + end_edge_offset)
   ```

例子:如果 data 在 clk 高电平时发生变化,就报告时序违反。但是如果 posedge clk 和 data 变化同时发生,就不能报告时序违反。
```
$nochange( posedge clk, data, 0, 0);
```

21.4 使用 notifier 响应时序违反

时序检查中的 notifier 是可选的,用法如下:
1. notifier 是一个在模块内声明的 reg 变量,作为最后一个参数传递给时序检查。
2. 当发生时序违反,时序检查就 toggle notifier 的值。
3. notifier 可以用于打印一个描述时序违反的错误信息,也可以通过在输出端口上输出 x,通知发生时序违反。

当时序违犯时，notifier 的变化值见表 21-1。

表 21-1　时序违反时 notifier 的变化值

BEFORE violation	AFTER violation
x	Either 0 or 1
0	1
1	0
z	z

例子：参看前面的 DFCND1 模块。

```
primitive tsmc_dff (q, d, cp, cdn, sdn, notifier);
  output q;
  input d, cp, cdn, sdn, notifier;
  reg q;
  table
    ? ? 0 ?  ? : ? : 0;   // CDN dominate SDN
    ? ? 1 0  ? : ? : 1;   // SDN is set
    ? ? 1 x  ? : 0 : x;   // SDN affect Q
    ? ? 1 x  ? : 1 : 1;   // Q=1,preset=X
    ? ? x 1  ? : 0 : 0;   // Q=0,clear=X
    0 (01) ? 1  ? : ? : 0;   // Latch 0
    0 * ? 1  ? : 0 : 0;   // Keep 0 (D==Q)
    1 (01) 1 ?  ? : ? : 1;   // Latch 1
    1 * 1 ?  ? : 1 : 1;   // Keep 1 (D==Q)
    ? (1?) 1 1  ? : ? : -;   // ignore negative edge of clock
    ? (?0) 1 1  ? : ? : -;   // ignore negative edge of clock
    ? ? (?1) 1  ? : ? : -;   // ignore positive edge of CDN
    ? ? 1 (?1)  ? : ? : -;   // ignore posative edge of SDN
    * ? 1 1  ? : ? : -;   // ignore data change on steady clock
    ? ? ? ?  * : ? : x;   // timing check violation
                          // if notifier change, then q changes to x.
  endtable
endprimitive
```

21.5　使用条件事件

在时序检查中可以使用条件事件（Conditioned event），就是在时序检查时还要检查一个条件信号（Conditioning signal）的值是否为 true。条件事件说明如下：

1. 在条件事件中只能使用一个 &&&。
2. 在条件事件中比较操作可以是 deterministic（使用===、!==、~、no operation），或者 nondeterministic（使用==、!=）。
   如果比较操作是 deterministic，而且条件信号为 x，那么就禁止时序检查。
   如果比较操作是 nondeterministic，而且条件信号为 x，那么就使能时序检查。
3. 条件信号应该是一个 scalar，如果是一个 multi-bit 的 vector（或表达式），那么就只使用最低位。
4. 如果需要使用多个信号作为判断条件，那么必须在 specify 块外把它们组合生成一个条件信号，然后在条件事件中使用。

例子：下面的 $setup 是无条件的时序检查。

```
$setup (data, posedge clk, 10);
```

为了只在 clr 为 high 时才做时序检查，就改为

```
$setup (data, posedge clk &&& clr, 10);   //if clr is x, then disable it
```

例子：下面两个检查中比较分别是 deterministic 和 nondeterministic。

```
$setup (data, posedge clk &&& (clr===0), 10);   //if clr is x, then disable it
$setup (data, posedge clk &&& (clr==0), 10);    //if clr is x, then enable it
```

例子：下面需要使用多个判断信号，需要在 specify 块外生成一个新信号。
```
and new_gate (clr_and_set, clr, set);    //Place it outside the spicify block
$setup (data, posedge clk &&& clr_and_set, 10);
```

21.6 时序检查中的 Vector

时序检查可以对 Vector 进行，只是 Vector 的 1-bit 或 multi-bit 变化当做 Vector 的一个单一的转换。

例子：
```
module DFF (Q, CLK, DAT);
  input CLK;
  input [7:0] DAT;
  output [7:0] Q;
  always @(posedge clk) Q = DAT;
  specify
    $setup (DAT, posedge CLK, 10);
  endspecify
endmodule
```

如果 DAT 在 100 time-unit 从'b00101110 变化到'b01010011，CLK 在 105 time-unit 从 0 变到 1，那么 $setup 就只报告一个单一的时序违反。当然，仿真器可能有选项把它们按照多个时序违反报告出来。

21.7 Negative timing check

在一些单元库中，时序检查中的限制值（Limit）会出现负值，为什么呢？下面就以 setup 和 hold 说明为什么限制值会出现负值。

setup 和 hold 时序检查使用 reference_event、setup_time 和 hold_time 定义了一个时序违反窗口，在这个窗口内 data_event 不能发生变化，否则就发生时序违反。

当 setup_time 和 hold_time 都为正值的时候，就意味着这个窗口覆盖着 reference_event，见图 21-1。

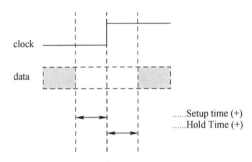

图 21-1 数据约束区间（setup_time 和 hold_time 都是正值）（来源于 Verilog-2005 标准）

但是在现实的器件中，由于器件内部 clock 和 data 信号之间的延迟，就会造成负的 hold_time 或者负的 setup_time，见图 21-2。

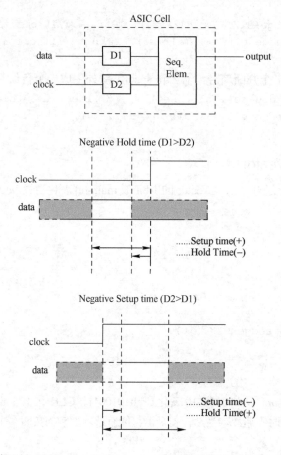

图 21-2 数据约束区间（hold_time 和 setup_time 分别为负值）（来源于 Verilog-2005 标准）

1. 负的 hold_time 就是时序违反窗口移到了 reference_edge 的前面，即 data 的内部延迟相对大一些。
2. 负的 setup_time 就是时序违反窗口移到了 reference_edge 的后面，即 clock 的内部延迟相对大一些。

在作者使用过的单元库中，通常 hold_time 是负值，这是因为在器件内部 data 的延迟要比 clock 的延迟大一些。

当 negative timing check 选项使能的时候，$setuphold 和 $recrem 就可以接受负值，这两个时序检查对负值的处理是一样的。

为了精确地模型 negative timing check，要遵循下面的要求。
1. 如果信号在时序违反窗口（Timing violation window）内变化，那么就触发时序违反，但是要排除窗口的两个端点。小于两个仿真时间单位的时序违反窗口不能产生时序违反。
2. 锁存数据的值应该在时序违反窗口内，也要排除窗口的两个端点。

为了达到这些要求，时序检查就要对 data 和 reference 信号生成延迟的信号（delayed_data 和 delayed_reference），这些延迟的信号用于内部的时序检查计算。同时内部使用的 setup 和 hold 时间需要做相应的调整，让时序违反窗口覆盖（Overlap）在 reference 信号上。

这些延迟的信号需要在模块内声明，这样就可以把它们用于模型的行为上，才能正确地仿真。

如果没有声明这些延迟的信号，而且又存在着负的限制值，那么仿真器就要为它们创建隐含的延迟信号。因为这些隐含的延迟信号没有在模型的行为上使用，这样的模型就不会正确地工作，所以仿真器通常不支持这种隐含创建的方式。

通常 Vendor 提供两个单元库，一个是没有延迟信号的仿真模型，一个带有延迟信号的仿真模型。例如，smic13g_m.v 和 smic13g_m_neg.v，smic13g_m_neg.v 就是带有延迟信号的仿真模型。如果使用 VCS，使用+neg_tchk 选项和 smic13g_m_neg.v 文件，就使能 negative timing check。

例子：这里 hold_time 是负值，必须使用$setuphold 做时序检查。

```
//setup_time =30, hold_time = -10
$setuphold (posedge clock, data, 30, -10,notifier, , , del_clock, del_data);
```

仿真器需要对 data 延迟，不需要对 clock 延迟。假设仿真器把 data 延迟 15 个时间单位，那么实际相当于下面的约束：

```
assign        del_clock = clock;
assign #15    del_data  = data;
$setuphold    (posedge del_clock, del_data, 15, 5,notifier);
```

第 22 章

反标 SDF

SDF 文件包含了用于仿真的时序值：路径延迟（Specify path delay）、时序检查约束（Timing check constraint）、互连延迟（Interconnect delay）、Specparam value。除了仿真时序值，SDF 文件也可以包含其他与仿真无关的值。

SDF 文件的时序值通常来自于延迟计算工具（例如 pt_shell），延迟计算工具充分使用连接值、工艺库和布线值等计算出各种时序值。

反标（Backannotation）就是把 SDF 文件中的时序值标注到设计中，这样就可以使用真实的时序值对设计进行仿真。

22.1 SDF 标注器

SDF 标注器（SDF annotator）就是能够把 SDF 数据反标到仿真器的工具。对于不能反标的数据，SDF 标注器要发出警告。

SDF 文件可能会包含一些与时序无关的 construct，例如 TIMINGENV。SDF 标注器应该忽略这些 construct，而且不能发出警告。

对于任何时序值，如果在反标过程中 SDF 文件中没有对应的值，那么就要保留反标之前的值。

22.2 SDF construct 到 Verilog 的映射

SDF 的时序值出现在 CELL 声明中，可以包含 DELAY、TIMINGCHECK 和 LABEL。
1. DELAY 部分包含路径延迟和互连延迟。
2. TIMINGCHECK 包含时序检查约束值。
3. LABEL 包含用于 specparams 的新值，因为用处很少，所以不做介绍。

反标就是通过让 SDF construct 和对应的 Verilog 声明匹配，用 SDF 文件中的时序值替换 Verilog 中的时序值。

22.2.1 SDF 路径延迟到 Verilog 的映射

如果标注的 DELAY construct 不是互连延迟，SDF 标注器就查找名字和条件匹配的路径延迟。
SDF DELAY construct 到 Verilog 声明的映射见表 22-1。

表 22-1 SDF DELAY construct 到 Verilog 声明的映射

SDF construct	Verilog annotated structure	中文说明
(PATHPULSE…	Conditional and nonconditional specify path pulse limits	
(PATHPULSEPERCENT…	Conditional and nonconditional specify path pulse limits	
(IOPATH…	Conditional and nonconditional specify path delays/pulse limits	

续表

SDF construct	Verilog annotated structure	中文说明
(IOPATH (RETAIN...	Conditional and nonconditional specify path delays/pulse limits, RETAIN may be ignored	
(COND (IOPATH...	Conditional specify path delays/pulse limits	
(COND (IOPATH (RETAIN...	Conditional specify path delays/pulse limits, RETAIN may be ignored	
(CONDELSE (IOPATH...	ifnone	
(CONDELSE (IOPATH (RETAIN....	ifnone, RETAIN may be ignored	
(DEVICE...	All specify paths to module outputs. If no specify paths, all primitives driving module outputs	
(DEVICE port_instance...	If port_instance is a module instance, all specify paths to module outputs. If no specify paths, all primitives driving module outputs. If port_instance is a module instance output, all specify paths to that module output. If no specify path, all primitives driving that module output	

例子：SDF 的信号 sel 和 out 能够与 Verilog 的信号 sel 和 out 匹配，所以 rise 1.3 和 fall 1.7 就被标注到路径上。

```
//+++ SDF file:
(IOPATH sel zout (1.3) (1.7))
//+++ Verilog specify path:
(sel => zout) = 0;
```

两个端口之间的条件 IOPATH 只能标注到端口和条件都相同的路径上。

例子：下面的 rise 1.3 和 fall 1.7 只能标注到第二个路径上。

```
//+++ SDF file:
(COND mode (IOPATH sel zout (1.3) (1.7)))
//+++ Verilog specify paths:
if (!mode) (sel => zout) = 0;   //This is NOT annotated
if (mode) (sel => zout) = 0;    //This is annotated
```

两个端口之间的无条件 IOPATH 可以标注到端口都相同的路径上。

例子：下面的 rise 1.3 和 fall 1.7 可以标注到这两个路径上。

```
//+++ SDF file:
(IOPATH sel zout (1.3) (1.7))
//+++ Verilog specify paths:
if (!mode) (sel => zout) = 0;   //This is annotated
if (mode) (sel => zout) = 0;    //This is annotated
```

22.2.2 SDF 时序检查到 Verilog 的映射

当标注 TIMINGCHECK constructs 时，SDF 标注器就查找名字和条件匹配的时序检查。

SDF TIMINGCHECK construct 到 Verilog 声明的映射见表 22-2。注意：v1 是时序检查的第一个 limit 值，v2 是时序检查的第二个 limit 值，x 表示此值不做标注。

表 22-2 SDF TIMINGCHECK construct 到 Verilog 声明的映射

SDF timing check	Annotated Verilog timing checks	中文说明
(SETUP v1...	$setup(v1), $setuphold (v1,x)	
(HOLD v1...	$hold(v1), $setuphold (x,v1)	
(SETUPHOLD v1 v2...	$setup(v1), $hold(v2), $setuphold (v1,v2)	
(RECOVERY v1...	$recovery(v1), $recrem(v1,x)	

SDF timing check	Annotated Verilog timing checks	中文说明
(REMOVAL v1...	$removal (v1), $recrem(x,v1)	
(RECREM v1 v2...	$recovery(v1), $removal (v2), $recrem(v1,v2)	
(SKEW v1...	$skew(v1)	
(TIMESKEW v1...	$timeskew(v1)	
(FULLSKEW v1 v2...	$fullskew(v1,v2)	
(WIDTH v1...	$width(v1,x)	
(PERIOD v1...	$period(v1)	
(NOCHANGE v1 v2...	$nochange(v1,v2)	

Verilog 中的 reference 和 data 信号可以有逻辑条件和有效沿。SDF 中信号上没有逻辑条件和沿的时序检查会匹配 Verilog 中所有对应的时序检查，不管 Verilog 中条件存不存在。

例子：这里 SDF 的时序检查标注到 Verilog 所有的时序检查。

```
//+++SDF file:
(SETUPHOLD data clk (3) (4))                              //没有逻辑条件，没有沿
//+++Verilog timing checks:
$setuphold (posedge clk &&& mode, data, 1, 1, ntfr);      //This is annotated
$setuphold (negedge clk &&& !mode, data, 1, 1, ntfr);     //This is annotated
```

如果 SDF 中信号上有逻辑条件或沿的时序检查，那么在标注前它们就先匹配 Verilog 中任意对应的时序检查。

例子：这里 SDF 的时序检查只匹配标注到 Verilog 第一个时序检查，但没有匹配标注第二个，因为它是 negedge clk。

```
//+++SDF file:
(SETUPHOLD data (posedge clk) (3) (4))                    //没有逻辑条件，但有沿
//+++Verilog timing checks:
$setuphold (posedge clk &&& mode, data, 1, 1, ntfr);//This is annotated
$setuphold (negedge clk &&& !mode, data, 1, 1, ntfr);//This is NOT annotated
```

例子：这里 SDF 的时序检查不能标注到 Verilog 的任何一个。因为第一个是!mode 和 mode 不匹配，第二个是 posedge clk 和 negedge clk 不匹配。

```
//+++SDF file:
(SETUPHOLD data (COND !mode (posedge clk)) (3) (4))//有逻辑条件，有沿
//+++Verilog timing checks:
$setuphold (posedge clk &&& mode, data, 1, 1, ntfr); //This is NOT annotated
$setuphold (negedge clk &&& !mode, data, 1, 1, ntfr);//This is NOT annotated
```

22.2.3 SDF 互连延迟的标注

SDF 互连延迟（Interconnect delay）的标注不同于其他 constructs 的标注，因为没有对应的用于标注的 Verilog 声明。在 Verilog 仿真时，互连延迟是一个表示模块端口之间传播延迟（Propagation delay）的抽象。互连延迟只能在端口之间标注，不能在原语引脚之间标注。互连延迟可以标注到单个源（Single src）和多个源（Multi-src）的线网上。

SDF INTERCONNECT construct 到 Verilog 声明的映射见表 22-3。

表 22-3 SDF INTERCONNECT construct 到 Verilog 声明的映射

SDF construct	Verilog annotated structure	中文说明
PORT...	Interconnect delay	只包含目的（load）和延迟值
NETDELAY…	Interconnect delay	只包含目的（load）和延迟值
INTERCONNECT...	Interconnect delay	包含源（src）、目的（load）和延迟值

SDF 互连延迟标注说明：

1. 当标注一个 PORT construct 时，SDF 标注器在 Verilog 中查找 load 对应的端口。如果存在，那么这个 PORT construct 的互连延迟标注就表示 Verilog 中所有源到目的端口的延迟。
2. 当标注一个 NETDELAY construct 时，SDF 标注器在 Verilog 中查找 load 对应的端口或线网。如果是端口，那么 SDF 标注器就把互连延迟标注到端口上；如果是线网，那么 SDF 标注器就把互连延迟标注到线网连接的所有端口上。如果端口或线网的源大于 1 个，那么互连延迟就表示从所有源的延迟。NETDELAY 只能标注到 input 端口、inout 端口或线网上。
3. 对于有多个源的线网，使用 INTERCONNECT construct 可以把单一的延迟标注到每对 src/load 之间。在使用这个 construct 时，SDF 标注器查找远端和目的端口，如果存在，就把互连延迟标注到它们之间。如果源端口不存在，或者源端口和目的端口不在一个线网上，那么就发出警告，但是还要把互连延迟标注到目的端口。如果目的端口是多个源的线网的一部分，那么互连延迟就表示从所有源的延迟，如同 PORT 的延迟一样。源端口应该是 output 或 inout，目的端口应该是 input 或 inout。

22.3 $sdf_annotate

$sdf_annotate 是用于反标 SDF 的系统任务，它从 SDF 文件加载时序信息，并把它们标注到指定的模块实例上。

$sdf_annotate 的语法如下：

```
$sdf_annotate ("sdf_file", module_instance,"config_file", "log_file",
              "mtm_spec","scale_factors", "scale_type");
```

除了 sdf_file 参数，其他参数都是可选的，这些参数的含义如下：

1. module_instance：指定标注的模块实例。若没有，就对包含$sdf_annotate 调用的模块的对应实例开始标注。
2. config_file：可以对标注的很多方面提供详细的控制。注意：函数调用时传递的参数优先于 config_file 中的参数。
3. log_file：用于记录标注结果的文件。
4. mtm_spec：用于指定用三元组（min:typ:max）中的哪一个进行标注。可以是 MAXIMUM、MINIMUM、TOOL_CONTROL 和 TYPICAL。默认是 TOOL_CONTROL。
5. scale_factors：用于指定数值的 scale 因子。例如，"1.6:1.4:1.2"就导致 minimum*1.6、typical*1.4、maximum*1.2。默认是"1.0:1.0:1.0"。
6. scale_type：用于指定 scale_factors 如何作用到三元组上。可以是 FROM_MAXIMUM、FROM_MINIMUM、FROM_MTM 和 FROM_TYPICAL。默认是 FROM_MTM，对三元组都做 scale。

使用$sdf_annotate 时，最好指定所有的参数。每次编译标注后，一定要检查 log_file 文件，查看是否全部标注上，查看是否发生错误。如果发生错误，导致某些延迟或检查没有标注上，那么仿真就不正确。

例如，有些库（.lib）和仿真模型（.v）不对应，库使用 hold 描述 reset 和 clock 之间的时序检查，而仿真模型使用 removal 描述 reset 和 clock 之间的时序检查，对于由 pt_shell 写出的 SDF 文件，SDF 文件中的 reset 和 clock 之间的 hold 就不能标注仿真模型的 removal 上。这时就需要想办法，或者联系 Vendor，或者手工修改库，或者手工修改仿真模型。

例子：
```
`define SDF_FILE "/ic/signoff/chip/ps-netlist/sim/chip_pl_tt.sdf"
`define SDF_MTM "MAXIMUM"
`define SDF_SCALE_FACTORS "1:1:1"
$sdf_annotate(`SDF_FILE, test.dut, , "sdf.log", `SDF_MTM, `SDF_SCALE_FACTORS);
```

22.4 SDF 文件例子

下面是 SDF 文件的一部分，有 INTERCONNECTDELAY、IOPATH 和 TIMINGCHECK 等。

```
(DELAYFILE
(SDFVERSION "OVI 2.1")
(DESIGN "digital_core")
(DATE "Tue Apr  9 17:40:37 2013")
(VENDOR "tcb025stt5v25c tef025bcd64x1pi5_tt3p3v25c")
(PROGRAM "Synopsys PrimeTime")
(VERSION "D-2010.06-SP3-5")
(DIVIDER /)
(VOLTAGE 5.00::5.00)
(PROCESS "1.000::1.000")
(TEMPERATURE 25.00::25.00)
(TIMESCALE 1ns)
(CELL
  (CELLTYPE "digital_core")
  (INSTANCE)
  (DELAY
    (ABSOLUTE
    (INTERCONNECT pp_NC_11_i U612/S (0.059::0.059) (0.059::0.059))
    (INTERCONNECT pp_NC_11_i U695/S (0.068::0.068) (0.067::0.067))
    (INTERCONNECT pp_NC_11_i U684/A1 (0.065::0.065) (0.064::0.064))
    (INTERCONNECT pp_NC_11_i U532/I (0.042::0.042) (0.042::0.042))
    (INTERCONNECT pp_PWRUP_i i2c_reg_i/U547/B2 (0.022::0.022) (0.022::0.022))
    (INTERCONNECT pp_WAKEUP_i i2c_reg_i/U3/B2 (0.008::0.008) (0.008::0.008))
    (INTERCONNECT pp_SCL_i i2c_slave_i/U15/A1 (0.015::0.015) (0.015::0.015))
    (INTERCONNECT pp_SDA_i i2c_slave_i/U18/A1 (0.017::0.017) (0.016::0.016))
    (INTERCONNECT pp_VCOM_CTRL_i i2c_reg_i/U541/B2 (0.008::0.008) (0.008::0.008))
    ........................
    )
  )
)

(CELL
  (CELLTYPE "AN3D1")
  (INSTANCE U380)
  (DELAY
```

```
    (ABSOLUTE
    (IOPATH A1 Z (0.449::0.450) (0.310::0.314))
    (IOPATH A2 Z (0.439::0.439) (0.346::0.346))
    (IOPATH A3 Z (0.428::0.428) (0.360::0.360))
    )
  )
)

(CELL
  (CELLTYPE "MUX2D1")
  (INSTANCE U520)
  (DELAY
    (ABSOLUTE
    (IOPATH I0 Z (0.307::0.307) (0.397::0.397))
    (IOPATH I1 Z (0.298::0.298) (0.310::0.310))
    (IOPATH (posedge S) Z (0.408::0.408) (0.340::0.340))
    (IOPATH (negedge S) Z (0.377::0.377) (0.310::0.310))
    (COND I0==1'b1&&S==1'b1  (IOPATH I1 Z (0.298::0.298) (0.310::0.310)))
    (COND I1==1'b0&&S==1'b0  (IOPATH I0 Z (0.307::0.307) (0.397::0.397)))
    (COND I0==1'b0&&S==1'b1  (IOPATH I1 Z (0.298::0.298) (0.310::0.310)))
    (COND I1==1'b1&&S==1'b0  (IOPATH I0 Z (0.307::0.307) (0.397::0.397)))
    (COND I0==1'b0&&I1==1'b1 (IOPATH S Z (0.284::0.284) (0.310::0.310)))
    (COND I0==1'b1&&I1==1'b0 (IOPATH S Z (0.377::0.377) (0.304::0.304)))
    )
  )
)

(CELL
  (CELLTYPE "DFCND1")
  (INSTANCE temp_ctrl_i/R_temp_st_reg_0_)
  (DELAY
    (ABSOLUTE
    (IOPATH CDN Q () (0.362::0.372))
    (IOPATH CDN QN (0.582::0.593) ())
    (IOPATH (posedge CP) Q (0.560::0.560) (0.602::0.603))
    (IOPATH (posedge CP) QN (0.775::0.775) (0.690::0.690))
    )
  )
  (TIMINGCHECK
    (WIDTH (negedge CDN) (1.203::1.212))
    (HOLD (posedge CDN) (posedge CP) (1.172::1.177))
    (RECOVERY (posedge CDN) (posedge CP) (-0.268::-0.266))
    (WIDTH (posedge CP) (0.369::0.370))
    (WIDTH (negedge CP) (0.434::0.434))
    (SETUP (posedge D) (posedge CP) (0.107::0.107))
    (SETUP (negedge D) (posedge CP) (0.037::0.037))
    (HOLD (posedge D) (posedge CP) (0.018::0.018))
    (HOLD (negedge D) (posedge CP) (0.096::0.096))
  )
)
```

第 23 章

编程语言接口

编程语言接口（Programming Language Interface，PLI）可以把用户编写的 C 或 C++程序连接到 Verilog 仿真器上，实现 Verilog 仿真器的功能扩展和定制。

23.1 PLI

PLI 允许用户动态地访问、修改 Verilog 数据结构中的数据。Verilog 数据结构就是编译 Verilog 源代码生成由模块实例、原语实例和其他模型组成的层次结构。PLI 提供了一套可以直接访问 Verilog 数据结构的 C 语言函数。

PLI 过程接口具有如下应用。
1. 模型库的延迟计算，可以动态地扫描仿真器中的数据结构，然后动态地修改每个模型实例的延迟。
2. 动态地从文件中读取测试向量或其他数据，然后把数据传给仿真器。
3. 为仿真器定制图形化的波形和调试环境。
4. 从仿真器编译出的数据结构反编译出 Verilog 源代码。
5. 用 C 语言编写仿真模型，然后动态地连接到仿真中。
6. 建立与实际硬件的接口，例如硬件模型，这样可以动态地与仿真交互。

PLI 的发展历史分为三代。
1. TF（Task/function routines）：通常以 tf_开头，主要用于用户定义任务/函数参数的操作、设置回调（Call-back）机制、向输出单元写数据。
2. ACC（Access routines）：以 acc_开头，对 Verilog 数据结构提供了一种面向对象的访问方法。ACC 用于访问和修改 Verilog 描述中的各种信息，例如延迟值和逻辑值。
3. VPI（Verilog procedural interface routines）：以 vpi_开头，对 Verilog 结构和行为对象提供了一种面向对象的访问方法。VPI 的功能是 TF 和 ACC 功能的超集（Superset）。

IEEE Std 1364-2005 不赞成使用 TF（task/function）和 ACC（access）方式，所以从标准中把它们拿掉。

23.2 DirectC

DirectC 是 Verilog 和 C/C++之间的扩展接口。DirectC 是对 PLI 替代，不同于 PLI，DirectC 可以做下面的事。
1. 在 Verilog 代码中，可以直接调用 C/C++函数，这样就可以高效地在 Verilog 模块和 C/C++函数之间传递数据。
2. 在 Verilog 模块和 C/C++函数之间传递更多类型数据。使用 PLI，只能传递信息从 Verilog 到 C/C++应用，或者传递信息从 C/C++应用到 Verilog。使用 DirectC，就没有这个限制。

23.3 SystemVerilog

首先 SystemVerilog 提供了非常强大的建模能力，也许不需要 C 语言建模。

其次 SystemVerilog 提供了 DPI，它是 SystemVerilog 和 C 语言之间接口。通过 DPI，SystemVerilog 可以直接调用 C 语言函数。

第 24 章
综合指令

综合指令（Synthesis directives）是一些特殊的注释，能够影响综合工具的行为，但是它们被其他工具忽略。

24.1 Synopsys 综合指令

Synopsys 的综合指令以//synopsys、/*synopsys、//$s 或//$S 开始。它们包含如下这些：

```
async_set_reset
async_set_reset_local
async_set_reset_local_all
dc_tcl_script_begin and dc_tcl_script_end
enum
full_case
infer_multibit and dont_infer_multibit
infer_mux
infer_onehot_mux
keep_signal_name
one_cold
one_hot
parallel_case
preserve_sequential
sync_set_reset
sync_set_reset_local
sync_set_reset_local_all
template
translate_off and translate_on
```

24.2 使用综合指令

如果没有必要，就不要在在代码中使用这些指令，因为有些指令可能会导致前后仿真不一致。例如，full_case 和 parallel_case，这在前面讨论的 case 语句中做了专门的讨论；translate_off 和 translate_on 误用也会导致错误。

有些指令必须使用。例如对于下面的 Latch，如果不使用 async_set_reset，综合工具不知道 reset_n 是异步复位，那么就会生成一个没有异步复位的 Latch；如果使用 async_set_reset，综合工具就知道 reset_n 是异步复位，那么就会生成一个有异步复位的 Latch。

例子：使用 async_set_reset。

```
//synopsys async_set_reset "reset_n"
always @(clock or reset_n)
  if (!reset_n) L_en <= en;
```

```
    else (!clock) L_en <= en;
```

例如，对于下面代码，为了能够综合出带有同步复位的触发器，必须告诉综合工具 reset_n 是同步复位，让它不和其他组合逻辑混杂在一起，所以就使用 sync_set_reset。

例子：使用 sync_set_reset。
```
//synopsys sync_set_reset "reset_n"
always @(posedge clock)
  if (!reset_n)          R_en <= en;
  else if(some_logics)   R_en <= en;
```

如果确实需要优化代码，而且确定会生成什么样的网表逻辑，那么就可以使用某些综合指令，如 infer_mux 和 infer_onehot_mux。

24.3 使用 translate_off/on

一般来说，translate_off 和 translate_on 综合指令要小心使用。这两条指令可以用于显示设计的信息，但是如果用于模型某些功能，那么就很危险。当然也有例外，就是用于模型带有异步置位/复位的 D 触发器，虽然大多数设计不使用这种寄存器。

通常我们使用 code10a 模型带有异步置位/复位的 D 触发器，这个模型可以正确地推导出触发器，但是 code10a 在前仿真时只能 99%正确地执行。当 code10a 按照这个顺序执行时：assert reset、assert set、remove reset、leave set still asserted，这时就会发生错误。这是因为 always 块只有在 set 和 reset 的有效沿进入，当这两个输入都是异步的时候，当 reset 被撤销时，set 应该是有效的，always 应该被触发执行，但是这不会发生，因为没有办法再触发 always 块执行，除非等到下一个时钟上升沿发生。

其实这只是仿真问题，而不是综合问题，因为综合工具可以正确地推导出带有异步置位/复位的 D 触发器，只是仿真模型没有正确地工作，所以我们必须修正这个仿真模型。

于是我们可能改成 code10b。虽然 code10b 修正了这个问题，但是 dc_shell 编译会出错，因为不能在敏感列表中既有沿敏感信号，又有电平敏感信号。

进一步我们改成 code10c，使用了 translate_off 和 translate_on，这样既能正确地仿真（能够正确地执行上面的 assert 和 remove 顺序），又能够正确地推导出触发器。

例子：模型带有异步置位/复位的 D 触发器。
```
//Generally good DFF with asynchronous set and reset
module code10a (q, d, clk, rstn, setn);
  output q;
  input  d, clk, rstn, setn;
  reg    q;
  always @(posedge clk or negedge rstn or negedge setn)
    if      (!rstn) q <= 0;    // asynchronous reset
    else if (!setn) q <= 1;    // asynchronous set
    else            q <= d;
endmodule

//Bad DFF with asynchronous set and reset.  This design will not
```

```
//compile from Synopsys, and the design will not simulate correctly.
module code10b (q, d, clk, rstn, setn);
  output q;
  input  d, clk, rstn, setn;
  reg    q;
  always @(posedge clk or rstn or setn)
    if      (!rstn) q <= 0;      // asynchronous reset
    else if (!setn) q <= 1;      // asynchronous set
    else            q <= d;
endmodule

//Good DFF with asynchronous set and reset and self-correcting
//set-reset assignment
module code10c (q, d, clk, rstn, setn);
  output q;
  input  d, clk, rstn, setn;
  reg    q;
  always @(posedge clk or negedge rstn or negedge setn)
    if      (!rstn) q <= 0;      // asynchronous reset
    else if (!setn) q <= 1;      // asynchronous set
    else            q <= d;
  //synopsys translate_off
  always @(rstn or setn)
    if  (rstn && !setn)  force q = 1;
    else                 release q;
  //synopsys translate_on
endmodule
```

其实 Synopsys 现在不推荐使用 translate_off 和 translate_on，Synopsys 推荐使用 dc_shell 预定义的宏定义 SYNTHESIS。所以上面代码可以改为如下。

例子：使用 SYNTHESIS。

```
module code10d (q, d, clk, rstn, setn);
  output q;
  input  d, clk, rstn, setn;
  reg    q;
  always @(posedge clk or negedge rstn or negedge setn)
    if      (!rstn) q <= 0;      // asynchronous reset
    else if (!setn) q <= 1;      // asynchronous set
    else            q <= d;
  `ifndef SYNTHESIS
  always @(rstn or setn)
    if  (rstn && !setn)   force q = 1;
    else                  release q;
  `endif
endmodule
```

24.4 误用 translate_off/on

这个问题本来就不应该说，因为它是如此的明显，但是就有工程师有过这样的经历。这个工程师使用 FSM 设计工具生成代码，有一个 initial 块用于初始化变量，但是这个 initial 块在综合时又被 translate_off 和 translate_on 屏蔽掉。前仿真运行地很好，能够正确地工作，但是 ASIC 投片回来后，就发现初始化不正确，于是不得不修正并重新投片。

例子：初始化时错误地使用了 translate_off 和 translate_on，导致前后仿真不一致。

```
module code9 (y1, go, clk, nrst);
  output y1;
  input  go, clk, nrst;
  reg    y1;
  parameter IDLE = 1'd0, BUSY = 1'd1;
  reg [0:0] state, next;
  //Hide the initialization of variables from the
  //synthesis tool is a very dangerous practice!!
  //synopsys translate_off
  initial y1 = 1'b1;
  //synopsys translate_on
  always @(posedge clk or negedge nrst)
    if (!nrst)   state <= IDLE;
    else         state <= next;
  always @(state or go) begin
    next = 1'bx;
    y1   = 1'b0;
    case (state)
      IDLE: if (go)   next = BUSY;
      BUSY: begin
            if (!go)  next = IDLE;
                      y1   = 1'b1;
            end
    endcase
  end
endmodule
```

24.5 使用 attribute

Verilog-2001 增加了一个 attribute construct，用于指定源代码中对象、语句或语句组的特性，这些特性可以用于综合等工具。attribute 使用 (* *) 作为标记，VSG 的成员称这个标记为 "funny braces"，如下所示。

```
//Legal attribute definition syntax using (* *)
(* attribute_name = constant_expression *)
```
或者
```
(* attribute_name *)
```

增加 attribues 的主要目的是，在其他工具使用 Verilog 作为输入语言的时候，仍然可以传递一些 non-Verilog 的信息给这些工具。在过去的许多年里，工具厂商通过语义注释的方法向 Verilog 语言中

加钩子（Hooks），最有名的语义注释是为 dc_shell 增加的。例如，
//synopsys full_case parallel_case

但是语义注释方法的最大问题是：在 Verilog 注释中加入特定工具的信息，强制这些工具对所有的注释做语法分析，查看注释中是否包含特定工具的指令。

为了帮助这些使用 Verilog 作为输入语言的工具厂商，VSG 决定在 Verilog 中加入 attribute，这样 Verilog 编译器就可以忽略那些注释，不用在注释中查找特定工具的指令。attribute 允许第三方工具在源代码中加入工具相关的信息，不用对每一个注释做语法分析。

例子：
```
//To attach attributes to a case statement
(* full_case, parallel_case *)
case (foo)
<rest_of_case_statement>
```

等价于

```
(* full_case=1, parallel_case=1 *)
case (foo)
<rest_of_case_statement>
```

例子：
```
//To attach the full_case attribute, but NOT the parallel_case attribute
(* full_case *) // parallel_case not specified
case (foo)
<rest_of_case_statement>
```

等价于

```
(* full_case=1, parallel_case = 0 *)
case (foo)
<rest_of_case_statement>
```

例子：
```
//To attach an attribute to a module definition:
(* optimize_power *)
module mod1 (<port_list>);
```

等价于
```
(* optimize_power=1 *)
module mod1 (<port_list>);
```

例子：
```
//To attach an attribute to a module instantiation:
(* optimize_power=0 *)
mod1 synth1 (<port_list>);
```

例子：
```
//To attach an attribute to an operator:
a = b + (* mode = "cla" *) c;
```

例子：
```
//To attach an attribute to a Verilog function call:
a = add (* mode = "cla" *) (b, c);
```

Xilinx 的 ISE 支持在 Verilog 文件中使用(*...*)，可以指示如何布局布线。

Synopsys 的 Design Compiler 不支持(*...*)，因为它的手册把它所支持的 Verilog 2001 的特性都列出来了，就是没有列出(*...*)。

第三部分 书写文档

本部分讨论如何写出合格的文档,包括应用文档、设计文档和验证文档等,并以实际的 GPIO 文档为例。

第 25 章

书写文档

"一位我的同学也来信祝贺"的说法正确吗?"你把椅子应该放回去"的说法正确吗?听话的人都明白是什么意思,可是听起来是不是有点不舒服?为什么呢?因为它们都不符合汉语的习惯,因为这两句话应该这样说:"我的一位同学也来信祝贺"和"你应该把椅子放回去"。

我的手头有一个稻香春的月饼盒子,做得很精美、很精致、很结实,红色的盒子上面写着"相聚中秋,百位玲珑",画着五个拿着刀枪剑戟的皮影人物,画面闪着光,在画的下面还写着唐朝诗人皮日休的一句诗,"玉颗珊瑚下月轮,殿前拾得露华新",可惜这句诗写错了一个字,写成了"玉颗珊珊下月轮,殿前拾得露华新"。月饼很好吃,但是是否因为这一个错字使得月饼的质量打折扣呢?难道我是在吹毛求疵吗?

我举这两个例子的意思就是说,我们在写文档时,一定要仔细认真,一定要注重语句,既要避免错误和混淆,也要避免别别扭扭。想一想如果因为我们的文档有毛病,或者造成别人理解不了,或者造成别人设计错误的程序,或者造成别人设计错误的电路板,别人会怎么看你?这些错误本来是可以避免的。

25.1 文档格式

你会用 Word、Excel、PowerPoint 吗?那么你能用它们写出一个精美雅致友好的文档、表格或演示吗?

我们要根据文档的内容,选择合适的编辑软件,来编辑我们的文档。例如,
1. 说 Word 适合描述,适合写 SPEC 和 Datasheet,适合写对外公开的技术文档。
2. Excel 适合分类,适合列表,便于调整行和列,便于统计计算,如 Pin list、Module list、各种数据等。
3. PowerPoint 适合演示,适合写介绍性和学习性的文档。

汪曾祺写过一篇短篇小说《云致秋行状》,云致秋经常起草一些向上面汇报的材料,翻翻笔记本,摊开横格纸就写,一写就是十来张。写到后来,写不下去了,就叫我:"老汪,你给我瞧瞧,我这写的是什么呀?"我一看:逦逦拉拉,噜苏重复,不知所云。他写东西还有个特点,不分段,从第一个字到末一个句号,一气到底,一大篇!经常得由我给他"归置归置",重新整理一遍。他看了说:"行!你真有两下。"我说:"你写之前得先想想,想清楚再写呀。李笠翁说,要袖手于前,才能疾书于后哪!"他说:"对对对!我这是疾书于前,袖手于后!写到后来,没了辙了!"

如果一个人连一个几页的介绍或总结都写不好,不分章节,没有重点,格式乱七八糟,那么他能定义好一个模块的 SPEC 吗?

再说一个例子,看看我们手里的银行卡,上面的卡号是不是一般都是 4 位一组,我们在电话银行或电脑里输入时,或写下来时,或读出来时,用起来很方便。但是交通银行的卡号很特别,是 6

位+13 位表示，用起来一点都不方便，经常搞错。这是一个很小的细节，交通银行难道就不注意吗？同样我们在写文档时，有太多的细节需要我们注意。

我们一定要加强写文档的能力。可以参考那些好的文档，例如 Synopsys 的 IP 文档（SPI、I2C、UART、OTG 等），章节划分清楚，内容非常详实，格式非常清晰，字体非常统一，表图齐全，而且所有 IP 文档的格式都保持一致，阅读这些 SPEC 是一种享受。如果有需要，我们可以"剽窃"这些文档，在它们的基础上，书写我们自己的文档。

每个公司都有自己的文档模版，章节、字体、格式、表和图等都有要求，那么我们一定要遵循，该划分章节的地方就划分章节，该用什么字体的地方就用什么字体，该用什么表的地方就用什么表，该列出 1、2、3……要点的地方就列出要点，总之要让人看得舒服，看得明白。

我们也要遵从一些常规书写格式。例如，中文书写首行缩进两个字符，习惯于两端对齐，标点后面没有空格，而英文书写则习惯于首行没有缩进，习惯于左对齐或两端对齐，标点后面有一个空格。

在北京西直门有一个楼盘，我们坐地铁 13 号线到西直门地铁站附近时，向西看可以看见它。在它的楼顶上，树着一个写着"智地　钻河中心　DIAMOND　WATERFRONT"的铁牌子，可惜有个 N 字母放反了，不伦不类的，让人贻笑大方。也许人家是故意要这么做的，其实我还看到其他地方的牌子也把 N 放反了，这些肯定不是故意的。还有很多，例如"木炭烤肉"写成了"木碳烤肉"，因为"碳"这个字只是用于说明化学元素；例如，把"羊蝎子"写成"羊羯子"，"羊蝎子"是羊的脊椎骨，因为形状像蝎子，而"羯"是公羊，星座中的"摩羯座"就是"公羊座"；例如，把"川府楼饭店"写成"川俯楼饭店"，本来是要说四川天府之国，而"俯"只有"向下"的意思。这样的事就如同美玉上面的一个小瑕疵，你说是严重呢，还是不严重？虽然在网络时代，汉语词汇被不断地赋予新的含义，但是我想在某些方面还是不能滥用汉语词汇。

我们要仔细检查我们的文档，不要出现错误，也不要出现瑕疵，例如错别字、拼写错误、病句、语句不通和自相矛盾等。

在开始写文档的时候，就努力要让其干干净净。例如，在我开始写这本书的时候，我就研究了几本程序书的书写格式，然后设计了自己的格式，正文字体、标题字体、表格字体、图字体、表样式等，大概划分了一些章节。这样在写的时候，写着方便，看着方便，调整也方便。

25.2　定义文档

在定义文档时，我们一定要与市场销售人员、系统规划人员、程序设计人员和电路板设计人员仔细讨论，看我们的设计是否符合性能、功耗和芯片面积的要求，看实现的难度，看硬件软件使用是否方便灵活。另外我们还要考虑未来的扩充，因为我们的设计不能是一锤子的买卖，以后还是要升级的。

例如，我们的身份证号码，刚开始设计的时候是 15 位编码（6 位地址码+6 位出生日期+3 位顺序码）。这 15 位编码用了 20 年之后，发现不行了，因为按照 15 位编码，那些 1900 年后出生的人就和 2000 年后生的小孩就可能重号。只有升位，于是升级到 18 位编码（6 位地址码+8 位出生日期+3 位顺序码+1 位校验码）。但是这 18 位编码又带来了新的问题，因为最后那位校验码设计有问题，使得有些人的最后那位校验码是 X。因为 X，使得在某些只能输入数字的地方，或者不能处理，或者添加额外负担。例如，在用电话银行输入身份证号码时，提示音还要加一句"X 请用星号键代替"。

我们看看最后那位校验码（第十八位数字）的计算方法。

1. 将前面的身份证号码 17 位数分别乘以不同的系数。从第一位到第十七位的系数分别为 7、9、10、5、8、4、2、1、6、3、7、9、10、5、8、4、2。
2. 将这 17 位数字与系数相乘的结果相加。
3. 用加出来的和除以 11，看余数是多少？
4. 余数只可能有 0、1、2、3、4、5、6、7、8、9、10 这 11 个数字，然后再把它映射到 1、0、X、9、8、7、6、5、4、3、2 这 11 个数字，就得到身份证的最后的那位校验码。
5. 例如，如果余数是 2，就会在身份证的第 18 位数字上出现罗马数字的 X。如果余数是 10，身份证的最后一位号码就是 2

因为在第三步是对 11 做取模运算，导致最后不得不出现 X。其实 X 本来是可以避免的，只要在第三步对 10 做取模运算，就没有这种问题了。

这就是在初始设计时，不考虑未来，不考虑方便性造成的。15 位升位到 18 位，软件要考虑二者的兼容。因为 X，软件又要增加额外的负担。虽然这些代价不是很大，但是就要做额外的考虑。

还有一个例子就是 2000 年的千年虫问题，当初为了节省存储空间，计算机程序里用 2 位数表示年份。于是在快到 2000 年的那几年里，各国忙着修改软件，以避免到 2000 年时发生问题，这样就创造了很多劳动机会，有些软件商凭着优秀的软件解决方案大赚了一笔。

"父母在给子女取名字的时候，都要仔细斟酌，要给子女取个好名字，希望给子女带来幸福平安，而不好的名字就有可能影响子女的一生，例如"王狗剩"和"李乱改"。设计中的名字也一样，不好的名字会给工作带来各种麻烦和不便，所以要定义好模块、任务、函数、参数、信号、寄存器等名字，要遵循一定的命名规范，要给出有意义、长度合适的中文名字和英文名字。对于这些名字，要在各种人员中保持一致，设计、验证、开发和销售等工程师都要统一使用它们。"

25.3 应用文档

应用文档包括我们常说的 Datasheet 和 SPEC，是给软件人员和电路板设计人员看的。

Datasheet 从较高层次上描述一个芯片。
1. Feature：描述芯片的组成，画有结构框图，简单介绍各个功能模块。
2. Package：描述芯片的封装信息、焊接要求等。
3. Pin 列表：描述各个 Pin 的位置和复用信息。
4. DC 特性：描述工作电压、电流、温度和湿度等。
5. AC 特性：描述模块 Pin 的 Timing 要求，如 Setup、Hold、Delay 等。

SPEC 从总体上和从各个功能模块上详细地描述芯片。
1. 描述芯片的总体构成和结构组织。
2. 描述各个模块的特性、构成、软件接口、操作步骤等。
3. 描述如何达到最好的性能，如何达到最低的功耗。

对于小芯片，一般只有 Datasheet，因为在 Datasheet 里面就可以全面细致地描述芯片。

25.4 设计文档

设计文档用于设计人员和验证人员，是任何设计必不可少的，在编写代码前就要准备好设计文档。设计文档应该具有很强的可读性，应该反映设计者的设计思想，便于设计的维护和移交[郭炜]。

设计文档应该包含以下内容。
1. 模块功能的简要介绍。
2. 顶层模块的功能说明、接口信号、结构框图、数据通路和设计细节。
3. 各子模块的功能说明、接口信号、结构框图、数据通路和设计细节。
4. 实现指导：如何配置参数和内存？如何与其他模块连接？接口信号之间如何交互？
5. 其他事项：时钟和复位有什么要求？综合有什么要求？是否有多周期路径和假路径？是否有需要特殊验证的地方？

另外我们需要注意下面这些事项。
1. 要保持应用文档、设计文档和设计代码这三者之间的一致性，不要有任何的疏漏、偏差和冲突，否则会误导设计的使用和维护工作。
2. 不要在设计文档中包含应用文档的内容（例如，寄存器地址、功能描述和操作步骤等）。如果在设计义档中包含应用文档的内容，那么就必须维护两份文档，这其实是没有必要的，因为如果你这样做了，而且如果你忘记修改某一个地方，那么文档之间就会出现冲突。

25.5 备份文档

文档要有版本号，要在文件名里要表示出来，可以用 V001、V002、V003 等依次表示。在文档的第一页放置一个 Revision History 表，每修改一次，就要升级一次版本号，表里面的版本号要与文件名中的版本号保持一致。在 Revision History 里列出修改人员、修改日期和简单描述。以前版本的文档要放到专门的目录里保存，以备查找，查看修改历史和修改原因，见表 25-1。

表 25-1　Revision History 例子

Revision	Author	Date	Description
0.01	Wei Jiaming	2011-08-17	Initial version
0.02	Wei Jiaming	2011-08-19	Update
0.03	Wei Jiaming	2011-08-20	Update
0.04	Wei Jiaming	2011-09-09	Update
0.05	Wei Jiaming	2012-01-06	If 32-bit SDR is used, then MEM_DQ[31:16] should be configured as Alternate Function 0

25.6 GPIO 设计

在后面的两章里，我们将以具体的 GPIO 例子，展示应用文档和设计文档的书写，同时在可配置代码设计中还要展示实际对应的 GPIO 代码。

第 26 章

GPIO 应用文档

Revision History:

Revision	Author	Date	Description
0.01	Wei Jiaming	2010-08-03	Initial version
0.02	Wei Jiaming	2010-08-06	Change PD to PEN and PSEL
0.03	Wei Jiaming	2011-01-04	Support three banks. PSEL is not used.

26.1 Overview

General Purpose I/O Ports (GPIO) are provided for use in generating and capturing application-specific input and output signals. The total GPIOs are split into <x> banks and every bank has 32 GPIOs. Every bank is an APB bus device and works independently.

Each port can be programmed as an output, an input or function port that serves certain peripheral. As input, pull up/down resistor can be enabled/disabled and the port also can be configured as level or edge triggered interrupt source.

Features:
- Each port can be configured as an input, an output or an alternate function port.
- Each port can be configured as an interrupt source of low/high level or rising/falling edge triggering.
- Every interrupt source can be masked independently.
- Each port has an internal pull-up or pull-down resistor connected. The pull-up/down resistor can be disabled.

26.2 Register Description

The below table lists the memory-mapped registers of one GPIO bank.
They can be programmed to operate GPIO port and alternate function port sharing configuration. All registers are in 32-bits width. Usually, 1 bit in the register affects a corresponding GPIO port and every GPIO port can be operated independently.

表 26-1 GPIO Registers

Name	Descriptions	R/W	Initial Value	Address Offset	Access Size
PIN	PIN Level Register	R	H'0000_0000	H'00	32
DAT	Data Register	R	H'0000_0000	H'10	32
DATS	Data Set Register	W	H'????_????	H'14	32

续表

Name	Descriptions	R/W	Initial Value	Address Offset	Access Size
DATC	Data Clear Register	W	H'????_????	H'18	32
IM	Interrupt Mask Register	R	H'FFFF_FFFF	H'20	32
IMS	Interrupt Mask Set Register	W	H'????_????	H'24	32
IMC	Interrupt Mask Clear Register	W	H'????_????	H'28	32
PEN	PULL Enable Register	R	H'0000_0000	H'30	32
PENS	PULL Enable Set Register	W	H'????_????	H'34	32
PENC	PULL Enable Clear Register	W	H'????_????	H'38	32
PSEL	PULL Select Register (reserved)	R	H'0000_0000	H'40	32
PSELS	PULL Select Set Register (reseerved)	W	H'????_????	H'44	32
PSELC	PULL Select Clear Register (reserved)	W	H'????_????	H'48	32
FUN	Function Register	R	H'0000_0000	H'50	32
FUNS	Function Set Register	W	H'????_????	H'54	32
FUNC	Function Clear Register	W	H'????_????	H'58	32
SEL	Select Register	R	H'0000_0000	H'60	32
SELS	Select Set Register	W	H'????_????	H'64	32
SELC	Select Clear Register	W	H'????_????	H'68	32
DIR	Direction Register	R	H'0000_0000	H'70	32
DIRS	Direction Set Register	W	H'????_????	H'74	32
DIRC	Direction Clear Register	W	H'????_????	H'78	32
TRG	Trigger Register	R	H'0000_0000	H'80	32
TRGS	Trigger Set Register	W	H'????_????	H'84	32
TRGC	Trigger Clear Register	W	H'????_????	H'88	32
FLG	FLAG Register	R	H'0000_0000	H'90	32
FLGC	FLAG Clear Register	W	H'????_????	H'98	32

26.2.1 PIN Level Register (PIN)

Bit	Name	Description	R/W
n	PINLn	Where n = 0 ~ 31 and PINLn = PINL0 ~ PINL31. The PORT PIN level can be read by reading PINLn bit in register PIN.	R

26.2.2 Data Register (DAT)

Bit	Name	Description	R/W
n	DATAn	Where n = 0 ~ 31 and DATAn = DATA0 ~ DATA31. The register is used as GPIO data register. When GPIO is used as interrupt the register is no used.	R

26.2.3 Data Set Register (DATS)

Bit	Name	Description	R/W
n	DATASn	Writing 1 to DATASn will set DATAn to 1 in register DAT. Writing 0 to DATASn will no use.	W

26.2.4 Data Clear Register (DATC)

Bit	Name	Description	R/W
n	DATACn	Writing 1 to DATACn will set DATAn to 0 in register DAT. Writing 0 to DATACn will no use.	W

26.2.5 Mask Register (IM)

Bit	Name	Description	R/W
n	MASKn	Where n = 0 ~ 31 and MASKn = MASK0 ~ MASK31. MASKn is used for mask the interrupt of GPIOn. 0: Enable the pin as an interrupt source 1: Disable the pin as an interrupt source	R

26.2.6 Mask Set Register (IMS)

Bit	Name	Description	R/W
n	MASKSn	Writing 1 to MASKSn will set MASKn to 1 in register IM. Writing 0 to MASKSn will no use.	W

26.2.7 Mask Clear Register (IMC)

Bit	Name	Description	R/W
n	MASKCn	Writing 1 to MASKCn will set MASKn to 0 in register IM. Writing 0 to MASKCn will no use.	W

26.2.8 PULL Enable Register (PEN)

Bit	Name	Description	R/W
n	PENn	Where n = 0 ~ 31 and PENn = PEN0 ~ PEN31. PENn is used for setting the port to be PEN enable. 0: An internal pull up or pull down resistor connects to the port. 1: No pull up or pull down resistor connects to the port.	R

26.2.9 PEN Enable Set Register Register (PENS)

Bit	Name	Description	R/W
n	PENSn	Writing 1 to PENSn will set PENn to 1 in register PEN Writing 0 to PENSn will no use.	W

26.2.10 PEN Enable Clear Register Register (PENC)

Bit	Name	Description	R/W
n	PENCn	Writing 1 to PENCn will set PENn to 0 in register PEN. Writing 0 to PENCn will no use.	W

26.2.11 PSEL Select Register (PSEL)

Bit	Name	Description	R/W
n	PSELn	Where n = 0 ~ 31 and PSELn = PSEL0 ~ PSEL31. PSELn is used for setting the port to be PSEL enable. 0: pull-down is selected 1: pull-up is selected.	R

26.2.12 PSEL Enable Set Register Register (PSELS)

Bit	Name	Description	R/W
n	PSELSn	Writing 1 to PSELSn will set PSELn to 1 in register PSEL Writing 0 to PSELSn will no use.	W

26.2.13 PSEL Enable Clear Register Register (PSELC)

Bit	Name	Description	R/W
n	PSELCn	Writing 1 to PSELCn will set PSELn to 0 in register PSEL. Writing 0 to PSELCn will no use.	W

26.2.14 Function Register (FUN)

Bit	Name	Description	R/W
n	FUNn	Where n = 0 ~ 31 and FUNn = FUN0 ~ FUN31 In most cases, port is shared with one or more peripheral functions. FUNn controls the owner of the port n. 0: GPIO or Interrupt 1: Alternate Function	R

26.2.15 Function Set Register (FUNS)

Bit	Name	Description	R/W
	FUNSn	Writing 1 to FUNSn will set FUNn to 1 in register FUN. Writing 0 to FUNSn will no use.	W

26.2.16 Function Clear Register (FUNC)

Bit	Name	Description	R/W
n	FUNCn	Writing 1 to FUNCn will set FUNn to 0 in register FUN. Writing 0 to FUNCn will no use.	W

26.2.17 Select Register (SEL)

Bit	Name	Description	R/W
n	SELn	Where n = 0 ~ 31 and SELn = SEL0 ~ SEL31 SELn is used for selecting the function of GPIO. When FUN = 0: 0: GPIO 1: Interrupt When FUN = 1: 0: Alternate Function 0 1: Alternate Function 1	R

26.2.18 Select Set Register (SELS)

Bit	Name	Description	R/W
n	SELSn	Writing 1 to SELSn will set SELn to 1 in register SEL. Writing 0 to SELSn will no use.	W

26.2.19 Select Clear Register (SELC)

Bit	Name	Description	R/W
n	SELCn	Writing 1 to SELCn will set SELn to 0 in register SEL. Writing 0 to SELCn will no use.	W

26.2.20 Direction Register (DIR)

Bit	Name	Description	R/W
n	DIRn	Where n = 0 ~ 31 and DIR n = DIR0 ~ DIR31 DIRn is used for setting the direction of port or setting the trigger direction of interrupt trigger. GPIO Direction: (GPIO Function, FUN=0, SEL=0)	R

Bit	Name	Description	R/W
n	DIRn	0: INPUT 1: OUTPUT Interrupt Trigger Direction: (Interrupt Function, FUN=0, SEL=1) TRG = 0: 0: Low Level Trigger 1: High Level Trigger TRG =1: 0: Falling Edge Trigger 1: Rising Edge Trigger	R

26.2.21 Direction Set Register (DIRS)

Bit	Name	Description	R/W
n	DIRSn	Writing 1 to DIRSn will set DIRn to 1 in register DIR. Writing 0 to DIRSn will no use.	W

26.2.22 Direction Clear Register (DIRC)

Bit	Name	Description	R/W
n	DIRCn	Writing 1 to DIRCn will set DIRn to 0 in register DIR. Writing 0 to DIRCn will no use.	W

26.2.23 Trigger Register (TRG)

Bit	Name	Description	R/W
n	TRIGn	Where n = 0 ~ 31 and TRIGn = TRIG00 ~ TRIG31 TRIGn is used for setting the trigger mode for interrupt. When GPIO is used as interrupt function: 0: Level Trigger Interrupt. 1: Edge Trigger Interrupt. When GPIO is used as alternate function: 0: Alternate Function Group 0. 1: Alternate Function Group 1.	R

26.2.24 Trigger Set Register (TRGS)

Bit	Name	Description	R/W
n	TRIGSn	Writing 1 to TRIGSn will set TRIGn to 1 in register TRG. Writing 0 to TRIGSn will no use.	W

26.2.25 Trigger Clear Register (TRGC)

Bit	Name	Description	R/W
n	TRIGCn	Writing 1 to TRIGCn will set TRIGn to 0 in register TRG. Writing 0 to TRIGCn will no use.	W

26.2.26 FLAG Register (FLG)

Bit	Name	Description	R/W
n	FLAGn	Where n = 0 ~ 31 and FLAGn = FLAG00 ~ FLAG31 FLAGn is interrupt flag bit for checking the interrupt whether to happen. When GPIO is used as interrupt function and the interrupt happened, the FLAGn in FLG will be set to 1.	R

26.2.27 FLAG Clear Register (FLGC)

Bit	Name	Description	R/W
n	FLAGCn	When GPIO is used as interrupt function and when write 1 to the bit, the bit FLAGn in FLG will be cleared.	W

26.3 Program Guide

26.3.1 GPIO Function Guide

1. Set FUN to choose the function of GPIO/Interrupt by writing 1 to register FUNC.
2. Set SEL to choose the function of GPIO by writing 1 to register SELC.
3. Set DIR to choose the direction of GPIO by writing 1 to register DIRS or DIRC.

In addition,
1. You can read the PORT PIN level by reading register PIN.
2. You can use register DAT as normal data register. The register can be set by register DATS and DATC.
3. You can set PEN and PSEL by writing 1 to register PENS/PENC and PSELS/PSELC to use Internal pull-up/down resistor or not.

26.3.2 Alternate Function Guide

In the system, there are max four Alternate Function Groups (by TRG) and in every group there are two Alternate Functions (by SEL).

{FUN[x], TRG[x], SEL[x]} = 100, for alternate function 0.
{FUN[x], TRG[x], SEL[x]} = 101, for alternate function 1.
{FUN[x], TRG[x], SEL[x]} = 110, for alternate function 2.
{FUN[x], TRG[x], SEL[x]} = 111, for alternate function 3.

1. Set FUN to 0 by writing 1 to register FUNC. (Ready state)
2. Set TRG to choose the alternate function group 0 by writing 1 to register TRGC.
   Set TRG to choose the alternate function group 1 by writing 1 to register TRGS.
3. Set SEL to choose the alternate function 0 by writing 1 to register SELC.
   Set SEL to choose the alternate function 1 by writing 1 to register SELS.
4. Set FUN to choose the function of alternate function by writing 1 to register FUNS.

26.3.3 Interrupt Function Guide

First you should keep GPIO status.
1. Set IM by writing 1 to register IMS.
2. Set TRG to choose the interrupt trigger mode by writing 1 to register TRGS or TRGC.
3. Set FUN to choose the function of GPIO/Interrupt by writing 1 to register or FUNC.
4. Set SEL to choose the Interrupt function by writing 1 to register SELS.
5. Set DIR to choose the direction of interrupt trigger by writing 1 to register DIRS or DIRC.

6. Set the FLGC register to clear the interrupt flag.
7. Clear IM by writing 1 to register IMC to enable the GPIO interrupt.

You should check the level interrupt whether to happen as follows:
1. When the PIN level read from register PIN is the same with what you have set in register TRG and DIR, then the level interrupt happened.
2. When the PIN level read from register PIN is different from what you have set in register TRG and DIR, then the level interrupt did not happen.

26.3.4 Disable Interrupt Function Guide

1. Set IM by writing 1 to register IMS.
2. Set TRG to 0 by writing 1 to register TRGC.
3. Set DIR to 0 by writing 1 to register DIRC.
4. Set FUN to 0 by writing 1 to register or FUNC.
5. Set SEL to 0 by writing 1 to register SELC.

第 27 章

GPIO 设计文档

27.1 文件列表（见表 27-1）

表 27-1 GPIO 文件列表

File	Descriptions
gpio.v	GPIO 顶层模块
gpio_params.v	GPIO 参数文件，包含软件读/写寄存器地址的偏移量
gpio_check.v	用于检查某一个 GPIO 的中断，中断类型可以是高电平、低电平、上升沿或下降沿之一
gpio_reg.v	通过 APB 总线，操作软件读写/寄存器的读/写
gpio_sync.v	包括三个同步模块，延迟寄存器，或者传递 pulse

27.2 端口列表（见表 27-2）

表 27-2 GPIO 端口列表

Ports	Input/Output	Width	Descriptions
Interface with APB bus			
preset_n	input	1	Please refer to AMBA Specification (Rev 2.0)
pclk	input	1	
psel	input	1	
penable	input	1	
pwrite	input	1	
paddr	input	1	
pwdata	input	32	
prdata	output	32	
Interface with PAD			
gpio_data_i	input	gpio_count	The input value from pad
gpio_data_o	output	gpio_count	The output value to pad
Interface with PAD			
gpio_data_oe_n	output	gpio_count	gpio direction control 1: input 0: output
gpio_pull_dis	output	gpio_count	gpio pull-enable/disable control If the pad for GPIO has only one kind of pull (up or down), then gpio_pull_sel is not used, just use gpio_pull_dis 0: enable pull 1: disable pull
gpio_pull_sel	output	gpio_count	gpio pull-up/down control 0: pull-down 1: pull-up

Ports	Input/Output	Width	Descriptions
gpio_alt	output	gpio_count	Every gpio has 3-bit to control gpio_alternate_function bit[2]: connect with FUNn, 0: GPIO or interrupt. 1: Alternate funtion. bit[1]: connect with TRGn 0: Alternate Function Group 0 1: Alternate Function Group 1 bit[0]: connect with SELn 0: Alternate Function 0 1: Alternate Function 1
Interface with RTC			
rtc_clk	input	1	32768Hz clock During sleep, it still toggles and it is used to sample GPIO to wakeup the chip.
rtc_reset_n	input	1	The reset_n related with rtc_clk
Interface with INTC			
sleep	input	1	0: the chip is not in sleep state 1: the chip is in sleep state
gpio_int_n	output	1	0: gpio interrupt occurs 1: gpio interrupt does not occur
gpio_wake_n	output	1	0: gpio wakeup occurs 1: gpio wakeup does not occur gpio_wake_n is only generated when sleep is 1. After wakeup from sleep, the chip can be interrupted by gpio_int_n

27.3 配置参数（见表 27-3）

表 27-3 GPIO 配置参数

File	Default	Descriptions
gpio_count	32	It can be 1 ~ 32
fun_init	32'b0	The default value of FUN register
trg_init	32'b0	The default value of TRG register
sel_init	32'b0	The default value of SEL register

当设置 fun_init、trg_init 和 sel_init 这三个参数为非零值的时候，GPIO 模块就输出 gpio_alt[2:0] 非零值，使得在复位之后对应的 pin 进入 Alternate 功能状态（例如直接当 MMC/SD 的 pin 使用），而非 GPIO 状态。

第四部分 高级设计

本部分讨论如何进行做更高级的设计,包括 IP 使用、代码优化、状态机设计、可配置设计、可测性设计等,包括已经在 FPGA 和 ASIC 上验证过的代码,这些代码具有非常优秀的编码风格。

第 28 章
使用 IP

现在的芯片设计大量地使用第三方的 IP，而不是倾公司之力开发各个 IP，一方面是人力物力时间上的原因，另一方面是难以保证设计是否完整，难以保证验证是否充分。

SoC 发展到现在已经不仅仅是一种标准 IP 的集合体，而且为满足特定终端用户的应用而集成和优化。现在 IP 的设计重点在于这些方面：CPU 核、DSP 核、标准 I/O 接口、内存与存储、加密与解密、各种模拟模块。

下面我们从 IP 的来源上看一下 IP 的分类。

1. 基本 IP：这些 IP 由综合工具提供，有些我们在不知不觉地使用，有些需要手工实例化才能使用。例如，Synopsys 的 DesignWare Building Block，它们提供了很多基本的操作，包括加减乘除和逻辑等各种运算、浮点运算、FIFO 管理和 CRC 计算等。我们在设计时首先就要考虑是否可以使用它们来简化设计。
2. 某些 IP：这些 IP 介绍得都很好，性能、面积和功耗是多么的优秀，说已经在很多芯片上使用了。可是买了之后一用，质量难以保证，不能自己配置，文档不完整，接口不匹配，问题一大堆，反馈还不及时，真是"说的比唱的还好听"。
3. 优秀的 IP：这些 IP 的质量有保证，文档齐全，说明详尽，可以配置，可以在性能、面积和功耗上做出选择，但是本着"一分钱一分货"的道理，价格自然要昂贵一些。例如，Synopsys 和 Cadence 的 IP 和 VIP。
4. 免费的 IP：这些 IP 可以在网上找到很多，有的很好很完整，有的就很差，需要你自己做出判断。例如，OpenCore 的 IP 及 SDRAM 和 DDR2 的仿真模型。

我们要积极使用 IP，博采众家之长，学习优秀 IP 的设计，学习应用文档的书写，学习 IP 的可配置设计，学习 IP 的编码风格，学习 IP 的完整验证环境。

28.1 Cadence 的 IP

Cadence Design IP 为用户提供了最高质量的 IP，以及 SoC 最低风险的实现途径。Cadence 主要致力于为内存、存储和高性能交互提供多种多样的接口。

1. 内存与存储：当今，对 SoC 的功能应用需求越来越高，加上内存标准的可用带宽要求迅速提高，意味着内存子系统设计的复杂度已经迅速增加，从而使得设计团队内部设计高性能的内存控制器变得不切实际。Cadence 提供了高度灵活的内存与存储 IP，满足设计所需要的性能、功能和适用度。
2. 高性能交互界面：新型串行接口标准的兴起为更广范围的应用设备提供了高带宽线路。不过实现这些接口应用要求一整套技能，还要对所涉及的协议极为熟悉。综合业界顶尖的 IP 设计产品与可靠的设计服务能力，Cadence 提供整套高性能交互接口解决方案，满足广泛客户需求。

28.2 Cadence 的 VIP

Cadence 的 VIP 秉承了高端可靠优秀传统，已经被应用于检验数十种协议，涵盖数千种设计。Cadence 的存储器模型长期以来一直被当做存储器接口验证的"黄金标准"。

Cadence 的 VIP 能够满足 IP、SoC 和系统级验证工程师与设计师的需要。

1. IP 开发商受益于最新协议支持的优势，每个 VIP 都会进行数百次自动协议检查，对 VIP 的深刻了解已经在多种设计的投产中得到了证明。
2. SoC 开发商受益于当今 SoC 中所有复杂标准协议与存储器界面的广泛支持，常见的验证平台界面涵盖了整个 VIP 与存储器产品，而创新的授权模式降低了多协议验证的成本门槛。
3. 系统开发商受益于 Accelerated VIP 用于开启 Palladium XP 验证计算平台的功能，可以检验软硬件集成，实现软件驱动型验证，以及为程序员提供系统验证的视窗，同时对驱动器与 SoC 界面进行验证。

Cadence VIP 的特性如下：

1. 支持新型标准，如 AMBA4 系列、PCI Express Gen3、SuperSpeed USB、Ethernet 40G/100G、MIPI 协议。
2. 超过 1.5 万种存储器模型，包括支持新存储器类型，如 DDR4 SDRAM、Flash ONFI 3.0、Flash PPM、Flash Toggle2 NAND、GDDR5、LRDIMM 和 Wide I/O SDRAM。
3. 通过 CMS 与 PureSuite 解决方案进行协议适用性检查。
4. 断言套件用于通过 Incisive Formal Verifier 进行 AMBA 与 OCP 结构的形式验证。
5. Accelerated VIP 用于最广泛使用的复杂协议，支持大型 SoC 与软硬件集成的硬件加速。
6. 支持所有通用验证平台语言，包括 SystemVerilog 与 e 语言。
7. 支持 UVM（Universal Verification Methodology）。

28.3 Synopsys 的 IP

Synopsys 是针对 SoC 设计的高品质、硅验证 IP 解决方案的领先供应商，可帮助您加速创新。

1. Synopsys DesignWare IP 包括全面的接口 IP 解决方案，其中包括常用协议的控制器、PHY 和验证 IP、模拟 IP、嵌入式存储器、逻辑库、处理器核心及子系统。
    A. SoC 基础架构 IP：minPower 组件、验证 IP 和 DesignWare 库，包括数据通路 IP、AMBA、Foundry 库和 8 位微控制器。
    B. 接口 IP：USB、PCIe、DDR、SATA、HDMI、MIPI、Ethernet 等标准接口。
    C. 模拟 IP：数据转换器、音频模拟编解码器及视频模拟前端等模拟 IP。
    D. 存储器和逻辑库：逻辑库、存储器编译器及非易失性存储器。
    E. 处理器 IP：ARC 处理器芯核、ARC 音频、ARC 视频及扩展套件。
2. Synopsys 为支持 IP 软件开发和软硬件集成，Synopsys 为众多 IP 产品提供了驱动程序、事务级模型和原型。
3. Synopsys 公司基于 FPGA 的 HAPS 原型设计解决方案帮助用户在系统环境下实现 IP 和 SoC 验证。
4. Synopsys 公司的 Virtualizer 虚拟原型设计工具集可使开发人员提早启动针对 IP 或整个 SoC 的软件开发，其效率远胜传统方法。
5. 凭借稳健的 IP 开发方法学、在质量方面的大量投资、全面的技术支持，以及对软件开发和 IP 原型设计支持，Synopsys 可有效协助设计人员加快产品上市时间并降低集成风险。

28.4 DesignWare Building Block

DesignWare Building Block（以前叫 Foundation Library）是一组与 Synopsys 综合环境紧密结合在一起的可重用 IP 的集合。通过使用它们，可以优化性能，提高生产率，提高重用性，降低风险。DesignWare Building Block 由以下部分组成。

1. Basic Library：与 HDL Compiler 结合在一起实现通用算术和逻辑操作的 IP。
2. Logic：组合和时序逻辑 IP。
3. Math：算术和三角运算 IP。
4. DSP（Digital Signal Processing）IP：FIR 和 IIR 滤波器。
5. Memory：Registers, FIFOs, and FIFO Controllers, Synchronous and Asynchronous RAMs, and Stack IP。
6. Interface：Clock Domain Crossing (CDC) IP.
7. Application Specific: Data Integrity, Interface, JTAG IP, and others.
8. GTECH Library: A technology-independent, gate-level library.

28.5 在 FPGA 上使用 DesignWare

DesignWare 不能直接在 FPGA 使用，这样便带来了不便，有什么解决办法吗？有，就是生成 GTECH 网表。例如，我们要使用 DW_asymfifo，push 时的数据宽度是 32，pop 时的数据宽度是 8，深度是 8。

首先我们把它实例化在 DW_asymfifo_s1_df_32_8_16.v 中。

例子：把 DesignWare IP 封装到一个模块中。

```
`define data_in_width 32
`define data_out_width 8
`define depth 16
`define addr_width ((`depth>16)? ((`depth>64) ? ((`depth>128)? 8:7) :((`depth>32)?6:5)): ((`depth>4)?((`depth>8)?4:3):((`depth>2)?2:1)))

module DW_asymfifo_s1_df_32_8_16
    (
    input                       clk,
    input                       rst_n,
    input                       push_req_n,
    input                       flush_n,
    input                       pop_req_n,
    input                       diag_n,
    input[`data_in_width-1:0]   data_in,
    input[`addr_width-1:0]      ae_level,
    input[`addr_width-1:0]      af_thresh,
    output                      empty,
    output                      almost_empty,
    output                      half_full,
    output                      almost_full,
    output                      full,
    output                      ram_full,
    output                      error,
    output                      part_wd,
    output[`data_out_width-1:0] data_out
```

```
    );

    DW_asymfifo_s1_df
      #(.data_in_width      (`data_in_width),
        .data_out_width     (`data_out_width),
        .depth              (`depth),
        .err_mode           (1),
        .rst_mode           (0),
        .byte_order         (1))    af_i
      (
        .clk                (clk),
        .rst_n              (rst_n),
        .ae_level           (ae_level),
        .af_thresh          (af_thresh),
        .flush_n            (flush_n),
        .push_req_n         (push_req_n),
        .pop_req_n          (pop_req_n),
        .diag_n             (diag_n),
        .data_in            (data_in),
        .part_wd            (part_wd),
        .data_out           (data_out),
        .empty              (empty),
        .almost_empty       (almost_empty),
        .half_full          (half_full),
        .almost_full        (almost_full),
        .full               (full),
        .ram_full           (ram_full),
        .error              (error)
        );
endmodule
```

然后我们执行如下 dc_shell 的脚本。

例子：综合生成 gtech 网表。

```
set TOP DW_asymfifo_s1_df_32_8_16
set file ~/mychip/src/dw/${TOP}.v
set top ${TOP}
analyze -f verilog $file
elaborate ${TOP}
current_design ${TOP}
uniquify
change_names -hierarchy
set target_library gtech.db
compile
write -h -f verilog -o ~/mychip/src/dw/${TOP}_gtech.v
exit
```

在做 FPGA 综合的时候，不要把 DW_asymfifo_s1_df_32_8_16.v 加入到文件列表中，而是要把 gtech.v 和 DW_asymfifo_s1_df_32_8_16_gtech.v 加入到文件列表中，然后就可以做 FPGA 综合了。

第 29 章

代码优化

这里探讨如何写出简洁优雅的代码，如何设计出优化的电路。

29.1 代码可读

下面两段代码是对一个 2-bit round-robin arbiter 的不同实现，它们的逻辑是等价的[Janick Bergeron]。对比一下，哪一个可读性好？哪一个更容易维护？

例子：按硬件实现编写代码。

```verilog
module rrarb_1 (request, grant, reset, clk);
   input  [1:0]  request;
   output [1:0]  grant;
   input         reset;
   input         clk;
   wire          winner;
   reg           last_winner;
   reg [1:0]     grant;
   wire [1:0]    next_grant;
   assign next_grant[0] = ~reset & (request[0] & (~request[1] | last_winner));
   assign next_grant[1] = ~reset & (request[1] & (~request[0] | ~last_winner));
   assign winner = ~reset & ~next_grant[0] & (last_winner | next_grant[1]);
   always @(posedge clk)
     begin
       last_winner = winner;
       grant = next_grant;
     end
endmodule
```

例子：按操作行为编写代码。

```verilog
module rrarb_2 (request, grant, reset, clk);
   input  [1:0]  request;
   output [1:0]  grant;
   input         reset;
   input         clk;
   reg [1:0]     grant;
   reg           last_winner;
   reg           winner;
   always @(*)
     begin
       case (request)
         2'b01: winner = 0;
         2'b10: winner = 1;
```

```
      2'b11: if (last_winner == 1'b0) winner = 1;
            else winner = 0;
      default: winner = 0;
    endcase
  end

  always @(posedge clk)
    begin
      if (reset) begin
        grant <= 2'b00;
        last_winner <= 0;
      end
      else begin
        if (request != 2'b00) begin
          grant[winner] <= 1'b1;
          last_winner <= winner;
        end
        else
          grant <= 2'b00;
      end
    end
endmodule
```

虽然 rrarb_1 名字清晰，编码正确，但是 rrarb_1 有以下问题。

1. rrarb_1 按硬件实现思考问题，直接书写布尔表达式，与直接使用逻辑门没啥区别，可读性和可维护性都很差。

2. rrarb_1 在时序逻辑中使用阻塞赋值，可能会造成竞争条件。

rrarb_2 的可读性非常好，而且容易修改，它的综合结果与 rrarb_1 类似，不用担心时序和面积问题。

29.2 简洁编码

我们在写代码的时候，要注意书写简洁，这样看起来方便易懂。

对比下面的两个 DFF 模块，一个包含一堆毫无用处的 begin-end，另一个就非常简洁。

例子：编码非常啰嗦。

```
module dff (q, d, clk, rst);
  output reg q;
  input  d, clk, rst;
  always @(posedge clk or posedge rst)
    begin
      if (rst == 1) begin
        q = 0;
      end
      else begin
        q = d;
      end
    end
endmodule
```

例子：编码非常简洁。
```
module dff (q, d, clk, rst);
  output reg q;
  input  d, clk, rst;
  always @(posedge clk or posedge rst)
    if (rst == 1)   q = 0;
    else            q = d;
endmodule
```

对比下面的 3 个 MUX 模块，是不是 AssignMux8 更加简洁？

例子：使用 if 语句。
```
module IfMux8 (y, i, sel);
    output reg  y;
    input [7:0] i;
    input [2:0] sel;
    always @(i or sel)
      if      (sel == 3'd0) y = i[0];
      else if (sel == 3'd1) y = i[1];
      else if (sel == 3'd2) y = i[2];
      else if (sel == 3'd3) y = i[3];
      else if (sel == 3'd4) y = i[4];
      else if (sel == 3'd5) y = i[5];
      else if (sel == 3'd6) y = i[6];
      else if (sel == 3'd7) y = i[7];
  endmodule
```

例子：使用 case 语句。
```
module CaseMux8 (y, i, sel);
    output reg  y;
    input [7:0] i;
    input [2:0] sel;
    always @(i or sel)
      case (sel)
        3'd0: y = i[0];
        3'd1: y = i[1];
        3'd2: y = i[2];
        3'd3: y = i[3];
        3'd4: y = i[4];
        3'd5: y = i[5];
        3'd6: y = i[6];
        3'd7: y = i[7];
      endcase
endmodule
```

例子：使用数组索引。
```
module AssignMux8 (y, i, sel);
    output      y;
    input [7:0] i;
    input [2:0] sel;
```

```
     assign y = i[sel];
endmodule
```

29.3 优化逻辑

如果在 always 块的敏感列表中包含 clock edge，那么综合工具就为 always 块中的每个变量生成对应位长的 flip-flop。如果不想让 always 块中的所有变量都生成 flip-flop，那么就应该明确哪些 flip-flop 是设计需要的，哪些可以使用组合逻辑实现[Synopsys]。

例子：这里生成 6 个 flip-flop，count 用 3 个，and_bits、or_bits 和 xor_bits 各用 1 个。

```
module count (clock, reset, and_bits, or_bits, xor_bits);
    input     clock, reset;
    output reg  and_bits, or_bits, xor_bits;
    reg [2:0] count;
    always @(posedge clock) begin
      if (reset) count <= 0;
      else       count <= count + 1;
      and_bits <= & count;
      or_bits  <= | count;
      xor_bits <= ^ count;
    end
endmodule
```

例子：这里就只生成 3 个 flip-flop，只用于 count，and_bits、or_bits 和 xor_bits 是 count 的组合逻辑。

```
module count (clock, reset, and_bits, or_bits, xor_bits);
    input     clock, reset;
    output reg  and_bits, or_bits, xor_bits;
    reg [2:0] count;
    always @(posedge clock) begin    //synchronous block
      if (reset) count <= 0;
      else       count <= count + 1;
    end
    always @(count) begin            //combinational block
      and_bits = & count;
      or_bits  = | count;
      xor_bits = ^ count;
    end
endmodule
```

29.4 优化迟到信号

下面的例子解释通过复制逻辑可以提高性能[Synopsys]。

在模块 BEFORE 中，CONTROL 用做在两个输入信号之间的选择信号，选择出的信号通过数学运算最后到达 COUNT。但是 CONTROL 是一个迟到（Late-arriving）的信号，从 CONTROL 到 COUNT 是关键路径，这就会导致不好的 timing。

在模块 PRECOMPUTED 中，我们通过复制逻辑，尽量把 CONTROL 向靠近 COUNT 的位置移动，缩短从 CONTROL 到 COUNT 的路径，这样就能得到较好的 timing。

例子：没有对迟到的 CONTROL 做优化。

```
module BEFORE
  #(parameter [7:0] BASE = 8'b10000000)
  (
   input [7:0]    PTR1,PTR2,
   input [15:0]   ADDRESS, B,
   input          CONTROL,
   output [15:0] COUNT
  );
  wire [7:0]    PTR, OFFSET;
  wire [15:0]   ADDR;
  assign PTR = (CONTROL == 1'b1) ? PTR1 : PTR2;
  assign OFFSET = BASE - PTR;
  assign ADDR = ADDRESS - {8'h00, OFFSET};
  assign COUNT = ADDR + B;
endmodule
```

例子：对迟到的 CONTROL 做了优化。

```
module PRECOMPUTED
  #(parameter [7:0] BASE = 8'b10000000)
  (
   input [7:0]    PTR1,PTR2,
   input [15:0]   ADDRESS, B,
   input          CONTROL,
   output [15:0] COUNT
  );
  wire [7:0]    OFFSET1,OFFSET2;
  wire [15:0]   ADDR1,ADDR2,COUNT1,COUNT2;
  assign OFFSET1 = BASE - PTR1;
  assign OFFSET2 = BASE - PTR2;
  assign ADDR1 = ADDRESS - {8'h00 , OFFSET1};
  assign ADDR2 = ADDRESS - {8'h00 , OFFSET2};
  assign COUNT1 = ADDR1 + B;
  assign COUNT2 = ADDR2 + B;
  assign COUNT = (CONTROL == 1'b1) ? COUNT1 : COUNT2;
endmodule
```

我们要清楚 RTL code 经过综合之后会生成什么样的电路。

参考 Synopsys 文档，里面有一些 rtl 对应的实际电路。

29.5 括号控制结构

可以使用括号强制综合工具生成并行的硬件（Parallel hardware）。例如，对于(A+B)+(C+D)，要对 A + B 建立一个加法器，要对 C + D 建立一个加法器，然后对二者的结果再建立一个加法器。Design Compiler 对用括号指定的子表达式（The subexpressions dictated by the parentheses）予以保留，但是这种限制可能会导致较差（Less-than-optimum）的面积和时序结果。

括号对于编写迟到的信号（Late-arriving signals）很有帮助。例如，如果我们要加三个信号 A、B 和 C，A 是迟到的信号，那么使用 A+(B+C)就对迟到的 A 很有帮助。当然 Design Compiler 自身也会尝试建立一个结构，以便于让迟到的信号满足 timing 要求。

第 30 章

状态机设计

我们在设计中要经常用到有限状态机（Finite State Machine，FSM），FSM 的设计非常重要。实现 FSM 的方法有很多种，这里只讨论最好的方法，从而达到以下的目标。

1. 编码风格应该易于调整，便于修改状态编码和状态机风格。
2. 编码风格应该简洁紧凑、简单易懂、便于调试。
3. 编码风格应该能够生成高效的综合结果。

本章将介绍如何使用高效的 RTL 编码风格设计 FSM，主要使用两个 always 块和寄存器输出风格。

本章主要参考了 CummingsICU2002_FSMFundamentals.pdf。

30.1 状态机类型

FSM（见图 30-1）通常分为两种类型：Moore 和 Mealy。对于 Moore FSM，输出是当前状态的函数；而对于 Mealy FSM，输出则是当前状态和输入的函数。

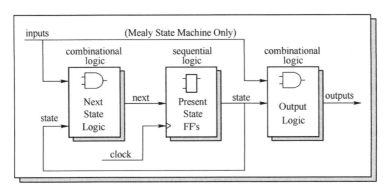

图 30-1　Finite State Machine (FSM)

30.2 状态编码方式

FSM 的状态编码通常分为两种：二进制（Binary）和独热码（One-hot）。

在二进制编码的 FSM（Binary FSM）中，用于状态编码的寄存器个数只需要满足能够把 FSM 的状态编码出来即可，即等于 clog2(number_of_states)，就是对状态数目取以 2 为底的对数，然后再向上取整。

在独热码编码的 FSM（One-hot FSM）中，每一个状态对应一个寄存器，而且在任意时刻只能有一个寄存器被置位，以表示当前状态（Hot 状态）。

例如，对于一个有 16 个状态的 FSM，二级制编码需要 4 个寄存器，而独热码编码需要 16 个寄存器。

FPGA Vendor 推荐使用 One-hot FSM，因为在 FPGA 中寄存器资源非常丰富，而且用于实现

One-hot FSM 的组合逻辑比起用于实现 Binary FSM 的组合逻辑要少一些。由于 FPGA 的性能一般和设计中的组合逻辑的大小有关，所以 One-hot FSM 一般比 Binary FSM 运行得快。

30.3 二进制编码 FSM

30.3.1 两个 always 块

FSM 设计的最好方法是使用两个 always 块：一个用于时序状态寄存器；另一个用于组合状态逻辑，计算下一个状态（Next）和输出逻辑（Output logics）。见图 30-2。

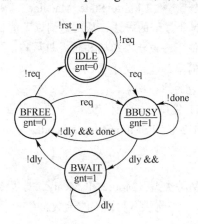

图 30-2　FSM 例子的状态转换图

例子：fsm_cc4 design - two always block style。

```
module fsm_cc4_2
  (output reg gnt,
   input dly, done, req, clk, rst_n);
  localpara [1:0] IDLE  = 2'b00,
                  BBUSY = 2'b01,
                  BWAIT = 2'b10,
                  BFREE = 2'b11;
  reg [1:0] state, next;
  always @(posedge clk or negedge rst_n)
    if (!rst_n) state <= IDLE;
    else        state <= next;
//always @(state or dly or done or req) begin
  always @(*) begin
    next = 2'bx;
    gnt  = 1'b0;
    case (state)
      IDLE : if (req)      next = BBUSY;
             else          next = IDLE;
      BBUSY: begin
               gnt = 1'b1;
               if (!done)        next = BBUSY;
               else if ( dly)    next = BWAIT;
```

```
            else            next = BFREE;
          end
    BWAIT: begin
          gnt = 1'b1;
          if (!dly)        next = BFREE;
          else             next = BWAIT;
          end
    BFREE: if (req)         next = BBUSY;
          else              next = IDLE;
  endcase
 end
endmodule
```

30.3.2 重要的编码规则

1. 在模块内使用 localparam 定义状态编码，尽量不要使用'define 和 parameter。然后就要始终使用这些状态编码，不要直接使用这些状态编码的数值。如果设计者想要尝试不同的状态编码，那么只需改变用 localparam 定义状态编码的数值即可，其他部分无需改动。
2. 在 localparam 之后，声明 state 和 next 变量。
3. 在时序 always 块使用非阻塞赋值。
4. 在组合 always 块使用阻塞赋值。
5. 在组合 always 块使用 always @(*)语句，以简化代码设计。
6. 在组合 always 块的上部，把默认值赋值给 next 和变量。在 case 语句内，只有当输出赋值不是默认值时，输出赋值才需要做出改变。这样可以避免生成 Latch，可以减少 case 语句中逻辑的数量，可以强调 case 语句中每个输出的变化。
7. 对于状态转换图中的每一个转换（if、else-if 或 else），在组合 always 块都要有对应的 if-else 语句，要数目相等、逻辑一致。
8. 为了便于阅读和调试，所有的 next 赋值要对齐到同一列上，可以通过加空格的方法实现。

30.3.3 错误状态的转换

在设计的时候，我们可能会有这样的担心："如果我的 FSM 进入一个错误状态，会发生什么"。通常，我们没有必要去担心 FSM 进入错误的状态，因为这种情况根本就不会发生，我们更应该去担心设计中其他寄存器自发地改变它们的值。

但是也有例外，例如卫星（易于遭受 Alpha 粒子爆发的干扰）或者医疗设备（易于遭受射线的干扰）。在这些条件下，我们确实要担心 FSM 进入错误的状态，但是许多工程师并没有意识到让 FSM 返回到一个可知的状态不是一个好方法。虽然 FSM 返回到了一个可知的状态，但是其他模块正在期待与另一个相关状态的操作，这就有可能让系统进入死锁，等待永远不会到来的信号。这是因为虽然 FSM 改变到一个可知的状态，但是并没有复位其他部分。其实 FSM 更应该进入一个错误的状态，用于通知其他部分在下一个状态要发生复位。

30.3.4 next 的默认值

在 always 块敏感列表下面，把默认值赋值给 next 是最有效的编码风格，然后在 case 语句中再把

next 更改为其他值。一般说来，next 的默认赋值有以下三种。
1. 赋值为 x（Unkown）。
2. 赋值为当前的状态 state。
3. 赋值为一个预定的恢复值（Predetermined recovery），如 IDLE。

把 next 赋值为 x，便于调试，因为在前仿真时，如果 case 语句中的状态赋值不全，那么状态机的状态就会变为 x。但是对于综合工具来说，x 是被当做 "don't care" 对待，可能会导致前后仿真不一致。

把 next 赋值为 state，可以减少代码的书写。因为如果不发生状态转换，就不用更改 next 的值。

对于一些特定的应用，如卫星和医疗应用，就要求把 next 赋值为一个 known 状态，而不是 x，而且比起在 case 语句中书写明确的 next 转换赋值来说，这个方法更简单一些。

30.4 独热码编码 FSM

独热码编码 FSM 是高效的，小且快。独热码编码 FSM 使用反向 case 的编码方法，就是在 case 的头部使用 case (1'b1)语句，每个 case item 则是一个用于判断 true 或 false 的表达式。例如对于上面的 fsm_cc4，我们需要做一些修改，以实现高效的独热码编码 FSM。

独热码编码 FSM 最关键的要点是 localparam 不是表示状态的编码，而是表示状态向量的索引。注意：对于 state 和 next 向量，case 对 One-hot 状态的比较和赋值都是针对 1-bit 的。

例子：fsm_cc4 design - case (1'b1) onehot style。

```
module fsm_cc4_fp
  (output reg gnt,
   input dly, done, req, clk, rst_n);
  //+++Index into the state register, not state encodings
  localpara [3:0] IDLE  = 0,
                  BBUSY = 1,
                  BWAIT = 2,
                  BFREE = 3;
  //+++Onehot requires larger declarations
  reg [3:0] state, next;
  always @(posedge clk or negedge rst_n)
    if (!rst_n) begin
      state      <= 4'b0;
      //+++Reset modification
      state[IDLE] <= 1'b1;
    end
    else state <= next;
  always @(state or dly or done or req) begin
    //+++Must make all-0's assignment
    next = 4'b0;
    gnt  = 1'b0;
    //+++state[current_state] case items
    //+++Only update the next[next state] bit
    case (1'b1)   //+++Use reverse case
      state[IDLE] : if (req)        next[BBUSY] = 1'b1;
                    else            next[IDLE]  = 1'b1;
```

```verilog
          state[BBUSY]: begin
                    gnt = 1'b1;
                    if (!done)       next[BBUSY] = 1'b1;
                    else if ( dly)   next[BWAIT] = 1'b1;
                    else             next[BFREE] = 1'b1;
                  end
          state[BWAIT]: begin
                    gnt = 1'b1;
                    if (!dly)        next[BFREE] = 1'b1;
                    else             next[BWAIT] = 1'b1;
                  end
          state[BFREE]: begin
                    if (req)         next[BBUSY] = 1'b1;
                    else             next[IDLE]  = 1'b1;
                  end
      endcase
    end
endmodule
```

30.5 寄存器输出

在 FSM 设计中使用寄存器输出可以保证输出没有毛刺，而且通过把模块的输入和输出约束标准化，可以得到更好的综合结果。

通过对本章的例子加入第 3 个 always 时序块来实现寄存器输出，就是在时钟有效沿处依据 next 的值，产生输出赋值。

例子：fsm_cc4 design - three always blocks with registered outputs。

```verilog
module fsm_cc4_2r
  (output reg gnt,
   input dly, done, req, clk, rst_n);
  parameter [1:0] IDLE  = 2'b00,
                  BBUSY = 2'b01,
                  BWAIT = 2'b10,
                  BFREE = 2'b11;
  reg [1:0] state, next;
  always @(posedge clk or negedge rst_n)
    if (!rst_n) state <= IDLE;
    else        state <= next;
  always @(state or dly or done or req) begin
    next = 2'bx;
    case (state)
      IDLE : if (req)        next = BBUSY;
             else            next = IDLE;
      BBUSY: if (!done)      next = BBUSY;
             else if ( dly)  next = BWAIT;
             else            next = BFREE;
      BWAIT: if (!dly)       next = BFREE;
             else            next = BWAIT;
      BFREE: if (req)        next = BBUSY;
```

```
            else              next = IDLE;
    endcase
  end
  always @(posedge clk or negedge rst_n)
    if (!rst_n) gnt <= 1'b0;
    else begin
      gnt <= 1'b0;
      case (next)
        IDLE,  BFREE:;  // default outputs
        BBUSY, BWAIT: gnt <= 1'b1;
      endcase
    end
endmodule
```

第 31 章

可配置设计

我们在做设计的时候,就要考虑做成可以灵活配置的设计,不管是小模块,还是大模块,这样便于以后维护和移植。可配置模块的设计方法如下:

1. 使用 parameter 和'define。
2. 使用 for 语句生成多条语句。
3. 使用 generate、for、if 等语句生成多条语句和多个实例化。
4. 通过工具或脚本生成配置参数。
5. 通过工具或脚本直接生成 Verilog 代码。

下面就以不同的例子探讨如何实现可配置设计,这些例子有的很小,有的很大,有的是作者亲自设计的模块,有的是作者实际使用过的模块。另外,我们也可以从这些实际的代码中学习到优秀的编码风格。

31.1 格雷码转换

二进制码可以直接由数/模转换器转换成模拟信号,但某些情况,例如从十进制的 3 转换到 4 时二进制码的每一位都要变,数字电路就会产生很大的尖峰电流脉冲。

格雷码就没有这一缺点,它是一种无权码,采用绝对编码方式,所有相邻整数在它们的数字表示中只有一个数字不同。它在任意两个相邻的数之间转换时,只有一个数位发生变化。它大大地减少了由一个状态到下一个状态时逻辑的混淆。另外,由于最大数与最小数之间也仅一个数不同,故通常又叫格雷反射码或循环码。格雷码属于可靠性编码,是一种错误最小化的编码方式。表 31-1 列出了二进制与格雷码例子。

表 31-1 二进制与格雷码例子

十进制数	二进制	格雷码
0	000	000
1	001	001
2	010	011
3	011	010
4	100	110
5	101	111
6	110	101
7	111	100

在设计异步 FIFO 控制器的时候,必须使用格雷码与二进制的互相转换。

在下面的代码中,通过 SIZE 的参数化,实现了这两个转换模块的可配置。

例子:格雷码和二进制之间的转换。

```
module gray2bin #(parameter SIZE = 8)
  (input  [SIZE-1:0] gray,
   output [SIZE-1:0] bin);
  genvar i;
    generate
    for (i=0; i<SIZE; i=i+1)
      begin: bit
        assign bin[i] = ^gray[SIZE-1:i];
      end
    endgenerate
endmodule

module bin2gray #(parameter SIZE = 8)
  (input  [SIZE-1:0] bin,
   output [SIZE-1:0] gray);
    assign gray = bin ^ {1'b0, bin[SIZE-1:1]};
endmodule
```

31.2 通用串行 CRC

CRC（Cyclic Redundancy Check，循环冗余校验码）是常用的数据保护方法。在 MMC/SD 的协议中，CRC 被用于保护命令（Command）、响应（Response）和数据（Data）的传送，以防止传送过程中发送错误。协议中使用了两个 CRC 多项式：CRC7 和 CRC16。

CRC7 用于检查所有的命令、除 R3 之外所有的响应、CSD 寄存器和 CID 寄存器。它的生成器多项式是：$G(x) = x^7 + x^3 + 1$。在计算开始之前，CRC 寄存器初始化为全 0。

CRC16 用于检查数据块，见图 31-1。它的生成器多项式是：$G(x) = x^{16} + x^{12} + x^5 + 1$。在计算开始之前，CRC 寄存器初始化为全 0。

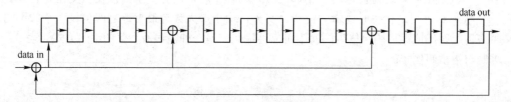

图 31-1 MMC/SD CRC16

编写 CRC7 和 CRC16 的代码很简单，很多人就直接把它们设计成两个模块。其实我们可以把它们设计成一个可以灵活配置的模块，这样的模块还可以很容易地移植到其他地方。

这两个 CRC 的区别在于多项式的宽度和表达式不同，其他方面都一样：计算之前初始化为 0，然后对串行数据计算 CRC 值，对于发送，要把 CRC 值发送出去，对于接收，就与收到 CRC 比较。所以我们可以设计出如下的通用 CRC 模块。

31.2.1 general_crc.v

例子：通用 CRC 模块。

```
//For CRC7:  Use (7,  7'h00,   7'h09)
//For CRC16: Use (16, 16'h0000, 16'h1021)
```

```
module general_crc
  #(parameter WIDTH=16,
    parameter [WIDTH-1:0] INIT_VALUE=0,
    parameter [WIDTH-1:0] CRC_EQUATION=0)
  (input                    clk,
   input                    rst_n,
   //If init=1, initialize crc_value with INIT_VALUE
   input                    init,
   //If enable=1, calculate crc_value from data_in
   input                    enable,
   //If draint=1, crc_value is shifted out from data_out
   input                    drain,
   input                    data_in,
   output                   data_out,
   //This is the parallel out crc_value
   output reg [WIDTH-1:0]   crc_value
   );
   wire                crc_next;
   wire [WIDTH-1:0]    crc_temp;
   assign crc_next = data_in ^ crc_value[WIDTH-1];
   assign crc_temp = {crc_value[WIDTH-2:0], 1'b0};
   always @(posedge clk or negedge rst_n)
     begin
       if (!rst_n)
         crc_value <= {WIDTH{1'b0}};
       else if(init)
         crc_value <= INIT_VALUE;
       else if (enable) begin
         if (crc_next)
           crc_value <= crc_temp ^ CRC_EQUATION;
         else
           crc_value <= crc_temp;
       end
       else if (drain)
         crc_value <= {crc_value[WIDTH-2:0], 1'b0};
     end
   assign data_out = crc_value[WIDTH-1];
endmodule
```

按照下面的参数就可以把 general_crc 分别实例化为 crc_7 和 crc_16：
```
general_crc #(.WIDTH(7), .INIT_VALUE(7'h0),
            .CRC_EQUATION(7'h09)) crc_7_i (.......);
general_crc #(.WIDTH(16), .INIT_VALUE(16'h0),
            .CRC_EQUATION(16'h1021)) crc_16_i (.......);
```

这个 general_crc 也可以用于 CAN Bus，它的 CRC 多项式是：
$$X^{15}+X^{14}+X^{10}+X^8+X^7+X^4+X^3+1$$

```
general_crc #(.WIDTH(15), .INIT_VALUE(15'h0),
          .CRC_EQUATION(16'h4599)) crc_15_i (.......);
```

31.2.2 testbench

下面是对这个通用 CRC 模块的验证代码，只对 CRC16 做了检验。

```
module testbench;
  reg clk = 1'b0;
  reg rst_n = 1'b0;
  reg init = 1'b0;
  reg enable = 1'b0;
  reg drain = 1'b0;
  reg data_in;
  wire data_out;
  wire [16-1:0] crc_value;
  always @(clk) begin #10; clk <= ~clk; end
  initial begin
    rst_n = 1'b0;
    repeat (10) @(negedge clk);
    rst_n = 1'b1;
    repeat (10) @(negedge clk);

    init = 1'b1;
    repeat (1) @(negedge clk);
    init = 1'b0;
    repeat (1) @(negedge clk);

    enable = 1;
    data_in = $random;
    repeat (128) @(negedge clk) begin
      enable = 1;
      data_in = $random;
    end

    enable = 0;
    repeat (5) @(negedge clk);

    drain = 1;
    repeat (16) @(negedge clk) begin
      drain = 1;
    end

    drain = 0;
    repeat (5) @(negedge clk);

    $finish;
  end
  general_crc #(.WIDTH           (16),
```

```
                    .INIT_VALUE     (16'h0),
                    .CRC_EQUATION   (16'h1021)) crc_16_i
    (.clk            (clk),
     .rst_n          (rst_n),
     .init           (init),
     .enable         (enable),
     .drain          (drain),
     .data_in        (data_in),
     .data_out       (data_out),
     .crc_value      (crc_value)
    );
    initial begin
      $vcdplusfile("sim_wave.vpd");
      $vcdpluson;
    end
endmodule
```

31.3 FIFO 控制器

FIFO 控制器在设计中经常使用，用于在不同时钟域之间传递数据。下面的 FIFO 控制器是通用的，深度（Depth）是可以参数化的，Depth 应该是 2 的幂次，Width 必须等于\$clog2(depth)，Width 不用传递。

此控制器不像有些 FIFO 控制器，这里没有输出 full、almost_full、half_full、almost_empty 和 empty 标志，只是输出了 wr_cnt 和 rd_cnt，使用者可以根据 wr_cnt 和 rd_cnt 产生这些标志。

```
module async_fifo_ctrl
  #(parameter depth = 32, width = $clog2(depth))
  (
   input                wr_reset_n,
   input                wr_clk,
   input                wr_en,
   output reg [width:0] wr_cnt,  //FIFO status word count
   output reg [width:0] wr_ptr,

   input                rd_reset_n,
   input                rd_clk,
   input                rd_en,
   output reg [width:0] rd_cnt,  //FIFO status word counter
   output reg [width:0] rd_ptr
   );
   localparam xwidth = width + 1;
   //======================================
   //Function bin2gray and gray2bin
   function [xwidth-1:0] bin2gray;
      input [xwidth-1:0] B;
      begin
         bin2gray = (B ^ (B >> 1));
      end
   endfunction
```

```verilog
function [xwidth-1:0] gray2bin;
    input [xwidth-1:0] G;
    reg [xwidth:0] b_v;
    integer k;
    begin
        b_v[xwidth] = 1'b0;
        for (k = xwidth-1; k >= 0; k = k-1)
            b_v[k] = G[k] ^ b_v[k+1];
        gray2bin = b_v[xwidth-1:0];
    end
endfunction

//======================================
//write pointer and write logic signal
reg  [width:0]      wr_gtp;    //gray code
reg  [width:0]      R1_rd_gtp; //read ptr sync step1
reg  [width:0]      R2_rd_gtp; //read ptr sync step2
wire [width:0]      rd_ptr_bin; //read pointer binary code

//======================================
//read pointer and read logic signal
reg  [width:0]      rd_gtp;    //gray code
reg  [width:0]      R1_wr_gtp; //write ptr sync step1
reg  [width:0]      R2_wr_gtp; //write ptr sync step2
wire [width:0]      wr_ptr_bin; //write pointer binary code

//======================================
//write pointer generate
always @(posedge wr_clk or negedge wr_reset_n)
  begin
     if(~wr_reset_n) begin
        wr_ptr <= 0;
        wr_gtp <= 0;
     end
     else if(wr_en && (wr_cnt != depth)) begin
        //the pointer will increment when enable
        wr_ptr <= wr_ptr + 1;
        wr_gtp <= bin2gray (wr_ptr + 1);
     end
  end

//======================================
//read pointer generate
always @(posedge rd_clk or negedge rd_reset_n)
  begin
     if(~rd_reset_n) begin
        rd_ptr <= 0;
```

```
            rd_gtp <= 0;
       end
       else if(rd_en && (rd_cnt != 0))
         begin
            //the pointer will increment when enable
            rd_ptr <= rd_ptr + 1;
            rd_gtp <= bin2gray (rd_ptr + 1);
         end
   end

//=======================================
//sync the write pointer on gray code by rd_clk
always @(posedge rd_clk or negedge rd_reset_n)
   begin
      if (~rd_reset_n) begin
         R1_wr_gtp <= 0;
         R2_wr_gtp <= 0;
      end
      else begin
         R1_wr_gtp <= wr_gtp;
         R2_wr_gtp <= R1_wr_gtp;
      end
   end

//=======================================
//sync the read pointer on gray code by wr_clk
always @(posedge wr_clk or negedge wr_reset_n)
   begin
      if (~wr_reset_n) begin
         R1_rd_gtp <= 0;
         R2_rd_gtp <= 0;
      end
      else begin
         R1_rd_gtp <= rd_gtp;
         R2_rd_gtp <= R1_rd_gtp;
      end
   end

//=======================================
//change the write pointer from gray code to binary code
assign wr_ptr_bin = gray2bin (R2_wr_gtp);
//change the write pointer from gray code to binary code
assign rd_ptr_bin = gray2bin (R2_rd_gtp);

//=======================================
//cacculate the word counter at write side
always @(posedge wr_clk or negedge wr_reset_n)
   begin
```

```verilog
            if(~wr_reset_n)
              wr_cnt <= 0;
            else if (wr_en) begin
              if(wr_ptr+1 > rd_ptr_bin)
                wr_cnt <= (wr_ptr + 1) - rd_ptr_bin;
              else
                wr_cnt <= (wr_ptr + 1 + 2*depth) - rd_ptr_bin;
            end
            else begin
              if(wr_ptr >= rd_ptr_bin)
                wr_cnt <= wr_ptr - rd_ptr_bin;
              else
                wr_cnt <= (wr_ptr + 2*depth) - rd_ptr_bin;
            end
       end


       //=======================================
       //cacculate the word counter at read side
       always @(posedge rd_clk or negedge rd_reset_n)
         begin
            if(~rd_reset_n)
              rd_cnt <= 0;
            else if (rd_en) begin
              if(wr_ptr_bin >= rd_ptr+1)
                rd_cnt <= wr_ptr_bin - (rd_ptr + 1);
              else
                rd_cnt <= (wr_ptr_bin + 2*depth) - (rd_ptr + 1);
            end
            else begin
              if(wr_ptr_bin >= rd_ptr)
                rd_cnt <= wr_ptr_bin - rd_ptr;
              else
                rd_cnt <= (wr_ptr_bin + 2*depth) - rd_ptr;
            end
         end
endmodule
```

31.4　RAM Wrapper 例子

31.4.1　常规方法

通常我们设计的芯片都要在经过 FPGA 充分验证之后，才能去投片生产。对于内部 RAM 和 ROM 来说，ASIC 使用的 RAM 和 ROM 是用 Memory Compiler 生成的，而 FPGA 使用的 RAM 和 ROM 是用厂家的工具（如 Xilinx 的 coregen）生成的，二者的端口名不一样，有些控制信号的极性也不一样，于是我们不得不使用如下的代码。

```verilog
`ifdef FOR_FPGA
  xilinx_rf2_64x8     u_dp64x8
  (
```

```
            .clka           (wr_clk),
            .wea            (wr_en),
            .addra          (wr_ptr),
            .dina           (wr_di),
            .clkb           (rd_clk),
            .enb            (rd_en),
            .addrb          (rd_ptr),
            .doutb          (rd_do),
            );
`else
    rf2_64x8            u_dp64x8
        (
            .CLKB           (wr_clk),
            .CENB           (~wr_en),
            .AB             (wr_ptr),
            .DB             (wr_di),
            .CLKA           (rd_clk),
            .CENA           (~rd_en),
            .AA             (rd_ptr),
            .QA             (rd_do)
            );
`endif
```

当芯片只有几个 RAM 和 ROM 需要实例化的时候，这样做还可以，没有太大问题。但是应考虑以下问题。

1. 如果芯片内有几十块到上百块的 RAM 和 ROM，那么我们手工连接的工作量就非常大。
2. 在做 ATPG（Test_mode）的时候，为了提高 Fault coverage，为了测试与 RAM 和 ROM 连接的输入输出信号，我们应该用 Bypass 逻辑把 RAM 和 ROM 的输入 Bypass 到一些寄存器上，同时把一些寄存器的输出 Bypass 到 RAM 和 ROM 的输出上，若手工做，很容易出错。
3. 另外我们还要对 RAM 和 ROM 做 BIST 测试，同样要加一堆逻辑。

如果我们还是使用手工连接方法去处理这些烦琐的连线、Bypass 逻辑和 BIST 逻辑，就非常容易出错。有没有更好的处理办法呢？有，使用 RAM_wrapper 和 ROM_wrapper。

31.4.2 名字规范化

在介绍 RAM_wrapper 和 ROM_wrapper 之前，首先要规范化 RAM 和 ROM 的名字。因为我们经常使用 ARM 公司的 Memory Compiler 生成 RAM 和 ROM，于是根据本身的类型及写使能端口的数目，我们做了以下的类型划分，见表 31-2 和表 31-3。

表 31-2　RAM/ROM 类型

Type	little/large	Ports	Comments
RF1	little	single	
RA1	large	single	
RF2	little	dual	It has one read-port and one write-port
RA2	large	dual	It has two read-port and two write-port
ROM		single	

表 31-3 RAM 写使能（WEN）类型

Type	Descriptions
IW	bit-write-enable
BW	byte-write-enable
WW	word-write-enable

通常 RF 类型的 Memory 比 RA 类型的 Memory 面积小、功耗低，但是只能生成小的 Memory。另外为了支持 ARM926EJ-S 的 RF1_IW_128x8，特地加上 IW 类型，但是 Xilinx 的 coregen 只能按 byte 或全端口来控制写使能（WEN），不支持单比特写使能控制，那么在 FPGA 上就只通过 register 来实现。

我们规定 ASIC RAM 和 ROM 的名字必须为：<ram_type>_<wen_type>_<depth>x<width>，并且规定对应 FPGA RAM 和 ROM 的名字为：F_<ram_type>_<wen_type>_<depth>x<width>。在生成这些 RAM 和 ROM 时，必须严格按照规定命名这些 RAM 和 ROM。下面看表 31-4 列出的例子。

表 31-4 RAM/ROM 名字例子

ASIC RAM Name	FPGA RAM Name	Comments
RA1_BW_2kx32	F_RA1_BW_2kx32	RA1 类型，支持 byte 写，4 个 WEN，深度 2k，宽度 32-bit
RF1_BW_128x32	F_RF1_BW_128x32	RF1 类型，支持 byte 写，4 个 WEN，深度 128，宽度 32-bit
RF1_WW_256x22	F_RF1_WW_256x22	RF1 类型，不支持 byte 写，1 个 WEN，深度 256，宽度 22-bit
RF1_IW_128x8	F_RF1_IW_128x8	RF1 类型，支持 bit 写，8 个 WEN，深度 128，宽度 8-bit
RF2_WW_64x32	F_RF2_WW_64x32	RF2 类型，不支持 byte 写，1 个 WEN，深度 64，宽度 32-bit
RA2_WW_512x32	F_RA2_WW_512x32	RA2 类型，不支持 byte 写，1 个 WEN，深度 512，宽度 32-bit
ROM_WW_8kx32	F_ROM_WW_8kx32	ROM 类型，深度 8k，宽度 32-bit

31.4.3 RF1_wrapper.v

这是 RF1 类型 RAM 的基础 wrapper，FPGA 和 ASIC 使用不同的 Memory，包含了 ATPG 模式下的 Bypass 逻辑和 BIST 模式下的测试逻辑。

```verilog
module `RAM_NAME_wrapper
  #(parameter bist_addr_width = 13, bist_data_width = 32)
  (
   input                          CLK,
   input                          CEN,
   input [`RAM_WE_WIDTH-1:0]      WEN,
   input [`RAM_ADDR_WIDTH-1:0]    A,
   input [`RAM_DATA_WIDTH-1:0]    D,
   output [`RAM_DATA_WIDTH-1:0]   Q,

   input                          test_mode,
   input                          bist_clk,
   input                          bist_run,
   input                          bist_write,
   input                          bist_read,
```

```verilog
    input [bist_addr_width-1:0] bist_address,
    input [bist_data_width-1:0] bist_data_in,
    output                      bist_error
    );

//===================================================
//BIST part
wire CLK_x, CLK_t;
ram_pos_clock_function      ram_clock_function_i
  (
   .func_clk              (CLK),
   .bist_clk              (bist_clk),
   .bist_mode             (bist_run),
   .test_mode             (test_mode),
   .reg_clk               (CLK_t),
   .ram_clk               (CLK_x)
   );

wire [bist_addr_width:0] bist_address_x = {1'b0, bist_address};
wire high_bits_is_zero =
      (bist_address_x[bist_addr_width:`RAM_ADDR_WIDTH] == 0);
wire address_is_in_range = (bist_address < (`RAM_MAX_ADDRESS+1));
wire valid_addr=(({bist_addr_width{1'b1}}==`RAM_MAX_ADDRESS)? 1'b1 :
                 ({`RAM_ADDR_WIDTH{1'b1}} == `RAM_MAX_ADDRESS) ?
                  high_bits_is_zero : address_is_in_range);
wire [1:0] bist_cmd = ({bist_read, bist_write} & {2{valid_addr}});
reg [1:0] bist_ctl;
//write is high effective and read is asynchronous
always @(bist_cmd)
  begin
    case (bist_cmd)
      2'b01 : bist_ctl = 2'b01;  //write
      default: bist_ctl = 2'b10;
    endcase
  end

wire bist_rd = bist_ctl[1];
wire [`RAM_WE_WIDTH-1:0] bist_we =
      bist_ctl[0] ? {`RAM_WE_WIDTH{1'b1}} : {`RAM_WE_WIDTH{1'b0}};
wire [`RAM_DATA_WIDTH-1:0] bist_din = bist_data_in[`RAM_DATA_WIDTH-1:0];
wire [`RAM_ADDR_WIDTH-1:0] bist_a = bist_address[`RAM_ADDR_WIDTH-1:0];

//===================================================
//Function-or-BIST selector (FBS)
wire                        CEN_x;
wire [`RAM_WE_WIDTH-1:0]    WEN_x;
wire [`RAM_ADDR_WIDTH-1:0]  A_x;
wire [`RAM_DATA_WIDTH-1:0]  D_x;
```

```verilog
    wire [`RAM_DATA_WIDTH-1:0] Q_x;

    //In test_mode, not access ram
    assign    CEN_x = bist_run ? !(bist_rd || bist_we) : (CEN || test_mode);
    assign    WEN_x = bist_run ? ~bist_we : WEN;
    assign    A_x = bist_run ? bist_a : A;
    assign    D_x = bist_run ? bist_din : D;

    //==================================================
    // Output Response Evaluator (ORE)
    assign    bist_error = (valid_addr && bist_read &&
                           (bist_data_in[`RAM_DATA_WIDTH-1:0] != Q_x));

    //==================================================
    //bypass signal_in
`define BY_IN_WIDTH (((`RAM_ADDR_WIDTH + `RAM_DATA_WIDTH + 1 + `RAM_WE_WIDTH) + 31) / 32)
`define TOTAL_IN_WIDTH (32 * `BY_IN_WIDTH)
`define BY_OUT_COUNT ((`RAM_DATA_WIDTH + `BY_IN_WIDTH - 1) / `BY_IN_WIDTH)

    wire [`TOTAL_IN_WIDTH-1:0] total_in;
    assign total_in = {A_x, D_x, CEN_x, WEN_x};

    reg [`BY_IN_WIDTH-1:0] bypass_in;
    integer i;
    always @(*)
      begin
        for (i = 0; i < `BY_IN_WIDTH; i = i + 1)
          bypass_in[i] = (^total_in[i*32 +: 32]);
      end

    reg [`BY_IN_WIDTH-1:0] R_bist_bypass;
    always @(posedge CLK_t)
      begin
        R_bist_bypass <= bypass_in;
      end

    reg [`RAM_DATA_WIDTH-1:0] bist_bypass_out;
    always @(*)
      begin
        bist_bypass_out = {`BY_OUT_COUNT{R_bist_bypass}};
      end

    //If bist_run is 1, test_mode must be 0.
`ifdef RAM_NO_OUTOUT_BYPASS
    assign Q = Q_x;
`else
    assign Q = (test_mode ? bist_bypass_out : Q_x);
```

```verilog
`endif

`undef BY_IN_WIDTH
`undef TOTAL_IN_WIDTH

  //==================================================
`ifdef FPGA_RAM
 `ifdef FPGA_RAM_USE_REG
   RF1_reg #(`RAM_DATA_WIDTH,
             `RAM_WE_WIDTH,
             `RAM_MAX_ADDRESS,
             `RAM_ADDR_WIDTH) ram
     (
     .CLK      (CLK_x),
     .CEN      (CEN_x),
     .WEN      (WEN_x),
     .OEN      (1'b0),
     .A        (A_x),
     .D        (D_x),
     .Q        (Q_x)
     );
 `else
   wire [`RAM_WE_WIDTH-1:0] we;
   assign we = {`RAM_WE_WIDTH{~CEN_x}} & ~WEN_x;

   `FPGA_RAM_NAME ram
     (
     .clka     (CLK_x),
     .ena      (!CEN_x),
     .wea      (we),
     .addra    (A_x),
     .dina     (D_x),
     .douta    (Q_x)
     );
 `endif
`else
 `ifdef ASIC_RAM_USE_REG
   RF1_reg #(`RAM_DATA_WIDTH,
             `RAM_WE_WIDTH,
             `RAM_MAX_ADDRESS,
             `RAM_ADDR_WIDTH) ram
     (
     .CLK      (CLK_x),
     .CEN      (CEN_x),
     .WEN      (WEN_x),
     .OEN      (1'b0),
     .A        (A_x),
     .D        (D_x),
```

```
            .Q         (Q_x)
            );
    `else
        `RAM_NAME    ram
            (
            .CLK       (CLK_x),
            .CEN       (CEN_x),
            .WEN       (WEN_x),
            .A         (A_x),
            .D         (D_x),
            .Q         (Q_x)
            );
    `endif
`endif
endmodule
```

31.4.4　gen_wrapper.pl

下面是生成 RAM 和 ROM wrapper 的脚本。

```perl
#!/usr/bin/perl
use strict;
use warnings;
use Getopt::Long;

#========================================================================
#./gen_wrapper.pl -ram_def ram_def.txt
#./gen_wrapper.pl -ram_def ram_def.txt -options "asic_ram_use_reg"
#./gen_wrapper.pl -ram_def ram_def.txt -options "fpga_ram_use_reg"
#./gen_wrapper.pl  -ram_def  ram_def.txt  -options  "asic_ram_use_reg+fpga_ram_
use_reg"

my $ram_def = 0;
my $options = "";

GetOptions("help"           => \&help,
    "ram_def=s"        => \$ram_def,
    "options=s"        => \$options);

if (!$ram_def)
{
    printf ("Error; ram_def should be provided\n");
    exit (1);
}

#========================================================================
open (INPUT, "<$ram_def") or die ("cannot open $ram_def");
while (<INPUT>)
```

```perl
{
    chomp;
    #Omit the comments # or // or null line
    next if (/^\s*\/\// || /^\s*\#/ || /^\s*$/);

    my @line = split (' ', $_);
    my $req = $options;
    $req .= $line[1] if (scalar (@line) == 2);

    if ($line[0] =~ /^RF1_/
    || $line[0] =~ /^RA1_/
    || $line[0] =~ /^RA2_/
    || $line[0] =~ /^RF2_/
    || $line[0] =~ /^ROM/)
    {
    generate_ram_wrapper ($line[0], $req);
    }
    else
    {
    printf ("Error: not support: %s\n", $line[0]);
    exit (1)
    }
}
close (INPUT);

#==============================================================================
sub generate_ram_wrapper
{
    my ($ram, $req) = @_;

    $ram =~ /(R..)_(.*)_(.*)x([0-9]*)/;
    my ($type, $we, $depth, $width) = ($1, $2, $3, $4);
    #change to real depth, 1k --> 1024
    $depth = get_addr_depth ($depth);

    my $RAM_ADDR_WIDTH = get_addr_width ($depth);
    my $RAM_DATA_WIDTH = $width;
    my $RAM_MAX_ADDRESS = $depth - 1;
    my $RAM_NAME = $ram;
    my $FPGA_RAM_NAME = "F_".$ram;
    my $RAM_NAME_wrapper = $ram."_wrapper";

    #default only 1-bit WEN
    my $RAM_WE_WIDTH = 1;
    if ($we eq "BW")
    {
    #every byte (8-bit) has one WEN
    $RAM_WE_WIDTH = $width / 8;
```

```perl
        }
        elsif ($we eq "1W")
        {
        #every bit (1-bit) has one WEN
        $RAM_WE_WIDTH = $width;
        }

        my $RAM_IS_TYPE_def   = "`define RAM_IS_$type";
        my $RAM_IS_TYPE_undef = "`undef RAM_IS_$type";

        my $ASIC_RAM_USE_REG_def = "";
        my $ASIC_RAM_USE_REG_undef = "";
        if ($req =~ /asic_ram_use_reg/)
        {
        $ASIC_RAM_USE_REG_def = "`define ASIC_RAM_USE_REG";
        $ASIC_RAM_USE_REG_undef = "`undef ASIC_RAM_USE_REG";
        }

        my $FPGA_RAM_USE_REG_def = "";
        my $FPGA_RAM_USE_REG_undef = "";
        if ($req =~ /fpga_ram_use_reg/)
        {
        $FPGA_RAM_USE_REG_def = "`define FPGA_RAM_USE_REG";
        $FPGA_RAM_USE_REG_undef = "`undef FPGA_RAM_USE_REG";
        }

        my $include="`include \"RF1_wrapper.v\"";
        if ($ram =~ /^RA2_/)
        {
        $include="`include \"RF1_wrapper.v\"";
        }

        my $fo = $RAM_NAME_wrapper.".v";
        open (OUTPUT, ">$fo") or die ("cannot open $fo);

        printf (OUTPUT "
`define RAM_ADDR_WIDTH          $RAM_ADDR_WIDTH
`define RAM_DATA_WIDTH          $RAM_DATA_WIDTH
`define RAM_MAX_ADDRESS         $RAM_MAX_ADDRESS
`define RAM_WE_WIDTH            $RAM_WE_WIDTH
`define RAM_NAME        $RAM_NAME
`define FPGA_RAM_NAME           $FPGA_RAM_NAME
`define RAM_NAME_wrapper        $RAM_NAME_wrapper
$RAM_IS_TYPE_def
$ASIC_RAM_USE_REG_def
$FPGA_RAM_USE_REG_def

`ifdef RAM_IS_RF1
```

```perl
    `include \"RF1_wrapper.v\"
`elsif RAM_IS_RA1
    `include \"RF1_wrapper.v\"
`elsif RAM_IS_RA2
    `include \"RA2_wrapper.v\"
`elsif RAM_IS_RF2
    `include \"RF2_wrapper.v\"
`elsif RAM_IS_ROM
    `include \"ROM_wrapper.v\"
`else
    `include \"RXX_wrapper.v\"
`endif

`undef RAM_ADDR_WIDTH
`undef RAM_DATA_WIDTH
`undef RAM_MAX_ADDRESS
`undef RAM_WE_WIDTH
`undef RAM_NAME
`undef FPGA_RAM_NAME
`undef RAM_NAME_wrapper
$RAM_IS_TYPE_undef
$ASIC_RAM_USE_REG_undef
$FPGA_RAM_USE_REG_undef
");
    close (OUTPUT);
}


#===========================================================================
sub get_addr_depth
{
    my $x = $_[0];

    my $sum = 0;
    my $i;
    for ($i =0; $i < length ($x); $i++)
    {
    my $c = substr ($x, $i, 1);
    if (($c ge "0") && ($c le "9"))
    {
        $sum = $sum * 10 + $c;
    }
    elsif (($c eq "k") || ($c eq "K"))
    {
        $sum = $sum * 1024;
    }
    }
    return $sum;
}
```

```perl
#===========================================================================
sub get_addr_width
{
   my $x = ($_[0] - 1);

   my $sum = 0;
   while ($x > 0)
    {
      $sum = $sum + 1;
      $x = $x >> 1;
    }
   return $sum;
}
#===========================================================================
sub addr_is_not_power_of_2
{
   my $x = $_[0];

   my $r = $x % 2;
   if ($r == 0 && $x != 2)
    {
     $r = addr_is_not_power_of_2 ($x / 2);
    }
   return $r;
}
#===========================================================================
sub help
{
   printf ("--help       Print this information\n");
   printf ("--ram_def    The file name of ram_def\n");
   printf ("--options    Global options, now only support <asic_ram_use_reg |
fpga_ram_use_reg>\n");
   exit (0);
}
```

31.4.5 ram_def.txt 例子

下面是某芯片内部使用的一些 RAM 和 ROM 的类型。

```
#=====================================================
#./gen_wrapper.pl -ram_def ram_def.txt -options asic_ram_use_reg
#ARM_ICACHE
RA1_BW_2kx32
RF1_WW_256x22
RF1_WW_64x24
#ARM_DCACHE
RA1_BW_1kx32
RF1_WW_256x22
```

```
RF1_WW_32x24
RF1_IW_128x8        fpga_ram_use_reg
#ARM_MMU
RF1_WW_32x26
RF1_WW_32x30


#==================================================
#Others
ROM_WW_8kx32
RA1_BW_4kx32
RA2_WW_512x32
RF2_WW_64x32
```

31.4.6 生成 wrapper

在命令行上运行如下命令：

```
./gen_wrapper.pl -ram_def ram_def.txt
```

即可生成如下的 Verilog 文件：

```
RA1_BW_2kx32_wrapper.v
RF1_WW_256x22_wrapper.v
RF1_WW_64x24_wrapper.v
```

把这些生成的文件放到文件列表里，注意不要包含 RF1_wrapper.v 等基础文件，然后就可以编译仿真，可以做 ASIC 综合，可以做 FPGA 上综合。

例如，RA1_BW_2kx32_wrapper.v 的内容如下：

```
`define RAM_ADDR_WIDTH          11
`define RAM_DATA_WIDTH          32
`define RAM_MAX_ADDRESS         2047
`define RAM_WE_WIDTH            4
`define RAM_NAME                RA1_BW_2kx32
`define FPGA_RAM_NAME           F_RA1_BW_2kx32
`define RAM_NAME_wrapper        RA1_BW_2kx32_wrapper
`define RAM_IS_RA1

`ifdef RAM_IS_RF1
  `include "RF1_wrapper.v"
`elsif RAM_IS_RA1
  `include "RF1_wrapper.v"
`elsif RAM_IS_RA2
  `include "RA2_wrapper.v"
`elsif RAM_IS_RF2
  `include "RF2_wrapper.v"
`elsif RAM_IS_ROM
  `include "ROM_wrapper.v"
```

```
`else
  `include "RXX_wrapper.v"
`endif

`undef RAM_ADDR_WIDTH
`undef RAM_DATA_WIDTH
`undef RAM_MAX_ADDRESS
`undef RAM_WE_WIDTH
`undef RAM_NAME
`undef FPGA_RAM_NAME
`undef RAM_NAME_wrapper
`undef RAM_IS_RA1
```

31.5 可配置的 GPIO 设计

GPIO 的应用文档和设计文档可参考前面两章。GPIO 设计由以下文件组成 gpio_params.v、gpio.v、gpio_check.v、gpio_reg.v 和 gpio_sync.v。gpio.v 是顶层模块，通过参数实现它的可配置设计。

虽然 GPIO 设计不大，但也体现了模块化设计的思想，没有重复的代码，提取公共代码设计子模块，然后通过子模块实现大模块。

表面上看起来是因为参数化的原因，GPIO 看起来也有点复杂，但是应该看到这个模块非常通用，设计好之后就不用再改动，只需改变参数即可。

在设计芯片期间，在没有到最后固定代码的时刻，GPIO 的个数总是要调来调去的，所以用这个 GPIO 模块的好处是巨大的。

gpio_sync.v 中的三个小模块是很常用的同步电路设计，也可以用到其他地方，最好改一下名字再用，一方面这是验证通过的模块，另一方面是别的模块设计用不着与 GPIO 有什么瓜葛。

31.5.1 gpio.v

```
`include "gpio_params.v"
//gpio_count must be less than or equal to 32.
//gpio_count <= 32
module gpio
  #(parameter gpio_count = 32,
    fun_init = 32'b0, trg_init= 32'b0, sel_init = 32'b0)
  (
  //-------------------------------------------
  //Interface with APB bus
  input                 preset_n,
  input                 pclk,
  input                 psel,
  input                 penable,
  input                 pwrite,
  input [31:0]          paddr,
  input [31:0]          pwdata,
  output [31:0]         prdata,

  //-------------------------------------------
```

```verilog
//Interface with PAD
input  [gpio_count-1:0]   gpio_data_i,
output [gpio_count-1:0]   gpio_data_o,
//gpio direction control
//1: input,  0: output
output [gpio_count-1:0]   gpio_data_oe_n,
//gpio pull-enable/disable control
//If the PAD for GPIO has only one kind of pull (up or down),
//   then gpio_pull_sel is not used, just use gpio_pull_dis
//0: enable pull,  1: disable pull
output [gpio_count-1:0]   gpio_pull_dis,
//gpio pull-up/down control
//0: pull-down,    1: pull-up
output [gpio_count-1:0]   gpio_pull_sel,
//Every gpio has 3-bit to control gpio_alternate_function
//bit[2]: connect with FUNn,
//        0: GPIO or interrupt.
//        1: Alternate funtion.
//bit[1]: connect with TRGn
//        0: Alternate Function Group 0
//        1: Alternate Function Group 1
//bit[0]: connect with SELn
//        0: Alternate Function 0
//        1: Alternate Function 1
output [gpio_count*3-1:0] gpio_alt,

//------------------------------------------
//Interface with RTC
input             rtc_clk,
input             rtc_reset_n,

//------------------------------------------
//Interface with INTC
input             sleep,
output            gpio_int_n,
output            gpio_wake_n
);
//==========================================
genvar i;

wire [gpio_count-1:0] reg_pin;
wire [gpio_count-1:0] reg_dat;
wire [gpio_count-1:0] reg_im;
wire [gpio_count-1:0] reg_pen;
wire [gpio_count-1:0] reg_psel;
wire [gpio_count-1:0] reg_fun;
wire [gpio_count-1:0] reg_sel;
wire [gpio_count-1:0] reg_dir;
```

```verilog
    wire [gpio_count-1:0] reg_trg;
    wire [gpio_count-1:0] reg_flg;

    //==================================================
    //DAT/DATS/DATC
    gpio_reg #(gpio_count, `GPIO_ADDR_DAT, 32'h0, 1, 1) reg_dat_i
        (
        .preset_n       (preset_n),
        .pclk           (pclk),
        .psel           (psel),
        .penable        (penable),
        .pwrite         (pwrite),
        .paddr          (paddr),
        .pwdata         (pwdata),
        .reg_data       (reg_dat)
        );

    //IM/IMS/IMC
    gpio_reg #(gpio_count, `GPIO_ADDR_IM, 32'hFFFF_FFFF, 1, 1) reg_im_i
        (
        .preset_n       (preset_n),
        .pclk           (pclk),
        .psel           (psel),
        .penable        (penable),
        .pwrite         (pwrite),
        .paddr          (paddr),
        .pwdata         (pwdata),
        .reg_data       (reg_im)
        );

    //PEN/PENS/PENC
    gpio_reg #(gpio_count, `GPIO_ADDR_PEN, 32'h0, 1, 1) reg_pen_i
        (
        .preset_n       (preset_n),
        .pclk           (pclk),
        .psel           (psel),
        .penable        (penable),
        .pwrite         (pwrite),
        .paddr          (paddr),
        .pwdata         (pwdata),
        .reg_data       (reg_pen)
        );

    //PSEL/PSELS/PSELC
    gpio_reg #(gpio_count, `GPIO_ADDR_PSEL, 32'h0, 1, 1) reg_psel_i
        (
        .preset_n       (preset_n),
        .pclk           (pclk),
```

```
        .psel       (psel),
        .penable    (penable),
        .pwrite     (pwrite),
        .paddr      (paddr),
        .pwdata     (pwdata),
        .reg_data   (reg_psel)
        );

//FUN/FUNS/FUNC
gpio_reg #(gpio_count, `GPIO_ADDR_FUN, fun_init, 1, 1) reg_fun_i
    (
        .preset_n   (preset_n),
        .pclk       (pclk),
        .psel       (psel),
        .penable    (penable),
        .pwrite     (pwrite),
        .paddr      (paddr),
        .pwdata     (pwdata),
        .reg_data   (reg_fun)
        );

//SEL/SELS/SELC
gpio_reg #(gpio_count, `GPIO_ADDR_SEL, sel_init, 1, 1) reg_sel_i
    (
        .preset_n   (preset_n),
        .pclk       (pclk),
        .psel       (psel),
        .penable    (penable),
        .pwrite     (pwrite),
        .paddr      (paddr),
        .pwdata     (pwdata),
        .reg_data   (reg_sel)
        );

//DIR/DIRS/DIRC
gpio_reg #(gpio_count, `GPIO_ADDR_DIR, 32'h0, 1, 1) reg_dir_i
    (
        .preset_n   (preset_n),
        .pclk       (pclk),
        .psel       (psel),
        .penable    (penable),
        .pwrite     (pwrite),
        .paddr      (paddr),
        .pwdata     (pwdata),
        .reg_data   (reg_dir)
        );

//TRG/TRGS/TRGC
```

```verilog
    gpio_reg #(gpio_count, `GPIO_ADDR_TRG, trg_init, 1, 1) reg_trg_i
      (
        .preset_n      (preset_n),
        .pclk          (pclk),
        .psel          (psel),
        .penable       (penable),
        .pwrite        (pwrite),
        .paddr         (paddr),
        .pwdata        (pwdata),
        .reg_data      (reg_trg)
      );

    //==================================================
    wire [gpio_count-1:0] R1_pin;
    wire [gpio_count-1:0] R2_pin;
    gpio_sync3_reg #(gpio_count, {gpio_count{1'b0}}) p_sync_pin_i
      (
        .in_data       (gpio_data_i),
        .out_rst_n     (preset_n),
        .out_clk       (pclk),
        .out_data1     (R1_pin),
        .out_data2     (R2_pin)
      );
    assign reg_pin = R2_pin;

    //==================================================
    wire [gpio_count-1:0] reg_gpio_en;
    wire [gpio_count-1:0] reg_int_en;
    wire [gpio_count-1:0] rcg_alt_en;
    wire [gpio_count-1:0] reg_trg_low;
    wire [gpio_count-1:0] reg_trg_high;
    wire [gpio_count-1:0] reg_trg_fall;
    wire [gpio_count-1:0] reg_trg_rise;

    //FUN: 0: GPIO or Interrupt, 1: Alternate Function
    //SEL: When FUN = 0: 0: GPIO, 1: Interrupt
    //     When FUN = 1: 0: Alternate Function 0, 1: Alternate Function 1
    //DIR: GPIO Direction: (GPIO Function), 0: INPUT, 1: OUTPUT
    //     Interrupt Trigger Direction: (Interrupt Function)
    //     TRG = 0: 0: Low Level Trigger, 1: High Level Trigger
    //     TRG = 1: 0: Falling Edge Trigger, 1: Rising Edge Trigger
    //TRG: When GPIO is used as interrupt function:
    //      0: Level Trigger Interrupt.
    //      1: Edge Trigger Interrupt.
    //     When GPIO is used as alternate function:
    //      0: Alternate Function Group 0.
    //      1: Alternate Function Group 1.
```

```verilog
generate
    for (i = 0; i < gpio_count; i = i + 1)
      begin: gen_s0
        //---------------------------------------------
        assign reg_gpio_en[i] = (reg_fun[i] == 0 && reg_sel[i] == 0);
        assign reg_int_en[i]  = (reg_fun[i] == 0 && reg_sel[i] == 1);
        assign reg_alt_en[i]  = (reg_fun[i] == 1);

        //---------------------------------------------
        //Generate interrupt trigger mode
        assign reg_trg_low[i] =
          (reg_int_en[i] == 1 && reg_trg[i] == 0 && reg_dir[i] == 0);
        assign reg_trg_high[i] =
          (reg_int_en[i] == 1 && reg_trg[i] == 0 && reg_dir[i] == 1);
        assign reg_trg_fall[i] =
          (reg_int_en[i] == 1 && reg_trg[i] == 1 && reg_dir[i] == 0);
        assign reg_trg_rise[i] =
          (reg_int_en[i] == 1 && reg_trg[i] == 1 && reg_dir[i] == 1);

        //---------------------------------------------
        //If gpio is enabled, then make gpio_data_o equal to reg_dat,
        // otherwise make it 0.
        assign gpio_data_o[i] = (reg_gpio_en[i] ? reg_dat[i] : 1'b0);

        //---------------------------------------------
        //If gpio is enabled, then make gpio_data_oe_n equal to ~reg_dir,
        //If int is enabled, then make gpio_data_oen equla to 1 (input).
        //In fact reg_int_en is useless, but let synthesis remove it.
        assign gpio_data_oe_n[i] = (reg_gpio_en[i] ? ~reg_dir[i] :
                                    reg_int_en[i]  ? 1'b1        : 1'b1);

        //---------------------------------------------
        //Make pull-up/down be controled in any state (gpio, int or alt).
        //Do we need disable pull-up/down when pin is in output state.
        assign gpio_pull_dis[i] = reg_pen[i];
        assign gpio_pull_sel[i] = reg_psel[i];

        //---------------------------------------------
        //Combine 3-bit gpio_alt group
        assign gpio_alt[i*3 +: 3] = (reg_fun[i] == 0 ? 3'b000 :
                                     {1'b1, reg_trg[i], reg_sel[i]});
    end
endgenerate

//==================================================
//generate interrupt
wire [gpio_count-1:0] reg_trg_int;
generate
```

```verilog
      for (i = 0; i < gpio_count; i = i + 1)
        begin: gen_int
          gpio_check          gpio_int_i
            (
              .xreset_n         (preset_n),
              .xclk             (pclk),
              .R1_pin           (R1_pin[i]),
              .R2_pin           (R2_pin[i]),
              .int_mask         (reg_im[i]),
              .trg_low          (reg_trg_low[i]),
              .trg_high         (reg_trg_high[i]),
              .trg_fall         (reg_trg_fall[i]),
              .trg_rise         (reg_trg_rise[i]),
              .trigger          (reg_trg_int[i])
            );
        end
endgenerate


//====================================================
//generate wakeup
wire [gpio_count-1:0] Rr1_pin;
wire [gpio_count-1:0] Rr2_pin;
gpio_sync3_reg #(gpio_count, {gpio_count{1'b0}}) r_sync_pin_i
  (
    .in_data          (gpio_data_i),
    .out_rst_n        (rtc_reset_n),
    .out_clk          (rtc_clk),
    .out_data1        (Rr1_pin),
    .out_data2        (Rr2_pin)
  );

//Rr2_im is used to avoid meta-state in gpio_check.
//For software, im should be written last than trg_*,
//then the metat_state of trg_* is avoided.
wire [gpio_count-1:0] Rr2_im;
gpio_sync2_reg #(gpio_count, {gpio_count{1'b1}}) r_sync_im_i
  (
    .in_data          (reg_im),
    .out_rst_n        (rtc_reset_n),
    .out_clk          (rtc_clk),
    .out_data         (Rr2_im)
  );

wire [gpio_count-1:0] reg_trg_wake;
generate
  for (i = 0; i < gpio_count; i = i + 1)
    begin: gen_wake
      gpio_check          gpio_int_i
```

```verilog
                (
                .xreset_n         (rtc_reset_n),
                .xclk             (rtc_clk),
                .R1_pin           (Rr1_pin[i]),
                .R2_pin           (Rr2_pin[i]),
                .int_mask         (Rr2_im[i]),
                .trg_low          (reg_trg_low[i]),
                .trg_high         (reg_trg_high[i]),
                .trg_fall         (reg_trg_fall[i]),
                .trg_rise         (reg_trg_rise[i]),
                .trigger          (reg_trg_wake[i])
                );
        end
endgenerate

//sleep signal has been synchronized into rtc_clk domain.
reg [gpio_count-1:0] Rr1_trg_wake;
always @(posedge rtc_clk or negedge rtc_reset_n)
    begin
        if (!rtc_reset_n)
            Rr1_trg_wake <= {gpio_count{1'b0}};
        else if (sleep)
            Rr1_trg_wake <= (Rr1_trg_wake | reg_trg_wake);
        else
            Rr1_trg_wake <= {gpio_count{1'b0}};
    end
assign gpio_wake_n = !(Rr1_trg_wake != {gpio_count{1'b0}});

//=====================================================
//Because pclk is stopped when sleep, but it should be record
// into R_flg to generate interrupt.
reg  [gpio_count-1:0] Rr2_trg_wake;
wire [gpio_count-1:0] r_trg_wake_pulse;
wire [gpio_count-1:0] p_trg_wake_pulse;
always @(posedge rtc_clk or negedge rtc_reset_n)
    begin
        if (!rtc_reset_n)
            Rr2_trg_wake <= 0;
        else
            Rr2_trg_wake <= Rr1_trg_wake;
    end
assign r_trg_wake_pulse = (Rr1_trg_wake & ~Rr2_trg_wake);

generate
    for (i = 0; i < gpio_count; i = i + 1)
      begin: gen_p_trg_wake
        gpio_sync_pulse      r2p_trg_wake_pulse_i
            (
```

```verilog
                .in_rst_n           (rtc_reset_n),
                .in_clk             (rtc_clk),
                .in_pulse           (r_trg_wake_pulse[i]),
                .out_rst_n          (preset_n),
                .out_clk            (pclk),
                .out_pulse          (p_trg_wake_pulse[i])
                );
        end
endgenerate

//===========================================================
//FLG/FLGC, no FLGS
reg [gpio_count-1:0] R_flg;
wire sel_clr_flg =
    (psel && penable && paddr[7:0] == (`GPIO_ADDR_FLG + 8));
wire wr_clr_flg = (sel_clr_flg && pwrite);

generate
    for (i = 0; i < gpio_count; i = i + 1)
      begin: gen_flg
        always @(posedge pclk or negedge preset_n)
          begin
            if (!preset_n)
              R_flg[i] <= 0;
            else if (wr_clr_flg)
              R_flg[i] <= (R_flg[i] & (~pwdata[i]));
            else if (reg_trg_int[i])
              R_flg[i] <= 1;
            else if (p_trg_wake_pulse[i])
              R_flg[i] <= 1;
          end
      end
endgenerate

assign reg_flg = R_flg;
assign gpio_int_n = !(reg_flg != 0);

//===========================================================
//APB bus read
//Because only paddr[7:0] is decoded, then there are 64 32-bit-data.
reg [31:0] all_data[0:63];
integer j;
always @(*)
  begin
    for (j = 0; j < 64; j = j + 1)
      all_data[j] = 0;
    all_data[`GPIO_ADDR_PIN/4]  = reg_pin;
    all_data[`GPIO_ADDR_DAT/4]  = reg_dat;
```

```
        all_data[`GPIO_ADDR_IM/4]   = reg_im;
        all_data[`GPIO_ADDR_PEN/4]  = reg_pen;
        all_data[`GPIO_ADDR_PSEL/4] = reg_psel;
        all_data[`GPIO_ADDR_FUN/4]  = reg_fun;
        all_data[`GPIO_ADDR_SEL/4]  = reg_sel;
        all_data[`GPIO_ADDR_DIR/4]  = reg_dir;
        all_data[`GPIO_ADDR_TRG/4]  = reg_trg;
        all_data[`GPIO_ADDR_FLG/4]  = reg_flg;
    end

  wire rd_en = (psel && !penable && !pwrite);
  reg [31:0] R_prdata;
  always @(posedge pclk or negedge preset_n)
    begin
      if (!preset_n)
        R_prdata <= 0;
      else if (rd_en)
        R_prdata <= all_data[paddr[7:2]];
    end
  assign prdata = R_prdata;
endmodule
```

31.5.2 gpio_params.v

```
`define GPIO_ADDR_PIN    8'h00
`define GPIO_ADDR_DAT    8'h10
`define GPIO_ADDR_IM     8'h20
`define GPIO_ADDR_PEN    8'h30
`define GPIO_ADDR_PSEL   8'h40
`define GPIO_ADDR_FUN    8'h50
`define GPIO_ADDR_SEL    8'h60
`define GPIO_ADDR_DIR    8'h70
`define GPIO_ADDR_TRG    8'h80
`define GPIO_ADDR_FLG    8'h90
```

31.5.3 gpio_check.v

```
module gpio_check
  (
  input     xreset_n,
  input     xclk,
  input     R1_pin,
  input     R2_pin,
  input     int_mask,
  input     trg_low,
  input     trg_high,
  input     trg_fall,
  input     trg_rise,
```

```verilog
    output reg   trigger
    );
    wire int_low  = (!int_mask && trg_low  && R2_pin == 0);
    wire int_high = (!int_mask && trg_high && R2_pin == 1);
    wire int_fall = (!int_mask && trg_fall && R1_pin == 0 && R2_pin == 1);
    wire int_rise = (!int_mask && trg_rise && R1_pin == 1 && R2_pin == 0);

    always @(posedge xclk or negedge xreset_n)
      begin
        if (!xreset_n)
          trigger <= 0;
        else
          trigger <= (int_low || int_high || int_fall || int_rise);
      end
endmodule
```

31.5.4 gpio_reg.v

```verilog
module gpio_reg
  #(parameter gpio_count = 32, base_addr = 0,
    init_val = 0, support_set = 1, support_clr = 1)
  (
  //Interface with APB bus
  input               preset_n,
  input               pclk,
  input               psel,
  input               penable,
  input               pwrite,
  input [31:0]        paddr,
  input [31:0]        pwdata,
  //data out
  output [gpio_count-1:0]  reg_data
  );

  //=====================================================
  reg [gpio_count-1:0] R_data;
  wire sel_s = (psel && penable && paddr[7:0] == (base_addr + 4));
  wire sel_c = (psel && penable && paddr[7:0] == (base_addr + 8));
  wire wr_s = (support_set && sel_s && pwrite);
  wire wr_c = (support_clr && sel_c && pwrite);

  //=====================================================
  always @(posedge pclk or negedge preset_n)
    begin
      if (!preset_n)
        R_data <= init_val;
      else if (wr_s)
        R_data <= (R_data | pwdata);
```

```verilog
        else if (wr_c)
          R_data <= (R_data & (~pwdata));
      end
    assign reg_data = R_data;
endmodule
```

31.5.5　gpio_sync.v

```verilog
module gpio_sync2_reg
  #(parameter width = 1, rst_value = 0)
  (input [width-1:0]    in_data,
   input                out_rst_n,
   input                out_clk,
   output [width-1:0]   out_data
  );
   reg [width-1:0] R0_data;
   reg [width-1:0] R1_data;
   always @(posedge out_clk or negedge out_rst_n)
     begin
       if (!out_rst_n) begin
         R0_data <= rst_value;
         R1_data <= rst_value;
       end
       else begin
         R0_data <= in_data;
         R1_data <= R0_data;
       end
     end
   assign out_data = R1_data;
endmodule

module gpio_sync3_reg
  #(parameter width = 1, rst_value = 0)
  (input [width-1:0]    in_data,
   input                out_rst_n,
   input                out_clk,
   output [width-1:0]   out_data1,
   output [width-1:0]   out_data2
  );
   reg [width-1:0] R0_data;
   reg [width-1:0] R1_data;
   reg [width-1:0] R2_data;
   always @(posedge out_clk or negedge out_rst_n)
     begin
       if (!out_rst_n) begin
         R0_data <= rst_value;
         R1_data <= rst_value;
         R2_data <= rst_value;
```

```
            end
        else begin
            R0_data <= in_data;
            R1_data <= R0_data;
            R2_data <= R1_data;
          end
      end
    assign out_data1 = R1_data;
    assign out_data2 = R2_data;
endmodule

module gpio_sync_pulse
  (input    in_rst_n,
   input    in_clk,
   input    in_pulse,
   input    out_rst_n,
   input    out_clk,
   output   out_pulse
   );
   reg R_in_change;
   always @(posedge in_clk or negedge in_rst_n)
     begin
       if (!in_rst_n)
         R_in_change <= 0;
       else if (in_pulse)
         R_in_change <= ~R_in_change;
     end

   reg [2:0] R_out_change;
   always @(posedge out_clk or negedge out_rst_n)
     begin
       if (!out_rst_n)
         R_out_change <= 0;
       else
         R_out_change <= {R_out_change[1:0], R_in_change};
     end
   //Here XOR is used to generated pulse.
   assign out_pulse = R_out_change[1] ^ R_out_change[2];
endmodule
```

31.6 可配置的 BusMatrix

31.6.1 BusMatrix 简介

现在的芯片上集成了众多的功能模块，例如处理器、控制器、内存和各种接口等。随着模块数量的增加，不同模块之间的通信已经成为阻碍系统提高性能的瓶颈。解决这一瓶颈的最简单方法是使用片上的总线，然而对很多现存的总线架构来说，每次只能在一对主设备和从设备之间发送和接收数据（例如，集中仲裁的 AHB Bus Arbiter），通信效率还有待提高。

AHB BusMatrix 是 ARM 公司提出的一种高效的片上总线架构，使用多层（Multilayer）AHB 结构，通过 BusMatrix 多个主设备可以并行访问多个不同的从设备，开关确定哪个主设备可以访问哪个从设备，并安排它们之间的控制信号和数据信号的通路。它能有效提高总线带宽，并增加系统的灵活性。BusMatrix 的功能分为 3 个部分实现：输入模块、译码模块和输出模块，它们在 BusMatrix 中的相互关系见图 31-2。

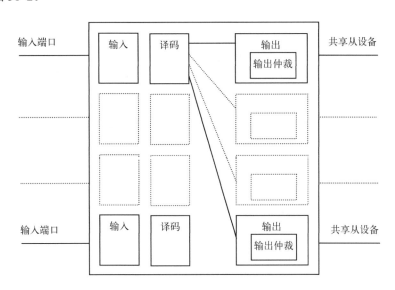

图 31-2　Bus Matrix 设计总体框图

31.6.2　设计 ABM

我们在设计 BusMatrix 的时候，需要考虑下面一些特点。

1. 输入和输出端口的数目会发生变化，例如增加了 1 个 master，减少了两个 slave。
2. 每个 master 对这些 slave 都有不同的访问权限，而且在设计期间 master 对 slave 的访问矩阵会随时发生变化。
3. 当多个 master 同时访问同一个 slave 时，那么这些 master 就有优先级的关系，优先级高的 master 先执行。

在设计系统时这些变化随时会发生，当有这些变化时，我们应该马上产生新的 BusMatrix。另外也要考虑把这个 BusMatrix 生成系统做成 IP，这样可以更方便地维护和移植。

所以我们在用 Verilog 实现 BusMatrix 时，通过运用脚本，达到灵活的配置，具有以下特点。

1. master 和 slave 的数目可以灵活修改，可以支持多达 16 个 master 和 32 个 slave。
2. master 对 slave 的访问矩阵可以灵活修改。对不需要的访问不去生成代码，这么做可以节省面积。另外当非法访问发生时，要产生 Error 响应，这是由 slave 0 实现的。在非法访问发生的时候，访问定向到 slave 0，然后由 slave 0 返回 Error 响应给 master。
3. master 的优先级号码可以灵活修改，号码越低，优先级越高，号码 0 有最高的优先级。

我们命名这个系统为 ABM（AHB BusMatrix 的缩写），由以下 Verilog 文件组成：

1. abm_params.v。

2. abm_input_stage.v。
3. abm_output_stage.v。
4. abm_decoder.v。
5. abm_default_slave.v。

其中，abm_decoder.v 是一个示例模板，根据系统地址空间的划分，用户要手动修改出一个自己的地址译码文件。

我们还设计了一个配置脚本 generate_abm.pl，它是用 perl 写的，有以下运行选项：

```
--inports=<1-16>   The number of slave inports which are used to connected
    with AHB masters.
--outports=<2-32>  The number of master outports which are used to connected
    with AHB slaves. It is at least 2. You should set the default ahb slave
    number based on AddrOutPort in your address decoder.
--abm_name=<string>     The name of ahb-bus-matrix to begenerated.
--decoder_name=<string> The name of address decoder. abm_decoder.v is a
    template.
--access_bits=<string>  The access list of inports --> outports. It is used
    to implement the sparse bus matrix. Pay much attention to the use of <| : ,>.
```

generate_abm.pl 通过对命令行的解码分析，生成合适的宏定义，生成合适数目的输入和输出端口，然后实例化合适数目的 abm_input_stage、abm_decoder、abm_output_stage。

31.6.3 mini_abm

例如，对两个 maste 和 3 个 slave（包括 slave 0）的系统，master_0 只可以访问 slave_0 和 slave_2，master_1 可以访问所有的 slave，运行如下命令：

```
./generate_abm.pl --inports 2 --outports 3 --abm_name min_abm --decoder_name
mini_abm_decoder --access_bits "S0:0,2|S1:all"
```

然后生成如下的顶层代码 mini_abm.v。从生成的代码中，我们可以看出对 generate、数组和宏定义的灵活运用，还可以看出，即使是生成的代码，代码的格式也是相当规整的。

```verilog
`include "abm_params.v"
//The number of inports which are used to connect with AHB masters
`define ISN 2
`define WIDTH_ISN 1
//The number of outports which are used to connect with AHB slaves
`define OSN 3
`define WIDTH_OSN 2
//The access list of inports --> outports.
`define ISA_ACCESS_BITS 6'b111____101
//The module of address decoder
`define DECODER_NAME mini_abm_decoder

`timescale 1ns / 10ps
module mini_abm
  (
   input                HCLK,
```

```
input                    HRESETn,
input [7:0]              REMAP,

//==================================================
//S0
//input
input                    HREADYS0,
input                    HSELS0,
input [1:0]              HTRANSS0,
input [2:0]              HBURSTS0,
input                    HWRITES0,
input [2:0]              HSIZES0,
input [31:0]             HADDRS0,
input [31:0]             HWDATAS0,
input                    HMASTLOCKS0,
//output
output                   HREADYOUTS0,
output [1:0]             HRESPS0,
output [31:0]            HRDATAS0,

//S1
//input
input                    HREADYS1,
input                    HSELS1,
input [1:0]              HTRANSS1,
input [2:0]              HBURSTS1,
input                    HWRITES1,
input [2:0]              HSIZES1,
input [31:0]             HADDRS1,
input [31:0]             HWDATAS1,
input                    HMASTLOCKS1,
//output
output                   HREADYOUTS1,
output [1:0]             HRESPS1,
output [31:0]            HRDATAS1,

//==================================================
//M0
//output
output                   HREADYMUXM0,
output                   HSELM0,
output [1:0]             HTRANSM0,
output [2:0]             HBURSTM0,
output                   HWRITEM0,
output [2:0]             HSIZEM0,
output [31:0]            HADDRM0,
output [31:0]            HWDATAM0,
output                   HMASTLOCKM0,
```

```verilog
    //input
    input               HREADYOUTM0,
    input       [1:0]   HRESPM0,
    input       [31:0]  HRDATAM0,

    //M1
    //output
    output              HREADYMUXM1,
    output              HSELM1,
    output      [1:0]   HTRANSM1,
    output      [2:0]   HBURSTM1,
    output              HWRITEM1,
    output      [2:0]   HSIZEM1,
    output      [31:0]  HADDRM1,
    output      [31:0]  HWDATAM1,
    output              HMASTLOCKM1,
    //input
    input               HREADYOUTM1,
    input       [1:0]   HRESPM1,
    input       [31:0]  HRDATAM1,

    //M2
    //output
    output              HREADYMUXM2,
    output              HSELM2,
    output      [1:0]   HTRANSM2,
    output      [2:0]   HBURSTM2,
    output              HWRITEM2,
    output      [2:0]   HSIZEM2,
    output      [31:0]  HADDRM2,
    output      [31:0]  HWDATAM2,
    output              HMASTLOCKM2,
    //input
    input               HREADYOUTM2,
    input       [1:0]   HRESPM2,
    input       [31:0]  HRDATAM2
    );

    //=====================================================
    //SX
    wire                HREADYSX[0:`ISN-1];
    wire                HSELSX[0:`ISN-1];
    wire        [1:0]   HTRANSSX[0:`ISN-1];
    wire        [2:0]   HBURSTSX[0:`ISN-1];
    wire                HWRITESX[0:`ISN-1];
    wire        [2:0]   HSIZESX[0:`ISN-1];
    wire        [31:0]  HADDRSX[0:`ISN-1];
    wire        [31:0]  HWDATASX[0:`ISN-1];
```

```
wire                    HMASTLOCKSX[0:`ISN-1];
wire                    HREADYOUTSX[0:`ISN-1];
wire [1:0]              HRESPSX[0:`ISN-1];
wire [31:0]             HRDATASX[0:`ISN-1];

//==================================================
//MX
wire                    HREADYMUXMX[0:`OSN-1];
wire                    HSELMX[0:`OSN-1];
wire [1:0]              HTRANSMX[0:`OSN-1];
wire [2:0]              HBURSTMX[0:`OSN-1];
wire                    HWRITEMX[0:`OSN-1];
wire [2:0]              HSIZEMX[0:`OSN-1];
wire [31:0]             HADDRMX[0:`OSN-1];
wire [31:0]             HWDATAMX[0:`OSN-1];
wire                    HMASTLOCKMX[0:`OSN-1];
wire                    HREADYOUTMX[0:`OSN-1];
wire [1:0]              HRESPMX[0:`OSN-1];
wire [31:0]             HRDATAMX[0:`OSN-1];

//==================================================
//S-interface right, connect with Decode-interface and M-interface
wire [`ISN-1:0]         ActiveSX;
wire [`ISN-1:0]         HeldTranSX;
wire [`ISN-1:0]         SelSX;
wire [`ISN*2-1:0]       TransSX;
wire [`ISN*3-1:0]       BurstSX;
wire [`ISN-1:0]         WriteSX;
wire [`ISN*3-1:0]       SizeSX;
wire [`ISN*32-1:0]      AddrSX;
wire [`ISN*32-1:0]      WdataSX;
wire [`ISN-1:0]         MastlockSX;
wire [`ISN-1:0]         ReadyOutSX;
wire [`ISN-1:0]         ReadyOutPrevSX;
wire [`ISN*2-1:0]       RespSX;
wire [`ISN*32-1:0]      RdataSX;

//==================================================
//Decode-inteface right, connect with M-interface
wire [`OSN-1:0]         SelDX[0:`ISN-1];
wire [`OSN-1:0]         ActiveDX[0:`ISN-1];
wire [`OSN-1:0]         ReadyOutMX;
wire [`OSN*2-1:0]       RespMX;
wire [`OSN*32-1:0]      RdataMX;

//==================================================
//M-inteface left, connect with Decode-interface
wire [`ISN-1:0]         SelMX[0:`OSN-1];
```

```verilog
    wire [`ISN-1:0]       ActiveMX[0:`OSN-1];

    //===================================================
    //Access bits. Used to optimize out the redundant logics.
    wire [`ISN*`OSN-1:0] isa_access_bits;
    //Used for Decode-interface
    wire [`OSN-1:0]      isx_access_bits[0:`ISN-1];
    //Used for M-interface
    wire [`ISN-1:0]      osx_access_bits[0:`OSN-1];

    //===================================================
    genvar i;
    genvar j;

    //===================================================
    //Need change based on the configure
    //S0
    assign #0.1 HREADYSX[0] = HREADYS0;
    assign #0.1 HSELSX[0] = HSELS0;
    assign #0.1 HTRANSSX[0] = HTRANSS0;
    assign #0.1 HBURSTSX[0] = HBURSTS0;
    assign #0.1 HWRITESX[0] = HWRITES0;
    assign #0.1 HSIZESX[0] = HSIZES0;
    assign #0.1 HADDRSX[0] = HADDRS0;
    assign #0.1 HWDATASX[0] = HWDATAS0;
    assign #0.1 HMASTLOCKSX[0] = HMASTLOCKS0;
    assign #0.1 HREADYOUTS0 = HREADYOUTSX[0];
    assign #0.1 HRESPS0 = HRESPSX[0];
    assign #0.1 HRDATAS0 = HRDATASX[0];

    //S1
    assign #0.1 HREADYSX[1] = HREADYS1;
    assign #0.1 HSELSX[1] = HSELS1;
    assign #0.1 HTRANSSX[1] = HTRANSS1;
    assign #0.1 HBURSTSX[1] = HBURSTS1;
    assign #0.1 HWRITESX[1] = HWRITES1;
    assign #0.1 HSIZESX[1] = HSIZES1;
    assign #0.1 HADDRSX[1] = HADDRS1;
    assign #0.1 HWDATASX[1] = HWDATAS1;
    assign #0.1 HMASTLOCKSX[1] = HMASTLOCKS1;
    assign #0.1 HREADYOUTS1 = HREADYOUTSX[1];
    assign #0.1 HRESPS1 = HRESPSX[1];
    assign #0.1 HRDATAS1 = HRDATASX[1];

    //===================================================
    //Need change based on the configure
    //M0
    assign #0.1 HREADYMUXM0 = HREADYMUXMX[0];
```

```verilog
assign #0.1 HSELM0 = HSELMX[0];
assign #0.1 HTRANSM0 = HTRANSMX[0];
assign #0.1 HBURSTM0 = HBURSTMX[0];
assign #0.1 HWRITEM0 = HWRITEMX[0];
assign #0.1 HSIZEM0 = HSIZEMX[0];
assign #0.1 HADDRM0 = HADDRMX[0];
assign #0.1 HWDATAM0 = HWDATAMX[0];
assign #0.1 HMASTLOCKM0 = HMASTLOCKMX[0];
assign #0.1 HREADYOUTMX[0] = HREADYOUTM0;
assign #0.1 HRESPMX[0] = HRESPM0;
assign #0.1 HRDATAMX[0] = HRDATAM0;

//M1
assign #0.1 HREADYMUXM1 = HREADYMUXMX[1];
assign #0.1 HSELM1 = HSELMX[1];
assign #0.1 HTRANSM1 = HTRANSMX[1];
assign #0.1 HBURSTM1 = HBURSTMX[1];
assign #0.1 HWRITEM1 = HWRITEMX[1];
assign #0.1 HSIZEM1 = HSIZEMX[1];
assign #0.1 HADDRM1 = HADDRMX[1];
assign #0.1 HWDATAM1 = HWDATAMX[1];
assign #0.1 HMASTLOCKM1 = HMASTLOCKMX[1];
assign #0.1 HREADYOUTMX[1] = HREADYOUTM1;
assign #0.1 HRESPMX[1] = HRESPM1;
assign #0.1 HRDATAMX[1] = HRDATAM1;

//M2
assign #0.1 HREADYMUXM2 = HREADYMUXMX[2];
assign #0.1 HSELM2 = HSELMX[2];
assign #0.1 HTRANSM2 = HTRANSMX[2];
assign #0.1 HBURSTM2 = HBURSTMX[2];
assign #0.1 HWRITEM2 = HWRITEMX[2];
assign #0.1 HSIZEM2 = HSIZEMX[2];
assign #0.1 HADDRM2 = HADDRMX[2];
assign #0.1 HWDATAM2 = HWDATAMX[2];
assign #0.1 HMASTLOCKM2 = HMASTLOCKMX[2];
assign #0.1 HREADYOUTMX[2] = HREADYOUTM2;
assign #0.1 HRESPMX[2] = HRESPM2;
assign #0.1 HRDATAMX[2] = HRDATAM2;

//==================================================
//Convertions: HRDATASX <-- RdataSX
generate
   for (i = 0; i < `ISN; i = i + 1)
     begin: gen_hrdata_sx
        assign #0.1 HRDATASX[i] = RdataSX[i*32 +: 32];
     end
endgenerate
```

```verilog
//==================================================
//Convertions: WdataSX <-- HWDATASX
generate
   for (i = 0; i < `ISN; i = i + 1)
     begin: gen_hwdata_sx
        assign #0.1 WdataSX[i*32 +: 32] = HWDATASX[i];
     end
endgenerate

//==================================================
//Convertions: RespMX <-- HRESPMX
generate
   for (i = 0; i < `OSN; i = i + 1)
     begin: gen_hresp
        assign #0.1 RespMX[i*2 +: 2] = HRESPMX[i];
     end
endgenerate

//==================================================
//Convertions: RdataMX <-- HRDATAMX
generate
   for (i = 0; i < `OSN; i = i + 1)
     begin: gen_hrdata_mx
        assign #0.1 RdataMX[i*32 +: 32] = HRDATAMX[i];
     end
endgenerate

//==================================================
//There are two convertions (SelMX <-- SelDX) and (ActiveDX <-- ActiveMX).
generate
   for (i = 0; i < `ISN; i = i + 1)
     begin: gen_sel_i
        for (j = 0; j < `OSN; j = j + 1)
          begin: gen_sel_j
             assign #0.1 SelMX[j][i] = SelDX[i][j];
             assign #0.1 ActiveDX[i][j] = ActiveMX[j][i];

          end
     end
endgenerate

//==================================================
//Generate isx_access_bits and osx_access_bits
assign #0.1 isa_access_bits = `ISA_ACCESS_BITS;
generate
   for (i = 0; i < `ISN; i = i + 1)
     begin: gen_isx
```

```verilog
            assign #0.1 isx_access_bits[i] = isa_access_bits[i*`OSN +: `OSN];
        end

      for (i = 0; i < `OSN; i = i + 1)
        begin: gen_osx_i
          for (j = 0; j < `ISN; j = j + 1)
            begin: gen_osx_j
              assign #0.1 osx_access_bits[i][j]=isa_access_bits[j*`OSN+i +: 1];
            end
        end
endgenerate

//==================================================
generate
   for (i = 0; i < `ISN; i = i + 1)
     begin: gen_ais
       abm_input_stage    abm_input_stage_i
         (
          .HCLK              (HCLK),
          .HRESETn           (HRESETn),
          //==================================================
          //S-interface
          //input
          .HREADY            (HREADYSX[i]),
          .HSEL              (HSELSX[i]),
          .HTRANS            (HTRANSSX[i]),
          .HBURST            (HBURSTSX[i]),
          .HWRITE            (HWRITESX[i]),
          .HSIZE             (HSIZESX[i]),
          .HADDR             (HADDRSX[i]),
          .HMASTLOCK         (HMASTLOCKSX[i]),
          //output
          .HREADYOUT         (HREADYOUTSX[i]),
          .HRESP             (HRESPSX[i]),
          //==================================================
          //Decode-interface or M-interface
          //output
          .Sel               (SelSX[i]),
          .Trans             (TransSX[i*2 +: 2]),
          .Burst             (BurstSX[i*3 +: 3]),
          .Write             (WriteSX[i]),
          .Size              (SizeSX[i*3 +: 3]),
          .Addr              (AddrSX[i*32 +: 32]),
          .Mastlock          (MastlockSX[i]),
          //input
          .Active            (ActiveSX[i]),
          //output
          .HeldTran          (HeldTranSX[i]),
```

```verilog
            //input
            .ReadyOut           (ReadyOutSX[i]),
            .ReadyOutPrev       (ReadyOutPrevSX[i]),
            .Resp               (RespSX[i*2 +: 2])
            );

        `DECODER_NAME #(`ISN, `WIDTH_ISN, `OSN, `WIDTH_OSN) abm_decoder_i
            (
            .HCLK               (HCLK),
            .HRESETn            (HRESETn),
            //=================================================
            //input
            .is_number          (i[`WIDTH_ISN-1:0]),
            .is_access_bits     (isx_access_bits[i]),
            .REMAP              (REMAP),
            .Sel                (SelSX[i]),
            .Trans              (TransSX[i*2 +: 2]),
            .Addr               (AddrSX[i*32 +: 32]),
            //output
            .Active             (ActiveSX[i]),
            .ReadyOut           (ReadyOutSX[i]),
            .Resp               (RespSX[i*2 +: 2]),
            .Rdata              (RdataSX[i*32 +: 32]),
            //=================================================
            //output
            .SelX               (SelDX[i]),
            //input
            .ActiveX            (ActiveDX[i]),
            .ReadyOutX          (ReadyOutMX),
            .ReadyOutPrev       (ReadyOutPrevSX[i]),
            .RespX              (RespMX),
            .RdataX             (RdataMX)
            );
    end
endgenerate

generate
    for (i = 0; i < `OSN; i = i + 1)
        begin: gen_aos
        abm_output_stage #(`ISN, `WIDTH_ISN)     abm_output_stage_i
            (
            .HCLK               (HCLK),
            .HRESETn            (HRESETn),
            //=================================================
            //Decode-interface
            //input
            .os_access_bits     (osx_access_bits[i]),
            .HeldTranX          (HeldTranSX),  //Directly from input_stage
```

```verilog
                    .SelX               (SelMX[i]),
                    //output
                    .ActiveX            (ActiveMX[i]),
                    .ReadyOut           (ReadyOutMX[i]),
                    //input
                    .TransX             (TransSX),
                    .BurstX             (BurstSX),
                    .WriteX             (WriteSX),
                    .SizeX              (SizeSX),
                    .AddrX              (AddrSX),
                    .WdataX             (WdataSX),
                    .MastlockX          (MastlockSX),
                    //===================================================
                    //M-interface
                    //output
                    .HREADYMUXM         (HREADYMUXMX[i]),
                    .HSELM              (HSELMX[i]),
                    .HTRANSM            (HTRANSMX[i]),
                    .HBURSTM            (HBURSTMX[i]),
                    .HWRITEM            (HWRITEMX[i]),
                    .HSIZEM             (HSIZEMX[i]),
                    .HADDRM             (HADDRMX[i]),
                    .HWDATAM            (HWDATAMX[i]),
                    .HMASTLOCKM         (HMASTLOCKMX[i]),
                    //input
                    .HREADYOUTM         (HREADYOUTMX[i])
                    );
        end
    endgenerate
endmodule

`undef ISN
`undef WIDTH_ISN
`undef OSN
`undef WIDTH_OSN
`undef ISA_ACCESS_BITS
`undef DECODER_NAME
```

31.6.4 large_abm

下面是某芯片的 BusMatrix，是一个很大的 ABM，由表 31-5 构成。表的说明如下：

1. 表中的 Y 表示 master 对 slave 可以访问。
2. master 的优先级从左向右按降序排列，epd_m 有最高优先级，arm_mi 有最低优先级。
3. default slave 被所有 master 访问，当一个 master 访问一个非法的地址时，访问会定向到 default slave，default slave 然后产生 Error 响应。
4. 内部 sram 分为两个 slave，即 ram0 和 ram1，这是为了增加访问的并行性。

表 31-5　Large ABM 访问权限、优先级和地址空间

Slave number	Slave name	Slave address	0 epd_m	1 lcd_m	2 dma_m	3 g2d_m	4 ppc_m	5 jpeg_m	6 nfc_m	7 otg_m	8 uhc_m	9 spi_m0	10 spi_m1	11 arm_md	12 arm_mi
0	default	xxxxxxx	Y	Y	Y	Y	Y	Y	Y	Y	Y	Y	Y	Y	Y
AHB memory: use 0x00**_****															
1	rom	0x0000_0000~ 0x000F_FFFF 0x0050_0000~ 0x005F_FFFF			Y									Y	Y
2	ram0	0x0010_0000~ 0x001F_FFFF	Y	Y	Y	Y	Y	Y	Y	Y	Y	Y	Y	Y	Y
3	ram1	0x0020_0000~ 0x002F_FFFF	Y	Y	Y	Y	Y	Y	Y	Y	Y	Y	Y	Y	Y
4	sdram	0x0040_0000~ 0x004F_FFFF 0x4000_0000~ 0x7FFF_FFFF	Y	Y	Y	Y	Y	Y	Y	Y	Y	Y	Y	Y	Y
AHB slave: use 0x01**_****															
5	dma_s	0x0100_0000~ 0x010F_FFFF												Y	
6	uhc_s	0x0110_0000~ 0x011F_FFFF												Y	
7	otg_s	0x0120_0000~ 0x012F_FFFF												Y	
8	nfc_s	0x0130_0000~ 0x013F_FFFF												Y	
9	msc0_s	0x0140_0000~ 0x014F_FFFF			Y									Y	
10	msc1_s	0x0150_0000~ 0x015F_FFFF			Y									Y	
11	msc2_s	0x0160_0000~ 0x016F_FFFF			Y									Y	
APB slave: use 0x02**_****															
12	apb0	0x0200_0000~ 0x020F_FFFF			Y									Y	
13	apb1	0x0210_0000~ 0x021F_FFFF			Y									Y	
14	apb2	0x0220_0000~ 0x022F_FFFF			Y									Y	

运行如下命令, 就会生成顶层 large_abm.v。

```
./generate_abm.pl --inports 13 --outports 20 \
    --abm_name large_abm --decoder_name large_abm_decoder \
    --access_bits "S0:0,2,3,4\
        |S1:0,2,3,4\
        |S2:0,1,2,3,4,9,10,11,12,13,14\
        |S3:0,2,3,4\
        |S4:0,2,3,4\
        |S5:0,2,3,4\
        |S6:0,2,3,4\
        |S7:0,2,3,4\
        |S8:0,2,3,4\
```

```
|S9:0,2,3,4\
|S10:0,2,3,4\
|S11:all\
|S12:0,1,2,3,4"
```

31.7 可配置的 Andes Core N801

Andes Core N801 是一款低功耗高效率的 CPU 软核，它具有三级流水线，采用具有保护架构的指令集，具有安全防护功能的内存保护单元（Secure MPU）。

Andes Core N801 还是一款可以灵活配置的 CPU，可以在性能、功耗和面积上根据需要做出权衡。我们可以对它进行配置的项目如下：

1. Endian：选择 big 或 little。
2. 乘法器：选择小或快。
3. 总线：选择 ahb lite 或 apb。
4. 中断：优先级可以选择固定或可编程，中断数可以选择 2、6、10 或 16。
5. 嵌入调试模块：是可选的，可选 2 线还是 5 线，可选断点数目。
6. 指令/数据本地内存：是可选的。

Andes Core N801 的配置通过图 31-3 所示界面生成，非常清晰，点点选选，然后就生成 config.inc 文件。这个 config.inc 包含了根据配置生成的宏定义和参数，然后被每个 Verilog 文件所包含。每个 Verilog 文件会根据这些宏定义和参数，使用 `ifdef 判断是否使用某种功能，是否生成可选的电路。

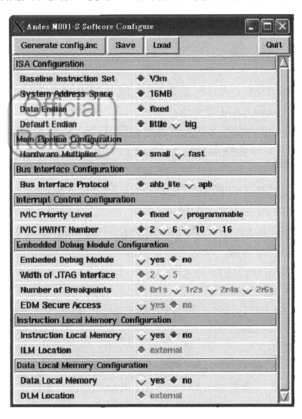

图 31-3　Andes Core N801 配置界面

配置完成之后，可以运行 test_sys_regs 和 check_cfg_regs 来校验 config.inc 是否正确，是否匹配用户的选择。

31.8 可配置的 ARM926EJS

ARM926EJ-S 是广泛得到使用的 32 位 RISC 处理器，它具有以下特点。
1. 支持 Thumb 技术，如果想节省内存，可以做代码压缩的优化。
2. 可执行 ARMv5TEJ 指令集，可增强数字信号处理（DSP）的性能。
3. 可以灵活配置大小的指令和数据缓存（ICACHE 和 DCACHE）。
4. 可以灵活配置大小的紧密耦合内存接口（ITCM 和 DTCM）。
5. 支持内存管理单元（MMU）。
6. 支持硬件 JAVA 加速（Jazelle 技术）。
7. 支持分离的指令和数据 AMBA AHB 接口，适于多层 AHB 的系统。
8. 支持可选的浮点单元（IEEE-754）。
9. 灵活的调试和跟踪基础结构（JTAG-ICE 和 ETM）。

这里讨论的是 ARM926EJ-S 配置的灵活性。
1. 可配置的指令缓存（ICACHE）和数据缓存（DCACHE）：缓存的大小可以从 4KB 到 128KB，以二次方形式增长。
2. 可配置指令 TCM（ITCM）和数据 TCM（DTCM）：TCM 通常用于 CACHE 不能做出很好响应的应用，例如，有限闭环控制的高确定性或低延迟应用。TCM 存取具有确定性，它们的存取不通过 AHB。可以分别将 ITCM 和 DTCM 大小配置为 0KB 或 1KB～1MB，以二次方形式增长。
3. MMU 的 RAM：MMU 是不可以配置的。但是它所使用的 RAM 是可以配置的，根据所用的 Memory compiler 生成的 RAM 来更改。
4. 可选 VFP9-S 浮点单元：VFP9-S 协处理器可提供 IEEE-754 标准兼容操作。
5. 其他协处理器：用户可以根据需要建立自己设计的协处理器到协处理器总线上。

配置时，因为连接协处理器（VFP9 或自己设计的）到总线上和连接 SRAM 到 ITCM 的 DTCM 接口上很简单，所以对它们不需要太多的考虑。

配置的重点是把 CACHE 和 MMU 所用的 RAM 连接到 ARM926EJ-S 里，所以 ARM 公司提供了一个 automem 的脚本，可以自动生成一个包含要集成 RAM 的顶层 Macrocell。步骤如下：
1. 进入 verilog/MAIN_ARM926EJS 目录。
   ```
   cd verilog/MAIN_ARM926EJS
   ```
2. 复制 ram-config 文件，把它重命名为 ARM926EJS_<ICache size><DCache size>。这里需要
   ```
   cp ram-config ram-config_32K16K
   ```
3. 确定的 RAM 类型和大小，并用 Memory compiler 生成这些 RAM。例如，我们要配置成 32KB 的 ICACHE 和 16KB 的 DCACHE，那么就需要以下的 RAM，有的需要 4 块，有的就用 1 块，共用 23 块。确定每块 RAM 的名字，RAM 的名字要有一定的格式和意义。
   ```
   RA1_BW_2kx32        4 块
   RF1_WW_256x22       4 块
   ```

```
RF1_WW_64x24      1 块
RA1_BW_1kx32      4 块
RF1_WW_256x22     4 块
RF1_WW_32x24      1 块
RF1_IW_128x8      1 块
RF1_WW_32x26      2 块
RF1_WW_32x30      2 块
```

4. 编辑 ram-config_32K16K 文件，修改 32KB 的 ICACHE、16KB 的 DCACHE 和 MMU 对应的参数。例如，

   optimize: power 或 speed，分别对应功耗优化还是速度优化。
   clockgating: true 或 false，是否使能门控时钟。
   dcsize: DCache 可以是 4k, 8k, 16k, 32k, 64k, 和 128k。
   dcdata: DCache data RAM 的名字。
   dctag: DCache TAG RAM 的名字。
   dcvalid: DCache valid RAM 的名字。
   dcdirty: DCache dirty RAM 的名字。
   icsize: ICache 可以是 4k, 8k, 16k, 32k, 64k, 和 128k。
   icdata: ICache data RAM 的名字。
   ictag: ICache TAG RAM 的名字。
   icvalid: ICache valid RAM 的名字。
   mmu30bit: MMU 用 30-bit 宽 RAM 的名字。
   mmu26bit: MMU 用 26-bit 宽 RAM 的名字。

5. 编辑 ram-config_32K16K 文件，描述每个 RAM 的属性，包括每个端口的名字、有效电平和位长等项目。

6. 运行 automem 脚本来执行 RAM 的集成。

   ```
   automem ../ARM926EJS/ARM926EJS.v ARM926EJS_32K16K.v ram-config_32K16K
   ```
   这里../ARM926EJS/ARM926EJS.v 是要用到的模板文件。然后就生成以下文件：
   ```
   ARM926EJS_32K16K.v
   ARM926EJS_32K16K.vc
   ARM926EJS_32K16K.vh
   ```

7. 创建这三个文件的链接：
   ```
   ln -s ARM926EJS_32K16K.v ARM926EJS.v
   ln -s ARM926EJS_32K16K.vc ARM926EJS.vc
   ln -s ARM926EJS_32K16K.vh ARM926EJS.vh
   ```

8. 编辑 verilog/MAIN_ARM926EJS 目录中的 libraries.vc 文件，添加保存你的 RAM verilog 文件的目录名，另外还要修改包含 DW 的目录名。

9. 用 RAM Integration testbench 检查 RAM 的集成是否正确。例如，
   ```
   verilog -f ARM926EJS_ram_testbench.vc -f ARM926EJS.vc -f libraries.vc
   ARM926EJS_ram_testbench.v
   ```

我们可以看出这个配置步骤很清晰，还带配置后的 testbench。automem 是用 perl 写的，可以灵活地处理参数，自动生成配置文件。

除了自动配置，你也可用手工配置的方法，就是直接修改 ARM926EJS_32K16K.v，ARM926EJS_32K16K.vc 和 ARM926EJS_32K16K.vh 这三个文件，这就看你的功力了。

31.9 灵活的 coreConsultant

Synopsys 为他们公司出品的众多 IP 提供了一个通用的配置工具，这个工具就是 coreConsultant，它具有如下特点。

1．它可以简化 IP 的安装、配置、综合和仿真，提供一站式的服务。
2．它提供了一个图形界面，用于指导你完成 IP 的配置流程，这个流程也可以从命令行完成。
3．它提供交互式的参数选择，可以检查参数之间的一致性，自动从你的选择中派生出依赖参数。
4．它可以生成综合脚本，生成配置好的验证平台。
5．它支持众多的 IP。例如，DW_ahb、DW_ahb_h2h、DW_ahb_dmac、DW_ahb_ictl、DW_apb、DW_apb_gpio、DW_apb_i2c、DW_apb_ssi、DW_apb_uart、DW_memctl、DW_otg 等。

第 32 章

可测性设计

随着集成电路集成度和复杂度的加速提高,集成电路的测试更加具有挑战性,完成一个集成电路的测试所需要的人力和时间变得非常巨大。为了节省测试时间,一方面要采用先进的测试方法,另一方面要提高设计本身的可测性(Testability)。可测性包括两个方面:一个是可控制性(Controllability),就是为了检测出故障(Fault)和缺陷(Defect),能否方便地对集成电路施加测试向量;另一个是可观测性(Observability),就是能否容易地对集成电路查看测试结果。

在超大规模集成电路时代,可测性设计(Design for Test,DFT)是芯片设计的重要环节,通过在芯片的原始设计中插入各种用于提高芯片可测性(包括可控制性和可观测性)的硬件逻辑,从而让芯片变得容易测试,节省芯片测试成本。常用的 DFT 设计方法有以下三种:内部扫描、内建自测和边界扫描。

32.1 内部扫描

对于最初的 IC,功能测试向量被用于验证电路中的生产缺陷。ASIC 是从 IC 演变出来的,具有更快开发的优势。但是创建一套能够发现所有缺陷的功能测试集变得非常困难,而且非常耗费时间。所以内部扫描被开发出来,通过在设计中插入扫描链(Scan chain),检测芯片内短路、开路、连线和器件延迟等缺陷。内部扫描可以减少芯片的测试成本,是目前最理想的结构故障测试手段。内部扫描既可以自动生成测试向量(Automatic Test Pattern Generation,ATPG),也可以预测测试故障覆盖率(Fault coverage)。这样设计者就可以创建高度可测的设计,同时又不需要花费大量的工程精力和测试时间。EDA 工具能够自动地为设计插入内部扫描,如 Synopsys 的 DFT Compiler。EDA 工具也能够自动地为内部扫描生成测试向量,如 Synopsys 的 TMAX。

内部扫描要求每个时序单元(Flip-flop)处于可控制和可测试的状态。只有这样才能把它替换成相应的扫描单元,才能保证测试故障覆盖率。为了保证电路中的每个时序单元都符合要求,在插入扫描链之前要做设计规则检查(Design Rule Check,DRC)。

为了可控制和可观测,内部扫描把设计中的时序单元替换为可串行移位的时序单元,这样就在使用很少的引脚(I/O)情况下增强了内部单元的可控制性和可观测性。图 32-1 右侧就是支持扫描的 multiplexed flip-flop,输入 d 和 scan_in 由 scan_enable 选择,输出 q 也被用做 scan_out。

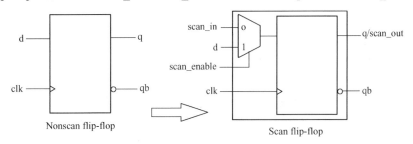

图 32-1 支持 Scan 的 D 触发器

支持扫描的时序单元被串接到一起，形成一条或多条串行移位寄存器，称为扫描链。扫描链中的时序单元是扫描可控的和扫描可观测的。扫描可控是指时序单元可以被串行移位入一个指定值，ATPG 工具认为扫描可控的单元是 pseudo-primary inputs。扫描可观测是指时序单元的值可以被串行移出并被观测到，ATPG 工具认为扫描可观测的单元是 pseudo-primary outputs。

内部扫描会使芯片的面积和功耗有稍微的增加，会使性能有一些稍微的降低，但是 DFT Compiler 会努力减少这些影响。

内部扫描通过把复杂的时序逻辑分割成隔离的组合单元块（full-scan 设计）或半隔离的组合单元块（Partial-scan 设计），简化测试向量的生成。在 full-scan 设计中，所有的时序单元都被替换成可串行移位的时序单元，那些不能被扫描的时序单元则被当做黑盒子，见图 32-2。在 partial-scan 设计中，不是所有的时序单元都被替换，partial-scan 是在测试覆盖率和设计规模/性能之间的一种权衡。

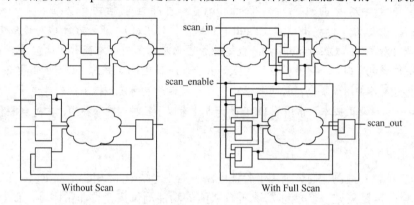

图 32-2　full-scan 的扫描路径（来源于 Synopsys）

通常内部扫描过程需要两个控制引脚。第一个控制引脚 test_mode 用于在功能模式（Function mode）和测试模式（Test mode）之间切换，这个引脚用于屏蔽不可测试的逻辑，例如内部生成的异步复位、异步组合反馈环和其他需要特殊注意的逻辑。这个引脚在整个测试期间一般要保持不变。第二个控制引脚 scan_enable 用于使能移位。

运行 ATPG 软件生成一组扫描向量，把这组向量应用到扫描链上，就可以对这个设计进行测试。扫描向量是为 wafer、die 和最后封装芯片的生产测试提供的测试向量。

应用 ATPG 向量进行一个测试的过程如下：

1. 让芯片进入测试模式（test_mode=1）。
2. 让芯片进入扫描移位状态（scan_enable=1）。
3. 通过扫描链扫描一个测试向量，把所有寄存器扫描成一个可知态。
4. 让芯片进入功能输入状态（scan_enable=0）。
5. 施加一个功能时钟，测试芯片的逻辑。
6. 让芯片进入扫描移位状态（scan_enable=1）。
7. 把下一个测试向量扫描进入寄存器，同时把功能时钟对应的结果扫描出来。

在做内部扫描测试的时候，一般也做 IDDQ 测试。IDDQ 测试的原理就是检测 CMOS 电路静态时的漏电流（Leakage current），电路正常时静态电流非常小（nA 级），电路存在缺陷时（如栅氧短路或金属线短接）静态电流就大得多。如果用 IDDQ 方法测出某一电路的电流超常，那么就意味着此电路可能存在缺陷。IDDQ 测试并不能代替功能测试，一般只作为辅助性测试。IDDQ 测试也有其不足之处，一是需要选择合适的测量手段，二是对于深亚微米技术，由于亚阈值元件的增加，静态电流已经高得不可区分。

我们在设计功能逻辑 RTL 的时候，就要考虑到内部扫描测试，要为它们添加旁路（Bypass）逻辑和停止逻辑，这样就可以在综合和 STA 的时候考虑到这些电路对时序和面积的影响。

1. 要能控制所有寄存器的时钟和异步复位，所以要把时钟和复位信号旁路连接到外部引脚上。
2. 要让 Hard Macro 进入停止状态。例如，让 RAM 和 ROM 的 CEN 处于无效状态，让 PLL、CODEC 和 USB_PHY 等处于停止状态。这样在测量 IDDQ 时，IDDQ 才能准确地反映芯片的静态电流。
3. 不要把时钟信号当做触发器的输入信号使用，不要让三态总线出现冲突。

另外，我们还要从下面这些方面综合考虑[郭炜]：
1. 通过复用引脚，减少扫描测试对引脚的要求。
2. 尽量减少由额外逻辑带来的面积和功耗。
3. 要避免出现过长的扫描链，否则会增加测试时间。
4. 要尽量避免异步时钟设计，同时要限制不同时钟域的数量。
5. 对于有多个时钟的设计，尽量把同一时钟域的寄存器放到一条扫描链上。
6. 关注扇出比较多的线网，如 scan_mode、scan_enable 和 test_reset_n 等。
7. 由于在测试模式下功耗可能过高，可将扫描测试分成几个部分，分别进行插入，在不同的测试模式下，测试不同的部分。
8. 在 RAM、ROM、CODEC 等硬核的输入和输出信号线上，添加额外的的逻辑，提高测试覆盖率。

32.2 内建自测

内建自测就是 BIST（Built-in Self Test），在设计的芯片中加入一些额外的自测试电路，测试时只需要从外部施加必要的控制信号，运行内建的自测试硬件和软件，检查被测电路的缺陷和故障。和内部扫描不同的是，内建自测的测试向量一般是由内部自动生成的，而不是从外部输入的。内建自测可以简化测试步骤，而且无需昂贵的测试仪器和 ATE 设备，但它也增加了芯片的面积和设计的复杂性。

BIST 常用于内存（Memory）的测试。由于现在芯片设计中内存使用越来越多（有的占芯片面积的 50%以上），用普通的测试方法将使测试时间越来越长，测试成本大大增加。而且由于内存本身的物理结构密度很大，无法或很难从片外通过端口直接访问内存的每个地址，当内存中数万位中有一位出现物理缺陷时，很难快速地查找芯片的失效原因。于是通过内建自测方法对芯片的内存进行快速有效的扫描和测试，以确定内存的可靠性。内存测试有很多算法，都是基于一些故障模型实现的。常用算法就有 March 算法和棋盘式算法。March 算法根据算法的演变过程就有很多变体，具有不同的复杂度。一般情况下，BIST 电路作为逻辑电路的一部分在 RTL 级实现，并与其他逻辑电路一起进行综合。目前也有一些 EDA 工具能在 RTL 级自动生成 BIST 电路，并把它们集成到设计中，如 Mentor Graphics mBISTArchit 和 Synopsys SocBIST 等。

当前超过千万门的 SOC 设计规模意味着内部扫描测试的数据总量已经增长到了不可管理

的地步,所以这就要求在测试方法上有新的提高。Synopsys DBIST (Deterministic logic BIST) 为数字电路的测试提供了一个更有效的方法,同时保持了高质量的测试,减少了测试在设计上的影响。DBIST 通过在芯片内包含自动生成测试向量的电路,并把输出压缩成签名,从而减少了测试时钟周期的数量,保证同样的测试覆盖率,同时能够减少测试数据的规模和测试引脚的要求。

32.3 边界扫描

边界扫描就是 BSD(Boundary Scan Design),是为了解决 PCB 上芯片间互连测试而由 JTAG(Jiont Testable Action Group)提出的一个解决方案。1990 年正式被 IEEE 采纳成为一个标准,即 IEEE 1149.1,该标准规定了边界扫描的测试端口、测试结构和操作指令。

边界扫描的基本原理是在器件内部的核心逻辑与 I/O 引脚之间插入边界扫描单元,它在芯片正常工作时是"透明"的,不影响电路板的正常工作。边界扫描单元以串行方式连接成扫描链,通过扫描输入端将测试矢量以串行扫描的方式输入,对相应的引脚状态进行设定,实现测试矢量的加载;通过扫描输出端将系统的测试响应串行输出,进行数据分析与处理,完成电路系统的故障诊断及定位。BSD 生成工具主要有 Mentor Graphics BSD Archit 和 Synopsys BSD Compiler 等。

IEEE 1149.1 体系结构包含以下元素,见图 32-3。

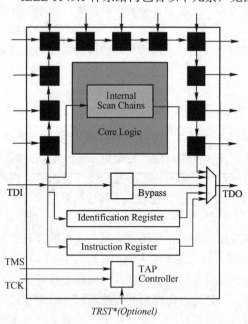

图 32-3　IEEE Std 1149.1 Chip Architecture
(来源于 Synopsys)

1. 1 个 n-bit (n>= 2) 的指令寄存器 (IR,Instruction Register),用于保存当前的指令。
2. 4 个必要的 pin 和 1 个可选的 pin,这些 pin 总的被称为 TAP (Test Access Port)。

   TDI　　Test Data In
   TMS　　Test Mode Select
   TCK　　Test Clock
   TDO　　Test Data Out
   TRST　Test Reset (optional)

3. 1 个由 TCK 和 TMS 控制的有限状态机 TAP Controller。
4. 1 个 1-bit bypass 寄存器。
5. 1 个可选的 32-bit ID 寄存器 (Identification Register)。
6. 在每一个 PI (Primary Input) 和 PO (Primary Output) 上都有一个边界扫描单元 (Boundary-Scan Cell, BSC),然后这些 BSC 在内部连接成一条扫描链。这些 BSC 总的被称为 BSR (Boundary Scan Register)。

在任意时刻,只能有一组寄存器(Bypass、Boundary scan、Instruction 或 Identification)连接在 TDI 和 TDO 之间,指令寄存器和状态机的译码决定哪一组寄存器被连接。

第五部分 时钟和复位

本部分讨论与时钟和复位相关的问题,讨论异步时序、亚稳态、时钟生成和复位设计等,在实际设计中要高度关注这些问题。

第 33 章

异步时序

在实际的设计中，很少单纯地使用一个时钟，经常要使用多个时钟，特别是在设计与外围芯片通信的模块中，跨时钟域的情况是不可避免的。

在异步时序设计中有两个或两个以上的时钟，并且时钟之间的关系是同频不同相或不同频率。异步时序设计的关键就是要保证控制和数据信号正确地跨时钟域传输。在理解异步时序设计之前，我们先学习一下亚稳态。

33.1 亚稳态

每一个触发器都有规定的建立时间（Setup）和保持时间（Hold）。建立时间是指在时钟沿到来之前，输入信号必须保持稳定的时间。保持时间则是指在时钟沿到来之后，输入信号必须保持稳定的时间。在这个时间参数内，输入信号是不允许发生变化的。如果在这个时间参数内输入信号发生了变化，那么得到的结果将是不可预知的，这个状态就是亚稳态（见图 33-1），既不是 0 状态，也不是 1 状态。

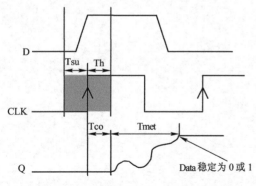

图 33-1 触发器的亚稳态（来源于网络）

当一个触发器进入亚稳态时，既无法预测该单元的输出电平，也无法预测该单元何时才能输出某个正确的电平。在亚稳态期间，触发器输出中间电平，或者可能处于振荡状态，并且这种无用的输出电平可以沿信号通道上的各个触发器传播下去。

亚稳态产生的主要原因是：在触发器的采样窗口内，无法保证输入信号始终保持在一个稳定的电平上。为了解决亚稳态问题，我们可以通过减小采样窗口来增加采样成功率（例如，使用边沿触发器件替换电平触发器件，就是一种减小采样窗口的方法），或者通过移动时钟沿的采样窗口或移动输入数据的稳定窗口来保证采样成功。

对于任何一种触发器，在时钟沿前后的一个小的时间窗口内，输入信号必须稳定。这一时间窗口受多种因素影响，如触发器设计、实现技术、运行环境及输出负载等。在 ASIC 或 FPGA 库中，每种触发器都有时序要求（Setup 和 Hold），以帮助你确定容易出问题的窗口。这些指标通常比较保守，以应对电源电压、工作温度、信号质量及制造工艺等各种可能的差异。

综合工具可以保证同步信号满足触发器建立与保持的时间要求。但是综合工具却不能判定异步信号是否满足触发器的时间要求，因为在一个跨时钟域的交界面上，外部发来数据的到达时间，根本不能与本地时钟产生什么必然的时序上关系，或者更确切地说，外部数据在本地输入端口的稳定时间与本地触发器的采样窗口在时序上没有必然的联系。因此造成了跨时钟域接口间的亚稳态问题。

33.2 MTBF

多时钟设计的关键就是要理解信号稳定性。当一个信号跨越某个时钟域时,对新时钟域的电路来说它就是一个异步信号,接收该信号的电路需要对其进行同步,同步可以防止亚稳态在新的时钟域里传播蔓延。参见图33-2。

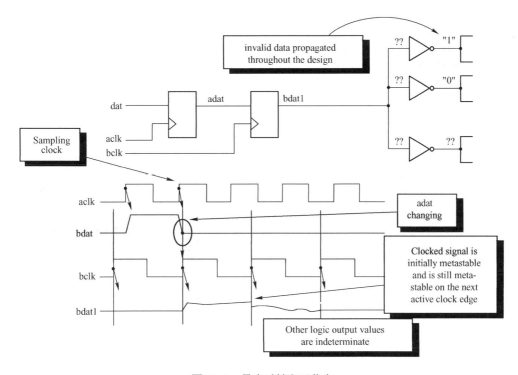

图33-2 异步时钟和亚稳态

触发器进入亚稳态的时间可以用参数MTBF(Mean Time Between Failures)来描述,MTBF即触发器采样失败的时间间隔,计算公式如下[王夏泉]:

$$MTBF = e^{(tr/\tau)} / T_0 fa$$

式中,tr:分辨时间(从时钟沿开始);τ 和 T_0:触发器参数;f:采样时钟频率;a:异步事件触发的频率。

对于典型的0.25μm工艺ASIC库中的一个触发器,取以下参数:

tr=2.3ns,τ=0.31ns,T_0=9.6as(渺秒,1as=10^{-18}s),f=100MHz,a=10MHz

通过计算,bdat1 的 MTBF=2.01day,就是触发器每两天便有可能出现一次亚稳态。所以当一个信号从一个时钟域(aclk)过渡到另一个时钟域(bclk),如果在 bclk 时钟域只用一个触发器将其锁存,那么采样的结果将可能是亚稳态。这是信号在跨时钟域时必须要注意的问题。

为了避免上述的亚稳态问题,就应当使参数 MTBF 尽可能的大,通常采用的方法是双触发器法,即在一个信号进入另一个时钟域之前,将该信号用两个触发器连续锁存两次,最后得到的采样结果就可以消除亚稳态问题。参见图33-3。

当使用了双触发器以后,我们可以用下面的公式得出 bdat2 的 MTBF:

$$MTBF = e^{(tr/\tau)} / T_0 fa \times e^{(tr/\tau)} / T_0 f$$

如果我们仍然使用上面所提供的参数，则 bdat2 的 MTBF 为 9.57×10^9（years）。所以从这个结果可以看出，双触发器法可以消除亚稳态问题。

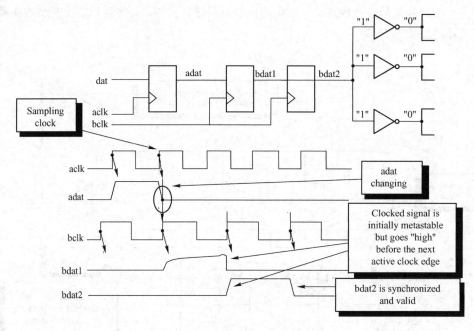

图 33-3　使用两个寄存器的同步器

33.3　同步器

同步器基本上分为有三种：电平同步、边沿检测和脉冲检测，见表 33-1。虽然还存在其他类型的同步器，但是这三种同步器基本上就可以解决设计中遇到的多数问题。

表 33-1　同步器的类型与应用

Type	Application	Input	Output	Restrictions
Level	Synchronize level	Level	Level	Input must be valid for at least two clock periods in the new domain. Each time output goes valid counts as a single event
Edge detecting	Detect rising or falling edge of input	Level or pulse	Pulse	Input must be valid for at least two clock periods in the new domain
Pulse detecting	Synchronize single clockwide puse	Pulse	Pulse	Input pulses must have at least two clock periods between them in the new domain

电平同步器是所有同步器电路的基础。在电平同步器中，跨时钟域的信号在新时钟域中保持高电平或低电平至少两个时钟周期，而且在信号再次变成有效状态之前，信号需要先变成无效状态。每一次信号有效时，接收逻辑都会把它看做单个事件，而不管信号保持有效状态有多长时间。

33.3.1　电平同步器

简单的同步器由两个触发器串联而成，中间没有其他组合电路。这种设计可以保证后面触发器使用前面触发器的输出时，前面触发器已经退出亚稳态，并且输出已经稳定。设计中要注意将两个触发器放得尽可能近，以确保二者之间有最小的时钟偏差（Clock skew）。

为了使同步工作能正常进行，从原时钟域传来的信号应先通过原时钟域上的一个触发器，然后就直接进入同步器的第一级触发器中（不能经过两个时钟域间的任何组合逻辑）。这一要求非常重要，因为同步器的第一级触发器对组合逻辑所产生的毛刺（Glitch）非常敏感。如果一个足够长的毛刺正好满足建立/保持时间的要求，那么同步器的第一级触发器会将其放行，就给新时钟域的后续逻辑送出一个虚假的信号。参见图33-4。

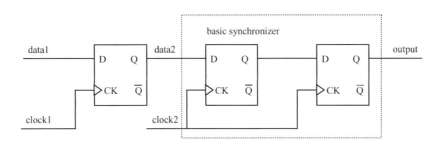

图 33-4　电平同步器

经过两个时钟沿同步后的信号就成为新时钟域中的有效信号，所以信号的延迟时间是新时钟域的 1～2 时钟周期，粗略的估算可以认为同步器电路在新时钟域中造成两个时钟周期的延迟。设计者需要考虑同步延迟对跨时钟域信号时序造成的影响。

33.3.2　边沿检测同步器

边沿检测同步器在电平同步器的输出端增加了一个触发器，见图 33-5。新增触发器的输出经反相后和电平同步器的输出进行与（and）操作。下面的电路会检测同步器输入的上升沿，产生一个与时钟周期等宽的高电平有效的脉冲。如果将与门的两个输入端交换使用，就可以构成一个检测输入信号下降沿的同步器。如果将与门改为与非门，就可以构建一个产生低电平有效脉冲的电路。

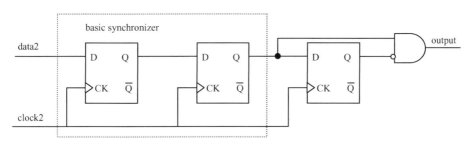

图 33-5　边沿检测同步器

当一个脉冲进入更快的时钟域中时，边沿检测同步器可以工作得很好。这一电路会产生一个脉冲，用来指示输入信号上升沿或下降沿。这种同步器有一个限制，即输入脉冲的宽度必须大于同步时钟周期与第一个同步触发器所需保持时间之和。最保险的脉冲宽度是同步器时钟周期的两倍。如果输入是一个单时钟宽度脉冲而且进入较慢的时钟域，则这种同步器没有作用。在这种情况下，就要采用脉冲检测同步器。

33.3.3　脉冲检测同步器

脉冲检测同步器的输入信号是一个单时钟宽度脉冲，它触发原时钟域中的一个翻转电路。每当翻转电路接收到一个脉冲时，它就会在高、低电平间进行转换，然后通过电平同步器输出的信号到达异或门的一个输入端，而这个输出的信号再经过一个时钟周期的延迟进入异或门的另一端，翻转电路每转换一次状态，这个同步器的输出端就产生一个单时钟宽度的脉冲。参见图33-6。

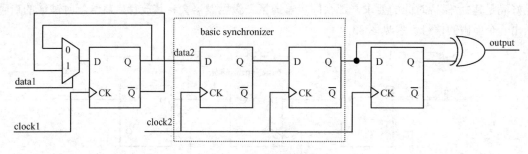

图33-6 脉冲检测同步器

例子：脉冲检测同步器。
```
module sync_pulse
  (
   input   in_rst_n,
   input   in_clk,
   input   in_pulse,
   input   out_rst_n,
   input   out_clk,
   output  out_pulse
   );
   reg R_in_change;
   always @(posedge in_clk or negedge in_rst_n)
     begin
        if (!in_rst_n)
          R_in_change <= 0;
        else if (in_pulse)
          R_in_change <= ~R_in_change;
     end

   reg [2:0] R_out_change;
   always @(posedge out_clk or negedge out_rst_n)
     begin
        if (!out_rst_n)
          R_out_change <= 0;
        else
          R_out_change <= {R_out_change[1:0], R_in_change};
     end
   //Here XOR is used to generated pulse.
   assign out_pulse = R_out_change[1] ^ R_out_change[2];
endmodule
```

脉冲同步器的基本功能是从某个时钟域取出一个单时钟宽度脉冲，然后在新的时钟域中建立另一个单时钟宽度的脉冲。脉冲同步器也有一个限制，即输入脉冲之间的最小间隔必须等于两个同步器时钟周期。如果输入脉冲相互过近，则新时钟域中的输出脉冲也紧密相邻，结果是输出脉冲宽度比一个时钟周期宽。当输入脉冲时钟周期大于两个同步器时钟周期时，这个问题更加严重。这种情况下，如果输入脉冲相邻太近，则同步器就不能检测到每个脉冲。

33.4 同步多位数据

有时候我们需要将多位数据从一个时钟域传送到另一个时钟域，然后再使用。我们不能使用多位电平同步器直接同步多位数据，然后就直接使用这些位的同步结果，因为这样根本就起不到同步的作用，这些多位数据在新时钟域里可能不是在同一个时钟沿更改的。

我们也不能使用脉冲同步器同步多位控制位，因为同步后的多位控制位可能根本就错乱了。例如，在 in_clk 有两个控制位 enable 和 load，这两个控制位是脉冲且在 in_clk 域同时有效，使用两个脉冲同步器分别同步它们，在 out_clk 域获得 out_enable 和 out_load 的脉冲可能就是错乱的，可能在同一个 out_clk 不是同时有效的。

同步多位数据应该按照下面的步骤进行。

1. 确保 in_data 在传送期间不会发生改变，所以尽量采用寄存器输出。
2. 使用脉冲检测同步器，传送 in_clk 域的脉冲 in_pulse 到 out_clk 域的 out_pulse，通知多位数据 in_data 已经准备好。
3. 在 out_clk 域检测到 out_pulse 之后，才把 in_data 直接锁存到 out_data 中。

例子：同步多位数据
```verilog
module sync_data
  #(parameter width = 1)
  (input                in_rst_n,
   input                in_clk,
   input                in_pulse,
   input [width-1:0]    in_data,
   input                out_rst_n,
   input                out_clk,
   output [width-1:0]   out_data);
  wire out_pulse;
  sync_pulse            sync_pulse_i
    (.in_rst_n          (in_rst_n),
     .in_clk            (in_clk),
     .in_pulse          (in_pulse),
     .out_rst_n         (out_rst_n),
     .out_clk           (out_clk),
     .out_pulse         (out_pulse) );
  reg [width-1:0] R_data;
  always @(posedge out_clk or negedge out_rst_n)
    begin
      if (!out_rst_n)
        R_data <= 0;
      else if (out_pulse)
        R_data <= in_data;
```

        end
    assign out_data = R_data;
endmodule

33.5 异步 FIFO

数据在时钟域之间传递，可以使用握手控制信号的方法，如同上面的 sync_data 模块一样。但是使用握手信号有很大缺点，就是在传送每一个数据的时候，传递和识别握手信号需要很大的延迟，性能很不好。

最流行的用于时钟域之间传递数据的方法是异步 FIFO。双端口的内存用于 FIFO 保存数据，一个端口由发送者控制，用于放入数据，另一个端口由接收者控制，用于取出数据。发送者和接收者各自维护一套 FIFO 的状态：empty、almost_empty、half、almost_full 和 full，然后根据状态进行存取数据的操作。

FIFO 的状态是由读指针（接收者）和写指针（发送者）之间的运算和比较决定的。问题是这两个指针分别处于不同的时钟域，不能在一个时钟域直接使用另一个时钟域的指针，所以在计算和比较之前，需要把这两个指针同步到对应的时钟域。

简单地直接把二进制的指针从一个时钟域锁存到另一个时钟域，这样是有问题的。例如写指针当前位置是 4'b0111，把它同步到接收者的时钟域，在接收者锁存的时候，如果写指针变为 4'b1000，那么接收者实际锁存到的值可能是 4'0000~4'b1111 之间的任意一个，因为在锁存时每一位都在变化着。

为了解决同步指针的问题，就要使用格雷码传递指针。因为对格雷码每次做加 1 或减 1 操作时只能改变其中的一位，所以对格雷码使用同步器，格雷码的每次改变只会导致一根信号线发生改变。于是就消除了数据通过同步器时的错误情况。在传递指针时，要把二进制的指针变换到格雷码的指针并保存到寄存器中，在新时钟域同步后，再把格雷码的指针变换到二进制的指针，最后计算比较生成 FIFO 的状态。

在实际使用异步 FIFO 时，我们要严格根据 FIFO 的状态存取数据，不要出现上溢（Overflow）和下溢（Underflow）的错误。

在"可配置设计"的 FIFO 控制器节中，我们给出了一个异步 FIFO 控制器的实现代码，这个模块已经通过了 FPGA 和 ASIC 的验证。

33.6 Design Ware

其实，Synopsys DesignWare 已经提供了很好的跨时钟域解决方案。这些方案应用简便，设计人员只需知道它们的工作原理，知道在什么时候应用它们即可。这些方案包括如下：

1. 基本同步：DW_sync。
2. 临时事件同步：DW_pulse_sync, DW_pulseack_sync。
3. 复位排序：DW_reset_sync。
4. 简单数据传输同步：DW_data_sync、DW_data_sync_na、DW_data_sync_1c。
5. 相关时钟系统数据同步：DW_data_qsync_hl、DW_data_qsync_lh。
6. 数据流同步：DW_fifo_s2_sf、DW_fifo_2c_df、DW_stream_sync。

具体细节，请参考 Synopsys Rick Kelly 的《跨时钟域信号同步的 IP 解决方案》。

33.7　DW_fifoctl_s2_sf

下面就看一下 Synopsys DesignWare 的带有静态状态的双时钟 FIFO 控制器，这里不做翻译。图 33-7 所示为 DW_fifoctl_s2_sf 的接口信号和内部结构。

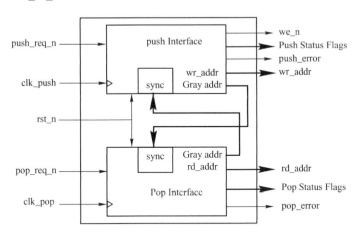

图 33-7　DW_fifoctl_s2_sf 的接口信号和内部结构

DW_fifoctl_s2_sf is a dual independent clock FIFO RAM controller. It is Synchronous (Dual-Clock) FIFO Controller with Static Flags. It is designed to interface with a dual-port synchronous RAM.

The RAM must have:
- A synchronous write port and an asynchronous read port, or
- A synchronous write port and a synchronous read port (clocks must be independent).

The FIFO controller provides address generation, write-enable logic, flag logic, and operational error detection logic. Parameterizable features include FIFO depth (up to 24 address bits or 16,777,216 locations), almost empty level, almost full level, level of error detection, and type of reset (either asynchronous or synchronous). You specify these parameters when the controller is instantiated in the design.

It has the below features.
1. Fully registered synchronous flag output ports
2. Single clock cycle push and pop operations
3. Separate status flags for each clock system
4. FIFO empty, half full, and full flags
5. FIFO push error (overflow) and pop error (underflow) flags
6. Parameterized word depth
7. Parameterized almost full and almost empty flag thresholds
8. Interfaces to common hard macro or compiled ASIC dual-port synchronous RAMs

It has the below flags.

pop_empty，pop_ae，pop_hf，pop_af，pop_full
push_empty，push_ae，push_hf，push_af，push_full

It has the below parameters.
depth
push_ae_lvl
push_af_lvl
pop_ae_lvl
pop_af_lvl
err_mode
push_sync
pop_sync
rst_mode
byte_order

push_sync 1 to 3 Push flag synchronization mode
1 = single register synchronization from pop pointer,
2 = double register,
3 = triple register)
pop_sync 1 to 3 Pop flag synchronization mode
1 = single register synchronization from push pointer,
2 = double register,
3 = triple register)
指针同步器中的寄存器的级数是可选的（1、2 或 3）。
图 33-8 所示为 DW_fifoctl_s2_sf 的使用例子。

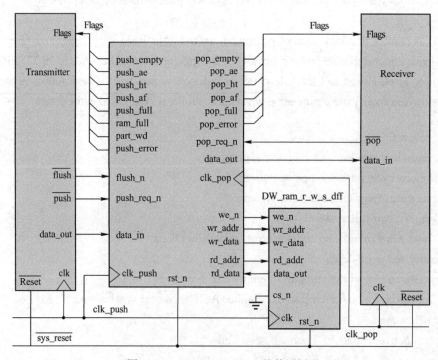

图 33-8　DW_fifoctl_s2_sf 的使用例子

33.8 门级仿真

信号在通过同步器穿越时钟边界的时候，可能要违反 Setup 和 Hold 时间的要求。这就是在设计中加入同步器的原因，就是要把亚稳态过滤掉。

ASIC 库中的触发器为了符合实际触发器的时间要求，要用 Setup 和 Hold 时间的表达式做模型。在违反 Setup 和 Hold 时间要求的时候，触发器一般会在输出端驱动出不定态（X，Unknown）。在对同步器做门级仿真的时候，Setup 和 Hold 时间的违反会导致 ASIC 库输出 Setup 和 Hold 时间错误的信息，同时在违反的信号上输出 X 值。这些 X 值就会传播到设计的其他部分，从而导致整个设计的门级仿真出现问题，使仿真不能再进行下去。

许多 Verilog 的仿真器都有用于忽略时序检查的命令行选项，但是因为这些选项是全局的，所以使得那些实际需要时序检查的设计也被忽略。下面是 Synopsys VCS 的一些选项。

```
+notimingcheck  Suppresses timing checks in specify blocks.
+no_notifier    Disables the toggling of the notifier register that you
                specify in some timing check system tasks.
+no_tchk_msg    Disables the display of timing check warning messages but
                does not disable the toggling of notifier registers in timing
                checks. This is also a runtime option.
```

为了下面描述的方便，这里把同步器的第一级触发器缩写为 F_DFF。

我们可以在 ASIC 库中把那些用于 F_DFF 的标准单元找到，然后把它们的 Setup 和 Hold 时间检查更改为 0。当 Setup 和 Hold 为 0 时，仿真器就不做时序检查，所有使用这些触发器的实例就不会出现 X 值。但是这种方法也是全局的，也影响到了那些不是 F_DFF 的触发器。

解决这个问题的最好办法是使用 Synopsys 命令对 F_DFF 修改 Setup 和 Hold 时间的 SDF 反标。因为 SDF 文件是基于实例的，所以我们可以把所有的 F_DFF 找出来，然后把它们的 Setup 和 Hold 时间更改为 0。下面就是对应的命令：

```
set_annotated_check 0 -setup -hold -from REG1/CLK -to REG1/D
```

为了能够方便地找出这些触发器，我们应该用单独的模块实现同步器，而且触发器的名字要有意义，这样便于在命令中使用通配符查找所有的 F_DFF。

作者使用了另外的方法，使用 Perl 编写了一个脚本 fix_sdf，用于处理 pt_shell 写出来的 SDF 文件，在里面搜寻所有的 F_DFF，把它们的 Setup 和 Hold 时间更改为 0，写出一个修正后的 SDF 文件，然后再用这个修正后的 SDF 文件做门级仿真。操作命令如下：

```
fix_sdf -src ./ps_work_tt.sdf.gz -dst ./ps_work_tt_fix.sdf.gz
        -hold true -tnc ./timing_not_check.lst -quiet true
```

第 34 章

时钟生成

如果说总线互连（Bus Matrix）是系统的骨架，CPU 是系统的大脑，那么时钟生成模块（CGM）就是系统的心脏，整个系统就是在时钟的脉搏下有序协调地工作。

我们在设计时钟生成模块时，我们需要考虑下面这些问题。
1. 芯片需要多少个时钟？它们之间的关系是同步的还是异步的？
2. 芯片需要几个时钟源？时钟源是在芯片内还是在芯片外？
3. 需要使用 PLL 吗？需要几个 PLL？PLL 最高工作频率是多少？
4. 如何分频生成各个模块所需要的时钟频率？
5. 为了节省功耗需要几种工作模式？它们之间如何切换？
6. 测试模式下如何处理时钟信号？综合时如何插入扫描链？
7. 代码如何编写才能方便后端做时钟树综合？后端如何做时钟树综合？

34.1 同步电路

在讨论时钟模块之前，先简单说一下同步电路，其实我们都很清楚，我们所做的众多设计都是基于同步电路的。所谓同步电路，就是电路中所有受时钟控制的单元，如触发器或寄存器，由一个或几个的全局时钟控制[郭炜]。

同步电路的首要问题是时序收敛问题，就是要保证触发器的输入端和时钟端之间要满足 Setup 和 Hold 时间要求，否则就会出现亚稳态，就会导致电路不能正常工作。时序收敛工作都是由 EDA 工具自动完成的，只要设置合理的时间约束，综合及布局布线工具就可以实现时钟平衡，时序分析工具就可以检查电路是否满足时序收敛。

所以同步电路具有如下的优点。
1. EDA 工具可以保证电路系统的时序收敛，有效地避免了电路设计中的竞争条件。
2. 因为触发器只在时钟有效沿才改变取值，所以很大限度地减少了整个电路受毛刺和噪声的影响。

同步电路并不是没有缺点，它的最主要问题就是时钟偏差（Clock skew）和功耗问题。

由于时钟信号到达每个触发器时钟端口的连线长度不同，驱动单元的负载也不同，这就导致了时钟信号到达每个触发器时钟端口的时间也不同，这就是时钟偏差。时钟偏差的后果很严重，它会导致 Setup 或 Hold 的时间不能满足。当违反 Setup 时，还可以通过降频让芯片工作；当违反 Hold 时，芯片根本就不能正常工作。解决时钟偏差的方法就是采用 EDA 工具进行时钟树综合。它的原理就是按照时钟树的最大长度去平衡其他的时钟路径。但是，它会导致大量延迟单元的插入，使得电路的面积和功耗大量地增加。

另外，同步电路还受时钟抖动（Clock jitter）的影响。时钟抖动就是时钟周期在不同的时间段并不相同，变来变去。

34.2 设计原则

下面是设计时钟生成模块（CGM）时要遵循的一些原则。
1. CGM 要独立于系统的其他模块，其他模块所用时钟都要从 CGM 中引出。
2. CGM 要有很好的层次结构，便于前端定义时钟和分析时序，便于后端做时钟树综合。
3. 为了调整性能和降低功耗，CGM 应该支持分频器和停时钟，而且软件能够灵活控制。
4. 在时钟切换和启停时钟时，一定不能出现毛刺，否则电路不能正确工作。

34.3 分频器

在一个系统里，各个模块可能需要不同的工作频率，这就需要通过 PLL 把时钟源的频率提高到高频率，然后通过不同的分频器为每个模块分出不同的工作频率。

分频器可以分为以下几种类型。
1. 1/n：src_clk 和 dst_clk 之间的周期关系是 1/1、1/2、1/4、1/8、1/16、1/32…，分母始终是 2 的 n 次方。
2. 1/x：src_clk 和 dst_clk 之间的周期关系是 1/1、1/2、1/3、1/4、1/5、1/6…，分母可以是任意整数。
3. 1/s：src_clk 和 dst_clk 之间的周期关系是 1/1、1/2、1/3、1/4、1/5、1/6…，分母可以是任意整数。1/s 和 1/x 是相同的，只不过 1/s 的 src_clk 和 dst_clk 还有同步关系，还要产生一个 dst_clk_en。例如，对于 ARM926EJS，我们就要使用 1/s 分频器，生成 ARM_CLK、HCLK 和 HCLKEN 信号。
4. n/d：src_clk 和 dst_clk 之间的周期关系是 3/25、67/325…，它们之间是分数关系（小于等于 1/2 的分数），用于生成一些特殊的频率。例如，从 96MHz 使用 106/345 分频出 29.4912MHz（=1.8432MHz*16，用于 UART）。

34.3.1 1/n 分频器

例子：1/n 分频器，经过实际芯片的验证。
```
module ccf_div_1n #(parameter DIVBITS = 2, CNTBITS = 3)
  (input              test_mode,
   input              reset_n,
   input              src_clk,
   //div_num=0:  1/1
   //div_num=1:  1/2
   //div_num=2:  1/4
   //div_num=3:  1/8
   input [DIVBITS-1:0] div_num,
   //div_num_load must be one pulse of src_clk cycle, and
   //div_num must have been steady.
   input              div_num_load,

   output             div_num_done,
   output             div_clk_out
   );
   wire               div_num_is_0;
   reg [DIVBITS-1:0]  R_div_num;
```

```verilog
reg                R_div_num_is_0;
reg                R_div_clk;
reg [CNTBITS-2:0]  R_clk_cnt;
//===========================================
assign div_num_is_0 = ~(|div_num);
always @(posedge src_clk or negedge reset_n)
  begin
    if (!reset_n) begin
       R_div_num <= 0;
    end
    else if (div_num_load) begin
       R_div_num <= div_num;
    end
  end
assign div_num_done = div_num_load;

always @(posedge src_clk or negedge reset_n)
  begin
    if (!reset_n)
      R_div_num_is_0 <= 1;
    else if (div_num_load)
      R_div_num_is_0 <= div_num_is_0;
  end
//===========================================
generate
  if (CNTBITS > 1) begin: gen_cntbits_gt_1
    always @(posedge src_clk or negedge reset_n)
      begin
        if (!reset_n)
          {R_div_clk, R_clk_cnt} <= {CNTBITS{1'b1}};
        else if (div_num_load || R_div_num_is_0)
          {R_div_clk, R_clk_cnt} <= {CNTBITS{1'b1}};
        else
          {R_div_clk, R_clk_cnt} <= {R_div_clk, R_clk_cnt}
                          + (1'b1 << (CNTBITS - R_div_num));
      end
  end
  else begin: gen_cntbits_eq_1
    always @(posedge src_clk or negedge reset_n)
      begin
        if (!reset_n)
          R_div_clk <= {CNTBITS{1'b1}};
        else if (div_num_load || R_div_num_is_0)
          R_div_clk <= {CNTBITS{1'b1}};
        else
          R_div_clk <= R_div_clk + 1'b1;
      end
  end
endgenerate

//Not use it, because the generated cells are very complex
```

```
    //and cause net_list sim have glitch occur.
    //assign div_clk_out = (test_mode ? test_clk :
    //                      Rn2_div_num_is_0 ? src_clk : R_div_clk);
    wire R_div_clk_buf;
    ccf_buf     div_buf_i
      (.A       (R_div_clk),
       .Y       (R_div_clk_buf)
      );

    ccf_mux     div_mux_i
      (.S0      (R_div_num_is_0 || test_mode),
       .A       (R_div_clk_buf),
       .B       (src_clk),
       .Y       (div_clk_out)
      );
endmodule
```

其他 1/x、1/s 和 n/d 分频器的结构类似于 1/n 分频器的结构，只不过要复杂一些。

注意：在定义时钟的时候，我们要从 src_clk 使用 create_generated_clock 定义分频出来的 div_clk_out。

34.3.2　n/d 分频器

对于 n/d 分频器，实现起来有一定的技巧，要使用吞脉冲的方法。例如，我们要实现 9/68 分频，68=9*7+5，即商为 7，余数为 5。这样对于 9/68 分频，可以看成 5 个 8 分频和 4 个 7 分频，即 9/68 = 9/(5*8+4*7)。这个 7 分频和 8 分频中的数字 7 和 8 就是从商中得出来的。那 5 个 8 分频和 4 个 7 分频中的数字 5 和 4 就是从余数中的出来的，5 是余数，4 是(9-5)。

我们得出了 5 个 8 分频和 4 个 7 分频可以实现这个分数分频，但这 5 个 8 分频和 4 个 7 分频怎么放置呢？先放 5 个 8 分频，再放 4 个 7 分频，这样绝对是不行的。为了均匀地放置这两种频率，我们可以使用小数分频中的一种方法。找个临时变量 temp，初始化为 0。每次分频完让它加上余数，判断是否大于分子，如果小于分子，则输出 7 分频，否则输出 8 分频，并且将这个值减去分子（让它小于分子）。这样 temp 值就变成了 5、1、6、2、7、3、8、4、0、5。

34.4　时钟切换

有些时候，我们需要在模块运行的时候切换模块的时钟，最简单的方法就是使用 Mux。但是这会造成 glitch，会导致系统运行出现错误。

例子：有 glitch 的时钟切换，见图 34-1。

```
module clk_switch
  (input clk_a, input clk_b, input select, output out_clk);
  reg out_clk;
  always @(select or clk_a or clk_b)
    if (select == 1)
      out_clk <= clk_a;
    else
      out_clk <= clk_b;
endmodule
```

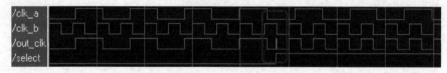

图 34-1 有 glitch 的时钟切换

使用下面的方法就不会产生 glitch。

例子：没有 glitch 的时钟切换，见图 34-2。

```verilog
module clk_switch
  (input clk_a, input clk_b, input select, output out_clk);
  reg q1,q2,q3,q4;
  wire or_one, or_two,or_three,or_four;
  always @(posedge clk_a)
    if (clk_a == 1'b1)
    begin
      q1 <= q4;
      q3 <= or_one;
    end
  always @(posedge clk_b)
    if (clk_b == 1'b1)
    begin
      q2 <= q3;
      q4 <= or_two;
    end
  assign or_one    = (!q1) | (!select);
  assign or_two    = (!q2) | (select);
  //Note: Two ICGs can be used to replace or_three and or_four.
  assign or_three  = (q3) | (clk_a);
  assign or_four   = (q4) | (clk_b);
  assign out_clk   = or_three & or_four;
endmodule
```

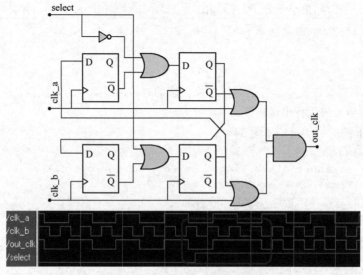

图 34-2 没有 glitch 的时钟切换

注意：为了更加方便地做时序分析，我们可以用两个 ICG 单元（Integrated Clock Gating Cell）替换第二级的那两个或门。

下面的例子是更加通用的没有 glitch 的时钟切换模块，支持多个时钟之间切换，select 信号应该使用 One-hot 编码。

例子：通用的没有 glitch 的时钟切换。

```verilog
//select must be one-hot coding
//For example, if there are 4 clocks, then select can only be 0001, 0010, 0100, 1000
module tcu_clk_switch
  #(parameter count = 3, default_sel = 0)
  (input                test_mode,
   input [count-1:0]    clk,
   input [count-1:0]    reset_n,
   input [count-1:0]    select,
   output               sel_clk
  );
  reg [count-1:0] R0_select;
  reg [count-1:0] R1_select;
  wire [count-1:0] all_clk;
  wire [count-1:0] one_bit = {{count-1{1'b0}}, 1'b1};
  wire [count-1:0] clkn;

  genvar i;
  generate
  for (i= 0; i < count; i = i + 1)
    begin: gen_sel_clk
      always @(posedge clk[i] or negedge reset_n[i])
        begin
          if (~reset_n[i])
            R0_select[i] <= (i == default_sel);
          else
            //Ignore self negative bit
            R0_select[i] <= (&{(~R1_select | (one_bit << i)), select[i]}) ;
        end
      assign clkn[i] = test_mode ? ~clk[i] : clk[i];
      always @(negedge clkn[i] or negedge reset_n[i])
        begin
          if (~reset_n[i])
            R1_select[i] <= (i == default_sel);
          else
            R1_select[i] <= R0_select[i];
        end
    end
  endgenerate

  assign all_clk = clk & R1_select;
```

```
    assign sel_clk = (!test_mode ? (|all_clk) : clk[default_sel]);
endmodule
```

34.5 时钟生成

在理解时钟分频器和切换器之后，就可以设计时钟生成模块了。下面就以一个小的时钟生成模块为例，说明如何做时钟切换，如何做计数分频，如何停止时钟，它的功能结构见图 34-3（不是对应的逻辑图）。

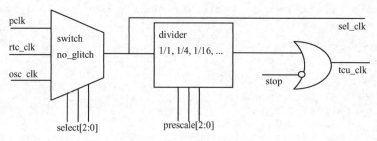

图 34-3 时钟生成的框图

表 34-1 是模块的端口列表。

表 34-1 tcu_clk_gen 端口列表

端口	方向	宽度	描述
test_mode	input	1	0：正常模式 1：测试模式。在此模式下，需要做一些 Bypass，以便于提高测试覆盖率
preset_n	input	1	pclk 时钟域的异步复位
pclk	input	1	用于 APB 总线，频率可以配置
rtc_reset_n	input	1	rtc_clk 时钟域的异步复位
rtc_clk	input	1	来自于 RTC，频率是 32768Hz
osc_reset_n	input	1	osc_clk 时钟域的异步复位
osc_clk	input	1	来自于外部晶振，频率是 12MHz
stop	input	1	0：正常工作 1：停止 R_count 计数，停止输出 tcu_clk
select	input	3	从 pclk、rtc_clk 和 osc_clk 中选择一个用于 sel_clk 001：sel_clk = pclk 010：sel_clk = rtc_clk 100：sel_clk = osc_clk
prescale	input	3	这三位是分频计数器，用于从 sel_clk 分频出 tcu_clk，分频数可以为 1、4、16、64、256 和 1024。在改变 prescale 之前，要先把 stop 设 1。在改之后，就可以把 stop 设为 0 000： tcu_clk = sel_clk/1 001： tcu_clk = sel_clk/4 010： tcu_clk = sel_clk/16 011： tcu_clk = sel_clk/64 100： tcu_clk = sel_clk/256 101： tcu_clk = sel_clk/1024 110 ~ 111： Reserved
sel_clk	output	1	当 prescale=3'000 时，sel_clk 和 tcu_clk 同频，否则 sel_clk 比 tcu_clk 快
tcu_clk	output	1	sel_clk 和 tcu_clk 之间是 1/s 同步关系，当分频计数器计满的时候，就输出一个 sel_clk 脉冲的 tcu_clk_en，可以用于它们寄存器之间的同步
tcu_clk_en	output	1	

下面是它的一些设计说明。
1. 通过 select 信号，从 pclk、rtc_clk 和 osc_clk 中选择一个时钟，用做 sel_clk。在切换时钟的时候，使用无毛刺切换方法，这样 sel_clk 就是干净的。
2. 通过 prescale 信号，从 sel_clk 计数分频出 tcu_clk，同时产生 tcu_clk_en，可以用于 sel_clk 和 tcu_clk 寄存器之间的同步。
3. 通过 stop 信号，当 stop=1 时，就停止 R_count 计数，停止输出 tcu_clk。
4. 为了能够让此模块在内部扫描时正常测试，能够把寄存器插入到扫描链上，所以在 test_mode = 1 时，加入了一些 Bypass 逻辑。

例子：tcu_clk_gen。
```
module tcu_clk_gen #(parameter is_ost = 0, channel_number = 0)
  (
  //-----------------------------------------
  input               test_mode,
  input               pclk,
  input               preset_n,
  input               rtc_clk,
  input               rtc_reset_n,
  input               osc_clk,
  input               osc_reset_n,

  //-----------------------------------------
  input               stop,
  input [2:0]         select,
  input [2:0]         prescale,
  output              sel_clk,
  output              tcu_clk,
  output              tcu_clk_en
  );

  //==================================================
  //Select from three clock source and avoid glicth when switching
  tcu_clk_switch
    #(.count(3),
      .default_sel(0)) tcu_clk_switch_i
    (
     .test_mode        (test_mode),
     .clk              ({osc_clk, rtc_clk, pclk}),
     .reset_n          ({osc_reset_n, rtc_reset_n, preset_n}),
     .select           (select),
     .sel_clk          (sel_clk)
     );

  //==================================================
  //prescale change
  reg [2:0] Rp_prescale;
```

```verilog
    always @(posedge pclk or negedge preset_n)
      begin
        if (!preset_n)
          Rp_prescale <= 0;
        else
          Rp_prescale <= prescale;
      end
    wire p_prescale_change = (prescale != Rp_prescale);

    wire s_prescale_change;
    tcu_sync_pulse      sync_s_change_i
      (
       .in_rst_n          (preset_n),
       .in_clk            (pclk),
       .in_clk_en         (1'b1),
       .in_pulse          (p_prescale_change),
       .out_rst_n         (preset_n),
       .out_clk           (sel_clk),
       .out_clk_en        (1'b1),
       .out_pulse         (s_prescale_change)
      );

    reg       Rs_prescale_change;
    reg [2:0] Rs_prescale;
    always @(posedge sel_clk or negedge preset_n)
      begin
        if (!preset_n) begin
          Rs_prescale_change <= 0;
          Rs_prescale <= 0;
        end
        else if (s_prescale_change) begin
          Rs_prescale_change <= 1;
          Rs_prescale <= Rp_prescale;
        end
        else
          Rs_prescale_change <= 0;
      end

    //==================================================
    wire sync_stop;
    tcu_sync_reg #(1) sync_stop_i
      (
       .in_data           (stop),
       .out_rst_n         (preset_n),
       .out_clk           (sel_clk),
       .out_clk_en        (1'b1),
       .out_data          (sync_stop)
      );
```

```verilog
//===================================================
//Prescale sel_clk
reg [9:0] R_count;
reg R_div_en;
always @(posedge sel_clk or negedge preset_n)
  begin
    //Here preset_n is used.
    if (!preset_n) begin
      R_count <= 0;
      R_div_en <= 1;
    end
    else if (sync_stop
            || Rs_prescale_change
            || Rs_prescale == 3'b000
            || Rs_prescale == 3'b110
            || Rs_prescale == 3'b111) begin
      R_count <= 0;
      R_div_en <= 1;
    end
    else if ((Rs_prescale == 3'b001 && R_count == (4 -1))
            || (Rs_prescale == 3'b010 && R_count == (16 -1))
            || (Rs_prescale == 3'b011 && R_count == (64 -1))
            || (Rs_prescale == 3'b100 && R_count == (256 -1))
            || (Rs_prescale == 3'b101 && R_count == (1024 -1))) begin
      R_count <= 0;
      R_div_en <= 1;
    end
    else begin
      R_count <= R_count + 1;
      R_div_en <= 0;
    end
  end

//===================================================
assign tcu_clk_en = (!sync_stop && R_div_en);
//Stop tcu_clk to HIGH using |,
// otherwise using & and  negedge latch is need for tcu_clk_en.
assign tcu_clk = test_mode ? pclk: (!tcu_clk_en | sel_clk);
endmodule
```

第 35 章 时钟例子

这是一个完整定义的时钟生成模块的应用文档,我们可以用做设计参考。

35.1 Overview

The Clock Generation Unit (CGU) has four parts: Clock control, PLL control, Power control and Reset control.

The CGU can generate the required clock signals including ARM_CLK for ARM926, HCLK for the AHB bus, PCLK for the APB bus and various device clocks. The CGU has one Phase Locked Loops (PLL): for ARM_CLK, HCLK, PCLK and etc. The clock control logic can stop the clocks to each module, which will reduce the power consumption.

For the power control logic, CGU has various power management schemes to keep optimal power consumption for a given task. The power management block in the chip can activate four modes: SLOW, NORMAL, IDLE and DEEP_SLEEP. IDLE is not implemented in CGU and it is implemented by wait_for_interrupt in ARM926 CP15.

For reset control logic, the reset is extended to 21us. It controls all of the system reset signals. It supports soft_reset.

Features:
- On-chip 12MHz oscillator circuit which comes from OTG_PHY
- On-chip 32.768KHz oscillator circuit
- One on-chip phase-locked loops (PLL) with programmable multiplier
- Clock frequency can be changed separately by setting registers
- Support module stop by gating clock
- Support different SLEEP level
- Support software reset

35.2 CGU Clock

35.2.1 Clock List

Name	Max frequency	Descriptions
rtc_clk	fixed, 32768Hz	It is used for RTC to count real time It is used for OST, TCU to count time and wakeup from sleep It is used for KPC, GPIO and ADC to wakeup from sleep
osc_clk	fixed, 12MHz	It is from OTG_PHY SUSPENDN does not make osc_clk stop. Only when DEEP_SLEEP enters using CGU_LPC, osc_clk can be stopped
src_chg_clk	384MHz	It is used to generate src_mid_clk, src_fix_clk and arm_clk
src_mid_clk	200MHz	It is used to generate some dev_clk
src_fix_clk	fixed, 48MHz	It is used as uhc_dev_clk It is used to generate some dev_clk

续表

Name	Max frequency	Descriptions
arm_clk	384MHz	arm_clk, hclk and pclk are synchronous clocks
hclk	133MHz	There is one ahb0_hclk Every module has its own hclk deriving from it, e.g., dmac_hclk, otg_hclk, epd_hclk and etc
pclk	100MHz	There are three apb0_pclk, apb1_pclk, apb2_pclk Every module has its own pclk deriving from them based on its connecting apb_bus, e.g., uart0_pclk, gpio0_pclk, intc_pclk and etc
ddr_dev_clk	200MHz	ddr_dev_clk can be configured to be real-synchnous, pseudo-synchronous, real-asynchronus with hclk
uhc_dev_clk	fixed, 48MHz	
otg_dev_clk	fixed, 30MHz	It is utmi_phy_clk. Because 16-bit data transfer interface is used, the fixed 30Mhz is used
msc_dev_clk	50MHz	mscx_dev_clk (x=0, 1, 2)
epd_dev_clk	24MHz	
lcd_dev_clk	50MHz	
uart_dev_clk	29.4912MHz	uartx_dev_clk (x=0, 1, 2, 3) 29.4912Mhz = 1.8432Mhz *16
scc_dev_clk	5MHz	
spi_dev_clk	50MHz	spix_dev_clk (x=0, 1)
i2c_dev_clk	48MHz	i2cx_dev_clk (x=0, 1, 2) For i2c device, slow: 2.7MHz, fast: 12MHz, high: 128MHz
adc_dev_clk	12MHz	
i2s_dev_clk	24MHz	
codec_dev_clk		

35.2.2 Clock Diagram（见图 35-1）

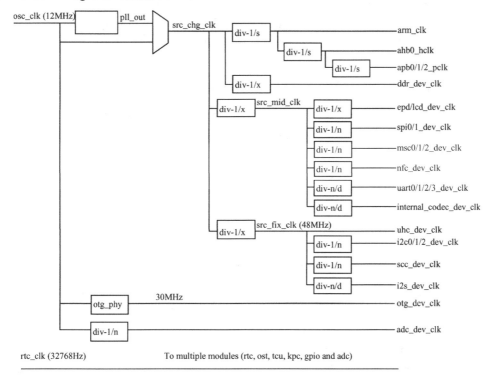

图 35-1　CGU Clock Diagram

35.2.3 Clock Divider Rate（见表 35-1）

For 1/s, 1/x, 1/n, dest_clk_frequency = src_clk_frequency * rate.

表 35-1 CGU 1/s, 1/x and 1/n divider rate

Bits	Rate (1/s and 1/x)	Rate (1/n)
3'b000	1/1	1/1
3'b001	1/2	1/2
3'b010	1/3	1/4
3'b011	1/4	1/8
3'b100	1/5	1/16
3'b101	1/6	1/32
3'b110	1/7	1/64
3'b111	1/8	1/128

For n/d divider, dest_clk_frequency = src_clk_frequency * numerator / denominator.

35.3 Register Description（见表 35-2）

表 35-2 CGU Registers

Name	Descriptions	R/W	Initial Value	Address Offset	Access Size
CGU_PDR	CGU PLL Divider Register	R/W	H'0000_0000	H'00	32
CGU_CNT	CGU Counter Regsister	R/W	H'0000_2F1F	H'04	32
CGU_PCR	CGU PLL Control Register	R/W	H'0000_0000	H'08	32
CGU_LPC	CGU Low Power Control Register	R/W	H'0000_0070	H'0C	32
CGU_CST	CGU Status Register	R	H'0000_0000	H'10	32
CGU_DV0	CGU Divider 0 Register	R/W	H'0000_0000	H'20	32
CGU_DV1	CGU Divider 1 Register	R/W	H'0000_0000	H'24	32
CGU_DV2	CGU Divider 2 Register	R/W	H'0000_0000	H'28	32
CGU_DV3	CGU Divider 3 Register	R/W	H'0000_0000	H'2C	32
CGU_DV4	CGU Divider 4 Register	R/W	H'0000_0000	H'30	32
CGU_DV5	CGU Divider 5 Register	R/W	H'0000_0000	H'34	32
CGU_DV6	CGU Divider 6 Register	R/W	H'0000_0000	H'38	32
CGU_DV7	CGU Divider 7 Register	R/W	H'0000_0000	H'3C	32
CGU_DV8	CGU Divider 8 Register	R/W	H'0000_0000	H'40	32
CGU_DV9	CGU Divider 9 Register	R/W	H'0000_0000	H'44	32
CGU_MS0	CGU Module Stop 0 Register	R/W	H'0000_0000	H'60	32
CGU_MS1	CGU Module Stop 1 Register	R/W	H'0000_0000	H'64	32
CGU_MS2	CGU Module Stop 2 Register	R/W	H'0000_0000	H'68	32
CGU_RCR	CGU Reset Control Register	R/W	H'0000_0000	H'70	32
CGU_RST	CGU Reset Status Register	R	H'0000_0000	H'78	32

35.3.1 CGU PLL Divider Register (CGU_PDR)

This register is used to configure the PLL divider parameters.

Bit	Name	Description	R/W
Others	Reserved	Writes to these bits have no effect and always read as 0	R
30:24	DL	Reserved PLL DL value	R/W
21:16	DM	PLL DM value	R/W
14:8	DN	PLL DN value pll_out frequency = (osc_clk * (DN+1)) / (DM+1)	R/W
2:0	DP	Reserved PLL DP value	R/W

35.3.2 CGU Counter Regsister (CGU_CNT)

This register is used to configure the steady time of oscillator (12MHz) and PLL.

Bit	Name	Description	R/W
Others	Reserved	Writes to these bits have no effect and always read as 0	R
15:8	osc_steady_count	After the osc_steady_count of clk_32k, osc_clk is steady It must >= 850 us	R/W
7:0	pll_steady_count	After the pll_steady_count of clk_32k, pll_out is steady It must >= 500 us	R/W

35.3.3 CGU PLL Control Register (CGU_PCR)

This register is used to disable/enable PLL and select src_clk.

Bit	Name	Description	R/W
Others	Reserved	Writes to these bits have no effect and always read as 0	R
1	SEL_SRC_CLK	0: select osc_clk as src_clk src_chg_clk, src_mid_clk and src_fix_clk are osc_clk 1: select pll_out as src_clk src_chg_clk is pll_out. src_mid_clk is divided from src_chg_clk. src_fix_clk is divided from src_chg_clk and must be fixed to 48Mhz	R/W
0	PLL_ENABLE	0: Disable PLL 1: Enable PLL	R/W

35.3.4 CGU Low Power Control Register (CGU_LPC)

Bit	Name	Description	R/W
Others	Reserved	Writes to these bits have no effect and always read as 0	R
6:4	after_wakeup	After wakeup, what state of osc and pll **after_wakeup must >= after_sleep** [src_clk, en_pll, en_osc] 001: enable osc and disable pll, src_clk is osc_clk 011: enable osc and enable pll, src_clk is osc_clk 111: enable osc and enable pll, src_clk is pll_out	R/W
3:1	after_sleep	After sleep, what state of osc and pll. **after_sleep must <= current_state** [src_clk, en_pll, en_osc] 000: disable osc and disable pll 001: enable osc and disable pll, src_clk is osc_clk 011: enable osc and enable pll, src_clk is osc_clk 111: enable osc and enable pll, src_clk is pll_out	R/W
0	enter_sleep	0: Ignore it and ignore bit[6:1] 1: enter sleep mode. Only bit[3:1] and bit[6:4] are correct, then enter_sleep can be done. After sleep, src_chg_clk, src_mid_clk and src_fix_clk are stopped. cgu_pcr[1:0] is also changed to after_wakeup[2:1]	W

35.3.5 CGU Status Register (CGU_CST)

Bit	Name	Description	R/W
Others	Reserved	Writes to these bits have no effect and always read as 0	R
3	PARAM_ERROR	The value written into LPCR is not correct. 0: no error. 1: has error. Write 1 to clear it.	R/W
2	DIV_READY	0: DIVx switch is BUSY 1: DIVx switch is READY	R
1	PLL_LOCK	Connect directly with PLL LOCK pin. 0: not lock 1: lock	R
0	CGU_READY	After PDR, PCR or LPC is correctly written, it becomes BUSY When the task is finished (include the waiting time of OSC or PLL becoming steady), it becomes READY	R

35.3.6 CGU Divider 0 Register (CGU_DV0 → 1/s)

These clocks are fully synchronous.

Bit	Name	Description	R/W
Others	Reserved	Writes to these bits have no effect and always read as 0	R
18:16		ahb0_hclk : apb2_pclk The period rate between ahb0_hclk and apb2_pclk	R/W
14:12		ahb0_hclk : apb1_pclk The period rate between ahb0_hclk and apb1_pclk	R/W
10:8		ahb0_hclk : apb0_pclk The period rate between ahb0_hclk and apb0_pclk	R/W
6:4		arm_clk : ahb0_hclk The period rate between arm_clk and ahb0_hclk	R/W
2:0		Src_chg_clk : arm_clk The period rate between src_chg_clk and arm_clk	R/W

35.3.7 CGU Divider 1 Register (CGU_DV1 → 1/x)

Bit	Name	Description	R/W
Others	Reserved	Writes to these bits have no effect and always read as 0	R
25:24		src_chg_clk : ddr_dev_clk 1/1, 1/2, 1/3, 1/4	R/W
21:16		src_fix_clk : scc_dev_clk 1/1, 1/2, 1/3, 1/4, 1/5, …, 1/64	R/W
13:8		src_mid_clk : epd_dev_clk It is also used for lcd_dev_clk 1/1, 1/2, 1/3, 1/4, 1/5, …, 1/64	R/W
4		src_chg_clk : src_mid_clk src_mid_clk must be less than 200Mhz 0: 1/1 1: 1/2	R/W
3:0		src_chg_clk : src_fix_clk It must generate 48Mhz src_fix_clk for UHC and other devices	R/W

35.3.8 CGU Divider 2 Register (CGU_DV2 → 1/n)

Bit	Name	Description	R/W
Others	Reserved	Writes to these bits have no effect and always read as 0	R
30:28		Src_fix_clk : i2c2_dev_clk 1/1, 1/2, 1/4, 1/8, 1/16, 1/32, 1/64, 1/128	R/W
26:24		Src_fix_clk : i2c1_dev_clk 1/1, 1/2, 1/4, 1/8, 1/16, 1/32, 1/64, 1/128	R/W
22:20		src_fix_clk : i2c0_dev_clk 1/1, 1/2, 1/4, 1/8, 1/16, 1/32, 1/64, 1/128	R/W
18:16		src_mid_clk : spi1_dev_clk 1/1, 1/2, 1/4, 1/8, 1/16, 1/32, 1/64, 1/128	R/W
14:12		src_mid_clk : spi0_dev_clk 1/1, 1/2, 1/4, 1/8, 1/16, 1/32, 1/64, 1/128	R/W
10:8		src_mid_clk : msc2_dev_clk 1/1, 1/2, 1/4, 1/8, 1/16, 1/32, 1/64, 1/128	R/W
6:4		src_mid_clk : msc1_dev_clk 1/1, 1/2, 1/4, 1/8, 1/16, 1/32, 1/64, 1/128	R/W
2:0		src_mid_clk : msc0_dev_clk 1/1, 1/2, 1/4, 1/8, 1/16, 1/32, 1/64, 1/128	R/W

35.3.9 CGU Divider 3 Register (CGU_DV3 → 1/n)

Bit	Name	Description	R/W
Others	Reserved	Writes to these bits have no effect and always read as 0	R
6:4		src_mid_clk : nfc_dev_clk 1/1, 1/2, 1/4, 1/8, 1/16, 1/32, 1/64, 1/128	R/W
2:0		osc_clk : adc_dev_clk 1/1, 1/2, 1/4, 1/8, 1/16, 1/32, 1/64, 1/128 If entering sleep, rtc_clk is used as adc_dev_clk	R/W

35.3.10 CGU Divider 4/5/6/7 Register (CGU_DV4/5/6/7 → n/d)

UARTx_dev_clk_frequency = src_mid_clk_frequency * numerator / denominator.

CGU_DV4 is used for UART0.

CGU_DV5 is used for UART1.

CGU_DV6 is used for UART2.

CGU_DV7 is used for UART3.

Bit	Name	Description	R/W
Others	Reserved	Writes to these bits have no effect and always read as 0	R
17:8		div_denominator	R/W
7:0		div_numerator	R/W

35.3.11 CGU Divider 8 Register (CGU_DV8 → n/d)

I2S_dev_clk_frequency = src_fix_clk_frequency * numerator / denominator.

Bit	Name	Description	R/W
Others	Reserved	Writes to these bits have no effect and always read as 0	R
17:8		div_denominator	R/W
7:0		div_numerator	R/W

35.3.12 CGU Divider 9 Register (CGU_DV9 → n/d)

Internal_codec_dev_clk_frequency = src_mid_clk_frequency * numerator / denominator.

Bit	Name	Description	R/W
Others	Reserved	Writes to these bits have no effect and always read as 0	R
17:8		div_denominator	R/W
7:0		div_numerator	R/W

35.3.13 CGU Module Stop 0 Register (CGU_MS0)

For every module stop bit, 0: not stop, 1: stop.

Bit	Name	Description	R/W
Others	Reserved	Writes to these bits have no effect and always read as 0	R
20		DDR	R/W
19		PPC	R/W
18		APM	R/W
17		reserved	R/W
16		SPI1	R/W
15		SPI0	R/W

Bit	Name	Description	R/W
14		G2D	R/W
13		LCDC	R/W
12		EPDC	R/W
11		JPEG	R/W
10		MSC2	R/W
9		MSC1	R/W
8		MSC0	R/W
7		OTG	R/W
6		UHC	R/W
5		DMA	R/W
4		EMC	R/W
3		NFC	R/W
2		RAM1	R/W
1		RAM0	R/W
0		ROM	R/W

35.3.14　CGU Module Stop 1 Register (CGU_MS1)

For every module stop bit, 0: not stop, 1: stop.

Bit	Name	Description	R/W
Others	Reserved	Writes to these bits have no effect and always read as 0	R
12		UART1	R/W
11		UART0	R/W
10		SCC	R/W
8		GPIO3	R/W
8		GPIO2	R/W
7		GPIO1	R/W
6		GPIO0	R/W
5		TCU	R/W
4		OST	R/W
3		RTC	R/W
2		CGU	R/W
1		INTC	R/W
0		SYS	R/W

35.3.15　CGU Module Stop 2 Register (CGU_MS2)

For every module stop bit, 0: not stop, 1: stop.

Bit	Name	Description	R/W
Others	Reserved	Writes to these bits have no effect and always read as 0	R
7		UART3	R/W
6		UART2	R/W
5		I2C2	R/W
4		I2C1	R/W
3		I2C0	R/W
2		ADC	R/W
1		I2S	R/W
0		KPC	R/W

35.3.16 CGU Reset Control Register (CGU_RCR)

Bit	Name	Description	R/W
Others	Reserved	Writes to these bits have no effect and always read as 0	R
0	RESET	Software reset to the chip. The read value is always 0 0: write 0 is ignored 1: begin software reset	R/W

35.3.17 CGU Reset Status Register (CGU_RST)

This register is used to indicate the reset type. Among the three bits there must one bit to be 1, and only one bit can be 1.

Bit	Name	Description	R/W
Others	Reserved	Writes to these bits have no effect and always read as 0	R
0	power_on_reset	0: not occur 1: occur	R
1	watch_dog_reset	0: not occur 1: occur	R
2	soft_reset	0: not occur 1: occur	R

35.4 PLL Structure

This programmable Analog PLL is suitable for high speed clock generation. High speed VCO can run from 50MHz to 500MHz. It contains a 1-64 input clock divider, a 1-128 feedback clock divider and a 1-8 output clock divider. By setting DM [5:0], DN [6:0] and DP [2:0] to different values according to different REFIN, CLK and CLKO will be locked at the multiples of input frequency.

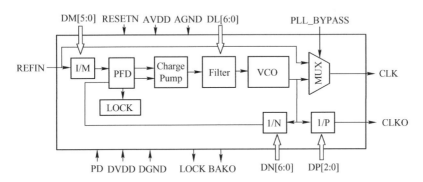

图 35-2 PLL Block Diagram

表 35-3 **PLL Internal Signals**

Name	Description
REFIN	Reference Input. This input (3~200MHz) is used as the reference source for PLL
DL[6:0]	LPF Control pins. Set the resistor value in LPF Connect DL [6:0] to DN [6:0] pin by pin
DM[5:0]	Reference Input Divider Control pins Set the reference divider factor from 1 to 64
DN[6:0]	Feedback Divider Control pins Set the feedback divider factor from 1 to 128.(feedback to BAKIN)

Name	Description
P[2:0]	Output Divider Control pins Set the output divider factor from 1 to 8
PLL_BYPASS	Output Control pin. Enables output CLK or REFIN 0: REFIN 1: normal
PD	Power Down 0: normal 1: power down enabled
RESETN	Asynchronous Reset Input Reset the digital part of PLL when RESETN=0 The internal dividers of the PLL are reset while the other blocks of the PLL still consume power. The LOCK signal will reset to logic "0"
CLK	output from VCO directly
CLKO	standard output from the output divider (not used)
LOCK	Outputs the PLL's lock status One time triggered detect signal, will be high when PLL is locked for the first time after power on, and it will remain high unless one uses RESETN to reset it In this mode, the rising edges of the two clocks at the input of PFD are phase aligned. And the output clock frequency is at multiples of the input clock frequency contingent on the configuration of DM, DN and DP. The lock detector will assert "LOCK" after the PLL is locked
BAKO	Feedback Output divided by 2. To measure the feedback clock

If PLL is disabled by software, then PLL is in power-down mode. This can save about 2.5mA current.

If PLL is enabled by software, then PLL enter power-on state. PLL is first reset, and then enter locking state.

35.4.1 Frequency Calculation

The relationship between the PLL input clock frequency and the output frequency depends on the configuration of the internal dividers. The dividing factors of the dividers are:

$M = DM[5:0] + 1;$ Input divider

$N = DN[6:0] + 1;$ Feedback divider

$P = DP[2:0] + 1;$ Output divider

In Locked Mode, the frequency relationship of the PLL blocks is calculated by the following equations:

$Fpfd = Frefin/M = Fvco/N$

$Fclk = Fvco$

$Fclko = Fvco / P$

$Fbako = Fpfd / 2$

Here Fvco is the output clock frequency of VCO. Fpfd is the clock frequency at PFD for both the input clock and feedback clock.

Based on the requirement of the chip, Fclk must be the multiple of 48Mhz.

35.4.2 VCO Frequency Limitation

To get stable VCO clock the frequency of the VCO clock has its limitation. Fvco is recommended to be from 50MHz to 500MHz. Do not try to run VCO out of this frequency range.

35.4.3 PFD Clock Frequency Limitation

The Fpfd frequency is limited to a certain range to ensure the PLL works normally. For different feedback dividing factor, Fpfd has different valid range. Please refer to the following table to get the right Fpfd range.

表 35-4 PLL Fpfd range

N	Fpfd range (Mhz)	N	Fpfd range (Mhz)
1	35<=Fpfd<=80	10~12	10.0<=Fpfd<=80
2	25.0<=Fpfd<=80	13~15	9.0<=Fpfd<=80
3	20.0<=Fpfd<=80	16~20	8.0<=Fpfd<=80
4	20.0<=Fpfd<=80	21~27	7.0<=Fpfd<=80
5	15.0<=Fpfd<=80	28~39	6.0<=Fpfd<=80
6	14.0<=Fpfd<=80	40~62	5.0<=Fpfd<=80
7	13.0<=Fpfd<=80	63~110	4.0<=Fpfd<=80
8	12.0<=Fpfd<=80	111~128	3.0<=Fpfd<=80

35.5 PLL Control

Based on the states of oscillator, PLL and src_clk, CGU has the below 4 state.

Bits	Name	State	Description
001	SLOW_PD	SEL_OSC__PLL_DIS__OSC_EN	This is the state after reset. oscillator is enabled, pll is disabled, src_clk is osc_clk
011	SLOW_PE	SEL_OSC__PLL_EN__OSC_EN	oscillator is enabled, pll is enabled, src_clk is osc_clk
111	NORMAL	SEL_PLL__PLL_EN__OSC_EN	oscillator is enabled, pll is enabled, src_clk is pll_out
000	DEEP_SLEEP	PLL_DIS_OSC_DIS	oscillator is disabled, pll is disabled, src_clk is not cared. The chip enter this state only by writing CGU_LPC

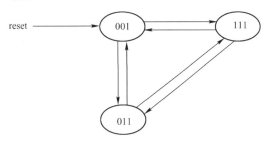

The states of (001, 011 and 111) can be freely changed through modifying PCR.PLL_ENABLE and PCR.SEL_SRC_CLK.

1. 001→011: The switching time is short, but software should check whether PLL is READY.
2. 011→111: The switching time is short, because software should guarantee that PLL is READY.
3. 001→111: The switching time is long, because CGU must wait for PLL be ready and then switch src_clk.
4. 011→001: The switching time is short.
5. 111→001: The switching time is short.
6. 111→011: The switching time is short.

35.6 Sleep and Wakeup

35.6.1 State switch

Software can make the chip enter sleep state. after_sleep state has different level (osc_en/dis and pll_en/dis) and it must be less than or equal to current_state. For example,

1. Software can set after_sleep with 111, 011, 001 and 000 if current_state is 111.

2. Software can set after_sleep with 011, 001 and 000 if current_state is 011.
3. Software can set after_sleep with 001 and 000 if current_state is 001.

Extenal events can make the chip wakeup from sleep state. after_wakeup state has different level (osc_en/dis and pll_en/dis) and it must be greater than or equal to after_sleep state. For example,
1. Software can set after_wakeup with 111, 011 and 001 if after_sleep is 000.
2. Software can set after_wakeup with 111, 011 and 001 if after_sleep is 001.
3. Software can set after_wakeup with 111 and 011 if after_sleep is 011.
4. Software can set after_wakeup with 111 if after_sleep is 111.

These are controlled by CGU_LPC. If CGU_LPC is not set correctly, then CST.PARAM_ERROR is set.

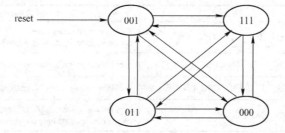

Note that if after_wakeup is SLOW_PE, if wakeup occurs, after oscillator is steady, all non_stopped_ module clocks are active. However, CST.CGU_READY is 0 and CST.PLL_LOCK is 0 until PLL is locked.

35.6.2 How to wakeup

Before software enters sleep state, it must first set some modules to wakeup the chip. The modules that can wakeup the chip are RTC, OST, TCU, KPC, GPIO and ADC.

For OST and TCU, if rtc_clk is used for timer to wakeup, then CGU can enter DEEP_SLEEP.
if osc_clk is used for timer to wakeup, then CGU can enter SLOW_PD or SLOW_PE. pclk can not be used for timer to wakeup, because it is stopped.

For KPC and GPIO, after CGU enter DEEP_SLEEP, rtc_clk is used to check the wakeup event.

For ADC, after CGU enter DEEP_SLEEP, rtc_clk is used to check pen_down event.

35.7 Module Stop

If software wants to stop one module, software must guarantee that this module is in idle state (no any operation).

For EMC (SDRAM), since EMC takes time between programming the control register bit to the SDRAM entering self-refresh mode, EMC provides a read-only register bit (bit 11 of the SDRAM control register) to indicate that the SDRAM is already in self-refresh mode. If you want to gate off the clock to EMC when the

SDRAM is in self-refresh mode, you should ensure this bit is set to 1 before you stop the clock.

For DDR, since DDR_CTRL takes time between programming the control register bit to the DDR entering self-refresh mode, DDR_CTRL provides a register bit (bit 0 of DDR_CTL_15) to indicate that the DDR is already in self-refresh mode. If you want to gate off the clock to DDR when the DDR is in self-refresh mode, you should ensure this bit is set to 1 before you stop the clock.

For ARM, ARM can stop itself by using wait_for_interrupt in ARM926 CP15.

35.8 Application Notes

Multiple writes to CGU_DVx can be done, and CGU_DVx must be different. After multiple write, CGU_CST.DIV_READY must be polled until it becomes 1.

If CGU_PCR is written with PLL_ENABLE(0) and SEL_SRC(0), CGU_CST.CGU_READY must be polled until it becomes 1.

If CGU_PCR is written with PLL_ENABLE(1) and SEL_SRC(0), CGU_CST.CGU_READY and CGU_CST.PLL_LOCK must be polled until they become 1. However, the poll can be delayed until PLL is really to be used and SEL_SRC is to be written with 1.

If CGU_PCR is written with PLL_ENABLE(1) and SEL_SRC(1), CGU_CST.CGU_READY and CGU_CST.PLL_LOCK must be polled until they become 1.

CNT, PCR, PDR and LPC must be written when CGU_CST.CGU_READY is 1, otherwise error occurs.

第 36 章

复位设计

复位设计非常复杂，但是强调得很少，讨论也不多。在设计中使用异步复位还是同步复位，已经演变得非常激烈，因为有些人声称他们所用的复位方法是解决这个问题的唯一方法。但是实际上选用异步复位还是同步复位都是正确的选择。

不管异步复位还是同步复位都有明显的优点和缺点，在实际的设计中可以有效地使用任何方法。但是当选择一种复位方法的时候，就应该仔细考虑与这种方法相关的问题，然后做出明智的设计决定，这是非常重要的。

本章主要参考了 CummingsSNUG2003Boston_Resets.pdf。

36.1 复位的用途

我们在对 ASIC 做仿真的时候，复位的作用就是强制 ASIC 进入一个可知态（Known state）。当 ASIC 生产出来之后，ASIC 复位是否需要是由系统或应用决定的，可能就不需要复位。例如许多用做通信的 ASIC 就是这样工作的：同步输入的数据，处理数据，然后输出数据；如果同步丢失，那么它就进入重新获取同步的过程。如果正确地设计这种 ASIC，让所有的无用状态都指向"重新获取同步"的状态，那么这种 ASIC 就可以在一个没有复位的系统里正确地工作。即使是这样，这种 ASIC 在上电的时候还需要一个系统复位。这样在做综合的时候，可以对 ASIC 的状态机精简"不关心"的逻辑（Don't care logic reduction）。

通常对于 ASIC 中的每一个寄存器，不管系统是否需要它复位，都应该是可复位的（Resetable）。在某些情况下，对于在高速应用中的流水线（串行移位）寄存器，可以去掉复位，从而获得更高的性能。在这种情况下，在复位的时候复位信号要在指定的时钟数内保持有效，以使 ASIC 进入一个可知态。

在选择一个复位方法时，我们要考虑很多的问题：选择异步复位还是同步复位？是否每个寄存器都需要复位？复位树（Reset tree）如何布线（Layout）和缓冲（Buffer）？如何验证复位树的时序？如何在测试模式下测试复位？如何在多时钟域使用复位？

36.2 寄存器编码风格

36.2.1 有/无同步复位寄存器

每个 Verilog 过程块（Procedural block）应该只模型一种寄存器。换句话说，就是不能在一个过程块中混杂可复位寄存器（Resetable flip-flop）和跟随寄存器（Follower flip-flop）。跟随寄存器就是简单的数据移位寄存器，它不需要复位。

在下面的代码中，一个寄存器用于捕获数据，其输出传送到一个跟随寄存器。这个设计的第一部分使用了一个同步复位，第二部分包含了一个没有使用复位的跟随寄存器。因为这两个寄存器是在同一个过程块中推导出来的，导致 rst_n 信号也被用到了跟随寄存器的 load-data 引脚，从而产生下如图 36-1 所示的额外逻辑。

例子：错误，在一个过程块中混杂两种寄存器。

```
//Bad Verilog coding style to model dissimilar flip-flops
module badFFstyle
  (output reg q2,
   input      d, clk, rst_n);
   reg        q1;
   always @(posedge clk)
     if (!rst_n) q1 <= 1'b0;
     else begin
      q1 <= d;
      q2 <= q1;
     end
endmodule
```

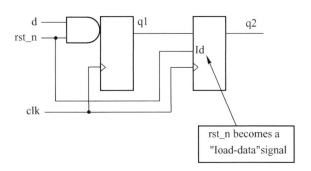

图 36-1　不好的编码风格产生不必要的 loadable 寄存器

正确模型跟随寄存器的方法是用两个 Verilog 过程块，对应的代码和生成的逻辑如下所示。

例子：正确，在两个过程块中分别模型两种寄存器，见图 36-2。

```
//Good Verilog coding style to model dissimilar flip-flops
module goodFFstyle
  (output reg q2,
   input      d, clk, rst_n);
   reg        q1;
   always @(posedge clk)
     if (!rst_n) q1 <= 1'b0;
     else        q1 <= d;
   always @(posedge clk)
     q2 <= q1;
endmodule
```

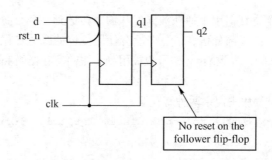

图 36-2 模型两种不同寄存器：有复位的和无复位的

注意：不好的编码风格会生成额外的逻辑，这是因为使用了同步复位。如果使用异步复位，那么这两种编码风格都会综合出同样而且没有额外逻辑的电路。生成不同寄存器的风格主要是由代码中的敏感列表和 if-else 语句决定的，我们在后续章节会进一步讨论。

36.2.2 寄存器推导原则

我们不要对每一个要推导的寄存器使用一个过程块（1-bit flip-flop 就用一个过程块）。这样会很啰嗦很浪费代码，应该在一个过程块中描述我们所要推导的一组或多组指定功能的寄存器。进一步，在一个模块中要使用多个过程块来模型不同功能的逻辑块。但是这里有个例外，对于上面讨论的跟随寄存器就应该使用多个过程块，以便于模型正确的功能。

36.3 同步复位

我们做了一项研究，收集并浏览了一些 ESNUG 和 SOLV-IT 的论文，超过 80%的论文把重点放到了同步复位上。在许多 SNUG 论文里作者声称 "We all know that the best way to do resets in an ASIC is to strictly use synchronous resets"，或者 "Asynchronous resets are bad and should be avoided"，然而他们却没有提供什么证据来证明他们的这些观点。事实上，在使用同步复位和异步复位上，二者都有优点和缺点，设计者应该根据他们的设计选择合适的方法。

同步复位基于这样前提：只有在时钟有效沿，复位信号才能影响寄存器的状态。复位信号通过把它作为组合逻辑的一部分连接到寄存器输入端（d-input）对寄存器起作用。在这种情况下，模型同步复位的编码风格应该是：reset 应该在 if-else 语句的最前面（if 部分），以便于优先考虑，其他的组合逻辑处于后面（else 部分）。如果没有严格遵守这种风格，那么就可能发生下面两个问题。

1. 在某些仿真器上，基于逻辑表达式的计算，某些逻辑可能会阻止复位信号作用到寄存器上。这只是仿真器问题，不是硬件问题，但是我们应该记住复位的作用就是让 ASIC 进入可知态（译者注：原作者可能说的是从逻辑表达式计算出来的值是 X，导致寄存器不能复位）。
2. 相对于一个时钟周期来说，复位信号可能会变成一个晚到信号（Late arriving signal）。这是因为在复位树（Reset tree）上有非常高的扇出（Fanout）。即使在复位树上加上很多缓冲（Buffer），但是一旦复位信号到达局部逻辑区域（Local logic），就要限制与复位信号相关逻辑的数量，这是一个明智之举。

使用同步复位的一个好处就是可以使用任意的单元库。下面的代码是同步复位的 loadable 计数器。

例子：同步复位的 loadable 计数器，见图 36-3。

```
//Verilog-2001 code for a loadable counter with synchronous reset
module ctr8sr
  (output reg [7:0] q,
   output reg       co,
   input      [7:0] d,
   input            ld, clk, rst_n);
  always @(posedge clk)
    if      (!rst_n) {co,q} <= 9'b0;         // sync reset
    else if (ld)     {co,q} <= d;            // sync load
    else             {co,q} <= q + 1'b1;     // sync increment
endmodule
```

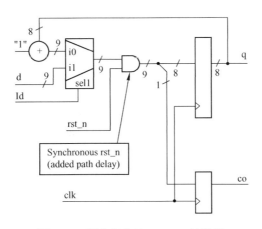

图 36-3　同步复位的 loadable 计数器

36.3.1　编码风格和电路

下面的代码给出了正确模型同步复位寄存器的方法。只有当复位信号没有放到敏感列表里时，寄存器才会被模型成同步复位寄存器。

例子：正确模型同步复位寄存器。

```
//Correct way to model a flip-flop with synchronous reset using Verilog-2001
module sync_resetFFstyle
  (output reg q,
   Input      d, clk, rst_n);
  always @(posedge clk)
    if (!rst_n) q <= 1'b0;
    else        q <= d;
endmodule
```

同步复位有一个问题，就是综合工具不能把复位信号与其他数据信号区别开来。例如，对于上面计数器电路，综合工具也可以生成图 36-4 所示的电路图。

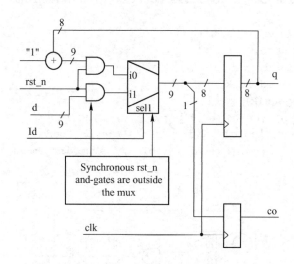

图 36-4　同步复位的 loadable 计数器（另一种）

这两个电路是等价的，唯一的区别就在于这里与复位信号连接的 and 门是在 MUX 的外面（左侧）。但是在网表仿真时就会发生问题。当 rst_n 为 low 的时候，MUX 的两个引脚都为 0，但是如果 ld 是 X 状态，而且 MUX 的模型是悲观的（Pessimistic），那么寄存器就不会进入复位状态，而是进入 X 状态。注意：这只是仿真问题，实际电路会正确地工作，而且正确地复位成 0。

Synopsys 提供了综合指令 sync_set_reset，用于告诉综合工具指定的信号是同步复位或同步置位，综合工具就会尽量把这个信号放到靠近寄存器的位置，以防止这种初始化问题（Initialization problem）的发生。所以对于这个例子，可以在代码中加入下面的编译指令：

`//synopsys sync_set_reset "rst_n"`

通常，只有在综合指令是必须的而且是紧要的时候，我们才使用它们。因为某些综合指令会导致前后仿真不一致。然而 sync_set_reset 指令不会影响逻辑行为，相反它只会影响设计的功能实现，所以明智的设计者在项目开始的时候就把 sync_set_reset 添加到 RTL 代码中，以避免以后的多次综合。由于每个模块对这条指令只要求使用一次，所以推荐为每个模块添加这条指令。

另外，如果在读入 RTL 代码之前把综合变量 hdlin_ff_always_sync_set_reset 设为 true，那么就可以达到与在每个模块中加入 sync_set_reset 一样的效果，而且更加方便。

36.3.2　同步复位的优点

同步复位逻辑会综合出较小的寄存器，特别是当复位信号与产生 d-input 的逻辑组合在一起的时候。但是在这种情况下，组合逻辑的门数就会增加，所以总门数的节省就不是那么明显。如果一个设计非常紧凑（Tight），那么从每个寄存器节省出 1 个或 2 个门的面积就可以保证把 ASIC 放入管芯中（Fit into die）。但是在当今巨大 die 的尺寸下，每个寄存器节省出 1 个或 2 个门对能否把设计放入 die 中没有什么明显的意义。

通常，同步复位可以保证电路是 100%同步的。通过时钟可以过滤掉复位信号上的小毛刺。但是如果这些毛刺发生时太靠近时钟有效沿，那么寄存器就可能进入亚稳态。这与由其他输入信号导致的亚稳态没有什么区别，因为任何违反 Setup 和 Hold 要求的信号都会导致亚稳态。

在某些设计中，复位信号必须由一组内部条件产生。那么对于这样的设计就推荐使用同步复位。因为它可以过滤掉在时钟之间的逻辑表达式的毛刺。

通过让同步复位持续预定的时钟数，在复位缓冲树（Reset buffer tree）中使用寄存器，这样就可以把复位缓冲树的时序限定在一个时钟周期内。

按照复用方法论手册（Reuse Methodology Manual，RMM），同步复位可以更容易地和基于周期（Cycle-based）的仿真器工作，所以 RMM 推荐使用同步复位。然而我们认为：如果在好的编码风格下（让复位的 stimulus 只在时钟沿变化）使用异步复位，就会消除 RMM 推荐的同步复位的方便性和仿真加速。其实我们很怀疑复位方法能够在方便性和仿真速度上导致什么差异。

36.3.3 同步复位的缺点

不是所有的 ASIC 单元库都有带同步复位引脚的寄存器，但是因为同步复位只是一个数据输入信号，所以我们可以不要这种特殊的寄存器，综合工具很容易地就把复位逻辑综合到寄存器的外面。

同步复位可能需要脉冲扩展（Pulse stretcher），以保证复位脉冲足够宽，从而保证在时钟有效沿复位信号存在。对于多时钟设计，这是需要重点考虑的问题。此时可以使用一个小的计数器，以保证复位脉冲保持一定数量的时钟周期。

设计者必须仔细考虑仿真存在的问题。同步复位由 ASIC 中组合逻辑产生，或者同步复位要穿越很多级的组合逻辑。在仿真时，因为在同步复位信号上存在这些组合逻辑，复位可能会被 X 状态阻塞，很多 ESNUG 论文讨论这个问题。很多仿真器没有解决 X 逻辑的办法，所以阻塞了同步复位。其实这也是异步复位的一个问题。问题不在于你使用什么样的复位方法，而是在于复位信号是否可以很容易地被外部引脚控制。

从本质上说同步复位在复位电路时需要时钟正常工作（Toggle）。对某些设计这可能不是什么问题，但是对有些设计这可能非常恼人。例如你为了节省功耗使用了门控时钟，在复位有效的时候时钟可能还处于禁止（Disabled）状态，导致电路不能复位。在这种情况下，只有异步复位才可以工作，这是因为在时钟恢复正常工作（Toggle）之前，复位信号可能已经被撤销。

如果 ASIC 或 FPGA 使用内部的三态总线，那么为了让复位发挥作用，就需要时钟正常工作。在芯片上电的时候，为了防止在三态总线上出现总线冲突，芯片应该使用上电异步复位。同步复位也可以使用，但是你必须用复位信号直接让输出使能无效（HiZ，这样就没有总线冲突）。这种同步技术可以简化 Reset-to-HiZ 路径的时序分析。见图 36-5 和图 36-6。

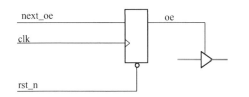
图 36-5　异步复位用于输出使能

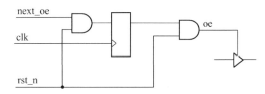
图 36-6　同步复位用于输出使能

36.4　异步复位

许多工程师喜欢在电路中使用异步复位，以便使逻辑进入一个可知态，但是不正确使用异步复位会导致操作失败。异步复位最大的问题在于复位释放（Reset release），也叫复位撤销（Reset removal），这个问题在后续章节讨论。

异步复位寄存器上有一个 reset 引脚,这个引脚一般是低有效(Active low)。就是当这个引脚是低电平的时候,寄存器进入复位状态。

36.4.1 编码风格和电路

下面的代码给出了正确模型异步复位寄存器的方法。注意:复位信号必须放在敏感列表中。为了让异步复位寄存器的仿真模型能够正确地工作,敏感列表应该只在异步复位信号的前沿激活(Be active on the leading edge,译者注:虽然复位信号实际是电平有效的,但是在模型异步复位寄存器时必须把它设计成前沿有效)。因此在下面的代码中,当复位信号前沿有效时,就进入 always 块,执行 if 条件检查,检查到复位有效,寄存器就被复位。

综合工具要求如果敏感列表中某一个信号是沿敏感的(Edge-sensitive),那么所有在敏感列表中的信号必须都是沿敏感的。换句话说,综合工具要求使用正确的编码风格,但是 Verilog 仿真器就没这个要求。如果敏感列表不只对时钟有效沿和复位前沿敏感,那么这个仿真模型就不正确;如果敏感列表包含了除了时钟和复位信号之外的信号,那么这个仿真模型就不正确。综合工具在读入这两种不正确的模型时会报告错误。

例子:正确模型异步复位寄存器。

```
//Correct way to model a flip-flop with asynchronous reset
module async_resetFFstyle (
  output reg q,
  input       d, clk, rst_n);
  //Verilog-2001: permits comma-separation
  //@(posedge clk, negedge rst_n)
  always @(posedge clk or negedge rst_n)
   if (!rst_n) q <= 1'b0;
   else        q <= d;
endmodule
```

异步复位的综合依赖于复位缓冲树(Reset buffer tree)的方法。
1. 如果复位信号直接由一个外部引脚驱动,一般就在这个复位引脚上使用"set_drive 0"命令。
2. 在复位线网(Reset net)上使用"set_dont_touch_network"命令,可以防止在综合时修改这个复位线网。
3. 在复位线网上使用 set_ideal_net 命令,可以创建理想线网(Ideal net),这样在复位线网上就不做任何优化(Timing updates、Delay optimization 成 DRC fixing)。
4. 为了获得干净的时序报告,可以在复位线网上使用 set_disable_timing 或 set_false_path 命令。

36.4.2 既有异步复位又有异步置位的寄存器

在 Verilog 中,如果没有设计者的帮助,一个既有异步复位(reset)又有异步置位(set)的寄存器仿真模型可能不会正确地工作。因为它们可能不能正确地仿真这种信号变化顺序:reset 有效,set 有效;reset 撤销,set 还是有效的。

对于这样稀有的设计，修正这个问题的方法就是把自我修正的代码放到 translate_off 和 translate_on 指令之间，从而输出正确的寄存器值。关于这个模型的详细解释请看前面的"综合指令"章。当然最好还是避免使用这样的寄存器。

例子：正确模型带有异步置位/复位的 D 触发器。

```
//Verilog Asynchronous SET/RESET simulation and synthesis model
//Good DFF with asynchronous set and reset and self-correcting set-reset
assignment
module dff3_aras
  (output reg q,
   Input       d, clk, rst_n, set_n);
   always @(posedge clk or negedge rst_n or negedge set_n)
     if      (!rst_n) q <= 0; // asynchronous reset
     else if (!set_n) q <= 1; // asynchronous set
     else             q <= d;
  // synopsys translate_off
   always @(rst_n or set_n)
     if (rst_n && !set_n) force   q = 1;
     else                 release q;
  // synopsys translate_on
Endmodule
```

36.4.3 异步复位的优点

因为单元库里肯定有异步复位寄存器，所以异步复位的最大优点就是能够保证数据路径干净。对于那些在数据路径上时序紧张的设计来说，它们不能再承受同步复位在数据路径上为插入组合逻辑而增加的延迟。使用异步复位，复位肯定不会出现在数据路径上。下面的代码和对应的电路说明了这个优点。

例子：异步复位的 loadable 计数器，参见图 36-7。

```
//Verilog-2001 code for a loadable counter with asynchronous reset
module ctr8ar
  (output reg [7:0] q,
   output reg       co;
   input      [7:0] d;
   input            ld, rst_n, clk);
   always @(posedge clk or negedge rst_n)
     if      (!rst_n)  {co,q} <= 9'b0;       // async reset
     else if (ld)      {co,q} <= d;          // sync load
     else              {co,q} <= q + 1'b1;   // sync increment
endmodule
```

异步复位的另一个优点就是不管有没有时钟存在，电路都可以被复位。

对于使用异步复位的编码风格，我们不需要使用综合指令（Synthesis directive），综合工具就可以自动地推导出带异步复位引脚的寄存器。

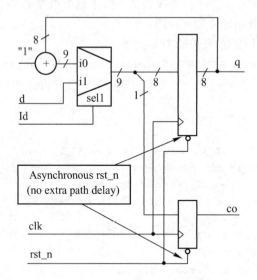

图 36-7 异步复位的 loadable 计数器

36.4.4 异步复位的缺点

工程师可以给出很多为什么异步复位是有害的原因。复用方法论手册（Reuse Methodology Manual，RMM）建议不要使用异步复位，因为异步复位不能和基于 cycle 的仿真器一起工作。这其实是不对的，基于 cycle 仿真器的基础是所有输入的变化发生在时钟沿，由于异步复位的时序不是基于 cycle 仿真器的一部分，所以可以简单地把异步复位施加到无效时钟沿（Inactive clock edge）上。

对于 DFT 来说，如果异步复位不是直接从 I/O 引脚驱动的，那么为了 DFT 扫描和测试，从复位同步器出来的复位线网在做 DFT 期间必须被禁止。这是后面章节中同步器电路要求的。

有些设计者声称很难对使用异步复位的设计做时序分析。其实不管是同步复位还是异步复位，复位树必须保持和谐（Is timed），以保证复位的释放在一个时钟周期内完成。在 layout 之后，必须对复位树做时序分析，以保证时序满足要求。如果使用分布式的复位同步寄存器树（Distributed reset synchronizer flip-flop tree），那么时序分析可以省去。

异步复位的最大问题是复位的起效（Assert）和失效（De-assert）都是异步的。起效不是问题，但失效就是一个问题。如果异步复位的释放发生在时钟有效沿或靠近时钟有效沿处，那么寄存器的输出就可能变成亚稳态，导致 ASIC 丢失复位状态。

异步复位还有另外的问题，就是板上或系统复位上的噪声或毛刺会导致假的复位（Spurious reset），我们在后续章节讨论解决假复位的方法。如果在一个系统里这真是一个问题，那么有人可能会想使用同步复位是一个解决办法。其实如果这些假复位的毛刺在靠近时钟有效沿处发生，那么同步复位也会有同样的问题，寄存器同样会进入亚稳态。因为对于任何数据输入违反 Setup 和 Hold 要求，都会有同样的问题。

36.5 异步复位的问题

原作者在和同事讨论这篇论文的时候，这个同事指出因为他在 FPGA 上做设计，所以他们没有这些 ASIC 才有的复位问题，其实这是错误的。他还指出他总是使用一个能作用到所有单元的异步复位,从而让系统进入一个可知态。原作者就问他一个问题,如果异步复位的释放发生在在时钟有效沿或靠近时钟有效沿处,导致寄存器亚稳态,那么 FPGA 和 ASIC 会怎么样?

很多工程师只是感觉不会出现问题,然后就简单地使用异步复位。在他们可控的仿真环境中验证复位,一切正常,他们就觉得没有问题。但是在实际系统中,设计总是不时地会失败一下。这些工程师没有考虑到复位的释放(不可控的环境)可能会让芯片进入亚稳态,导致复位失去作用。所以必须注意,在复位释放的时候要防止芯片进入亚稳态。当使用同步复位时,复位的前沿和后沿(Leading and trailing edges)必须远离时钟有效沿。

如图 36-8 所示,异步复位的失效(De-assert)和时钟信号是异步的。这里存在两个潜在的问题:A. 违反复位 recovery 时间;B.复位的撤销对不同寄存器发生在不同的时钟周期。

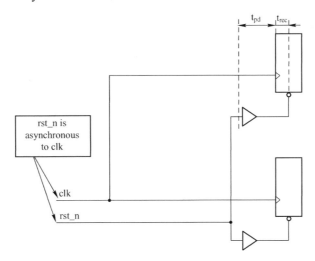

图 36-8 异步复位撤销的 recovery 问题

36.5.1 复位 recovery 时间

复位 recovery 时间是指从复位失效(De-assert)到时钟有效沿之间的时间。Verilog-2001 标准定义了三个内建命令,用于模型异步信号的 recovery 时间和 removal 时间,即$recovery、$removal 和 $recrem($recrem 是$recovery 和$removal 的组合)。

recovery 时间其实就是 Setup 时间,是复位信号失效时的 Setup 时间(Reset inactive setup time before clock active edge)。违反 recovery 时间会导致在寄存器的输出信号上出现亚稳态问题。

36.5.2 复位撤销经历不同的时钟周期

如果复位撤销相对于时钟有效沿是异步的,而且在靠近时钟沿处复位撤销,那么在复位信号和时钟信号上传输延迟的轻微差别就会导致某些寄存器退出复位状态早于其他寄存器。这是因为有的寄存器复位信号到达早一些,在时钟沿前面,就被先复位;有的寄存器复位信号到达晚一些,在时钟沿后面,被推迟一个时钟周期,就被后复位。

36.6 复位同步器

每一个使用异步复位的 ASIC 都要包含一个复位同步器电路(Reset synchronizer circuit)!没有复位同步器,异步复位在最终系统中就会失去作用,虽然异步复位在仿真时可能很好地工作。

图 36-9 中的复位同步器充分地利用了异步复位和同步复位的优点。

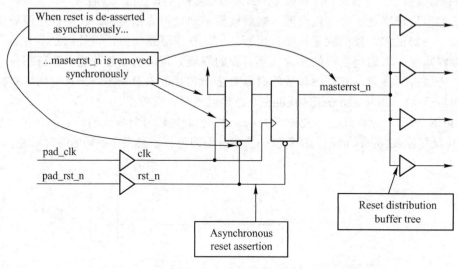

图 36-9 复位同步器

外部复位信号（pad_rst_n）异步地复位两个 master-reset 寄存器，然后再通过复位缓冲树（Reset buffer tree）异步地驱动主复位信号（masterrst_n）到设计中其他需要复位的寄存器。整个设计可以被异步复位。

复位的撤销是通过取消（De-assert）复位信号实现的，然后第一个 master-reset 寄存器的输入值（d-input，通常是 high）被依次锁存通过复位同步器。从复位撤销到把撤销同步到主复位线网（masterrst_n）上一般需要两个时钟上升沿。

需要两个寄存器同步复位信号，因为复位信号是异步撤销的，在靠近时钟上升沿处复位的撤销可能带来亚稳态，第二个寄存器就是用来消除这个可能的亚稳态。这些同步寄存器必须从扫描链（Scan-chain）中排除掉。

例子：复位同步器。

```
//Properly coded reset synchronizer using Verilog-2001
module async_resetFFstyle2
  (output reg rst_n,
   input     clk, asyncrst_n);
  reg       rff1;
  always @(posedge clk or negedge asyncrst_n)
    if (!asyncrst_n) {rst_n,rff1} <= 2'b0;
    else             {rst_n,rff1} <= {rff1,1'b1};
endmodule
```

现在更严谨的时序检查显示复位分布时序由以下时间段构成：clk-to-q 传输延迟时间、复位分布树的时间、寄存器的复位 recovery 时间，见图 36-10。

36.6.1 复位同步器有亚稳态吗？

很多人会问，当复位撤销时复位同步器的第二个寄存器是否有潜在的亚稳态问题。答案是 No。下面就是相关的分析和讨论。

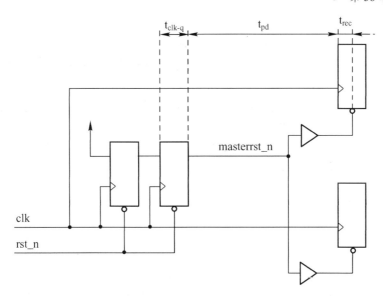

图 36-10 可以预测的满足复位 recovery 时间的复位撤销

复位同步器的第一个寄存器确实有潜在的亚稳态问题。因为它的输入是高电平,它的输出已经被异步复位成低电平,复位可能在寄存器的复位 recovery 时间内被撤销(复位信号变成高电平的时刻与此寄存器的时钟上升沿非常接近)。这就是为什么需要第二个寄存器的原因。

复位同步器的第二个寄存器就没有潜在的亚稳态问题。因为在复位撤销的时候,它的输入和输出都是低电平。因为它的输入和输出都是相同的,所以它的输出就没有机会在两个电平之间抖动。

36.6.2 错误的 ASIC Vendor 模型

有个工程师发邮件告诉我们:他用 4 个不同的 ASIC 库分别做门级仿真,当复位撤销和时钟上升沿太靠近时,其中有两个 ASIC 库的寄存器输出变成不定态。这其实是典型的 ASIC 库模型的问题。实际上当复位撤销和时钟上升沿太靠近时,如果寄存器的输入值和输出值相同,那么就不应该发生亚稳态,但是有些 Vendor 在设计 ASIC 库时,他们没有考虑到这一点,而是错误地应用了常规的 recovery 检查。

于是我们让这个工程师检查晶体管级的模型,他回复说:如果输入端是低电平,当复位 recovery 时间违反发生的时候,对应的电路确实不会产生亚稳态。所以 Vendor 对寄存器模型错误地应用了常规的复位 recovery 时间。

36.6.3 有缺点的复位同步器

有个工程师建议使用图 36-11 所示的电路消除亚稳态问题。电路中的寄存器是异步复位寄存器。

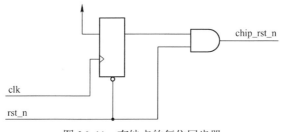

图 36-11 有缺点的复位同步器

这个工程师说：如果复位起效（Assert）与时钟有效沿很接近，那么输出端的与门就可以消除亚稳态。其实没有必要，当复位起效时不会发生亚稳态，因为在寄存器电路中复位信号旁路（Bypass）了时钟信号，从而干净利落地就把输出端强制成低电平。所以亚稳态问题与复位起效无关，总是与复位撤销有关。

这个工程师还把复位 recovery 问题当做后端的布局布线（Post place & route）任务，要测量复位延迟，而且如果有必要，就用下降沿寄存器替换上面的上升沿寄存器。我们认为这不是一个对此问题的强壮设计。因为如果 min-max 的工艺变化的时序特性比测量原型器件的时序特性明显不同，那么 min-max 的工艺变化就可能导致某些复位电路失败（译者注：本人对这段话很费解，感兴趣者可以研究一下原文）。

36.6.4 复位时的仿真验证

有个 EDA 支持工程师报告说：设计工程师在做仿真的时候，他们在时钟有效沿释放复位信号。注意：很多时候这就是 Verilog 的竞争条件，而且几乎总是真实硬件的竞争条件。

在真实的硬件上，如果复位信号在时钟有效沿处撤销，那么复位信号就会违反复位 recovery 时间要求，寄存器的输出就会变成亚稳态。这就是为什么要在包含异步复位的设计中使用复位同步器的另一个重要原因。

在仿真时，如果复位信号在时钟有效沿处撤销，对仿真是什么结果通常没有任何保证。即使 RTL 仿真的结果跟期望一样，但是门级仿真的结果可能就不一样，这是因为竞争条件的事件调度对 RTL 和门级处理不同。另外，不同的仿真器在 RTL 仿真时也可能会产生不同的结果。当复位 recovery 时间违反的时候，许多 ASIC 库会在门级寄存器仿真模型的输出上驱动 X（不定态）。通常这些库使用 UDP（User Defined Primitive）模型寄存器。

因为验证平台应该既可以用于前仿真，也可以用于后仿真，所以在验证平台中我们总是在无效的时钟沿（Inactive clock edge）改变复位信号。这样我们就可远离潜在的 recovery 时间违反和仿真竞争条件。另外还有一个指导原则：通常在无效时钟沿改变复位信号要使用阻塞赋值。

另一个好的仿真策略是在 0 时刻初始化所有可复位的寄存器。在 0 时刻复位起效可能也会导致竞争条件。但是如果对复位的第一个赋值使用非阻塞赋值，那么就很容易避免这个竞争条件，如下代码所示。在 0 时刻对复位使用非阻塞赋值，那么复位信号的更改就发生在 0 时刻事件序列的非阻塞赋值更改事件队列（NBAU_EQ）。在复位信号起效之前，所有过程块都变成活动的（Active）。这就意味着所有对复位敏感的过程块保证会在 0 时刻被触发。

例子：在 0 时刻复位时，最好使用非阻塞赋值。

```
//Good coding style for time-0 reset assertion
initial begin                // clock oscillator
  clk <= 0;                  // time 0 nonblocking assignment
  forever #(`CYCLE/2) clk = ~clk;
end
initial begin
  rst_n <= 0;                // time 0 nonblocking assignment
  @(posedge clk);            // Wait to get past time 0
  @(negedge clk) rst = 1;    // rst_n low for one clock cycle
  ...........
end
```

有个 EDA 支持工程师还收到这样的抱怨：复位在时钟有效沿撤销，产生竞争条件。他建议设计工程师避免使用异步复位寄存器,以消除潜在的与复位撤销有关的竞争条件。然后他给出了一个典型的异步复位寄存器模型,如下所示:
```
//Typical coding style for flip-flops with asynchronous resets
always @ (posedge clk or negedge rst_n)
    if (!rst_n) q <= 0;
    else       q <= d;
```
他正确地指出了:在 rst_n 是低电平的时候,clk 的上升沿会使 q 被复位;在 rst_n 被释放的时候,clk 的上升沿会使 q 被赋值为 d。

我们指出同步复位寄存器也要以同样的原因经历同样的非决定性(Non-deterministic)仿真结果,而且同步复位寄存器也不会改变这依旧是一个真实硬件问题的事实。结论就是:在验证平台中不要在时钟有效沿释放复位。这是一个很好的对设计和验证工程师的面试问题。

译者注:这里其实说的是,不管对同步复位寄存器,还是异步复位寄存器,只要复位是在时钟有效沿撤销,就会产生竞争条件,就会发生仿真问题,就会发生硬件问题。

36.7 复位分布树

复位分布树几乎需要和时钟分布树一样的关注度。因为在典型的设计中复位输入的负载和时钟输入的负载通常一样多,见图 36-12。复位树的时序要求对同步复位和异步复位是相同的(Common)。

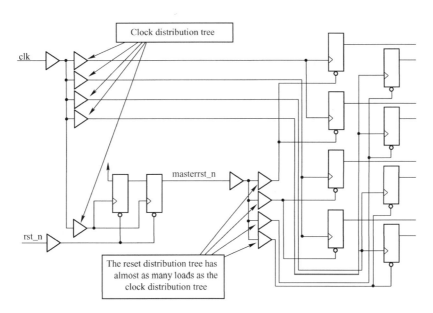

图 36-12 复位分布树

时钟分布树和复位分布树之间的一个重要区别是:分布复位之间的偏差(Skew)近似平衡即可。不像时钟信号,复位信号之间的偏差不需要那么严格,只要使与复位信号相关的延迟足够短,使所有复位负载的传播在一个时钟周期内,使所有目标寄存器的 recovery 时间得到满足。

我们必须仔细分析时钟树的时序和 clk-q-reset 树的时序。最简单的为复位树提供时钟的方法是从时钟树的叶节点(Leaf-clock, delayed and buffered)为内部的 master-reset 寄存器提供时钟,见图 36-13。

如果这个方法满足时序要求，那么 OK。但是在大多数情况下，在一个时钟周期内，让时钟脉冲经过时钟树传播，到达 master-reset 寄存器，然后再让复位信号经过复位树传播，时间根本不够。

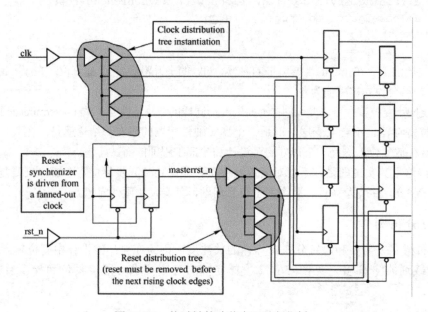

图 36-13　从时钟的叶节点驱动复位树

为了让复位信号更快地到达系统中所有寄存器，master-reset 寄存器要从一个早的时钟（Early clock）开始，见图 36-14。Layout 后必须做时序分析，确保异步复位的释放和同步复位的起效及释放满足时序要求，就是确保复位信号不能违反寄存器的 Setup 和 Hold 时间要求。直到已经做了 Layout，而且已经获得了时钟树和复位树的真实时序，我们才可以做更细致的时序调整。

忽略这个问题也不会让这个问题消失。哇，我们曾经以为复位是很简单的事呢。

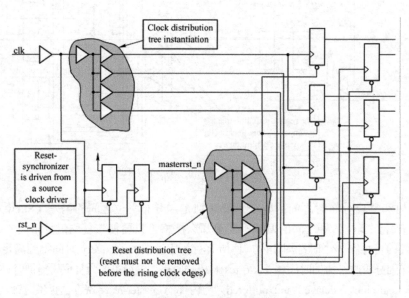

图 36-14　从时钟的源节点驱动复位树

36.7.1 同步复位分布技巧

对于同步复位，可以使用的一个技巧就是在分布式的复位缓冲树上嵌入寄存器，这就把保证时序满足要求的任务变得非常简单。因为我们不必再去要求复位信号在一个时钟周期内到达每个寄存器。参见图 36-15。在每一个模块，复位输入先经过一个简单寄存器，然后这个延迟的复位信号用于复位模块内的逻辑，同时再去驱动每个子模块的复位输入。这就使得复位设计的所有寄存器要花费好几个时钟周期（注意：在多时钟的设计里，当复位信号要穿越多个时钟域的时候，同样的问题也会发生）。所以每个模块都要包含如下所示的代码：

```
input reset_raw;
// synopsys sync_set_reset "reset"
always @(posedge clk) reset <= reset_raw;
```

这里 reset 信号既用于同步复位模块内所有的逻辑，也用于连接每个子模块的 reset_raw。

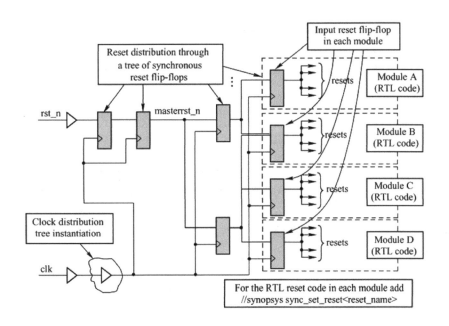

图 36-15　使用分布式同步寄存器的同步复位方法

通过使用这样的技巧，同步复位信号就可以像其他数据信号一样看待，对每个模块做时序分析都很容易，因为复位树的每一部分（Stage）都有合理的扇出（Fanout）。

36.7.2 异步复位分布技巧

对于异步复位，可以使用同样的技巧，就是使用分布式的异步复位同步器机制来替换复位缓冲树，类似于上节的同步复位分布技巧。

这个技巧就是在设计的每个层次上放置复位同步器，如同对同步复位使用分布式同步寄存器一样。两者的区别在于这里的每个复位同步器需要两个寄存器，而同步复位分布技巧只需要一个寄存器。本地复位（Local reset）直接驱动本地寄存器的异步复位输入引脚，而同步复位分布技巧是把复位信号组合到数据路径的逻辑中。

这个分布式复位同步器与最顶层使用的复位同步器起同样的复位作用。当复位起效时，整个设计就被异步地复位；当复位释放时，整个设计就被同步地依次释放。随着复位的释放在各个层次的复位树上扩散，整个设计要花费一些时钟周期才能彻底地从复位状态中释放出来。

注意：使用这个技巧时，整个设计不能在同一时间（同一个时钟周期）从复位状态中释放出来。这是与系统功能相关的，因为许多设计要处理跨多个时钟域的复位，它们的复位释放并不能在同一时间完成。如果系统功能要求整个设计必须在同一时间从复位状态中释放出来，那么必须对使用复位同步器的复位树在所有的终点做平衡，这个要求既对同步复位，也对异步复位。

36.7.3 复位分布树的时序分析

我们曾经在前面详细地讨论过在全局异步复位树（不是分布式的复位树）上加缓冲的方法。这个方法的最大问题就是为了保证复位的释放在一个时钟周期内完成，需要对复位树做时序检查。在布局布线之前，我们可以对复位树做一些基本的分析。但是在布局布线之后，我们必须对复位树再做详细的分析。不幸的是，如果需要做时序调整，后端工程师在布局布线时经常要手工做这些调整，然后再对已经布线的设计调整时序（Re-time the routed design），来回重复这个过程，直到满足时序要求。

使用分布式复位同步器就可以消除后端的手工调整，而且允许综合工具自动地做调整时序和插入缓冲的工作。使用分布式复位同步器的方法，复位缓冲对当前级完全是局部的，类似于前面讨论的同步方法。

当使用异步复位的时候，设计者应该在 dc_shell 和 pt_shell 里设置正确的变量，以保证能够对从复位同步寄存器输出引脚（Q-output）驱动的异步复位插入缓冲和调整时序（Buffered and timed）。这些设置的细节可以在 SolvNet #901989 中找到。这篇文章指出如果设置如下变量，那么 dc_shell 和 pt_shell 就可以在异步复位和本地时钟之间的调整时序。

pt_shell> set timing_disable_recovery_removal_checks "false"
dc_shell> enable_recovery_removal_arcs "true"

虽然这些设置是 Synopsys 的默认设置，但是你应该检查它们确实如此。如果你在设计中使用分布式复位同步器，而且正确地设置了这两个变量，那么就不用做建立复位缓冲树（类似于时钟缓冲树）的工作。

如果你在设计 FPGA，那么使用分布式复位同步器也是不错的选择。这里有两个好的原因。
1. 在多数的 FPGA 上，在做异步复位和异步复位撤销时，全局复位和置位（Global Set/Reset, GSR）的缓冲都有本文讨论的与异步复位撤销有关的问题。如果 FPGA Vendor 在芯片内没有实现复位同步器，那么工程师就需要在片外实现异步复位同步器，但是芯片之间的引脚延迟可能太慢，从而不能有效地实现。
2. 多个时钟域需要对应多个时钟缓冲，这是很常见的。但是只有一个 GSR 的缓冲和每个时钟域应该控制对应的复位同步器（原文：It is not unusual to have multiple clock buffers with multiple clock domains but only one GSR buffer and each clock domain should control a corresponding reset synchronizer）。

在 FPGA 上使用异步复位而不是同步复位还有一个好的原因。因为 FPGA 上有大量的寄存器，但是 FPGA 设计的速度受限于设计要求的组合逻辑的大小。如果相关的组合逻辑不能放置到一个查找表（Lookup table）中，那么就要把组合逻辑放置到多个查找表中，这就带来了查找的延迟和单元之间连线的延迟。典型地，同步复位至少需要用于组合逻辑的查找表一部分。

最后，因为 FPGA 设计不包含 DFT 内部扫描，所以 FPGA 不存在与异步复位有关的 DFT 问题。

36.8 复位毛刺的过滤

正如前面指出的，异步复位的最大问题就是异步，所以异步复位带来一些必须要处理依赖于复位源的特性。使用异步复位，任何满足最小复位脉冲宽度的输入都会让寄存器复位。如果复位线容易遭受毛刺，那么这就真是一个问题。

这里展示的方法可以过滤掉毛刺，但是并不太好。这个方法使用数字延迟（意味着延迟会随着温度、电压和工艺变化）过滤掉小毛刺。复位输入的焊盘（Pad）应该是一个施密特触发器焊盘，可以进一步过滤毛刺。图 36-16 就是本方法的实现。

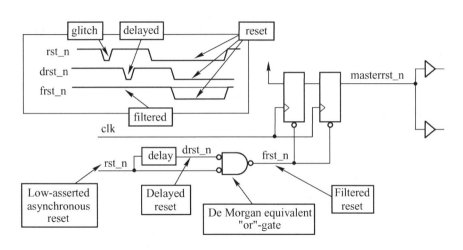

图 36-16　复位毛刺的过滤

为了增加延迟，一些 Vendor 提供了可以手工实例化的延迟硬核（Hard macro）。如果没有这样的延迟硬核，那么在综合优化后，设计者需要在综合出的网表中手工实例化这些延迟。在插入延迟之后，记住就不要再优化这块逻辑，否则这些延迟会被优化掉。我们可以在这些延迟上设置 dont_touch 属性，以防止它们被优化掉。第二个方法是把多个慢的 buffer 级联在一起，以获得期望的延迟。当然，还有其他的方法用在延迟设计上。

不是所有的系统都需要过滤毛刺，设计者必须仔细研究系统的要求，然后再决定是否需要使用延迟过滤毛刺。

36.9 异步复位的 DFT

一个与异步复位相关的重要问题就是 DFT（Design For Test）。有的工程师说在设计中对异步复位使用 DFT 很困难，而其他工程师则说对异步复位使用 DFT 并不困难。其实如果异步复位信号参与了逻辑（Is being gated），而且被用做有效的功能输入，那么 DFT 就会变得困难。

原作者对异步复位推荐的原则是：复位信号只用做初始化复位，不能用于芯片的其他功能，与复位信号连接的逻辑只能是复位同步器。如果使用这个原则，那么就很容易对异步复位使用

DFT。

为了让 ATPG 向量工作，测试程序必须能够控制扫描链上寄存器的所有输入端，这不只包括时钟和数据端，还包括异步复位端。如果复位直接由外部引脚控制，那么复位就应该保持在无效状态。如果复位是内部产生的，那么就应该使用 test_mode 把内部复位的电路保持在无效状态。如果内部生成的复位在 ATPG 期间没有被屏蔽掉，那么复位起效就有可能在扫描期间发生，导致寄存器被复位，使得扫描进寄存器的数据混乱。

译者注：原文说 DFT 不能对异步复位做测试，必须做手工测试，但是 Synopsy 的 TMAX 其实可以对异步复位测试，所以这里对原文做了替换。可以使用下面的步骤。
1. 使用 test_mode 信号把 masterrst_n 旁路到外部引脚（test_reset_n）上。
   ```
   //master_rst_n_raw 是复位同步器的第二个寄存器的输出。
   assign masterrst_n = (test_mode ? master_rst_n_raw : test_reset_n);
   ```
2. 在你的综合脚本中加入以下语句：
   ```
   set_dft_signal -view existing -type Reset -port test_reset_n -active_state 0
   ```
写出测试协议，这时 test_reset_n 就被当做一个特殊的时钟（不能用于扫描的时钟）。

应用 ATPG 向量进行一次异步复位测试的过程如下：
1. 让芯片进入测试模式（test_mode=1），而且把 test_reset_n 设成无效状态。
2. 让芯片进入扫描移位状态（scan_enable=1）。
3. 通过扫描链扫描一个测试向量，把所有寄存器扫描成一个可知态。
4. 让芯片进入功能输入状态（scan_enable=0）。
5. 把 test_reset_n 设成起效状态，测试芯片的异步复位逻辑。
6. 让芯片进入扫描移位状态（scan_enable=1）。
7. 把下一个测试向量扫描进入寄存器，同时把 test_reset_n 对应的结果扫描出来。

36.10 多时钟复位的问题

对于多时钟设计，每个时钟域都应该有独立的异步复位同步器和独立的复位分布树。这么做是为了保证对于每个时钟域的每个寄存器，复位信号能够真正地满足复位 recovery 时间。正如前面讨论的，复位起效一般没有什么问题，关键是复位需要完美地撤销，还有复位撤销之后所有逻辑要同步启动（Synchronized startup）。

依赖于设计的约束，可以采用下面两种技巧。
1. 非协调的复位撤销（Non-coordinated reset removal）。
2. 顺序协调的复位撤销（Sequenced coordination of reset removal）。

36.10.1 非协调的复位撤销

对于许多有多个时钟的设计，一个时钟域的复位撤销相对于另一个时钟域的复位撤销的关系不是那么重要。因为在这些设计里，任何跨时钟域的控制信号都要通过某些 request-acknowledge 的握手机制来传递，而且从一个时钟域到另一个时钟域延迟的响应不会造成硬件执行错误。对于这种设计，使用独立的异步复位同步器就足够了。如图 36-17 所示，arst_n、brst_n 和 crst_n 可以以任何顺序撤销，而且对设计是不重要的。

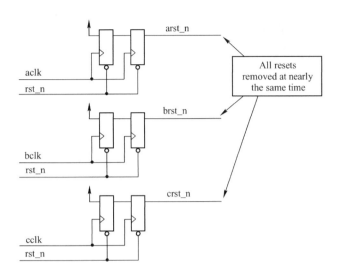

图 36-17 非协调的复位撤销

36.10.2 顺序协调的复位撤销

对于一些有多个时钟的设计,复位必须以正确的顺序撤销。对于这样的设计,就要创建有优先级的异步复位同步器。见图 36-18,在复位撤销后,aclk 时钟域的逻辑要比 bclk 和 cclk 时钟域的逻辑先激活,bclk 时钟域的逻辑要比 cclk 时钟域的逻辑先激活。

对于这样的设计,只有最高优先级的异步复位同步器的输入是接 high,其他的异步复位同步器的输入连接到高优先级时钟域的主复位信号(master reset)上。

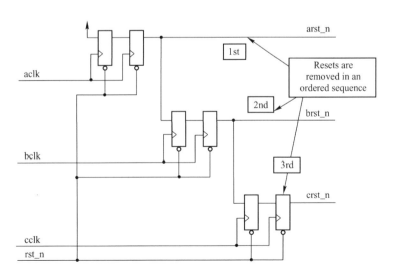

图 36-18 顺序协调的复位撤销

36.11 结论

下面就是关于复位设计的总结。
1. 正确使用同步复位和异步复位可以保证可靠的复位起效。
2. 虽然异步复位对复位电路是一个安全可靠的方法,但是如果处理不正确,那么复位撤销就会导致明显的问题。
3. 正确使用异步复位的方法是增加复位同步器,保证同步复位撤销,从而让正常设计的功能得到安全的恢复。
4. 只要异步复位在测试期间是可控的,那么可以对异步复位做DFT。
5. 不管是同步复位还是异步复位,这里描述的分布式寄存器树是值得设计者考虑的,因为分布式寄存器树方法可以消除许多与buffering、timing和layout相关的问题。

最后的结论就是:简单的复位不存在!

第六部分 验证之路

本部分探讨了一些与验证相关的问题,另外还介绍了3个实际的验证环境。

第 37 章

验证之路

随着应用环境越来越复杂，对成本和性能的要求越来越高，SoC 设计已经成为 IC 设计的一个趋势。SoC 设计一般都集成一个或多个处理器、互连总线和各种控制器，几百万门或千万门以上的设计非常多见，如何验证如此复杂的系统，是摆在设计者面前的一个问题。另外，SoC 系统中绝大多数的设计任务就是整合现有的 IP，因此主要问题就在 IP 之间复杂的接口上，而不是 IP 设计本身。如果没有一套快速有效的验证方法，验证将成为严重制约 SoC 产品开发的瓶颈。

在工程设计领域经常以魁北克大桥为例。魁北克大桥（图 37-1）是世界著名的大跨度悬臂桁架梁桥，位于加拿大魁北克，跨越圣劳伦斯河，建于 1904~1918 年，原为铁路桥，现已改为公路、铁路两用桥。桥的主跨为 548.6 米。连同锚固孔，桥的全长为 853.6 米，分跨为 152.4+548.6+152.4 米，其中悬挂孔长度为 195.1 米。

图 37-1 魁北克大桥（来源于网络）

魁北克大桥本该是著名设计师特奥多罗·库帕的一个真正有价值的不朽杰作。库帕曾称他的设计是"最佳、最省的"，可惜它没有在库帕手里建成。库帕自我陶醉于他的设计，忘乎所以地把大桥的长度由原来设计的 500 米增加到 600 米，以成为世界上最长的桥，但是没有经过严格的工程计算和工程评估，就开始建筑施工。大桥的建设速度很快，施工也很完善。正当投资修建这座大桥的人士开始考虑如何为大桥剪彩时，人们忽然听到一阵震耳欲聋的巨响——大桥的整个金属结构垮了，19000 吨钢材和 86 名建桥工人落入水中，只有 11 人生还。由于库帕的过分自信而忽略了对桥梁重量的精确计算，导致了一场严重的事故。

我们不要想当然，"认为没有错误，肯定会有错误"。任何奇怪现象都是有原因的，我们的设计只有经过大量完整的验证，质量才有所保证，才能够放心大胆地使用。

验证之路是漫长的，一方面设计本身存在 Bug，可能层出不穷，也可能隐藏很深，另一方面验证代码也存在 Bug，也需要反复地修改。

我曾经花了三年的时间查找一个 Bug，在我身体上的 Bug。在三年的时间里我经常感到身体不适，时好时坏，有时我是在硬挺着，有时我也是病急乱投医。我也一直很困惑，我的身体到底是哪里发生了问题呢。我根据我的病症在网上查找答案，我买书仔细研究，我找中医开药然后煎药喝药汤子。但是我只是到了身体已经非常虚弱，大便像沥青一样油黑发亮，最后发现是已经有连续多天的消化道出血，我才直接进入了医院的急诊，才确定是十二指肠溃疡。三年哪，三年的折磨呀，所以我写了一份报告，《我的消化道出血报告》，里面详细叙述了发病原因、治病经历、病症反应、参数分析、人生感悟等，我因此成为了中医专家、消化道专家和各种专家（这份报告可以在 http://user.qzone.qq.com/943609120 上找到）。

我们的验证能力不可能一蹴而就，要耐得住寂寞，然后才能逐渐地提高。这就如同那些无线电收发人员一样，通过短"滴"长"嗒"的莫尔斯代码，就可以发出电文或译出电文，这要经过长期训练，需要悟性。

37.1 整洁验证

有些人认为验证代码不用遵循生产代码的质量标准。他们只求速度，破坏规矩，结构混乱，模块层次结构不清，名字定义含混杂乱，函数和任务臃肿庞大。他们认为只要验证代码还能工作，就足够好。结果验证代码越来越脏，越来越乱，越来越难以修改，最后只能丢弃掉。

我在某公司的时候，有个验证人员离开了公司，我看他写的验证代码，杂乱无章，重复冗余，我很难看懂，设计人员接手后整理起来也很费劲，于是我决定重写验证代码。只是针对其中的某一个小功能，原来的验证人员用了 600 多行代码，而我在与设计人员沟通后，只用了 100 多行代码，而且清晰易懂。

其实验证代码和设计代码具有一样的要求，要代码整洁，要简单精悍，要有表达力，这样才能可扩展、可维护、可复用。

整洁完美的验证代码的原则如下所示。

1. 转向：要从 Verilog 转向到 SystemVerilog、SystemC 和 SpecmanE，要积极学习新的验证方法，如 VMM、OVM 和 UVM 等。
2. 优美："编码风格"章节叙述的方法同样也适用于验证，要有优美的编码风格，要有好的层次结构和数据结构。这不是短期内达到的，要学习很多知识，如 C/C++语言设计、数据结构、算法设计。要合理使用内存，要有好的算法，要有好的数据结构，要能方便地操作数据，要能够快速地运行。不能为了节省内存，但是操作起来就非常费劲；也不能操作起来方便，但是用了大量的内存，导致其他的进程运行缓慢。
3. 独立：验证应该相互独立而且灵活，应该能单独运行每个验证，能以任何顺序运行验证。
4. 快速：验证应该足够快，要能快速运行，要能并行运行，这样才能尽早地发现错误。
5. 及时：验证应当提早编写。在 SPEC 定义好之后，就开始编写，这样就可以在设计一个模块的同时验证这个模块，互相检验。
6. 可重复：任何人在任意一台机器上，从 CVS checkout 之后，都可以很容易地运行验证。
7. 和谐通用：建立通用验证平台。一个基础验证环境，通过装载不同的要求，运行不同的要求，减少编译，并行运行。
8. 自己验证：验证要有自我检测机制，自己检查结果正确与否，不用手工检查结果。
9. 规范验证：不要使用被测模块内部的信号，也不要过多地使用层次引用。
10. 回归验证：因为设计的任何改动都有可能引入错误，所以随时都要进行回归验证。
11. 覆盖全面：要采用直接验证和随机验证相结合的方法，要考虑所有的边界条件（Corner

case），要覆盖到 100%。
12. 不断地重构：要不断地对验证代码调整，精益求精，你需要巨大的耐心。
13. 积极地沟通：验证人员要与设计人员积极地沟通，这样才能写出好的验证代码。不要放过任何出错的验证，不要放过任何奇怪的现象。
14. 好的验证管理：不要认为模块验证是那种用来确保模块运行的用过即扔的小验证，要丰富完善，提交到 CVS 内。

37.2 验证目标

我们要采用以覆盖率为目标的验证方法。在产品开发初始阶段，就要定义好覆盖率；在随后的每一个开发环节，覆盖率都作为我们验证进程的衡量指标；到最后项目结束，覆盖率要达到 100%。

覆盖率包括两方面，即代码覆盖率和功能点覆盖率。代码覆盖率比较简单，现在大部分的仿真器都支持自动统计代码覆盖率。而对于功能点覆盖率，则需要设计者和验证者确定，有很大的人为因素。如何确立合理的功能点，即如何抓住验证的重点，是验证的关键。一般来说，验证者需要根据产品需求书和设计说明书，抽象出产品的特性，再细化为具体的验证功能点。这一过程也需要设计者的参与，因为设计者可以从设计角度给出一些验证重点的建设性意见。

覆盖率作为衡量验证进程的重要参数，贯穿了验证工作的始终。在项目的每个阶段点，我们需要检查已达到的覆盖率，并且要检查覆盖功能点目标是否合适，是否满足设计要求。这样，不仅明确了验证的工作目标，而且明确了验证的衡量标准。这两点对 SOC 设计的验证都很重要。

37.3 验证流程

我们要采用自底向上的验证流程。
1. 对于重用的 IP，一般都有完整的验证环境，代码覆盖率和功能点覆盖率需要在这个验证环境中达到或接近 100%。
2. 对于全新的设计，需要为它建立完整的验证环境，代码覆盖率和功能点覆盖率需要在这个验证环境中达到或接近 100%。
3. 对于系统级验证环境，对每个模块的输入激励的可控性受到很大的局限，因此覆盖的重点主要集中在模块之间的互连和系统内外的互连上。

37.4 验证计划

验证人员要仔细设计人员写的 SPEC，制订出验证计划，用于指导验证工作的进行。验证人员要根据 SPEC 的变化，随时调整验证计划。

验证计划要包含以下内容。
1. 描述验证环境：画出模块连接关系图，描述模块功能和模块的关键点。
2. 使用验证环境：说明操作系统、仿真器和其他工具，说明如何使用脚本，如何运行某一个用例、某一组用例或所有用例。
3. 验证用例分类：描述设计的关键点，按功能整理分类，说明如何验证它们。
4. 描述验证策略：采用什么方式，是随机验证、直接验证还是二者相结合的方式？随机验证采用什么样的约束生成随机数据？运行每组用例所用时间？运行所有用例所用时间？
5. 描述功能覆盖率：说明这些用例所能达到的功能覆盖率。
6. 分析关键特性：性能如何？方便性如何？

验证人员要积极与设计人员沟通讨论，讨论验证计划是否正确，讨论验证用例是否完全。当验证人员发现某些地方难以验证的时候，就要与设计人员讨论是否可以在设计中加一些后门。这样就可以控制模块内部的某些操作，可以观测模块内部的某些状态，便于验证方便地进行下去。例如，可以设置看门狗计数器的初始值，可以读出状态机的状态。

37.5 随机验证

在以覆盖率为目标的验证方法中，随机验证是一个很重要的方面。验证功能点实际上最终被具体为某些参数范围。例如，在数据包传输系统中，数据包的长度、各个字段的可能值等都可以作为验证功能点，设计内部的状态、端口的变化等也可以用做验证点。在写验证实例时，尽量随机化这些参数，从而产生随机的验证向量，作为待测芯片的激励。而随机化的结果，验证环境要记录下来，用于分析功能覆盖率。

一般来说，支持随机验证的环境有以下一些特点。

1. 完备的带有自检测功能的验证环境：验证环境能自动预测待测电路的正确行为，如果实际的行为和预测的行为不一致，验证环境就要指出错误。自检测模块一般包括：IP 接口的协议检测（包括时序检测、非法状态检测等）、IP 接口之间的记分板模型、IP 的功能参考模型等。
2. 灵活的随机激励产生机制：随机激励需要具有随机性、稳定性和可重现性。随机性保证了激励产生具有良好的分布，经过多次重复，可以覆盖到所有可能的值；稳定性保证不同的仿真器不会导致随机结果的变化；可重现性保证如果发现错误，可以很容易再现错误。
3. 随机结果记录机制：随机结果覆盖过的值，需要记录下来，以用于分析功能覆盖率。

我们以覆盖率作为验证目标，以随机验证为验证手段，采用自底向上的验证流程，这是非常有效的，关键是如何确定验证的覆盖率，如何建立适应随机验证的验证环境。

37.6 直接验证

随机验证是验证的主要手段，而直接验证作为辅助手段，也是必不可少的。

1. 在验证的最后阶段，在覆盖率分析后，可以采用直接验证弥补那些随机验证很难覆盖的验证漏洞，这样的效率往往会比较高。
2. 在验证环境不够稳定时，或者在验证环境很难做到自动检测时，也往往需要采用直接验证。
3. 直接验证可以和随机验证相结合，让某些参数固定，让其他参数随机，这种直接和随机相结合的方法，在验证中使用的也比较多。

37.7 白盒验证

在有些人写的 Verilog 验证文件里，大量地引用被验证模块的内部信号，或者作为判断条件，或者直接驱动这些信号，他们认为这是白盒验证，不需要改正。其实他们错误地理解了白盒验证。

白盒验证来自于软件验证领域，又称结构验证、透明盒验证、逻辑驱动验证或基于代码的验证。白盒验证是一种验证用例设计方法，盒子指的是被验证的软件，白盒指的是盒子是可视的，你清楚盒子内部的东西以及里面是如何运作的。白盒法全面了解程序内部逻辑结构、对所有逻辑路径进行验证。白盒法是穷举路径验证。在使用这一方案时，验证者必须检查程序的内部结构，从检查程序的逻辑着手，得出验证数据。白盒验证要检查路径的数目是天文数字。

白盒验证法的覆盖标准有逻辑覆盖、循环覆盖和基本路径验证。其中逻辑覆盖包括语句覆盖、判定覆盖、条件覆盖、判定/条件覆盖、条件组合覆盖和路径覆盖。

所以从白盒验证的概念中，根本就没有说把使用模块内部信号的验证称为白盒验证，这是很清楚的。只不过是因为 Verilog 很灵活，可以引用模块内部信号，于是这些人就偷懒，就在验证里随意地使用这内部信号。

在验证里随意地使用这内部信号有什么危害呢？

1. 验证应该依照 SPEC 写代码，那么设计不管如何变化，验证都是独立的，不受影响。但是在验证里随意地使用这内部信号，就导致验证不是独立的，要随着设计变来变去。
2. 验证应该工作在 RTL 级、综合后的网表和 Layout 后的网表。但是在验证里随意地使用这内部信号，就会导致网表仿真很困难，或者根本做不了，因为在网表里很难找到这些信号，或者根本找不到。

如果你真的要做白盒验证，那么就应该用仿真工具（如 VCS）报出各种覆盖率，看看哪段代码没有覆盖到，然后针对这段代码写特定的验证。

37.8 模块验证

对于现有的 IP，在按照需要配置生成之后，要在 IP 的验证环境中进行验证，以保证我们的配置是正确的。例如，我们把 ARM926EJ-S 配置成 32K ICACHE 和 16K DCACHE 之后，要在 ARM 公司提供的 Validation 环境中运行，以保证我们的配置是正确的。

对于全新的模块设计，我们要搭建相应的模块验证环境，要把验证覆盖率达到 100%，以保证我们可以放心地使用这些模块，同时也可以减少系统级验证的压力。

不管模块的设计如何周到，错误和缺陷总是存在，所以我们要做好模块验证。

1. 只有当模块验证达到一定的验证覆盖率时，模块的正确性、可维护、可复用和可扩展才能得到保证，模块才能发挥真正的作用。
2. 因为完整的模块验证保证重构设计，根据需要进行试验、调整结构、重新设计或重写代码，模块验证能及时提供反馈，检查是否发生了错误，保证你不会意外地破坏任何功能。
3. 进行回归验证，当新的功能引入到设计中或旧的错误被修复时，它可以保证不会有新的错误引入到设计中。
4. 因为越往顶层，验证越不充分，到最后全芯片级的时候，只是检查模块之间的互连、IO 的复用、PAD 的连接和各种工作模式。
5. 模块验证是可信的文档，也是学习的工具。

37.9 系统验证

SoC 设计具有很多共性，例如一般都是通过多个 IP 整合而成的，一般都有总线、处理器、存储器、控制器等。由于这些设计上的共性，在系统级验证上也有很多共同的验证重点。

37.9.1 验证重点

1. SoC 具有不同的工作模式，有些模式可以高速运行，有些模式可以非常节省功耗。例如，Normal、IDLE、SLEEP、DEEP_SLEEP 和 POWER_DOWN 等。
2. SoC 具有复杂的时钟设置。例如，总线、处理器和各个控制器都支持不同频率的操作（高速、低速和停止），可以设置 PLL 输出不同频率的时钟，也可以为了省电停止 PLL。
3. SoC 具有复杂的 IO 复用，SoC 的引脚一般都是多个功能复用。例如某个引脚可能被 GPIO、MMC/SD、SPI 和 NAND FLASH Controller 复用。

4. SoC 具有复杂的内部互连，各个 IP 之间有复杂的交互操作。例如，为了完成 MMC/SD 卡控制器的读卡操作，需要 CPU、BusMatrix、MMC/SD Controller、DMA Controller、Memory Controller、Interrupt Controller 等之间的协同操作。
5. SoC 可以划分地址空间，每个控制器都有不同的地址空间，不能出现译码错误。
6. SoC 具有不同的中断检测机制，如电平触发、沿触发和脉冲触发。

所以在整个 SoC 的验证上，系统级验证重点在工作模式、时钟设置、IO 复用和模块互连等。

37.9.2 验证环境

系统级验证环境是一个非常庞大的环境。

1. 对于每个需要连接到芯片外的功能模块，都要有对应的 Driver 模块。例如，MMC/SD Controller 需要对应有 MMC/SD 的 Driver；Memory Controller 需要有对应的 SDRAM 或 DDR RAM 等。这些 Driver 可以自己写，可以从厂家获得，也可以向 IP 提供商购买。若自己写 Driver，这个工作量是很大的，而且质量和时间很难保证；而 IP 提供商的 VIP 质量更加有保证，可以灵活配置，可以插入错误，可以降低内存消耗。
2. 要考虑芯片引脚和各个 Driver 之间的连接，不能在运行时产生冲突。例如某个引脚可能被 GPIO、MMC/SD、SPI 和 NAND FLASH Controller 复用，那么这个引脚就要连接 4 个 Driver，但是我们要保证在固定的时间段只能有一个 Driver 工作。
3. 要有灵活的验证 Case。例如，对于有 CPU 的 SoC，我们可以用 C 和汇编语言写一个 Mini 操作系统，它要做系统的初始化操作，如时钟设置、IO 使用、SDRAM 初始化、CPU 的 MMU/CACHE 的使能和中断向量分配等，然后运行不同的验证 Case。
4. 要有灵活的验证脚本。这个脚本根据需编译不同配置的 Verilog 文件，编译不同配置的 C 文件，从目标代码生成 HEX 文件，装载运行，然后生成验证报告。

37.9.3 IP 互连

IP 互连的验证要尽量覆盖到接口所有的功能。但是因为有些 IP 功能非常复杂，以及产品开发的市场压力，所以在系统级验证上很难覆盖到 IP 所有的功能。在有限的时间内，在 IP 提供商已经对 IP 进行了完备验证的前提下，我们要把精力放在 IP 之间的互连上。

一般来说，导致 IP 互连错误的原因有以下几种情况。

1. 互连的 IP 设计者对接口协议理解不一致，或者协议的某些部分定义尚不明确，或者支持协议的不同子集。
2. 集成者对于 IP 接口理解失误，从而导致集成错误。例如，对某个控制信号的有效电平理解错误。
3. 有些 IP 之间在连接时需要加入 glue logic 做接口转换，错误往往就发生在这些 glue logic 上。

所以如果能够将 IP 连接的接口统一到一个通用、成熟、明确的接口上，就可以大幅度降低接口错误发生的概率。

37.9.4 性能验证

SoC 都有自己的性能指标，如 CPU 效率、总线效率和模块效率等。但是，整个系统能否满足定义的性能指标还需要做系统级仿真才能得到。通常，系统的性能不仅取决于硬件的结构，还和操作有关。例如，共享的资源在被多个源点同时访问时，系统性能就会受到影响。

SoC 还有自己的功耗指标，如 Normal、IDLE、SLEEP 和 DEEP_SLEEP 下的功耗，这也需要进行评估，然后就可以用于后端的电源规划。在运行这样的验证的时候，仿真要生成 toggle 文件，然后用 Synopsys 的 Power Compiler 进行分析。

不管是做性能评估，还是做功耗评估，验证用例需要把大量模块激活，编写起来很复杂，运行时间非常长。

37.10 DFT 验证

验证既要保证我们的设计能够正常工作，也要保证我们的设计是可以测试的（Design for Test，DFT）。为了 DFT，我们需要搭建以下验证环境。

1. ATPG 验证，就是内部扫描链验证，验证芯片内部逻辑的正确性，检查错误覆盖率（Fault coverage）是否满足生产要求。
2. JTAG 验证，就是边界扫描链验证，验证芯片引脚是否工作正常。
3. Memory BIST，测试芯片内的 RAM 和 ROM。
4. 测试芯片内的模拟模块和定制的模块，如 USB_PHY、DDR_PHY、CODEC、ADC 和 DAC 等，这些模块应该都有自己的测试模式和测试向量。

37.11 网表验证

我们的验证不只要在 RTL 级别进行，也要在 PS（Post-synthesis netlist，综合后的网表）和 PL（Post-layout netlist，布线后的网表）上带 SDF 文件进行。当然在 PS 和 PL 运行需要一些技巧，例如 SDF 文件的处理，如 PS 下的 clock_tree 的处理，如同步寄存器的处理（避免出现 X 状态）。

优秀的验证环境应该能够在不同级别（RTL、PS 和 PL）上运行。下面的例子就是作者在某芯片上实现的。通过简单地变换命令行的选项，就可以灵活地在不同级别上编译和运行。

```
#RTL_SIM
verify -step mlib -vcs_opt "-top test" -vcs_lib test_rtl_lib -vcs_opt "+nospecify"
verify -step rlib -vcs_opt "-top test" -vcs_lib test_rtl_lib -run_opt "gen_wave=0" -run_opt "verbose=1" -run_opt "run_sel=0"

#PS_SIM
verify -step mlib -vcs_opt "-top test" -vcs_lib test_ps_tt_lib -vcs_opt -vcs_opt "+neg_tchk" -vcs_opt "+define+PS_SIM" -vcs_opt "+define+TYPICAL"
verify -step rlib -vcs_opt "-top test" -vcs_lib test_ps_lib -run_opt "gen_wave=0" -run_opt "verbose=1" -run_opt "run_sel=0"

#PL_SIM
verify -step mlib -vcs_opt "-top test" -vcs_lib test_pl_tt_lib -vcs_opt "+neg_tchk" -vcs_opt "+define+PL_SIM" -vcs_opt "+define+TYPICAL"
verify -step rlib -vcs_opt "-top test" -vcs_lib test_pl_lib -run_opt "gen_wave=0" -run_opt "verbose=1" -run_opt "run_sel=0"
```

正如我们在"异步时序"章讨论的，为了避免网表仿真时出现不定态（X）的传播，我们需要把同步器第一级触发器的 setup 和 hold 改为 0。

例子：修改 SDF 文件，把 din_sync1_reg 的 setup、hold 和 recovery 等改为 0。

```
//------------------------------------------------
//The SDF file written by pt_shell
 (CELL
```

```
  (CELLTYPE "DFCND1")
  (INSTANCE core_i/ahb_i/msc_i/msc_data_i/din_sync1_reg)
  (DELAY
    (ABSOLUTE
    (IOPATH CDN Q () (0.292::0.292))
    (IOPATH CDN QN (0.473::0.473) ())
    (IOPATH (posedge CP) Q (0.573::0.573) (0.616::0.616))
    (IOPATH (posedge CP) QN (0.757::0.757) (0.676::0.676))
    )
  )
  (TIMINGCHECK
    (WIDTH (negedge CDN) (1.145::1.145))
    (HOLD (posedge CDN) (posedge CP) (1.170::1.170))
    (RECOVERY (posedge CDN) (posedge CP) (-0.309::-0.309))
    (WIDTH (posedge CP) (0.536::0.536))
    (WIDTH (negedge CP) (0.558::0.558))
    (SETUP (posedge D) (posedge CP) (0.107::0.107))
    (SETUP (negedge D) (posedge CP) (0.086::0.086))
    (HOLD (posedge D) (posedge CP) (0.024::0.024))
    (HOLD (negedge D) (posedge CP) (0.057::0.057))
  )
)

//------------------------------------------------
//The SDF file fixed by fix_sdf script
(CELL
  (CELLTYPE "DFCND1")
  (INSTANCE core_i/ahb_i/msc_i/msc_data_i/din_sync1_reg)
  (DELAY
    (ABSOLUTE
    (IOPATH CDN Q () (0.292::0.292))
    (IOPATH CDN QN (0.473::0.473) ())
    (IOPATH (posedge CP) Q (0.573::0.573) (0.616::0.616))
    (IOPATH (posedge CP) QN (0.757::0.757) (0.676::0.676))
    )
  )
  (TIMINGCHECK
    (WIDTH (negedge CDN) (0::0))
    (HOLD (posedge CDN) (posedge CP) (0::0))
    (RECOVERY (posedge CDN) (posedge CP) (0::0))
    (WIDTH (posedge CP) (0::0))
    (WIDTH (negedge CP) (0::0))
    (SETUP (posedge D) (posedge CP) (0::0))
    (SETUP (negedge D) (posedge CP) (0::0))
    (HOLD (posedge D) (posedge CP) (0::0))
    (HOLD (negedge D) (posedge CP) (0::0))
  )
)
```

37.12 高级抽象

我们在编写验证代码时，应该从更高的层次考虑问题，应该尽量做更高级的抽象[Janick Bergeron]。

图 37-2 是一个简单的握手协议。

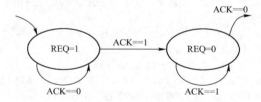

图 37-2 简单的握手协议

对于一个带有 RTL 思维的硬件设计人员，马上会想到用状态机实现。

例子：RTL thinking 的代码。

```
localparam MAKE_REQ = 0, RELEASE = 1;
reg STATE, NEXT_STATE;
always @(*)
  begin
    NEXT_STATE = STATE;
    case (STATE)
      MAKE_REQ: begin
        REQ = 1;
        if (ACK == 1) NEXT_STATE = RELEASE;
      end
      RELEASE: begin
        REQ = 0;
        if (ACK == 0) NEXT_STATE = ...;
      end
    endcase
  end
always @(posedge CLK or posedge RESET)
  begin
    if (RESET == 1) STATE <= MAKE_REQ;
    else            STATE <= NEXT_STATE;
  end
```

对于一个带有 Behavior 思维的验证人员，就把重点放在协议的行为上，而不是要用硬件实现的状态机上。

例子：Behavior thinking 的代码。

```
always @(*)
  begin
    REQ = 1;
    wait (ACK == 1);
    REQ = 0;
    wait (ACK == 0);
end
```

哪一个代码更简单？哪一个运行更快？是不是一目了然呢？编写验证代码的目的不是去设计硬件，而是要验证硬件是否正常工作，所以应该编写更高级抽象的代码。如何达到高级抽象呢？下面就是一些我们要学习的。

1. 要从协议本身的行为思考问题，不要用 RTL 思维去思考问题。
2. 要使用 Verilog 的行为 construct 编写验证环境（如 fork/join、wait、event）。
3. 要从 Verilog 转向到 SystemVerilog、SystemC、SpecmanE 等。

4. 要积极学习新的验证方法，如 VMM、OVM 和 UVM 等。

37.13 灵活验证

我们在运行仿真的时候，可能有不同的要求，可能要 dump 波形，也可能不 dump 波形，可能需要运行这个 case，也可能运行那个 case，也可能运行所有 case。常规的方法是在 Verilog 文件中使用宏定义，然后在编译时带上不同的选项。这种方式很烦琐，尤其是有太多的要求时，我们需要多次编译，多次运行。

例子：不灵活的验证环境。

```
module test;
   initial begin
`ifdef DUM_WAVE
      $vcdplusfile("sim_wave.vpd");
      $vcdpluson(0, test);
`endif
   end

   initial begin
`ifdef TEST_CASE_0
      test_case_0;
`elsif TEST_CASE_1
      test_case_1;
`elsif TEST_CASE_2
      test_case_2;
`endif
   end
endmodule

vcs +define+DUMP_WAVE +define+TEST_CASE_0
vcs +define+TEST_CASE_1
vcs +define+TEST_CASE_2
```

那么有没有办法只编译一次，然后根据要求生成波形或不生成波形，或者根据要求运行不同的 case 呢？有，那就是使用 $value$plusargs。

例子：灵活的验证环境。

```
module test;
   integer dump_wave = 0;
   initial begin
      $value$plusargs ("dump_wave=%d", dump_wave);
      $display ("dump_wave = %3d", dump_wave);
      if (dump_wave == 1) begin
        $vcdplusfile("sim_wave.vpd");
        $vcdpluson(0, test);
      end
   end

   integer test_case
   initial begin
      $value$plusargs ("test_case=%d", test_case);
      $display ("test_case = %3d", test_case);
```

```
      case (run_case)
        0: test_case_0;
        1: test_case_1;
        2: test_case_2;
      endcase
    end
endmodule
```

用 VCS 编译一次之后，就可以在命令行上根据你的要求运行多次，节省了编译时间。

```
./simv +dump_wave=0 +test_case=0
./simv +dump_wave=1 +test_case=2
```

现实的验证还有这种情况，就是芯片的引脚在不同 test_case 要连接不同的 driver，那又如何能做到编译一次，运行多次不同的验证呢？例如对于 px_CTL 和 px_DAT 引脚，在 test_case_0 时要连接 drv0，在 test_case_1 时要连接 drv1，在 test_case_2 时要连接 drv2。这很容易地得到解决，在每个连线上连接一个双向开关 tranif1，用 test_case 的值打开或关闭它。

例子：使用 tranif1 连接不同的 driver。

```
wire px_CTL;
wire px_DAT;
wire drv0_ctl;
wire drv0_dat;
tranif1 (drv0_ctl, px_CTL, (test_case == 0));
tranif1 (drv0_dat, px_DAT, (test_case == 0));
wire drv1_ctl;
wire drv1_dat;
tranif1 (drv1_ctl, px_CTL, (test_case == 1));
tranif1 (drv1_dat, px_DAT, (test_case == 1));
wire drv2_ctl;
wire drv2_dat;
tranif1 (drv2_ctl, px_CTL, (test_case == 2));
tranif1 (drv2_dat, px_DAT, (test_case == 2));
```

所以当你发现经常改变某一个宏定义或常量时，经常需要反复编译运行时，你就可以考虑 $value$plusargs。

37.14 ARM926EJS 的 Validation 环境

ARM926EJS 的 Validation 环境是非常值得我们学习的模块验证环境，它具有结构完整、功能强大、使用灵活等特点[ARM 公司]。

ARM926EJS 的 Validation 环境由以下四部分组成。

1. Validation tools：用 Perl 写的脚本文件，用于验证的自动化。根据命令选项运行验证，然后生成验证报告。
2. Validation configurations：在运行一个验证的时候，它们为 core 提供了一些附加的外部条件。没有附加条件的验证被称为 Native。
3. Validation tests：用于验证 ARM926EJS 功能的自检测验证程序。这些程序是用 ARM 汇编语言写的，共有 5600 个，既有 Direct test，也有 Random test。
4. Validation suites：每一组用于验证特定方面的验证程序被组织成一个 suite，共有 21 个 suite。

37.14.1 Validation tools

Validation tools 是用 Perl 编写的程序，用于对 ARM926EJS 的验证，主要有两个工具组成：val_report 和 Validation。

val_report

这个环境包含了众多的验证，这些验证又被组织成几个 Validation suite。val_report 就是用于控制运行这些验证的基本工具。在多数情况下，用 val_report 就可以完成整个 Validation 过程。它有以下功能。

1. 通过过滤 Test log 文件生成格式化的 Validation 报告。
2. 有选择地生成过滤报告（passed、failed 或 abandoned）。
3. 有选择地生成基于验证命令的用于批处理执行的 job 文件。

Validation

这个工具用于运行一个验证，一般不直接使用它，通常使用 val_report 来启动它运行每一个验证。但是，当要交互式调试某个验证的时候，就直接使用 Validation。它有以下功能。

1. 把建立和运行一个单独验证的过程自动化。
2. 有选择地配置 Validation 验证。
3. 有选择地配置 RTL 仿真模型。
4. 生成包含 Validation 验证结果的 log 文件。
5. 用批处理方式或交互式方式启动仿真工具。

37.14.2 Validation configuration files

你可能需要修改的用于 Validation 的配置文件有 3 个。

1. dotcshrc

    这是一个 csh 脚本文件，它把 Validation tools 的所在目录放到 PATH 环境变量中。

2. Validation.cfg

    这是一个 text 文件，用于配置 Validation 和 val_report，也用于配置 Validation tool 使之可以和不同的仿真器（VCS、NCSIM）工作。

3. val_report.cfg

    这是一个文本文件，定义了 Validation suite 特定的参数，这些参数在 val_report 生成批处理 job 文件时使用，另外它也定义了什么样的配置是有效的。

37.14.3 Validation test suites

Validation test 被分成了几个 suite，每个 suite 用于验证某一方面的功能。Validation suite 包括有：arm9e、arm9ej、arm926ej、arm9tdmi、armv4、armv5、cache、debug、etm、hand、hazard、mult16、multiplier、multiplierv5、ris_9es、thumb、fcse、mmu、mmue、jazelle、ris_926。

例子：
```
arm9e:     Validation tests that verify ARM9E-S core level behavior
cache:     Validation tests that verify the correct operation of cache
multiplier: Contains tests for the long multiplier instructions
ris_9es: Validation tests that apply randomly generated instruction sequences
```

37.14.4 Validation flow

Validation 的流程如下（见图 37-3）：

1. 设置合适的 Validation 环境。
2. 用仿真器编译 RTL 模型。
3. 运行 Validation suite。
4. 检查 Validation test 运行结果。
5. 如果 failed，调试 Validation test。

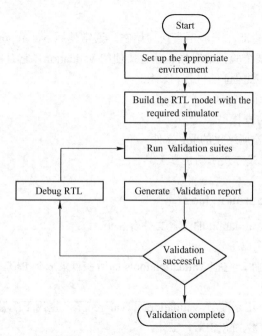

图 37-3　Building and Validating the macrocell（来源于 ARM）

37.14.5 Building the model

设置环境，修改文件（verilog/tbenchfpga/tbench926.vc 和 verilog/MAIN_ARM926EJS/ libraries.vc），更改源文件和库文件的目录位置。

根据你使用的仿真工具，编译仿真模型。

若使用 VCS，就执行 cd VCS; compile_VCS。

若使用 NCSIM，就执行 cd NC; compile_NC。

37.14.6 Running Validation test suites

所有的 Validation suite 包含了大约 5600 个验证，顺序完成所有的仿真验证大约需要 200 个小时（ARM 公司在 Linux 上用 VCS 仿真）。为了减少运行时间，可以把仿真分散到几个机器上同时运行。

运行时一般需要以下 3 个步骤。

1. 为所有的验证创建批处理 job 脚本,执行 "val_report logs –s"。对于在 val_report.cfg 中的每个 suite,val_report 为每一个 Validation configuration 生成一个脚本文件,并把这些脚本文件写到 Validation/jobs 目录。
2. 执行 Validation/jobs 目录中的批处理脚本。若顺序执行,就 "val_report logs -s -exec"。但是为了减少运行时间。你应该把批处理脚本分布到多个机器上,然后并行运行不同的 suite。
3. 查看 Validation 状态。val_report 过滤每个 suite 的有效 log 文件,并生成报告。例如,运行 val_report armv5 -config 'wdog$',就生成如下规整的报告。

```
####################################################################
# ARM926EJ Validation Report for logs #
# #
# #
# Report Generated by: val_report #
# val_report version: 1.90 #
# Validation Home: <your_working_directory>/arm926ej/validation #
# Report Date: Tue Sep 18 09:11:47 BST 2001 #
# User: #
# Model Release: #
# #
####################################################################
************************************************************************
* ARMV5 (wdog) TESTS *
************************************************************************
TestName Result Rev Model Cycles CPU Timestamp
------------------------------------------------------------------------
armv5_blx_a PASSED OK 1.3 3917 0:00:01 Sep 15 11:04
armv5_blx_at PASSED OK 1.4 8250 0:00:03 Sep 15 11:04
armv5_blx_quick PASSED OK 1.6 2932 0:00:01 Sep 15 11:04
armv5_blx_t PASSED OK 1.4 3123 0:00:01 Sep 15 17:45
armv5_blx_ta PASSED OK 1.5 4609 0:00:02 Sep 15 11:05
armv5_clz PASSED OK 1.6 12114 0:00:05 Sep 15 11:05
armv5_ldpc PASSED OK 1.4 17301 0:00:07 Sep 15 11:05
armv5_prod PASSED OK 1.2 2814 0:00:01 Sep 15 11:05
armv5te_QADD PASSED OK 1.1 25825 0:00:12 Sep 15 11:04
armv5te_QSUB PASSED OK 1.1 24381 0:00:12 Sep 15 11:04
armv5te_SMLALxy PASSED OK 1.1 32288 0:00:16 Sep 15 11:04
armv5te_SMLAWy PASSED OK 1.1 111257 0:00:55 Sep 15 11:06
armv5te_SMLAxy PASSED OK 1.1 172435 0:01:25 Sep 15 11:06
armv5te_SMULWy PASSED OK 1.1 19409 0:00:09 Sep 15 17:46
armv5te_SMULxy PASSED OK 1.1 26424 0:00:13 Sep 15 11:05
armv5te_cpd PASSED OK s1.6 25620 0:00:11 Sep 15 11:05
armv5te_dtd PASSED OK s1.9 67272 0:00:29 Sep 15 11:05
undefs_v5 PASSED OK 1.3 83558 0:00:38 Sep 15 11:06
TOTAL: 18 18 PASSED, 0 FAILED, 0 ABANDONED, 0 COMPILED OK, 0 NOT RUN
```

```
SIM time = 643529 cyls, CPU time = 0:5:12, REAL time = 0:5:47
******************************************
TOTAL TESTS: 18
TOTAL PASSED: 18
TOTAL FAILED: 0
TOTAL ABANDONED: 0
TOTAL SKIPPED: 0
TOTAL NOT RUN: 0
TOTAL COMPILED OK: 0
TOTAL COMPILE FAIL: 0
TOTAL OUT-OF-DATE: 0
TOTAL CPU time: 0 hours
TOTAL REAL time: 0 hours
CYCLES PER SECOND: 1854
******************************************
```

37.14.7　Debugging a single Validation test

如果一个 Validation test 失败了，那么你可以交互式地运行它，然后用仿真器所提供的特性来调试它。

请用下面的 val_report 选项选择运行指定的 test。

1. 过滤 log 文件找出 failed test

```
val_report -nogaudy -npass
Where:
-nogaudy   prints the name of the log file being parsed and its basic status
-npass     selects only those tests that have not passed, that is all failing
tests.
An example output from the command is:
    armv4/logs/T1-32.wdog.wb.icacheon.dcacheon.log    FAILED
Where:
    armv4  is the suite
    T1-32  is the test name
    wdog.wb.icacheon.dcacheon are the configurations.
```

2. 交互式运行指定的 test

```
val_report <suite> -test <name> -config <configs> -vopt "-I" -s -exec
Where:
-vopt "-I" supplies to validation script the run interactively option
-s   creates batch job scripts for each matching test
-exec   executes each batch job script created.
The -test <name> and -config <configs> filter options match using Perl
regular expressions. So, to obtain a precise match it might be necessary to
use the ^ and $ symbols to match from the beginning to the end of the string
respectively.
Using the example output from step 1:
val_report armv4 -test T1-32 -config '^wdog.wb.icacheon.dcacheon$' -vopt "-I"
-s -exec
```

37.15 AHB BusMatrix 的验证

在复杂的 SoC 中，交换互连总线用于各个 IP 之间的互连。交换互连总线往往包括输入逻辑、地址译码、总线仲裁和输出逻辑几部分，可以完成数据流交换、地址分配、共享资源的优先级确定等功能。交换互连总线作为 IP 之间接口模块，是数据流的必经通道，因此也是验证的重点。

在我们的某芯片项目中，因为主要的 IP 基于 AHB 总线，所以根据 ARM 公司提供的参考设计，我们设计了自己的交换互连总线模块，同时根据需要定制端口优先级逻辑和地址译码逻辑。为了充分验证这个交换连接总线，我们建立了一个基于 Synopsys AHB VIP 的全随机验证环境。

交换互连总线的每个接口（master 接口和 slave 接口）都接有 AHB 的 VIP。AHB VIP 可以产生随机激励，同时对每个接口进行一致性检测。在输入和输出接口之间有记分板（Score board）保证输入输出数据的一致性。由于验证环境简单，激励产生灵活，可以做大量的随机验证，从而保证所有的接口组合都被验证到。实践证明，这种验证方法非常有效，不仅抓到设计改动的问题，而且还暴露出参考设计中的一些潜在的问题。

37.16 某芯片的 SoC 验证环境

在某芯片项目中，我们设计了一个集成的验证环境（见图 37-4），主要用于验证整个芯片模块之间的互连、IO 的使用、某些自己设计的模块、某些需要检验的模块。因为这个 SoC 集成了 ARM926EJS，所以我们使用了 load 程序的方法进行验证，这个验证环境由以下几部分组成。

1. 一个用 Perl 写的脚本 verify，这是一个总控脚本，通过分析命令选项，可以编译 Verilog 文件生成 simv，可以把 C 和汇编写的程序编译成 Hex 文件，然后用 simv 装载并运行这个 Hex 文件，可以运行一个，也可以用批处理方式运行多个。

2. 大量的用 C 编写的程序。首先我们用 C 和汇编写了一个初始化部分，初始化 CPU，配置 MMU 和 CACHE，配置各个设备，如 INTC、EMC、UART、GPIO。接着我们对每个要验证的模块写了验证部分。然后我们可以用 arm-gcc 把初始化部分和验证函数编译生成机器指令文件，并把这个文件转成 Hex 文件。通过#define MODE，我们定义了芯片不同的运行模式（不同的 CGU 设置，包括高速、中速和低速等）。

3. 我们写了通用的 testbench，在这个 bench 实例化了这个 SoC 和众多的 Driver，这些 Driver 有些是现成的，如 OTG Driver、SPI FLASH、SDRAM Memory 和 Opencore I2C 等，有些是自己设计的，如 GPIO Driver、EPD Driver 和 ADC Driver 等。这些 Driver 和芯片通信，产生激励并检验反馈等。这些 Driver 在 simv 运行初始化后是静止的，只有通过读/写参数实现配置，然后才能运行。

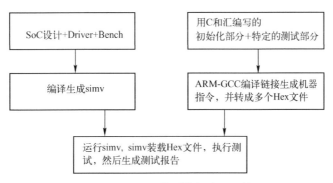

图 37-4 SOC 的系统级验证环境

对这个 SoC 和众多的 Driver 编译生成 simv 要用很多时间，尤其是在编译网表和 SDF 时，所以我们编译生成的 simv 是通用的，可以用这个 simv 装载运行不同的 C 程序，所有的控制全部由 C 程序完成，相当于 testbench 是个裸板子，如何运行由装载的程序决定。

通过这个验证环境，我们检验了模块之间的互连与交互。另外在 FPGA 出问题的时候，我们可以在这个环境中运行 C 程序，检查到底发生了什么问题。

通过这个验证环境，我们对 RTL 代码、综合后网表和布线后网表做了非常完整的仿真，保证了这个芯片的投片。

第七部分 其他介绍

本部分对 SystemVerilog 做了简单的介绍，介绍 SystemVerilog 相对于 Verilog 的增强，介绍类、对象和随机化，还对 VMM、OVM 和 UVM 做了对比。

第 38 章

SystemVerilog 特性

本书的重点是介绍 Verilog 的使用，但是这里也简单介绍 SystemVerilog 的特性，让我们看看 SystemVerilog 的强大。这样我们在逐渐精通 Verilog 的同时，也要开始使用 SystemVerilog 来加强我们的设计和验证。

SystemVerilog 简称为 SV 语言，是一种相当新的语言，它建立在 Verilog 语言的基础上，扩展增强了 IEEE 1364 Verilog-2001 标准，是下一代硬件设计和验证的语言。

SystemVerilog 对 Verilog 做了翻天覆地的升级，增加了非常多的新特性，可以极大地提高设计和验证效率。

SystemVerilog 结合了来自 Verilog、VHDL、C++的概念，还有验证平台语言和断言语言。也就是说，它将硬件描述语言（HDL）与现代的高级验证语言（HVL）结合起来，使其对当今做高度复杂设计验证工作的工程师具有相当大的吸引力。

SystemVerilog 具有在更高的抽象层次上建模的能力，它主要定位在芯片的实现和验证流程上。SystemVerilog 拥有芯片设计和验证工程师所需的全部结构，它集成了面向对象编程、动态线程和线程间通信等特性，作为一种工业标准语言，SystemVerilog 全面综合了 RTL 设计、验证平台、断言、受约束的随机和覆盖率，为事务级和系统级的设计及验证提供强大的支持作用。

SystemVerilog 除了作为一种高层次、能进行抽象建模的语言被应用外，它的另一个显著特点是能够和芯片验证方法学结合在一起，即作为实现方法学的一种语言工具。使用验证方法学可以大大增强模块复用性，提高芯片开发效率，缩短开发周期。芯片验证方法学中比较著名的有 VMM、OVM 和 UVM 等。

如果你在使用 Synopsys 的 VCS，在安装目录下有个 etc/example 目录，可以找到大量用 SystemVerilog 写的例子，并且带编译和运行的脚本，学习起来很方便。

38.1 SystemVerilog 与 SystemC 比较

SystemC 和 SystemVerilog 这两种语言，支持诸如信号、事件、接口和面向对象的概念，但每一种语言又均拥有自己明确的应用重点。

1. SystemC 对于体系架构开发、编写抽象事务处理级模型或执行建模来说最为有效，特别是对于具有很强 C++实力的团队和有基于 C/C++ IP 集成要求（如处理器仿真器），以及为早期软件开发设计的虚拟原型来说，更是如此。
2. SystemVerilog 对于 RTL、抽象模型和先进的验证平台的开发来说最有效率，因为它具备了执行这方面任务所需的基础架构，如受限制随机激励生成、功能覆盖或断言。
3. SystemVerilog 显然是描述最终 RTL 设计的首选语言，不仅在于其描述真实硬件和断言的能力，还在于对工具支持方面的考虑。

38.2 SystemVerilog 的特点

1. 支持新的 logic 类型，可用于取代 Verilog 中的 wire 和 reg。

2. 支持类似于 C 语言的数据类型，如 byte、shortint 和 int。
3. 支持定长数组、动态数组、关联数组、队列和链表。
4. 支持 struct、union、enum 类型。
5. 支持 string 类型，操作字符串更加方便。
6. 支持 typedef，便于定义新的数据类型。
7. 支持 constant，便于定义常量。
8. 支持 package，便于共享用户定义类型。
9. 支持++、--、+=、-=等操作。
10. 增加 always_comb、always_ff 和 always_latch，消除 Verilog 中 always 的歧义。
11. 增加优先级（Priority）和唯一（Unique）修饰符，用于 case 和 if 语句。
12. 增加 return，便于写任务和函数。
13. 增加 break 和 continue，便于写循环语句。
14. 通过引用传递参数给任务、函数和模块节省内存，仿真更快。
15. 增强对 fork/join 的支持。
16. 支持设计内部的封装通信和协议检查的接口（Interface）。
17. 支持模块实例化时的简便端口连接，减少编程语句。
18. 支持断言（Assertion），便于检查信号之间的时序关系。
19. 支持面向对象编程（class 和 object），可以自动做垃圾回收。
20. 支持受约束的随机化，支持覆盖组的定义。
21. 支持事件（Event）、旗语（Semphore）和邮箱（Mailbox），便于线程之间通信。
22. 支持 DPI，便于和 C 语言接口。

38.3 新的数据类型

SystemVerilog 新引进的数据类型大多数都是可以综合的，并且可以使 RTL 级描述更易于编写和理解。

38.3.1 整型和实型

SystemVerilog 引进了几种新的数据类型，C 语言的程序员会熟悉其中的大多数。新数据类型的引进思路是这样的。如果 SystemVerilog 具有与 C 语言一样的数据类型，那么就可以更容易地把 C 语言的算法模型转化为 SystemVerilog 模型。

Verilog 的变量类型有四态：0、1、X、Z。SystemVerilog 引入了新的两态数据类型（见表 38-1），每一位只可以是 0 或 1。如果你在模型时使用两态变量，那么仿真器就更有效率。如果你的变量不需要使用 X 和 Z 值，就可以使用两态数据类型。例如在 testbench 中用于存储期望数据的数组变量，或者用于 for 语句的循环变量。

表 38-1 两态类型

类型	描述	例子
Bit	user-defined size, unsigned	bit [3:0] a_nibble;
byte	8 bits, signed	byte a, b;
shortint	16 bits, signed	shortint c, d;
int	32 bits, signed	int i,j;
longint	64 bits, signed	longint lword;

这些两态类型的变量可以加 signed 或 unsigned，将其变为符号数或无符号数。

SystemVerilog 引入了一个新的四态数据类型（见表 38-2），就是 logic 类型。logic 是一种比 reg 更好的类型，更加完善。除了对于多驱动的信号还是要使用 wire，可以把原来在 Verilog 中用的 reg 或 wire 类型用 logic 类型代替。也就是说，在 SystemVerilog 中，你可以在大部分的代码里使用 logic，而在 Verilog 中你就有时得用 reg，有时却得用 wire。

表 38-2　四态类型

类型	描述	例子
reg	user-defined size, unsigned	reg [7:0] a_byte;
logic	user-defined size, unsigned	logic [7:0] a_byte;
integer	32 bits, signed	integer i, j, k;
time	64-bit unsigned	time now;

reg 和 logic 类型的变量可以加 signed 或 unsigned，将其变为符号数或无符号数。

SystemVerilog 引入了一个新的浮点类型（见表 38-3），即 shortreal 类型，与 C 语言的 float 类型一样。

表 38-3　浮点类型

类型	描述	例子
shortreal	like float in C	shortreal f;
real	like double in C	double g;
realtime	identical to real	realtime now;

38.3.2　新的操作符

SystemVerilog 还增加了一些新的操作符，大部分是从 C 语言中借鉴来的，包括++、--、+=、-=。

38.3.3　数组

在 Verilog-1995 中，可以定义 1-bit 和 multi-bit 的线网和变量，也可以定义一维的变量数组，但不可以定义一维的线网数组。在 Verilog-2001 中，可以定义多维的线网和变量数组，并且取消了一些数组用法上的限制。

在 SystemVerilog 中，数组有了新的发展，并对数组进行了重新定义，允许对数组进行更多的操作，如读和写整个数组、读和写部分选取的数组、读和写数组中的位、数组赋默认值。

在 SystemVerilog 中，数组既可以有压缩数组的属性，也可以有非压缩数组的属性，也可以同时具有这两种属性。例如，reg [3:0][7:0] register [0:9];，压缩数组是[3:0]和[7:0]，非压缩数组是[0:9]。

压缩数组可以保证在存储器中存储连续的数据，可以复制到任何其他的压缩对象中，可以做部分选取（Part-select），可以节省存储空间，但是仿真可能会慢一些。

非压缩数组可以可靠地复制到另一个相同类型的数组中。对于不同类型的数组之间的赋值，必须使用映射规则做数组之间的赋值。另外非压缩数组可以是任何的类型，如实数数组。

SystemVerilog 还支持动态数组（在仿真中数组长度可以动态地改变）和关联数组（数组中的数据非连续排列，就是哈希表，如同 Perl 中的%一样，通过字符串索引数据）。

为了支持这些数组类型，SystemVerilog 中提供了一套数组查找的函数和方法。例如，你可以使用$dimensions 函数查询一个数组变量的的维数。

38.3.4 队列

队列（Queue）类似于动态数组。但是队列可以为空，而且还是有效的数据结构。

队列是一个可变长度的对象集合。通过增加或减少元素的操作，它存储的内容可以增加也可以减少，但是我们不用去修改它的长度。队列既可以模仿 LIFO（Last In First Out）和 FIFO（First In First Out）的行为，也可以随机访问队列中的任意元素。

38.3.5 枚举类型

SystemVerilog 也引进了枚举类型，类似于 C 语言中的枚举类型。
枚举类型主要用于声明命名的常数值，例如用于表示状态值和操作码等，例如：
enum { circle, ellipse, freeform } c;

typedef 和枚举经常一起使用，例如：
typedef enum { circle, ellipse, freeform} ClosedCurve;
ClosedCurve c;

枚举类型命名值的作用类似于常数，默认类型是 int，宽度是 32-bit。
你也可以指定它的宽度，例如：
typedef enum [1:0] { circle, ellipse, freeform} ClosedCurve;

38.3.6 结构体和共同体

SystemVerilog 也引进了结构体（Struct）和共同体（Union），类似于 C 语言的 Struct 和 Union。结构体在不同的存储区存储不同的数据，而共同体在相同的存储区存储不同类型的数据（如整数、浮点）。

例如：
struct { int x, y;} p;
结构体成员选择使用.名字的语法，例如：
p.x = 1;
结构体的表达可以使用括号，例如：
p = {1,2};
对结构体使用 typedef 声明新的结构类型是非常有用的，例如：
typedef struct {int x, y;} Point;
Point p;

38.4 always_comb、always_latch 和 always_ff

我们可以用 Verilog 很容易就写出仿真是正确的但设计却是不正确的代码。这说明 Verilog 本身存在一些混淆的地方。例如，我们很容易就会把组合逻辑的代码错误地写成锁存器的代码。
SystemVerilog 为解决这个问题引进了新的 always：always_comb、always_latch 和 always_ff，它们分别对应于组合逻辑、锁存器（Latch）和触发器（Flip-flop）。这些新的 always 的优点可以明确告诉工具设计者的设计意图。如果描述的语法错误，那么工具就会报告错误。

例子：
```
always_comb
  if (sel) f = x;
  else     f = y;

always_latch
  if (~free_clk) l_clk_en = en;

always_ff @(posedge clock or posedge reset)
  if (reset) q <= 0;
  else if (enable) q++;
```

38.5　unique 和 priority

在 Verilog 的 RTL 代码中经常存在 parallel_case 和 full_case 的误用，我们在前面的 "case 语句" 章中已经详细地讨论过它们。出现问题的原因就是仿真器忽略这些综合指令，而综合工具又要解释这些综合指令。

为了解决这个问题，SystemVerilog 引进了两个新的关键字：priority 和 unique。它们具有如下的特性。

1. 不同于综合指令，这两个关键字既用于 case 语句，也用于 if 语句。
2. 不同于综合指令，这两个关键字既作用于仿真器，也作用于综合工具。
3. priority 具有 full_case 的作用，必须有一个条件选项与条件表达式匹配，而且明确地告诉工具要生成优先级编码器。
4. unique 具有 parallel_case 和 full_case 的作用，必须有一个条件选项与条件表达式匹配，明确地告诉工具不要生成优先级编码器。
5. priority 和 unique 都可以防止无意中生成 Latch。

例子：
```
logic [2:0] opcode;
always_comb
  //Same as: case (opcode) //synopsys full_case parallel_case
  unique case (opcode)
    3'b000: y = a + b;
    3'b001: y = a - b;
    3'b010: y = a * b;
    3'b100: y = a / b;
  encase

always_comb
  //Same as: case (1'b1) //synopsys full_case
  priority case (1'b1)
    irq0: irq = 4'b0001;
    irq1: irq = 4'b0010;
    irq2: irq = 4'b0100;
```

```
    irq3: irq = 4'b1000;
  encase

log [2:0] sel;
always_comb
  //Same as: case (sel) //synopsys full_case parallel_case
  unique if (sel = 3'b001) mux_out = a;
    else if (sel = 3'b010) mux_out = b;
    else if (sel = 3'b100) mux_out = c;

always_comb
  //Same as: case (1'b1) //synopsys full_case
  priority if (irq0) irq = 4'b0001;
    else if (irq1) irq = 4'b0010;
    else if (irq2) irq = 4'b0100;
    else if (irq3) irq = 4'b1000;
```

38.6 loop、break 和 continue

SystemVerilog 引入下面这些特性增强循环语句。
1. 引入 do/while 循环。例如，i = 0; do begin ....; i = i + 1; end while (i < 256);。
2. 引入 foreach，可以更方便地操作数组变量。
3. 引入 break 和 continue，可以让循环语句更加简洁。
4. 增强 for 循环的功能。例如，for (int i = 15, logic j = 0; i > 0; i--, j = ~j) ......。

38.7 task 和 function

SystemVerilog 对 task 和 function 做了增强，因为这些新特性对高级抽象建模非常重要。
- 支持静态（static）和自动（automatic）作用域。
- 增强参数传递，而且可以对参数使用默认值。
- 增加 return 语句，用于从 task 和 function 方便地返回。

38.7.1 静态和自动作用域

注意：在 Verilog-2001 就开始支持 static 和 automatic，我们已经在前面讨论过。

若使用静态作用域（static），则任务/函数中的局部变量（包括传递的参数）初始化时在静态空间内分配，这些变量被所有的线程所共享。如果多次调用任务/函数，那么这些局部变量就在这些执行的线程中共享。这就导致这些静态分配的任务/函数不能在并行执行的多个线程中同时使用。

若使用动态作用域（automatic），则任务/函数中的局部变量动态地在堆栈区内分配。对同一个任务/函数进行多次调用，每次调用使用的局部变量就分配在栈中不相同的区域。在退出任务/函数时，这个分配的区域又会被释放掉。

对于行为级建模，递归和多线程基本上都需要，所以 SystemVerilog 允许任务/函数使用自动（automatic）绑定功能。另外，所有在 program 块中的任务/函数默认都是自动作用域的。如果在自动作用域中定义的子程序中仍然需要使用静态变量，那么必须使用 static 关键字显式声明此变量。

38.7.2 参数传递

在 SystemVerilog 中，对于任务和函数，参数默认通过值传递（By value），适用于所有的数据类型。因为类对象实际上是类对象的句柄，指向类对象的真实数据，类似于 C/C++中的指针，所以在任务和函数内通过参数传递过来的类对象就是指向真实的类对象，看起来类对象是通过引用来传递的。

SystemVerilog 提供了一个 ref 关键字作为函数参数的前缀，就是通过引用传递（By reference）。当使用 ref 时，表明参数通过引用传递，ref 的语法类似 C++中的引用。在下面的两种情况下使用 ref 传递参数比较有意义。

1. 为了多个返回值。因为函数只能有一个返回值，任务没有返回值（如果不对任务使用 output 和 inout 参数），那么当函数需要返回多个值，或者任务需要返回一个以上值的时候，就可以通过引用传递参数。
2. 为了运行效率。当大量的数据需要作为参数传递的时候，传递值效率很低，在每次调用时所有数据都需要被复制。如果传递引用，那么就不需要进行数据复制。但是这样会使参数的数据被函数和任务中的代码修改，此危险可以通过把 ref 参数声明为常量解决。

例子：
```
task rotate_image (int operation,
           ref [15:0] image_data[0:max_vsize-1][0:max_hsize-1]);
function int compare_image (int operation,
           ref [15:0] exp_image[0:max_vsize-1][0:max_hsize-1],
           ref [15:0] act_image[0:max_vsize-1][0:max_hsize-1],
           ref int error_posiztion [0:max_error-1]);
```

38.7.3 参数中的默认值

SystemVerilog 允许给任务和函数的参数设置默认值。对于一个有默认值的参数，如果调用时没有给参数指定值，那么任务和函数就使用此参数的默认值，此语法和 C++类似。

SystemVerilog 还提供了额外的特性，这是 C++没有的特性。SystemVerilog 允许用户将使用指定值的参数放在使用默认值的参数的后面，就是对使用默认的参数用一个逗号占位表示，表示没有相应的参数。

例子：
```
task void foo_1 (int unsigned x, int unsigned y = 10);
  // the tasks implementation is not provided
endtask: foo_1

function void foo_2(int unsigned first = 1,
                    int unsigned second = 2,
                    int unsigned third = 3,
                    int unsigned fourth = 4);
  //function's code omitted
endfunction: foo-2
//第 3 个和第 4 个参数使用缺省值
foo_2 (10, 20);
//第 1 个和第 3 个参数使用缺省值，使用逗号占位
```

```
foo_2 ( , 20, , 40);
```

38.8 Port connection

在集成一个系统的时候,模块实例时的端口连接是一个很繁琐的工作,而且很容易出错。为了解决这个问题,SystemVerilog 提供了更加方便的端口连接。

例子:下面以 Verilog-2001 代码为例。
```
module Design (input Clock, Reset, input [7:0] Data, output [7:0] Q);
//用于连接的信号
reg Clock, Reset;
reg [7:0] Data;
wire [7:0] Q;
//你可以按端口位置连接
Design DUT (Clock, Reset, Data, Q);
//你应该按端口名字连接,这样更清晰,更易维护
Design DUT (.Clock(Clock), .Reset(Reset), .Data(Data), .Q(Q));
```

例子:下面以 SystemVerilog 代码为例。
```
logic Clock, Reset;
logic [7:0] Data;
logic [7:0] Q;
//你可以使用下面方便的连接,就是连接所有端口到和端口相同名字变量或网线
Design DUT (.Clock, .Reset, .Data, .Q);
//你可以使用下面更简练的连接,就是连接所有端口到和端口相同名字变量或网线
Design DUT (.*);
//你可以连接 Clock 端口到 SysClock 上,别的端口连接到到和端口相同名字变量或网线
Design DUT (.Clock(SysClock), .*);
```

38.9 Tag

为了更方便地阅读和管理代码,SystemVerilog 增加了对标签(Tag)的支持。

1. 在 Verilog 中,可以对 begin 或 fork 语句添加标签。
2. 在 SystemVerilog 中,可以把标签在 end 或 join 处再重复一次,而且这两处的标签必须保持一致。
3. 也可以在 module、task 和 function 的尾部重复标签。
4. 还可以在过程块中添加标签。

例子:使用标签。
```
begin: a_label
......
end: a_label

module MyModule
......
endmodule: MyModule

//labc is also a tag, it is used to break the loop
initial begin
```

```
    labc: for (int i = 0;i < 10; i++)
          begin
            ......
             if (i == 7) disable labc;
          end
end
```

38.10 Interface

在 SystemVerilog 中，Interface 是一种主要的新构造体，创造出来的目的是为了封装 block 间的通信，它提供了从抽象的系统级平滑地转换到低级别的寄存器级和门级的可能性。Interface 便于重用性设计。Interface 是层次化的结构，它可以包含别的 Interface。

使用 Interface 的优点如下：

1. 封装连通性：通过使用 Interface，可以把一组条目当做一个端口来传递，取代了单个端口一一连接的方式。这样就减少了模块端口连接的代码，从而改善了代码的可读性和可维护性。
2. 封装功能性：隔离的模块可以通过 Interface 互连，所以抽象级别和通信协议的大小是非常精确的，而且完全不受模块的限制。
3. Interface 可以包含 parameters、constants、variables、functions、tasks、processes 和连续赋值，对系统级建模和 testbench 都很有用。
4. Interface 可以帮助建立功能覆盖率记录和报告、协议检查和断言的应用。
5. Interface 可以用于无端口的访问。在 module 内部，Interface 可以作为静态数据来直接实例化，用于共享内部状态信息。
6. Interface 可以使用 parameter 实现参数化。

例子：简单的 Interface。

```
//Interface definition
interface Bus;
  logic [7:0] Addr, Data;
  logic RWn;
endinterface

//Using the interface
module TestRAM;
  Bus TheBus();                       // Instance the interface
  logic[7:0] mem[0:7];
  RAM TheRAM (.MemBus(TheBus));       // Connect it
  initial begin
    TheBus.RWn = 0;                   // Drive and monitor the bus
    TheBus.Addr = 0;
    for (int I="0"; I<7; I++)
      TheBus.Addr = TheBus.Addr + 1;
    TheBus.RWn = 1;
    TheBus.Data  = mem[0];
  end
endmodule
```

```
module RAM (Bus MemBus);
  logic [7:0] mem[0:255];
  always @*
    if (MemBus.RWn) MemBus.Data = mem[MemBus.Addr];
    else            mem[MemBus.Addr] = MemBus.Data;
endmodule
```

Interface 还可以有 input、output 或 inout 端口。

例子：有端口的 Interface。

```
interface ClockedBus (input Clk);
  logic[7:0] Addr, Data;
  logic RWn;
endinterface

module RAM (ClockedBus Bus);
  always @(posedge Bus.Clk)
    if (Bus.RWn) Bus.Data = mem[Bus.Addr];
    else         mem[Bus.Addr] = Bus.Data;
endmodule

module Top;
  reg Clock;
  //Instance the interface with an input, using named connection
  ClockedBus TheBus (.Clk(Clock));
  RAM TheRAM (.Bus(TheBus));
  ...
endmodule
```

例子：参数化的 Interface。

```
interface Channel #(parameter N = 0)
    (input bit Clock, bit Ack, bit Sig);
  bit Buff[N-1:0];
  initial
    for (int i = 0; i < N; i++)
      Buff[i] = 0;
  always @ (posedge Clock)
   if(Ack = 1)
     Sig = Buff[N-1];
   else
     Sig = 0;
endinterface

module Top;
  bit Clock, Ack, Sig;
  //Instance the interface. The parameter N is set to 7using named
  //connection while the ports are connected using implicit connection
  Channel #(.N(7)) TheCh (.*);
  TX TheTx (.Ch(TheCh));
  ...
```

endmodule

Interface 还可以使用 modport，它用于提供信号的方向性信息。

例子：有 modport 的 Interface。
```
interface MSBus (input Clk);
  logic [7:0] Addr, Data;
  logic RWn;
  modport Slave (input Addr, inout Data);
endinterface

module TestRAM;
  logic Clk;
  MSBus TheBus(.Clk(Clk));
  RAM TheRAM (.MemBus(TheBus.Slave));
  ...
endmodule

module RAM (MSBus.Slave MemBus);
  //MemBus.Addr is an input of RAM
endmodule
```

Interface 中可以定义 task 和 function，从而可以构造更抽象级的模型。

例子：有 task 的 Interface，用来模仿总线功能模型。
```
interface MSBus (input Clk);
  logic [7:0] Addr, Data;
  logic RWn;
  task MasterWrite (input logic [7:0] waddr,
                    input logic [7:0] wdata);
    Addr = waddr;
    Data = wdata;
    RWn = 0;
    #10ns RWn = 1;
    Data = 'z;
  endtask
  task MasterRead (input  logic [7:0] raddr,
                   output logic [7:0] rdata);
    Addr = raddr;
    RWn = 1;
    #10ns rdata = Data;
  endtask
endinterface


module TestRAM;
  logic Clk;
  MSBus TheBus(.Clk(Clk));
  RAM TheRAM (.MemBus(TheBus));
  initial
  begin
```

```
    //Write to the RAM
    for (int i; i<256; i++)
      TheBus.MasterWrite(i[7:0],i[7:0]);
    //Read from the RAM
    for (int i; i<256; i++)
    begin
      TheBus.MasterRead(i[7:0],data);
      ReadCheck : assert (data === i[7:0]);
        else $error("memory read error");
    end
  end
endmodule
```

38.11 class 和 object

面向对象编程（Object Oriented Programming，OOP）能够使用户创建更加复杂的数据类型，并且将它们和使用这些数据类型的函数紧密地结合在一起，用户可以在更加抽象的层次上建立模型、系统和验证平台，通过操作函数执行一个动作而不是改变信号的电平。当使用事物代替信号反转的时候，你就会变得更加高效。这样做的好处是把验证平台与设计细节分开了，它们变得更加可靠，更加易于维护，更加易于复用。

38.11.1 对象的概念

SystemVerilog 中类和对象的概念与其他面向对象语言类似，但是与 C++ 语言相比，SystemVerilog 中类和对象的概念更像 Java。如同 Java 一样，SystemVerilog 实现了一个垃圾回收器，用户负责创建对象，仿真器负责回收对象，当一个对象的所有引用都没有的时候，这个对象就被自动地回收销毁。这个特点很方便，用户不用关心内存泄漏。

SystemVerilog 将类的实例视为对象，对象是通过 new() 函数构造的，它们总是被分配到堆中的一段内存。对内建的数据类型（int、logic、struct、union 和 enum 等）不允许使用 new 操作，用它们定义的变量不会被映射到堆上，而是根据它们的声明方式来决定是分配到栈中还是静态内存区域中。

当声明一个对象（类的实例）的时候，仅仅创建了一个类的引用（Reference），此引用被初始化为 null（空引用）。此引用和 C/C++ 中的指针相似，关键字 null 和 C/C++ 中的空指针 NULL 也相似。在 SystemVerilog 中，变量通过引用来绑定对象（被称为句柄，Handle），变量不能通过值来绑定对象。

类实例的变量可以赋值为 null，也可以赋值为一个从构造函数 new() 返回的全新句柄，也可以赋值为其他的相同类型对象的句柄。

在 SystemVerilog 中，当函数传递对象类型的参数时，总是以引用进行传递；当函数返回对象时，总是以引用来返回。但是当函数传递其他内建类型的参数时，或者以值传递参数，或者以 ref 传递引用；当函数返回内建类型的数据时，总是通过值返回数据。

当一个对象赋值给其他变量，或者作为函数参数传递，或者被放入一个容器，对象引用计数就加 1。当对象的变量离开了作用域，引用计数就减 1。如果没有任何变量绑定对象的句柄，那么此对象就被垃圾回收器标记并回收。

对象通过引用传递这个特点特别重要，原因如下：

1. 因为类被用来创建复杂的数据结构，将会比原始内建数据类型消耗更多的内存资源，所以在运行时通过引用传递对象将更有效率。
2. 通过引用传递对象是面向对象设计的范式。因为对象常常在其声明的作用域之外还保持生命，所以即使是通过函数传递对象，也要保持对象的一致性。

38.11.2 类的创建

SystemVerilog 使用关键字 class 来声明一个类，从而可以创建更高级的数据类型。SystemVerilog 的类具有以下特性。

1. SystemVerilog 类包含两种成员：属性和方法。属性是数据成员，用来存储对象的状态；方法代表类可能执行的动作。
2. 属性可以是任意的数据类型，既可以是内建数据类型，也可以是用户定义数据类型。
3. 方法可以是任务（task）或函数（function）。
4. 类可以从其他类继承而来。SystemVerilog 通过关键字 extends 支持继承。
5. 成员可以声明为本地（Local）成员和被保护（Protected）成员。本地成员只在类的内部可见；被保护成员既在类的内部可见，也在它的子类中可见。成员默认是公共的（Public，完全可见）。
6. 成员可以声明为静态类型。类可以声明其成员为静态(static)，静态成员将被所有的类对象共用。

在通常的面向对象语言中，数据成员代表对象的状态，被声明为私有（Private）或保护（Protected）。用户只能通过公共的方法操作一个对象，而不能直接修改数据成员。此原则在 SystemVerilog 中不是很适用。在 SystemVerilog 中，通常将可以随机化的数据成员及其对应的约束声明为公共（Public）。

类是不能被综合的，因此不能用于 RTL 设计。类用于行为级建模和编写验证组件，可以用类对所有东西建模：简单的交易（Transaction）、复杂的产生器（Generator）、驱动器（Driver）、观察器（Monitor）、记分牌（Soreboard）、通道（Channel）。

例子：类和对象的创建。
```
class Complex;
  local int real_;
  local int imag_;
  //constructor
  function new(int re_, int im_);
    real_ = re_;
    imag_ = im_;
  endfunction: new
  //methods
  function Complex add(Complex x, Complex y)
    Complex z;
    z = new(x.real_ + y.real_, x.imag_ + y.imag_);
    return z;
  endfunction: add
endclass: Complex

//new allocates an object and foo is assigned the handle.
```